Zhongguo Gudai
Shoushishi

中国古代首饰史

李芽等 著

 江苏凤凰文艺出版社
JIANGSU PHOENIX LITERATURE AND
ART PUBLISHING, LTD

图书在版编目（CIP）数据

中国古代首饰史：全3册/李芽等著.－－南京：
江苏凤凰文艺出版社，2020.9（2023.12重印）
ISBN 978-7-5594-4254-3

Ⅰ.①中… Ⅱ.①李… Ⅲ.①首饰－历史－中国－古
代 Ⅳ.① TS934.3-092

中国版本图书馆 CIP 数据核字 (2019) 第 265394 号

中国古代首饰史：全 3 册

李芽等　著

出 版 人	张在健
策 　 划	王宏波
责任编辑	王　青　赵　阳
装帧设计	马海云　私书坊
责任印制	刘　巍
出版发行	江苏凤凰文艺出版社
	南京市中央路 165 号，邮编：210009
网　　址	http://www.jswenyi.com
印　　刷	苏州市越洋印刷有限公司
开　　本	718 毫米 × 1000 毫米　1/16
印　　张	72.5
字　　数	910 千字
版　　次	2020 年 9 月第 1 版
印　　次	2023 年 12 月第 3 次印刷
书　　号	ISBN 978-7-5594-4254-3
定　　价	698.00 元（全 3 册）

江苏凤凰文艺版图书凡印刷、装订错误，可向出版社调换，联系电话025-83280257

前　言

　　在中国古代服饰史研究领域，有关中国古代服装史研究的专著和学术成果已经很多，研究团队也很庞大。而对中国古代首饰史的研究始终是个比较薄弱的环节，出版的大多是一些文物及藏品图册，专题性研究著作还非常有限。究其原因，例如考古发现报道简略，缺乏清晰的照片和准确的线图；文物出土极其分散；在历史人物画像中，对首饰的描绘又不像服装那样清晰和直观；个体研究者又少有机会目睹分散在各个博物馆的实物等等。这导致研究者往往无从下手，很难从一个整体视角对品类繁杂的细碎首饰有一个系统性的认知。近年来，关于古代首饰文物的高质量画册与图片的出版越来越多，博物馆各种与首饰相关的专题性展览相继推出，相关研究论文也层出不穷，这都为我们新一代的研究者提供了重要的依据和线索，也激发了我们试图系统梳理中国古代首饰史的意愿。

　　本书立项之时，正逢扬之水先生的《中国古代金银首饰》（故宫出版社，2014）一书出版之际，这是古代首饰研究领域的开山之作。这于我们团队来说，既是欣喜，因为终于有了前辈系统的研究成果可供参考；也是挑战，因为要在扬之水先生成果的基础上进一步深化研究，并不是一件容易的事情。无可否认，我们从扬之水先生的研究成果中受教良深，尤其是她在首饰的名物学分析和纹样的文化阐释方面，所做的工作既严谨又充满文学的美感，从某种程度上来讲实难超越。我们所做的是在扬之水先生研究的基础上进行的拓展、细化和补充。

一、将扬之水先生书中未涉及的除金银首饰之外的其他材质首饰的款式尽可能补齐。金银首饰虽是中国古代首饰中的大宗，但这实是魏晋之后的事情。金属加工工艺出现在原始社会末期，因此整个史前时代的首饰是以牙、玉、骨、木等材质为主。即使先秦1800余年的历史长河中，金银首饰出土也是凤毛麟角，远不是首饰的主流。直到东汉时期，中原地区才开始广泛出现金属材质的首饰，而这其中铜铁材质又占比不少。即使魏晋之后金银首饰的出土日益增多，大量佩戴于颈、臂部的珠串璎珞及各类玉石簪钗冠戴也依然是首饰中不可忽视的精华所在。因此，本书对首饰的梳理，并不受材质的局限，而是根据每一时代首饰发展的自身特点，将各种款式不仅要事无巨细地进行收集整理，还要择其要点地进行归纳总结，以文图相配的形式介绍并展示给读者，以求尽可能全面和完整。

二、将扬之水先生书中未提及的或只是一语带过的首饰门类尽可能补齐，并进行详细介绍。其中一些不属于金属材质的，如假发、巾帼、鑷、珙、瑱、珰、羽饰、五色缕、系臂珠、汉代的擿，"缓中"之笄、朝珠、采帨等等。还有一些是属于金属材质的，如蔽髻、三珠钗、义甲、隋唐命妇礼冠、唐宋女性冠子、金代盛子等等。

三、将扬之水先生书中未及介绍的各朝代官方服饰典制中的礼服首饰款式和首饰插戴制度予以系统梳理。礼服首饰既有民间首饰所没有的款式和奢华，也是我们系统了解中国古代服饰制度的一个重要角度。但这一工作真做起来，却又是困难重重。首先，官方服饰典制中对首饰的记载远远不及服装那么细致。像先秦、两汉、辽代、元代的官方文献中，对礼服首饰的介绍都只有只言片语，而宋以前，又没有任何后妃的正式礼服画像留存至今，即使是壁画和陶俑形象中，也极少涉及后妃礼仪场合。所以，长期以来对宋以前的礼服首饰具体形制都不甚明朗。但越是这样，细致的梳理和考证反而越有必要。除了要在文献上下功夫，近年新发现的隋炀帝萧后冠对了解隋唐命妇礼冠也提供了很多珍贵的资料。因此，本书自魏晋开始，每一章都将后妃命妇礼服首饰单列一节加以介绍，以期将中国古代首饰制度予以全面梳理清楚。

四、将首饰中蕴藏的文化意涵从新的角度予以阐释。扬之水先生对首饰的纹样解读着实细腻而又严谨，因此，本书的文化解读重点便不再在纹样解读上下功夫，而是放在了首饰自身发展的宏观维度层面。例如如何通过首饰展现人物鲜明的等级身份？首饰设计中包含着怎样的人文意趣与世情世相？耳饰的命运为何如此跌宕起伏？耳坠为何在晚明才开始流行？颈饰为何始终处于非主流地位？戒指为何在中国古代文化中始终不是定情信物，它都有些什么样的文化指示和特殊用途？臂饰是如何用来驱邪消灾的？头饰是如何在服妖中彰显时尚追求的？等等。我们希望这本书不是一部史料的汇编，而是史中有论，透过历史展现文脉。我们始终认为，研究一切物质，所发现的并不仅仅是物本身，而是人自己——这个创造了第二自然的人类自身，这是本书的终极意义。

本书的体例是以朝代为顺序，以中国古代首饰的五大门类"头饰""耳饰""臂饰""颈（胸）饰""手（足）饰"的发展历史为主要内容，以首饰的文化阐释为线索进行编排撰写。全书共计143个表，2461张图（含表图）。具体到各章的内容安排，又会根据各个朝代的不同情况略有差异。例如原始社会、先秦和两汉三章，关于礼服首饰的介绍并未独立成篇，而是包含在头饰中一并介绍。即使礼服首饰独立成篇的章节，其阐述方式也会根据每位作者的理解而略有不同。另外，本书的每一章最后都会挑选一两个同时期的代表性墓葬进行首饰插戴的尝试性复原图绘，以期能够让读者对不同时期的首饰插戴整体面貌有一个直观的感知。但清代由于历史照片很多，因此省略了墓葬复原部分。总之，我们希望通过这本书，将中国自新石器时代到清代这段历史时期中首饰的缘起、定名、门类、材料、款式、制作工艺、佩戴方式、典章制度，及附着其上的文化信息等各个方面进行一个全面地梳理，整理其脉络，阐释其意义，展示其芳华。

本书一共有六位作者，分别承担不同的章节写作。其中第一章：中国古代首饰文化、第二章：中国原始社会的首饰、第三章：中国先秦时期的首饰、第八章：中国辽代契丹族的首饰、第九章：中国金代女真族的首饰，由上海戏剧学院李芽教授撰写；第四章：中国两汉时期的首饰、第五章：中国魏晋南北朝的首饰，由独立学者王永晴（左丘萌）撰写；第六章：中国隋唐五代的首饰、第七章：中国宋代的首饰，由汉声出版社的编辑陈诗宇（扬眉剑舞）撰写；第十章：中国元代的首饰，由南通大学曹喆副教授撰写；第十一章：中国明代的首饰，由"大明衣冠"论坛创办人董进（撷芳主人）撰写；第十二章：中国清代满族的首饰，由满族学者橘玄雅撰写。本书的墓葬复原穿戴图由上海第二工业大学张晓妍副教授和上海戏剧学院研究生李依洋绘制。

目录

第一章 中国古代首饰文化

李 芽

第一节　中国古代头饰文化　｜　3

一、中国古代主要头饰门类　｜　3

（一）簪、钗、擿　｜　3

（二）梳、篦　｜　6

（三）假发、鬏髻　｜　8

（四）步摇、花树、媚子　｜　12

（五）钿（鐷）　｜　14

（六）礼冠、冠子　｜　17

二、中国古代头饰中的文化意涵　｜　21

（一）礼服中的头饰彰显了鲜明的身份与等级　｜　21

（二）服妖中彰显出的头饰之时尚追求　｜　22

第二节　中国古代耳饰文化　｜　31

一、中国古代耳饰门类　｜　31

（一）玦　｜　31

（二）瑱　｜　32

（三）耳环（镮）　｜　35

（四）耳坠　｜　37

（五）丁香　｜　38

（六）耳钳　｜　39

二、中国古代耳饰的兴衰历程　｜　40

（一）先秦至五代时期汉族地区耳饰没落原因分析　｜　40

（二）宋元明清时期汉族地区耳饰流行原因分析　｜　45

1. 统治阶层构成的转变导致审美趣味的改变　｜　45

2.推行程朱理学导致女性地位没落，男女之别走向极端化

　　　　　　　　　　　　　　　　　　　　|　48

3.商品经济的繁荣使社会淫靡风气泛滥，促使女性追求

矫饰　　　　　　　　　　　　　　　　　　|　50

（三）民国至当代耳饰之新现象　　　　　　　|　53

第三节　中国古代颈饰文化　　　　　　　　　|　55

一、中国古代颈饰门类　　　　　　　　　　　|　55

（一）项链　　　　　　　　　　　　　　　　|　55

（二）项圈　　　　　　　　　　　　　　　　|　58

（三）组玉佩　　　　　　　　　　　　　　　|　60

（四）璎珞　　　　　　　　　　　　　　　　|　61

（五）朝珠　　　　　　　　　　　　　　　　|　63

二、中国古代颈饰的非主流地位　　　　　　　|　65

第四节　中国古代臂饰文化　　　　　　　　　|　66

一、中国古代臂饰门类　　　　　　　　　　　|　67

（一）瑗、环、钏、镯　　　　　　　　　　　|　67

（二）跳脱、缠臂金　　　　　　　　　　　　|　70

（三）五色缕　　　　　　　　　　　　　　　|　72

（四）臂串　　　　　　　　　　　　　　　　|　73

（五）大臂环、随求　　　　　　　　　　　　|　76

二、中国古代臂饰中的文化意涵　　　　　　　|　78

（一）压袖　　　　　　　　　　　　　　　　|　78

（二）驱邪消灾　　　　　　　　　　　　　　|　78

第五节　中国古代手饰文化　　　　　　　　　|　79

一、中国古代手饰门类　　　　　　　　　　　|　80

（一）戒指　　　　　　　　　　　　　　　　|　80

（二）䪌、扳指　　　　　　　　　　　　　　|　82

（三）护指 | 84

（四）义甲 | 87

二、中国古代戒指中的文化意涵 | 87

（一）妃嫔戴在手上用来起区分、辨识作用的标记 | 87

（二）象征"早日还乡"或"情爱永驻"的馈赠信物 | 90

（三）与鬼魅相关 | 91

（四）戒指未必都戴在手上 | 94

（五）戒指作为婚姻的聘礼或爱情的信物是仿自胡俗 | 95

第六节 中国古代首饰文化综述 | 97

一、首饰与婚嫁礼俗紧密相连 | 98

二、首饰可作为财富，可作为赏赐、朝贡或馈赠的礼品 | 105

三、首饰的发展隐含着中国古代科技的进步历程 | 107

四、首饰中蕴藏着丰富的人文意趣与世情世相 | 116

第一节 原始社会的头饰 | 123

一、羽饰 | 123

二、笄 | 128

三、梳篦 | 135

四、猪獠牙头饰 | 142

五、额饰 | 144

六、钗 | 147

七、其他 | 147

第二节 原始社会的耳饰 | 151

一、玦 | 152

（一）玦的三种佩戴方式 | 154

1.将玦直接穿过耳孔佩戴 | 154

2.将玦的缺口夹于耳部佩戴 | 155

第二章

中国原始社会的首饰

李芽

3. 用绳带穿系于耳部佩戴 | 156

（二）玦的造型 | 156

    1. 扁体环形（表 2-4） | 156

    2. 凸纽形（表 2-5） | 162

    3. 圆管形（表 2-6） | 164

    4. 圆珠形（表 2-7） | 166

    5. 兽形玦（表 2-7） | 166

    6. 玦口连结形（表 2-7） | 167

    7. 人形玦（表 2-7） | 167

    8. 异形玦（表 2-7） | 167

（三）玦的象征意义 | 170

二、瑱 | 170

（一）瑱的造型 | 171

    1. 蘑菇形瑱（表 2-8） | 171

    2. 收腰圆筒形瑱（表 2-8） | 172

（二）瑱佩戴者之身份研究 | 172

三、耳坠（表 2-9） | 174

第三节　原始社会的颈饰 | 176

一、颈饰的材质 | 177

（一）牙角贝质 | 177

（二）骨质 | 179

（三）陶质 | 180

（四）玉石质 | 182

二、颈饰的形制分类 | 182

（一）独立佩挂的单件珠、管、璜或坠饰 | 182

（二）珠、管成串佩挂（表 2-11） | 185

（三）组合类颈饰（表 2-12） | 189

第四节　原始社会的臂饰和足饰 | 193

一、臂饰的材质 | 193

（一）陶质 | 193

（二）象牙质 | 194

（三）骨质 | 195

（四）蚌壳质 | 196

（五）玉石质 | 197

二、臂饰的形制分类（表2-13） | 197

（一）瑗 | 198

（二）筒形镯 | 198

（三）环形镯 | 198

（四）琮形镯 | 198

（五）花式镯 | 200

（六）连结式镯（瑗） | 201

（七）玦式镯（瑗） | 202

（八）镶嵌式镯 | 202

（九）有领镯 | 203

（十）腕串 | 203

（十一）大臂饰 | 203

三、臂饰的戴法 | 208

四、足饰 | 209

第五节　原始社会的手饰 | 210

一、指环的材质 | 211

二、指环的形制分类（表2-14） | 212

三、指环的戴法 | 214

附　原始社会代表性墓葬出土装饰品综述 | 215

一、山东泰安大汶口墓葬群出土装饰品一览 | 215

二、浙江省安溪镇瑶山墓葬群出土装饰品一览 | 218

第三章

中国先秦时期的首饰

李芽

第一节　先秦时期的头饰	227
一、笄	227
二、假发	237
三、梳篦（表3-3）	240
四、额饰	245
五、羽饰	248
六、钗	249
七、冠饰	250
八、束发器	251
九、其他	252
第二节　先秦时期的耳饰	253
一、耳环	254
二、耳坠（图表3-8）	260
三、玦	263
四、瑱（男用）	267
第三节　先秦的颈饰和组玉佩	272
一、夏商时期的颈饰	273
二、西周时期的颈饰和组玉佩	277
（一）串饰（表3-11）	280
（二）多璜组玉佩	282
（三）玉牌穿珠组佩	288
三、东周时期的颈饰和组玉佩	290
（一）西周时流行的多璜组玉佩和玉牌穿珠组佩呈衰落之势	
	290
（二）组佩佩戴位置从颈胸部下降至腰部	292
（三）组佩中出现龙形佩等新组件	293
（四）佩饰品材料丰富	294

第四节　先秦的臂饰和足饰　｜299

第五节　先秦的手饰　｜307
一、鞢　｜307
二、指环（表3-24）　｜310
附　先秦代表性墓葬出土装饰品综述　｜312
一、殷墟妇好墓出土装饰品一览　｜312
二、三门峡虢国墓国君与夫人墓出土装饰品一览　｜312
（一）虢季墓 M2001　｜314
（二）梁姬墓 M2012　｜315

中国两汉时期的首饰

第四章

王永晴

第一节　汉代的头饰　｜319
一、簪　｜319
（一）簪的材质　｜320
（二）簪的形制与插戴　｜321
二、擿　｜329
（一）擿的功能　｜330
（二）擿的材质与形态　｜332
（三）擿的插戴（表4-6）　｜338
三、钗　｜339
（一）钗的材质　｜339
（二）钗的形制　｜340
（三）钗的插戴　｜346
四、胜　｜347
（一）胜的材质与形制　｜349
（二）胜的插戴　｜354
五、假发　｜355
六、巾与帼　｜356
（一）巾　｜356

（二）帻 | 356

七、步摇 | 359

第二节 汉代的耳饰 | 367

一、瑱（女用） | 368

（一）瑱的材质与形态 | 369

（二）瑱的佩戴 | 372

二、珰 | 373

三、镠 | 376

四、牌形耳饰 | 377

五、金属拧丝耳饰 | 380

（一）拧丝坠圆环形耳饰 | 380

（二）拧丝坠螺旋纹片耳饰 | 380

（三）拧丝扭环穿珠耳饰 | 381

（四）拧丝扭环穿珠缀叶耳饰 | 382

六、玦 | 385

第三节 汉代的颈饰 | 387

一、宝石雕琢的串饰 | 388

（一）禽鸟形饰 | 391

（二）卧兽形饰 | 393

（三）兵器形饰 | 394

二、细金工艺的坠饰 | 395

（一）金壶形饰 | 396

（二）金灶形饰 | 396

（三）金串饰组合 | 399

第四节 汉代的臂饰 | 399

一、五色缕 | 400

二、系臂珠 | 400

三、钏 | 405

第五节 汉代的手饰 | 408
一、指环 | 408
（一）指环的材质与形制 | 409
　　1.圆环形指环 | 409
　　2.开口形指环 | 410
　　3.有戒面指环 | 411
（二）指环的佩戴 | 414
二、"搔"指 | 415
三、鞢 | 415
附　汉代代表性墓葬出土装饰品综述 | 416
一、江苏泗阳陈墩汉墓出土装饰品一览 | 416
二、江苏省盱眙县大云山汉墓出土装饰品一览 | 418
三、河南巩义市新华小区汉墓 | 421

第一节　魏晋南北朝后妃命妇的礼服首饰 | 425
一、步摇 | 425
二、花钿 | 430
三、莲钿与博鬓 | 434
四、花树 | 437
五、蔽髻 | 438

第二节　魏晋南北朝的头饰 | 442
一、簪 | 442
二、钗 | 450
（一）钗的材质与形制 | 450
（二）钗的插戴与意义 | 458
三、祥瑞饰件 | 461

第五章

中国魏晋南北朝的首饰

王永晴

四、假髻 | 467

五、梳篦 | 469

六、步摇冠 | 470

第三节　魏晋南北朝的耳饰 | 473

一、簪珥 | 473

二、耳环 | 476

（一）独立式耳环 | 476

（二）复合式耳环 | 478

三、耳坠 | 480

第四节　魏晋南北朝的颈饰 | 482

一、魏晋—南朝的串珠项链 | 482

（一）瑞兽 | 483

（二）叠胜 | 484

（三）铃铛 | 484

二、五兵佩 | 486

三、北朝的串珠项链 | 487

第五节　魏晋南北朝的臂饰 | 488

一、环、钏 | 488

二、臂珠 | 491

第六节　魏晋南北朝的手饰 | 492

一、指环 | 492

二、护指用具 | 497

第七节　魏晋南北朝的金珰冠饰 | 498

附　魏晋南北朝代表性墓葬出土装饰品综述 | 500

一、江苏南京仙鹤观东晋墓出土首饰一览 | 500

二、山西大同南郊北魏墓 M109 出土首饰一览 | 502

三、山西大同恒安街北魏墓出土首饰一览 | 504

四、贵州平坝马场南朝墓出土首饰一览 | 504

第六章

中国隋唐五代的首饰

陈诗宇

第一节　隋唐后妃命妇的礼服首饰 | 508

一、文献制度 | 509

（一）隋代后妃命妇礼服制度 | 509

（二）唐代后妃命妇礼服首饰制度 | 511

二、构件分析 | 513

（一）花 | 513

（二）钿 | 518

（三）博鬓 | 521

三、组合模式 | 523

四、出土实例 | 524

第二节　隋唐五代的头饰 | 529

一、冠子 | 529

（一）凤鸟冠 | 530

（二）花冠 | 535

二、假髻 | 536

三、簪 | 537

（一）直簪 | 537

（二）帽头簪 | 542

（三）花簪 | 544

四、钗 | 554

（一）折股钗 | 555

（二）花钗 | 563

五、钿花 | 570

六、步摇 | 573

七、梳篦 | 577

第三节　隋唐五代的手饰、臂饰 | 586

一、手镯 | 586

（一）柳叶式钏 | 587

（二）多节式环 | 589

二、指环 | 593

三、义甲 | 595

第四节　隋唐五代的耳饰 | 596

第五节　隋唐五代的颈饰 | 600

一、珠串 | 600

二、吊坠项链 | 602

三、璎珞 | 605

四、项圈 | 607

附　唐代代表性墓葬出土首饰插戴 | 608

一、隋唐五代首饰搭配的流行变化 | 608

二、陕西西安南郊高阳原唐代墓地出土首饰 | 608

第一节　宋代后妃命妇的礼服首饰 | 616

一、文献制度 | 616

二、形制分析 | 620

（一）花 | 622

（二）博鬓 | 623

（三）龙饰 | 623

（四）凤鸟饰 | 625

（五）王母仙人队 | 626

第七章

中国宋代的首饰

陈诗宇

第二节　宋代的头饰 | 627
一、冠 | 627
（一）鹿胎·白角·鱼枕冠 | 629
（二）垂肩·等肩·内样冠 | 632
（三）团冠·山口 | 633
（四）如意冠·朵云冠 | 634
二、簪 | 637
（一）直簪 | 638
（二）帽头簪 | 639
（三）花头簪 | 641
（四）多首簪 | 646
（五）龙凤首簪 | 652
（六）花枝簪 | 654
三、钗 | 655
（一）折股钗 | 656
（二）花头钗 | 660
（三）多首钗 | 662
（四）博鬓形钗 | 664
四、梳篦 | 666
（一）一体梳 | 668
（二）包背梳 | 671
（三）帘梳 | 674
五、节令饰 | 675
（一）元宵 | 675
（二）立春 | 676
（三）端午 | 677

第三节　宋代的手饰、臂饰 | 677
一、手镯 | 678
（一）环镯 | 678

（二）钳镯 | 678

（三）缠钏 | 682

二、戒指 | 683

（一）指环 | 683

（二）指锃 | 684

（三）缠指 | 685

第四节 宋代的耳饰 | 686

一、弯环 | 687

二、耳坠 | 689

三、排环 | 692

第五节 宋代的颈饰 | 692

一、珠串 | 693

二、项圈 | 694

附 宋代代表性墓葬出土首饰插戴 | 696

一、宋代首饰搭配模式流行变化 | 696

二、江西德安南宋周氏安人墓出土首饰 | 696

第八章

中国辽代契丹族的首饰

李 芽

第一节 辽代的首饰制度 | 701

一、金冠 | 701

（一）高体冠 | 702

（二）高翅冠 | 705

二、实里薛衮冠 | 706

三、幅巾、头帕与玉逍遥 | 707

四、金花冠饰 | 708

第二节 辽代的头饰 | 709

一、簪钗、花钿 | 710

二、巾环 | 713

第三节　辽代的耳饰 | 714
一、摩羯形耳饰 | 715
二、"U"形和"C"形耳饰 | 717
三、其他造型耳饰 | 719

第四节　辽代的颈饰 | 722

第五节　辽代的臂饰 | 729

第六节　辽代的手饰 | 733
附　辽代代表性墓葬出土装饰品综述 | 736

中国金代女真族的首饰

李芽

第九章

第一节　金代后妃命妇的礼服首饰 | 743
一、文献制度 | 743
二、构件分析 | 744
（一）盛子 | 744
（二）纳言 | 746

第二节　金代的头饰 | 747
一、巾环 | 748
二、玉屏花 | 750
三、玉逍遥 | 752
四、簪钗、花环冠子 | 754
五、抹额 | 756

第三节　金代的耳饰 | 756
一、金代男性耳饰风俗 | 756

二、金代女性耳饰 | 760

三、金代耳饰的纹饰及造型特点及其与周边民族的互相影响

| 761

（一）花果纹耳饰 | 761

（二）"C"形耳饰 | 762

（三）耳坠 | 766

（四）金代其他款式耳饰 | 768

第四节　金代的颈饰 | 770

第五节　金代的臂饰 | 771

第六节　金代的手饰 | 772
附　金代代表性墓葬出土装饰品综述 | 772

第一节　元代首饰制度及习俗 | 776
一、蒙元珠宝习俗 | 776
二、工匠制度 | 779
三、《元史·舆服志》相关记载 | 780
四、元代头面 | 782

第二节　元代头饰 | 784
一、帽饰 | 784
（一）帽顶 | 784
（二）姑姑冠 | 788
二、簪钗 | 789
（一）花筒 | 790
（二）瓜头簪、荔枝簪 | 792
（三）螭虎 | 794

中国元代的首饰

第十章

曹喆

（四）竹节钗 | 796

（五）龙凤 | 797

（六）如意簪 | 799

（七）步摇簪 | 800

（八）其他 | 801

三、梳 | 804

第三节　元代耳饰 | 806

一、元代蒙古族男子耳饰 | 807

二、元代女性耳饰 | 808

（一）大塔形葫芦环 | 809

（二）葫芦耳饰 | 813

（三）"天茄"式耳环 | 817

（四）牌环 | 822

（五）花果蜂蝶纹耳饰 | 822

（六）其他类型耳饰 | 828

第四节　元代颈饰 | 831

第五节　元代臂饰 | 833

一、镯 | 833

二、臂钏（跳脱） | 834

第六节　元代手饰 | 835

附　元代代表性墓葬出土装饰品综述 | 836

苏州张士诚母曹氏墓 | 836

第一节　明代妇女礼服、常服首饰 | 842
一、皇后礼服、燕居服首饰 | 842
（一）皇后礼服首饰 | 842
1. 制度与发展变化 | 842
2. 定陵出土的礼服首饰 | 848
3. 皇后礼服中的其他佩饰 | 852
（二）皇后燕居冠服首饰 | 854
1. 制度与发展变化 | 854
2. 定陵出土的燕居冠服首饰 | 859
3. 皇后燕居冠服中的其他佩饰 | 862
二、皇太子妃礼服、燕居服首饰 | 866
（一）皇太子妃礼服首饰 | 866
1. 礼冠与首饰 | 866
2. 其他佩饰 | 869
（二）皇太子妃燕居冠服首饰 | 870
1. 燕居冠与首饰 | 870
2. 其他佩饰 | 871
三、皇妃及王妃公主等礼服、常服首饰 | 871
（一）皇妃礼服、常服首饰 | 872
1. 翟冠与首饰 | 872
2. 其他佩饰 | 874
（二）亲王妃、公主礼服、常服首饰 | 874
1. 翟冠与首饰 | 874
2. 其他佩饰 | 885
（三）郡王妃、郡主及其他宗室女性礼服、常服首饰 | 889
1. 翟冠与首饰 | 889
2. 其他佩饰 | 894
四、命妇礼服、常服首饰 | 896
（一）制度 | 896
（二）翟冠与首饰 | 900

1. 翟冠 | 900

2. 翟簪 | 903

3. 金簪（压鬓钗）| 905

4. 耳饰 | 906

（三）其他佩饰 | 907

1. 霞帔坠子 | 907

2. 玉禁步 | 909

第二节　明代妇女吉服、便服首饰 | 910

一、头饰 | 910

（一）鬏髻 | 910

（二）冠 | 914

（三）鬏髻头面 | 919

1. 钿儿 | 919

2. 分心 | 922

3. 挑心 | 933

4. 满冠 | 936

5. 掩鬓 | 944

6. 花顶簪 | 949

7. 草虫簪 | 952

（四）鬏髻头面的组合 | 956

（五）其他簪钗 | 960

1. 掠子 | 961

2. 一点油 | 962

3. 碗簪 | 964

4. 耳挖簪 | 964

（六）梳背 | 966

二、耳饰 | 968

（一）耳环 | 968

1. 葫芦耳环 | 968

2. 灯笼耳环 | 971

3. 楼阁耳环 | 973

4. 仙人耳环 | 973

5. 茄子耳环 | 975

6. 寿字耳环 | 976

（二）耳坠 | 977

1. 葫芦耳坠 | 977

2. 灯笼耳坠 | 977

3. 毛女耳坠 | 979

4. 茄子耳坠 | 982

（三）丁香（耳塞） | 982

三、手饰 | 984

四、臂饰 | 989

（一）手钏 | 990

（二）手镯 | 991

五、颈胸饰 | 994

（一）项圈、璎珞、项牌 | 994

（二）事件、坠领、坠胸 | 995

第三节　明代男子首饰 | 1000

一、簪 | 1000

二、束发冠和紫金冠 | 1003

（一）束发冠 | 1003

（二）紫金冠 | 1007

三、巾帽装饰 | 1009

（一）巾饰 | 1009

（二）帽饰 | 1010

1. 帽顶、帽珠、帽缨 | 1010

2. 铎针、枝个、桃杖 | 1017

附　定陵出土首饰综述 | 1019

一、明神宗随葬首饰一览 | 1019

（一）首饰 | 1019

　1. 簪 | 1019

　2. 钗 | 1024

（二）帽饰 | 1024

二、孝端显皇后随葬首饰一览 | 1027

（一）头饰 | 1027

　1. 棕帽（鬏髻） | 1027

　2. 抹额 | 1028

　3. 挑心 | 1029

　4. 分心 | 1030

　5. 镶宝玉佛字金簪 | 1031

　6. 镶珠宝玉花蝶金簪、镶珠宝"玉吉祥"金簪 | 1031

　7. 其他簪钗 | 1033

　8. 围髻 | 1036

（二）耳饰 | 1036

中国清代的旗人首饰

第十二章

橘玄雅

第一节　清代官方旗人首饰系统的发展
　　　　与民间旗人首饰的交互渗透 | 1041

第二节　清代旗人的头饰 | 1047

一、朝服冠及大簪 | 1048

二、包头及其饰物 | 1056

三、钿子及其饰物 | 1058

四、两把头及其饰物 | 1073

五、金约与勒子 | 1082

第三节　清代旗人的耳饰 | 1087

第四节　清代旗人的颈、胸饰　| 1095

一、领约　| 1095

二、朝珠　| 1101

三、项链　| 1107

四、采帨　| 1108

第五节　清代旗人的臂饰　| 1113

一、手镯　| 1113

二、手串、十八子　| 1116

第六节　清代旗人的手饰　| 1120

一、戒指　| 1120

二、护指　| 1123

三、扳指　| 1126

后记　| 1129

第一章

中国古代首饰文化

李　芽

首饰，早期特指头饰。如《后汉书·舆服志下》载："上古穴居而野处，衣毛而冒皮，未有制度。后世圣人易之以丝麻，观翚翟之文，荣华之色，乃染帛以效之，始作五采，成以为服。见鸟兽有冠角髯胡之制，遂作冠冕缨蕤，以为首饰。"东汉末年刘熙的《释名·释首饰》中，则将冠冕、簪钗、步摇、假发、镜梳、瑱珰、脂泽粉黛等均纳入首饰的条目之下，大大扩展了首饰的范畴。宋代开始，首饰又俗称"头面"，通常指女子"冠梳"之外的全副簪戴。稍稍扩展，也可以把佩饰包括在内。如《东京梦华录·正月》载："正月一日……州南一带，皆结彩棚，铺陈：冠梳、珠翠头面、衣着、花朵、领抹、靴鞋、玩好之类。"元明时期，随着鬏髻的出现，"头面"的概念则是指鬏髻上插戴的各式簪钗的统称，并不包含鬏髻本身。如元《朴通事谚解》曰一个官人娶娘子，彩礼中有"金厢宝石头面"，注云："以金为斗拱而纳石于其中，缀着于女冠之上以为饰也。"这里的头面因此不包括作为耳饰的耳环和耳坠。同书："我再把一副头面，一个七宝金簪儿，一对耳坠儿，一对窟嵌的金戒指儿，这六件儿当的五十两银子。"可见戒指也不包含在内。明代依然如此。明《礼部志稿》卷二十"皇帝纳后仪"所备"纳吉纳征告期礼物"有："金龙珠翠燕居冠一顶（金簪全）……玉佩玎珰一副（金钩金事件全）、玉云龙霞帔坠头一个、金钑花钏一双、金素钏一双、金连珠镯一双、首饰一副（天顺八年加一副）、珠面花二副、翠面花二副、四珠葫芦环一双、八珠环一双、排环一双、玉禁步一副……珠翠花四朵、翠花四朵。"这里的"首饰一副"应特指簪钗之属。《明太祖实录·卷三十六下》："皇后冠服……燕居则服双凤翊龙冠、首饰、钏镯，以金珠宝翡翠随用，诸色团衫，金绣龙凤文。带用金玉。"也将凤冠、钏镯排除在首饰之外。因此，在中国古代各个时期，首饰与头面的含义一直在变化，并没有一个特别明确的标准。

本书从当代人对首饰概念的习惯认知考虑，并避免篇幅过于庞大冗长，将书中的首饰范畴控制在传统的五大门类，即头饰、耳饰、颈饰、臂饰和手饰。将佩饰暂且排除在外。其中头饰门类中将女性所用的礼冠、冠子和鬏髻包含在内，但不涵盖男性冠帽。

第一节｜中国古代头饰文化

头饰是中国古代首饰中的最大宗，也是首饰中的重中之重。

一 中国古代主要头饰门类

（一）簪、钗、擿

头饰当中最大宗者为簪钗，因其既具有装饰功能，又是束发成髻的主要实用器具，具有赏用结合的特性，所以出土量极大。《女红余志》中载："魏文帝陈巧笑挽髻，别无首饰，惟用圆顶金簪一只插之，文帝目曰'玄云黯霭分金星出'。"这样俭省的插戴在古代女子中是极其常见的，如只选取一件首饰，则必是簪钗择其一。清代李渔在《闲情偶寄》中也曾言：假若佳人一味地"满头翡翠，环鬓金珠"，则"但见金而不见人，犹之花藏叶底，月在云中"，"是以人饰珠翠宝玉，非以珠翠宝玉饰人也"。因此女子一生中，戴珠顶翠的日子只可一月，就是新婚之蜜月，这也是为了慰藉父母之心。过了这一月，就要坚决地摘掉这珠玉枷锁，"一簪一珥，便可相伴一生。此二物者，则不可不求精善"。这里的"珥"指代耳饰，头上便只留"一簪"足矣。

簪和钗经常并称，虽都用于挽发束髻，但造型并不一样。簪（图1-1-1-1）为一股，旧石器时代便已有之，流行时间最长，且男女皆可使用。簪在先秦时又名"笄"，但在汉代文献中，称"笄"者已不多见。但"笄礼"作为古时女子的成人礼，则自先秦一直延续至清，其形式便是解开头上的童式发辫，梳洗后贯于头顶，束髻插笄，以示成人。簪在汉代又出现了一个新的名字，曰"搔头"，顾名思义，也是以功能名物。到唐代，"玉搔头"成为唐人诗中常见的意象，如白居易诗"逢郎欲语低头笑，碧玉搔头落水中"。元代还把簪称为"鈚"或"錍"，《居家必用事类全集》有记"玉钗錍"，"錍"字原意为箭头，指簪一头尖的形状。簪的作用除了用来束发，还要用来固冠，一般束发之簪短，固冠之簪长。固冠的簪也称"冠笄"，因其只能横着插入，也称"衡笄""导"。周代以后，衡笄在女性中渐渐不再使用，在汉族男性礼仪冠饰中则一直保留，且根据身份等级和场合不同有更为详细的规定，《北堂书钞》甚至云"簪者，己之尊"，将簪视为自身的象征。

钗（图 1-1-1-2）多为两股（少量也有三股），又名"镊"。《韵学事类》有记载，"镊，钗也，掠器，坡诗：佳人摇翠镊"。插在鬓边的一种小钗，则

图 1-1-1-1　**珊瑚凤头发簪**
沈阳故宫博物院藏。（李芽摄）

图 1-1-1-2　**点翠银钗**
沈阳故宫博物院藏。（李芽摄）

称为"銙"，《东鸥草堂词》有"华銙斜簪小鸦髻"。钗最早见于新石器时代墓葬，但真正开始普遍使用则要到西汉晚期，且多为女性使用。因为钗更适合用金属类有弹性的材质制作，且适用于挽束较高大的发髻。最为常见的一种钗是"折股钗"，即以金属制成一根细圆的长丝，两端锤尖，弯作平行的两股。这类钗花样不多，大多都是光素无文的。钗头较窄且两股钗脚同长的，大约便是所谓的"镊"。《太平御览》服用部中"镊"字有两见，一见于梳妆一项，自是寻常梳妆所用的镊子；又见于首饰一项，其下便注曰"钗类"。其除了固发饰首的基本用途之外，又可作平日梳妆时镊取毛发一类的用途。装饰华丽的钗则被称为"宝钗"或"花钗"，其装饰各个朝代自有其时兴样式，不拘一格，变化万千。到了明代，已婚妇女时兴戴"鬏髻"，鬏髻上插戴的各种样式的簪钗，统称为"头面"，这是明代妇女最具代表性的首饰，也是簪钗作为首饰套型发展的最高峰。

在钗普遍流行之前，还曾经流行过一种介于簪、钗之间的代用品，那就是摘（zhì）（图 1-1-1-3）。摘诞生于周，流行于西汉，也是男女皆用，但西汉以后便很少见，导致其名其式都逐渐湮没不闻。实际上，摘又名"揥"，是

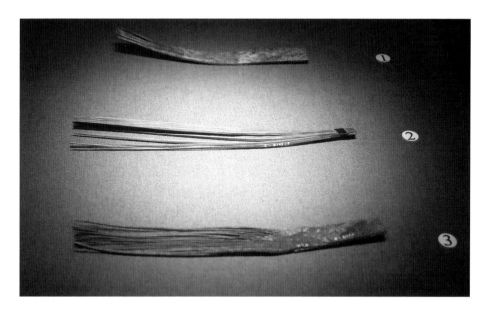

图 1-1-1-3 摘 ①玳瑁摘 ②角摘 ③竹摘
马王堆一号汉墓出土。
湖南省博物馆藏。（李芽摄）

一种扁平细长且一端有细密长齿的发饰，由竹木、骨角、象牙或玳瑁制作而成。其消失或与女子发髻由西汉时的垂髻转向东汉时的高髻而导致对束发器具功能要求的转变有关。擿的制法往往是取整块的材料直接雕刻而成，其形制有方首与圆首之分，擿尾端的齿数多少不一，以七齿的为最多，但是也不乏多至十余齿者。擿的用途比簪钗更为复杂：一则为饰；二则搔头并束发；三则可以篦发垢。随着发髻日趋复杂和高耸，擿的束发功能由簪钗代替，其篦发功能则由梳篦所替代。

（二）梳、篦

梳篦，上有背，下有齿。除了是一种理发用具外，也是首饰的一种，古时女子喜爱将其插于发髻之上，将精美的梳背展露于外，用以饰容。梳和篦并不相同，先秦时统称为"栉"，其中齿疏者称梳，齿密者称篦，唐颜师古注《急就篇》曰："栉之大而粗，所以理鬈者谓梳，言其齿稀疏也；小而细，所以去虮虱者谓之比，言其齿比密也。"即梳齿比较稀疏，用于梳理发须；篦齿比较细密，用于篦去发垢，也可用于梳理鬈角和眉毛等比较细密的毛发。《清异录》就曾载："篦，诚琐缕物也，然妇人整鬈作眉，舍此无以代之，余名之曰鬈师眉匣。"唐时，梳取代了栉作为通用词，如《俗务要名林》中列有"梳、枇"，枇字下小注"密梳"。在很多墓葬中，梳篦往往成对出土，讲究者还配以梳盒。

梳起源比较早，在新石器时代墓葬中就已非常多见。梳子初时大多是竖长条形，梳背很高，可暴露于发髻之外用于装饰的部分较为突出，和现今的梳子形状差别很大。从我国梳子的发展历史来看，这种竖长形的梳子一直流行到三国时期，从西晋至隋唐时期逐渐演变为横宽的样式，唐宋开始才逐渐演变为横向半月形的形制。

自史前时期开始，历代墓葬中出土的梳子有很大一部分是象牙所制。从史籍记载来看，则玳瑁梳和象牙梳同为贵族所钟爱，而牙梳尤甚。如《髻鬟品》载："舜以瑇瑁、象牙为梳"；《东宫旧事》载："太子纳妃，有瑇瑁梳三枚，象牙梳三枚"；《修复山陵故事》载："后梓宫有瑇瑁梳六枚，象牙梳六枚"；《清异录》载："崔瑜卿尝为倡女玉润子造绿象牙五色梳，费钱近二十万"；

图 1-1-2-1　**金背玉梳**
隋·唐，纽约大都会博物馆藏。（李芽摄）

唐代《崔徽嘲妓李端端诗》中则有："爱把象牙梳掠鬓，昆仑顶上月初生"的调侃；杨维桢所写《苏台竹枝词》中也有："一缟凤髻绿如云，八字牙梳白似银。"究其原因，大约因为用象牙梳梳理头发不易产生静电，且质地滑腻，易于梳理通顺且不伤头发。《礼记·玉藻》对此已有解释："栉用樿栉，发晞用象栉。"樿，就是白理木，木质较涩，洗头时用白理木的篦子篦发，可以篦除发间的垢腻。洗后晾干，头发会因干燥而易起静电，这时就要用象牙梳来梳理。或许也因象牙梳质白，更能衬托出女子发色的乌黑而备受宠爱。而玳瑁这种材质因相对易腐，故此墓葬中不甚多见。

梳篦真正作为头饰开始流行始于隋唐。此时，作为首饰的梳篦，不管是材质、形态还是工艺，都要丰富精致得多，金、银、玉、象牙、犀角、水晶、玳瑁均有。由于常常使用比较贵重的材料，这时比较多用组合式梳篦（图 1-1-2-1），即外露的梳背使用昂贵华美的材料，插入发中的梳齿，则多用木骨等材质，因此出土时往往残缺不全，仅留有金玉的梳背。

梳篦作为梳具，容易被发垢所污，因此，古人也发明出了一种清理工具，名"郎当"，宋龙辅《女红余志》："郎当，净栉器也。" 但对其形制并无记载。古人理发除了梳篦，还有"拨"和"弗"。

"拨"是用以松鬓的一种工具。《玉台新咏·梁简文帝〈戏赠丽人〉》："同安鬟里拨。异作额间黄。"清吴兆宜注："妇女理发用拨，以木为之，形如枣核，两头尖尖，可两寸长，以漆光泽，用以松鬓，名曰鬓枣。"其实物在马王堆一号汉墓辛追的五子漆妆奁中有出土[①]。在同墓的两件妆奁中，还出土有三件"弗"，长均为15厘米，似为植物纤维或动物鬃毛编束。柄髹黑漆，上绘朱色环纹四圈。其中一件的毛刷部分染红色。墓内竹简二三五记"弗二，其一赤"即指此。清王初桐《奁史》卷七十二"梳妆门"引《东宫旧事》"皇太子纳妃有漆画猪鬃刷大小三枚。"和此甚像。又引《女红余志》"豪犀，刷鬓器也。唐诗：'侧钗移袖拂豪犀'。"《释名·释首饰》载："刷，帅也。帅发长短皆令上从也。亦言瑟也，刷发令上瑟然也。叶德炯曰《说文》有'荔草根可作刷'。"可知，这种刷或用草根做，或用猪毫做，是用来理发，尤其是鬓发的。那如何理发呢？《正字通》云："妇人泽发鬓刷曰'篦'"，所谓"泽发"即用头油润发。也就是说，用这种小刷子粘取发油，用以理发。相当于后来的抿子（图1-1-2-2）。也有一说，认为其可用于刷去梳篦间的发垢，即前文所提的"郎当"之用。

（三）假发、髢髻

自周代起，贵族女子着礼服时要梳高髻，要梳出漂亮的高髻，就必须借助假发。当然，假发除了

① 湖南省博物馆，中国科学院考古研究所.长沙马王堆一号汉墓上／下[M].北京：文物出版社，1973.

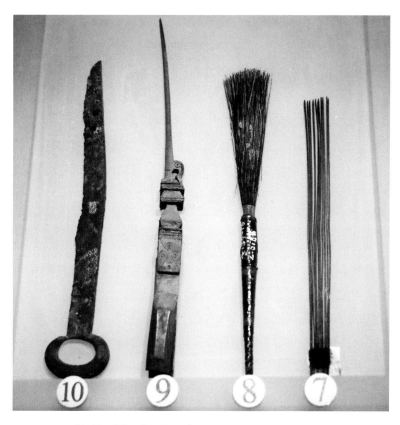

图 1-1-2-2　⑦竹擿　⑧茀　⑨角质镊　⑩环首刀
马王堆汉墓内出土。湖南省博物馆藏。（李芽摄）

使发髻高耸，有些也会搭配盛饰，需要时可以直接佩戴于首。如《释名·释首饰》："王后首饰曰副，副，覆也，以覆首。亦言副，贰也。兼用众物成其饰也。"这里的"副"就是一种王后戴的编织好且盛饰的假髻。故此，假发也是贵族女子一种非常重要的首饰。假发先秦时亦名"被"，《诗经·采蘩》里"被之僮僮""被之祁祁"皆指假发高耸的意思。周代对后及命妇用礼服时搭配的发饰，在礼制上有明确的规定。《周礼·天官·追师》："追师掌王后之首服，为副、编、次，追衡、笄。为九嫔及外内命妇之首服，以待祭祀、宾客。"这里的"副""编""次"就是我国最早的假发，并且是王后、君夫人等有身份的妇女在参加重要活动时才戴的。"副"取意于"覆"，因覆盖在头上，故称。编，这里应读（biàn），取他人之发合己之发编和而成，故称。次，取意于"次第"，把长短头发依次编织而成，故称。周代时，妇女佩戴假发已是非常盛行的了。但"副""编""次"这几个名称流传不广，到后来则叫做"髲"或"髢"。

汉代还称假发为"假结""假紒"。《周礼·天官·追师》东汉郑玄注："编，编列发为之，其遗象若今假紒矣。"《续汉书·舆服志下》："皇后谒庙服……假结，步摇，簪珥。"汉代童谣有："城中好高髻，四方高一尺"，如此高的发髻，女子用到假髻助益应是自然。魏晋时期则出现我们今天所习惯的"假髻"或"假发"的称呼，也有称"假头"者，且由于天下广为流行，制作用度奢靡，一度被列为"服妖"。如《宋书·五行志》记载："晋海西公太和以来，大家妇女，缓鬓倾髻，以为盛饰。用发既多，不恒戴，乃先作假髻，施于木上，呼曰'假头'。人欲借，名曰'借头'。遂布天下"。唐代假发又有"义髻""义髻子"之称，《杨太真外传》中便有："妃常以假髻为首饰……天宝末，京师童谣曰'义髻抛河里，黄裙逐水流'。"即此类。

小巧的假发可以直接用真发或黑丝绒等编织而成，高大的假髻则需要用木、纸或织物等制胎、衬，再涂漆，之后在胎体上缠裹毛发或鬃毛，制成逼真的发髻，其上往往还贴、绘有华丽的花饰、钿饰（图1-1-3-1）。唐《通典·乐志》

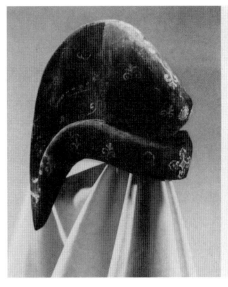

图1-1-3-1　**绘花木假髻**
新疆阿斯塔那唐墓出土。

图 1-1-3-2 **假髻**
新疆阿斯塔那 184 号唐墓出土。高 13.5 厘米，宽 6.5 厘米。
以麻布为衬里，用棕毛缠绕在麻布上，再经过染色处理。

图 1-1-3-3 **银丝鬏髻**
陆深家族墓出土。

① 新疆维吾尔自治区博物馆编.古代西域服饰
撷萃［M］.北京：文物出版社，2010.

② 上海市文物管理委员会.上海明墓［M］.
北京：文物出版社，2009.

记载清乐服饰，有"漆鬤髻，饰以金铜杂花"的描述，即指表演时所戴的漆涂假髻，装饰各种金铜花饰。由于假髻材质多为有机物，在墓葬中难以保存，所以中原墓葬考古罕见，但在西北新疆干燥环境唐墓中多有发现（图1-1-3-2）①。到了明代，已婚女性的重要首服称为"鬏髻"。鬏髻通常罩在头顶的发髻上，其外多敷黑纱，故也被视作假髻，《客座赘语》云："俗或曰'假髻'，制始于汉晋之大手髻，郑玄之所谓'假紒'，唐人之所谓'义髻'也。" 鬏髻的外形多呈圆锥状，早期顶部略向前弯曲，后期的鬏髻逐渐发展出多种造型，受到不同时期流行审美的影响，其大小、高矮总在不断变化着。制作鬏髻的材质十分丰富，最常用的有金、银、铁等金属丝，亦可使用马尾、竹篾丝乃至头发等（图1-1-3-3）②。

（四）步摇、花树、媚子

步摇一词最早见于汉代文献。刘熙《释名·释首饰》曰："步摇，上有垂珠，步则摇动也"，于步摇的形象说得很明确——由于在簪钗的首部装饰垂饰，会随着行步时摇动，故名"步摇"。步摇或源于中西亚，约在汉代前后传入中原，并同时流传至东北亚、日本，在整个亚欧大陆流行，演变成各种王冠[1]。但汉代的步摇往往是和假发组合为饰的。文献中关于步摇的计量，多以"一具"为度。《东观汉记·和熹邓皇后》："太后赐冯贵人步摇一具。"晋·张敞《东宫旧事》："步摇一具，九钿函盛之。"所谓具，便是指配备具足、成套的物件。

《周礼·天官冢宰第一》："追师掌王后之首服，为副、编、次。"东汉郑玄注："副之言覆，所以覆首为之饰，其遗象若今之步摇矣，服之以从王祭祀。"《国风·鄘风·君子偕老》："君子偕老，副笄六珈。"《毛传》："副者，后夫人首饰，编发为之。笄，衡笄也。珈，笄饰之最盛者，所以别尊卑。"郑笺："珈之言加也。副既笄而加饰，如今步摇上饰。"东汉时候的经学大家郑玄，对照先秦时候后夫人首服"副"的制度，以汉时的"步摇"来解释。其形态应是编发为假髻，再以饰有六珈的笄固髻于首，是一个"兼用众物以成其饰"的假发髻。这类盛饰的步摇，在汉代成为皇后、长公主等的最高礼服首饰构件，如《续汉书·舆服志》所载，有"皇后谒庙"及举行亲蚕礼、"长公主见会"。其中以皇后所佩戴的步摇形制记载最为详细。《续汉书·舆服志》曰皇后谒庙服："假结。步摇，簪珥。步摇

① 孙机.步摇、步摇冠与摇叶饰片[J].文物，1991（11）.

图 1-1-4-1　**金步摇**
辽宁北票房 2 号晋墓出土。

以黄金为山题，贯白珠为桂枝相缪，一爵九华，熊、虎、赤罴、天鹿、辟邪、南山丰大特六兽，《诗》所谓'副笄六珈'者。诸爵兽皆以翡翠为毛羽。金题，白珠珰绕，以翡翠为华云。" 魏晋南北朝大体继承了汉代的枝状步摇，树状枝干上缀珠、金叶饰，花枝中间或掩映有金雀、辟邪等鸟兽，"俗谓之珠松"（图 1-1-4-1）[①]。

汉魏礼服首饰中的枝状步摇自北周以后改称"花树"，不再是在枝干上缀饰摇曳的珍珠或叶片，而是直接将花朵装于可弹动的螺旋枝之上，依然可"随步摇动"，也确实符合"花树"之名。步摇在汉代并没有出现身份等级的数目差降规律，但从北周开始，有了明确的数目等级降差。皇后花树十二，对应皇帝冕旒十二，以下数目

① 陈大为.辽宁北票房身村晋墓发掘简报 [J].考古，1960（1）.

依次递降。隋唐因袭了"花树"这一称谓，并对等级差异进一步细分。一株花树通常由木质基座、花柄和小花朵构成，讲究者还在花朵上夹杂小人、鸟雀等饰件，这种做法到了宋明大放异彩。花树属于礼服系统，民间在日常生活中还继续沿用的"步摇"之名，则是另一种在簪钗首悬挂垂饰的首饰。王谠《唐语林》"长庆中，京城妇人首饰，有以金碧珠翠，笄栉步摇，无不具美，谓之百不如"。相较于进入礼服系统的花树，日常的步摇形态较自由，使用上也更灵活随意。

唐代文献中还常见另一种称为"媚子"的饰物，似也为步摇之属。敦煌唐代写本通俗辞典《俗务要名林·女服部》在首饰部分列有"媚子"，北周庾信《镜赋》："悬媚子于搔头，拭钗梁于粉絮。"可见媚子应当为悬于簪钗上的饰物。唐代文献中媚子往往与花钗并提，如唐张鷟《朝野佥载》记载睿宗时一次元宵节"妙简长安、万年少女妇千余人，衣服、花钗、媚子亦称是，于灯轮下踏歌三日夜"。媚子悬挂于簪钗之上，能随着步履移动而摇曳开合，增添妩媚之态，故而得名（图 1-1-4-2）[①]。

① 扬之水.古诗文名物新证［M］.北京：故宫出版社，2010：图 8-12.

（五）钿（镈）

"钿（镈）"，《玉篇·金部》云："钿，金华也"，本指一类用金银片加以掐丝盘绕出花型、并装饰镶嵌金粟珠和各种珠宝石、贝壳的技法，被称作"金钿""宝钿""钿筐""金筐宝钿珍珠"等。可以用在各种首饰、配件、器物上作为装饰，深受人们喜爱，首饰类的梳背、簪钗首、带铐都可见大量使用钿饰技法的实例。

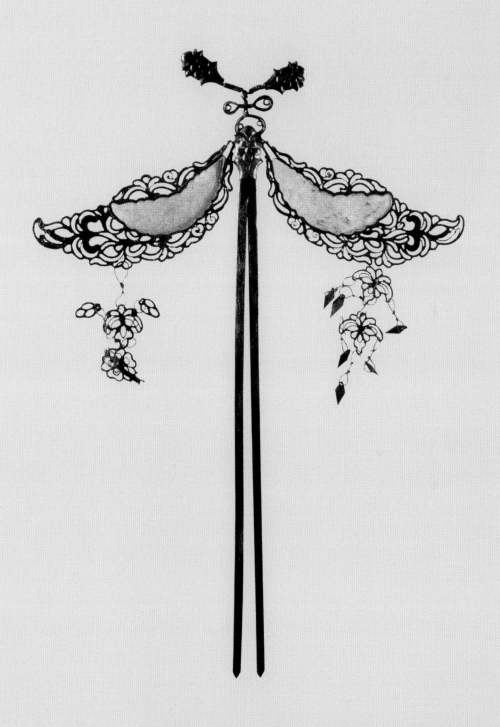

图 1-1-4-2　饰有媚子的花钗

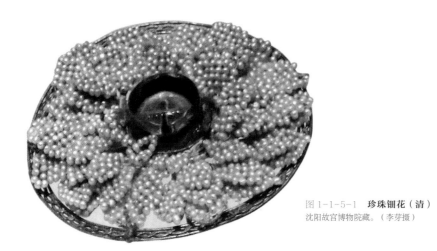

图 1-1-5-1　**珍珠钿花（清）**
沈阳故宫博物院藏。（李芽摄）

除了作为附加工艺，钿也可以单独作为一种首饰存在。礼服首饰中有一类宝钿，形状、数目都有相应特定的模式，是命妇身份等级的象征。"钿"之制至迟始自魏晋。魏晋在继承汉代后妃首饰假髻、步摇、簪珥组合的基础上，增加了钿数和蔽髻的概念，在假髻上装饰以金玉制成的镈（钿），并且以镈数区分等级，《晋书·志十五·舆服》中有相关记载，如晋制皇后大手髻、步摇、十二镈，皇太子妃九镈，贵人、贵嫔、夫人七镈，九嫔及公主、夫人五镈，世妇三镈。此制在南北朝至隋各政权被普遍沿用，并且等级进一步细化，内外命妇五品以上均以钿数为品秩差异。唐制皇后、太子妃大礼服祎衣、鞠衣首饰仅提及花树，次礼服钿钗礼衣首饰提及钿，其余内外命妇大礼服翟衣则花树、钿并提；宋制只有命妇服提及宝钿；明制则从皇后到命妇礼冠皆饰宝钿。宝钿数量均与品级挂钩。

妇女在日常生活中，还常常使用另一类相对自由变化的钿类首饰品，可称为"钿花""钿朵""花钿"。顾名思义，钿花一般用金做成花朵形，再镶嵌各种珠宝。钿花背后通常有穿孔或小钮，可套缀在普通折股钗顶，再行插戴，所以也被称之为"钗花""钗朵""步摇花"等（图 1-1-5-1）。

明代称"钿"为"钿儿"，形制变化较大，往往做成桥梁形，戴在鬏髻前方底部，背面通常有垂直向后的簪脚，也有些不用簪脚，而是在左右两端连缀系带或用其他方式进行固定。钿儿上可镶嵌宝石、珍珠或饰点翠。明初曾参考

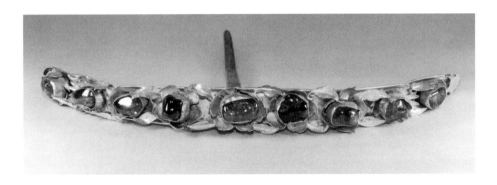

图 1-1-5-2　**青阳明墓出土的金嵌宝四季花钿儿**
江阴博物馆藏。

唐宋制度拟定命妇首饰用博鬓、花钗、宝钿等，之后经多次修改，确定为金或抹金银宝钿花八个，装饰在翟冠的口圈上。作为吉服与便服首饰的鬓髻头面，或多或少会受到礼服常服首饰的影响，部分饰件可能会被人们有意识地"制造出"对应关系。不过鬓髻钿儿本身更有可能是从宋元的花钿式簪发展而来，其样式也不像宝钿花那样有明确的制度规定，因此明代钿儿的造型非常丰富，常见的有花卉、云朵、龙凤、仙人等（图 1-1-5-2）。

　　清代旗人女子中，有一类应用在吉服、常服、便服等服制场合的女性冠帽，称为"钿子"，与本节内容并非一物，但附着在此类"钿子"上的钿花，则可被认为是前代钿花的延续。对于钿花，清代人一般以"块"来计数。比如说某顶钿子上装饰有五个钿花，便说"钿花五块"。清宫中保存有大量的钿花，根据钿花使用位置和各自形状的不同，有"头面""钿尾""钿口""翠条""长簪""结子""面簪""凤簪"等等名词。

（六）礼冠、冠子

　　华夏重衣冠，其中"冠"又重于"衣"。"在身之物，莫大于冠。"古时通常男戴冠巾帽，女插簪钗首饰，但自唐以来，冠也不仅限于男性使用，女子也开始戴冠。女冠主要分为两类：一类是礼冠，搭配后妃命妇的礼服，需依制穿戴，不可僭越；还有一类则是常服冠，为女子日常所戴。

古时后妃命妇礼服配冠，始于唐代。唐以前的女性礼服首饰以假髻和各式簪钗、步摇为组合，自唐代开始，女性礼服首饰逐渐演变为以花树、钿、博鬓等为组合的一体冠的形态，宋代又加入龙凤饰，故后世又简称"凤冠"。女子礼冠主要用于礼仪性场合，包括后妃受册、助祭、朝会等国家大礼，以及宴见、命妇朝参和婚嫁等相对次要礼仪。所以礼法象征意义浓重，不管是构件的种类、形态，还是数目都有细致的规定，形成体系严明的制度，并不轻易改变。例如唐代头等礼服，包括皇后袆衣、鞠衣，皇太子妃褕翟、鞠衣，以及内外命妇翟衣。适用于受册、助祭、朝会、亲蚕（从蚕）等大型礼仪场合。首饰由完整版的花树（花钗）、宝钿、博鬓组成。花树或花钗、宝钿的数目自皇后而下依品级递减，分别为十二、九、八、七、六、五，配置隆重而华丽。后世汉族后妃的礼服冠基本都是在唐制的基础上继续调整和补充（图 1-1-6-1）。清代满族后妃则抛弃了装饰繁缛的凤冠，改戴相对简约的朝服冠，以冠顶的"底座"装饰和"顶珠"的材质区分尊卑等级。

图 1-1-6-1　**十二龙九凤冠**
定陵出土，定陵博物馆藏。

女子的常服冠则是在妇女日常穿着时装时佩戴。唐宋以来的事物始源类书，常把冠子的起源远附至秦汉。晚唐五代人马缟所著《中华古今注》中"冠子·朵子·扇子"条称"冠子者，秦始皇之制也"；宋高承《事物纪原》"冠子"条引"《二仪实录》曰'汉宫掖承恩者，始赐碧或绯芙蓉冠子，则其物自汉始矣'"。此类名物溯源向多穿凿附会之处，几不可信，但至少可知唐人已有女用冠子观念。从文物图像和唐代诗歌笔记描述出现的情况看，冠子的出现可能并不太早，盛唐、中唐以后才逐渐频繁起来。

唐五代女性所戴冠子主要造型有凤鸟和芙蓉莲花两类。其中的凤鸟冠由一种鸟形装饰发展而来，并逐步演变成后世女性的常服冠；芙蓉冠有时则和"女冠"即女道士关系较大，宫廷贵妇日常也常戴各种材质制成的花冠。《中华古今注》中还提及黄罗髻蝉冠子、通天百叶冠子等品种。两宋女性日常戴冠之风较唐尤盛，从宋代墓葬壁画、陶俑，以及传世绘画看，当时女性戴冠极为普遍，可以说是宋代头饰最主体的部分，其他梳、簪钗则多辅助、围绕冠子插戴。宋代冠子造型十分多样，并且随时代迅速改变。有自宫中传出的"内样""宫样"，以及各种流行"时样""新样"。见诸各种诗词、史料的冠子名目相当丰富，如垂肩冠、等肩冠、弹肩冠、团冠、山口冠、长冠、短冠、云月冠、四直冠、如意冠、朵云冠、高冠等，不少宋人笔记中，都花费大段篇幅描述当时冠饰名目和变迁，可见其眼花缭乱的样式给时人留下印象之深（图 1-1-6-2）。明代已婚女子多戴鬏髻，冠子是从鬏髻中分化出来的一种款式，外形通常模拟男子的冠巾，故也常被称作"髻"（鬏髻亦可称为"冠"）。明代女冠的样式不拘一格，最常见的有两种，一种仿自士人男子的束发冠，另一种仿自官员戴的忠静冠。男子在束发冠外还要戴其他巾帽，所以冠的形态大都矮而宽，女冠没有头巾的约束，高矮则皆随所好（图 11-2-1-9）。清代旗人女性喜爱戴钿子，这是一种清代中前期由包头发展来的冠，一直到清末都十分流行，主要应用在吉服、常服、便服等服制场合（图 1-1-6-3）。其一般使用金属丝或藤一类的物品制作骨架，外面蒙上织物制成"覆钵"状的钿胎，胎外再坠上数量不等的钿花作为装饰。根据装饰钿花使用规则的不同，基本形成了半钿、满钿、凤钿、挑杆钿子这四个类型。

图 1-1-6-2　南宋《女孝经图》中戴礼冠的女子

图 1-1-6-3　黑缎嵌点翠凤戏牡丹钿子
沈阳博物院藏。（李芽摄）

二 中国古代头饰中的文化意涵

（一）礼服中的头饰彰显了鲜明的身份与等级

头饰在古代所有首饰门类中是最外显的，当然头也是人整个身体中最高贵的部位。因此，在中国古代极其注重通过服饰来区别尊卑等级的社会当中，借助头饰来"昭名分，别等威"便显得非常自然与必要，这一点，尤其体现在礼服首饰中。可以说，礼服首饰最重要的功能除了彰显皇家威仪，就是用来区别佩戴者的身份等级。

自先秦周礼出现，头上的笄就有明确的等级使用之别。《周礼》规定：王后和三夫人、三公夫人在祭祀时应插戴玉制的衡笄，而地位较低的九嫔命妇等女子祭祀时则只能插戴象牙做的衡笄[1]。在笄首另加的玉饰，名"珈"，因先民尚玉，故毛传以珈为"笄饰之最盛者，所以别尊卑"。[2]即笄首装饰的华丽程度也是区别尊卑的重要标志。

进入汉代，舆服志中关于女性礼仪头饰的记载相比先秦又详细了许多，从太皇太后、皇太后，到皇后、贵人，再到长公主、命妇，不同级别女性的礼仪头饰都有相对更为细致的记载，此时期主要是以帼（蔮）、簪、擿、步摇、假髻等不同的材质和款式来区分身份等级。魏晋时又添加了"钿"和"蔽髻"。但汉魏时期还没有将礼制用首饰与日常用首饰全然清晰地区分开来，甚至进化出特定的冠饰。大部分款式的首饰人们日常也可以使用，只是礼仪所用可能装饰细节比日常更为繁复华丽而已。

进入隋唐，后妃命妇礼服首饰，在汉魏各朝制度的基础上调整损益，确立了花树、钿、博鬓、钗的组合模式，以花树、钿的数目区分等级，并且不同场合构件的种类多寡也有所区别，形成体系严明的制度。宋代最高

① 李学勤主编.周礼注疏［M］.（卷第八，十三经注疏标点本）.北京：北京大学出版社，1999：212-214.

② 丛文俊.《诗经》"副笄六珈"古义钩沉［J］.安徽大学学报（哲学社会科学版），1998（3）.

级别的女性首饰，则在唐代花树冠的基础上，不断叠加新的元素，如北宋初沿袭唐五代花钗冠之制，中期随着章献太后政治地位的提高，在礼服冠上添加龙饰，甚至一度仿造帝冕加以珠翠旒；北宋后期政和年间，由议礼局议定后妃命妇首饰制度，形成宋代定制并延续至宋亡，其最大的改变就是在最高等级的太后、皇后、妃等礼服首饰上添加了龙、凤饰，并且增添了王母仙人队、各种鸟雀装饰。皇太子妃以下命妇则依然以花钗、博鬓为主要冠饰，并以花钗数区分等级。我们以北宋《政和五礼新仪》规定的宋代后妃命妇礼服首饰制度等级为例，便可见历朝历代统治者通过礼仪头饰对后妃命妇身份等级的彰显与约束之一斑。《元史》编撰仓促，记载粗略，"舆服志"中关于后妃头饰无任何记载，关于命妇首饰则只一句话："首饰，一品至三品许用金珠宝玉、四品、五品用金玉珍珠，六品以下用金，惟耳环用珠玉。同籍不限亲疏，期亲虽别籍，并出嫁同。"可以说就是对人物等级与首饰材质之间关系的一种极简说明。明制则基本上是对宋制的承袭和简化微调。

当然，女性有女性的头饰等级彰显形式，男性也自有男性的头饰等级彰显形式。只是男性头部的等级序列主要通过冠帽来体现，虽然男性的冠帽并不属于首饰序列，但即使是男性冠帽上的一个小小配件——冠簪，仍然有其鲜明的等级属性。以唐代为例，在隋唐舆服制度中，男用冠簪不用华丽的金属，材质等级序列自上而下大体为玉、犀、角、牙。如天子大裘冕、衮冕、通天冠、弁服、平巾帻使用玉簪；皇太子衮冕、远游冠、弁服、平巾帻用犀簪；群官冕、进贤冠、平巾帻五品以上用犀簪、六品以下用角簪；弁服用牙簪。除了天子所用玉簪外，"犀簪"是王公百官冠冕中等级最高的，所以在唐人诗中也有贵臣的隐喻，韩愈有一首《南内朝贺归呈同官》："三黜竟不去，致官九列齐。岂惟一身荣，佩玉冠簪犀"，便是用"簪犀"指代"一身荣"。

（二）服妖中彰显出的头饰之时尚追求

除了中规中矩展现等级身份的礼仪头饰，在日常的休闲时光里，追求时尚的古代潮女们同样也喜爱玩玩另类花样，打破礼教桎梏，尝试另类审美。于是就出现了"服妖"。

"服妖"一词，现存文献中最早见于《尚书大传》之《洪范五行传》："貌之不恭，是为不肃，厥咎狂，厥罚常雨，厥极恶，时则有服妖。"《汉书》卷二七《五行志中》解释"服妖"为："风俗狂慢，变节易度，则为剽骑奇怪之服，故有服妖。" 可见，"服妖"实际上是人们对反传统服饰的统称，也就是人们常说的奇装异服，时尚异类。当这些奇装异服与我国古代的阴阳五行思想融合，用以附会当时社会中发生的灾异现象时，服妖便产生了。

自《汉书》至《隋书》，正史《五行志》皆设"服妖"一项，对"服妖"现象详细记述。六朝小说中也存在大量关于"服妖"现象的记载。唐代瞿昙悉达《唐开元占经》、许嵩《建康实录》，对六朝小说中所载"服妖"现象广有征引，元代马端临《文献通考》更是在"物异"类下单设"服妖"一部，汇总了大量"服妖"现象。"服妖"产生的原因很复杂，与政治经济动荡、对儒家礼仪规范的叛逆、对民俗禁忌观念的打破及少数民族文化因素的大量涌入等都有密切关系。由于这些记载对服饰外形的描绘大多直观而形象，因此，从首饰文化的角度看，通过"服妖"中大量关于首饰的记载，我们又可以了解不同时代的人们曾经的流行时尚。因为，凡是记载于"服妖"的，必然是在社会上流行达到一定规模的时尚，绝不仅仅是个体行为，从这一角度看，"服妖"又具有文化史上的价值。

最早有关首饰妆容的服妖记载，见于《后汉书》卷一〇三《五行志一》：

桓帝元嘉中，京都妇女作愁眉、啼妆、堕马髻、折要步、龋齿笑。所谓愁眉者，细而曲折。啼妆者，薄拭目下，若啼处。堕马髻者，作一边。折要步者，足不在体下。龋齿笑者，若齿痛，乐不欣欣。始自大将军梁冀家所为，京都歙然，诸夏皆仿效。此近服妖也。

另有《后汉书·梁冀传》中载："（孙寿）色美而善为妖态，作愁眉、啼妆、堕马髻、折腰步、龋齿笑，以为媚惑。"此处尽管没有提到具体首饰，但这段文字却是中国历史上关于女性主动对自我整体形象塑造的最早描述，不仅涉及妆容和发型，还涉及体态与表情，是对人物由表及里综合形象的塑造，因此，梁冀之妻孙寿也可被视为是中国历史上第一位造型师。这里提到的堕马髻是汉代广为流行的一种垂髻，梳挽时由正中开缝，至颈后松松集为一股，挽髻之后垂至背部，另在髻中分出一绺头发，朝一侧垂下，给人以发髻松散飘逸之感，因酷似人从马上跌落后发髻松散下垂之状，故名。从审美角度看，这种侧在一边的髻式的确比传统对称高髻的正襟危坐感更能体现女性

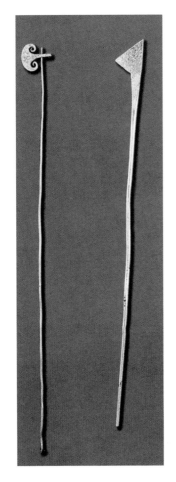

图 1-1-2-2-1
钺形金簪（左）通长 19 厘米
戈形金簪（右）通长 12.8 厘米
南京象山东晋墓出土。南京市博物馆藏。

的妩媚娇柔，再结合愁眉啼妆的楚楚可怜之状与弓腰捂腮的病弱之态，故此招来"媚惑"之嫌。而在媚惑的背后，又何尝不包含着求新求变的勇气！

随着汉末的动乱，中央大一统思想的解体，"服妖"行为在社会上不再是个别行为，而成为比较普遍的社会潮流，大有愈演愈烈之势。东汉王符《潜夫论·浮侈》载："今京师贵戚，衣服、饮食、车典、文饰、庐舍，皆过王制，僭上甚矣。从奴仆妾，皆服葛子升越。筒中女布，细致绮縠，冰纨锦绣，犀象珠玉，琥珀玳瑁、石山隐饰、金银错镂，獐麂履舄，文组采褋，骄奢僭主，转相夸诧……"。随之而来的就是魏晋南北朝时期的门阀士族们在服饰穿着方面反礼教的叛逆色彩不断增强，开始注重物质与精神的双重追求。

《宋书·五行志》记载：

晋惠帝元康中，妇人之饰有五兵佩，又以金、银、玳瑁之属为斧、钺、戈、戟，以当笄。干宝曰"男女之别，国之大节，故服物异等，贽币不同。今妇人而以兵器为饰，又妖之大也"。

这是说晋惠帝年间，妇女或以五种兵器作为腰间佩饰，或以五兵中的斧、钺、戈、戟用金、银、玳瑁等材质做成簪钗，称为五兵簪[1]（图1-1-2-2-1）。

《宋书·五行志》又载：

晋海西公太和以来，大家妇女，缓鬓倾髻，以为盛饰。用发既多，不恒戴，乃先作假髻，施于木上，呼曰"假头"。人欲借，名曰"借头"。遂布天下。

① 南京市博物馆.六朝风采［M］.北京：文物出版社，2004：图140、141.

24

图 1-1-2-2-2
缓鬓倾髻的六朝女子
南京尧化门东晋墓出土。南京市博物馆藏。

成书更晚的《晋书·五行志》同样引录此语："太元中,公主妇女必先缓鬓倾髻,以为盛饰,用髲既多,不可恒戴,乃先于木及笼上装之,名曰假髻,或名假发。至于贫家,不能自办,自号无头,就人借头。遂布天下,亦服妖也。"

这段记载非常清楚地描写了东晋时期,贵族女子流行制作高大华丽的假髻用以装饰发髻的时尚,上行下效,民间贫民女子无钱置办,只得互相拆借使用的情境[1](图 1-1-2-2-2)。

发展至宋代,商品经济与手工业的蓬勃发展和高涨的市民意识,极大地刺激了人们日趋膨胀的消费意愿。加之宋代在与辽金的长期战争过程中,民族文化也在相互交流融合,虽然战争导致百姓流离失所,世人对政治存在强烈的不满与抱怨,但文化交流导致的时尚流行和对美的追逐并不会因战争而失去市场,反而在战乱的映衬之下凸显出异样的光华。《宋史·五行志》有一段记载:

绍兴二十三年,士庶家竞以胎鹿皮制妇人冠,山民采捕胎鹿无遗。时去宣和未远,妇人服饰犹集翠羽为之,近服妖也。

宋代女子流行戴冠,所谓胎鹿皮就是指尚在妊娠阶段的幼鹿皮,因此想要获得一张胎鹿皮就意味着要杀死一对鹿母子,非常残忍。尽管如此,胎鹿皮却因为上面有斑驳的花纹而受到推崇,"俗贵其皮,用诸首饰,竞剖胎而是取",这种现象自五代便已出现,宋初盛行,士庶人家妇女竞相戴之,导致山民大量猎捕胎鹿取皮。性情宽仁恭俭的宋仁宗亲政以后,对此风极为反感,景祐三年(1036),仁宗对近臣说:"圣人治世,有一物不得其所,若己推而置诸死地。……比闻臣僚士庶人家多以鹿胎制造冠子,

[1] 南京市博物馆.六朝风采[M].
北京:文物出版社,2004:图226.

及有命妇亦戴鹿胎冠子入内者，以致诸处采捕，杀害生牲。宜严行禁绝。"当年连下两道禁鹿胎诏，"冠服有制，必戒于侈心"，"应臣僚士庶之家，禁戴鹿胎冠子，及无得辄采捕制造"，希望平息捕杀胎鹿制冠的风气。但从文献中看，鹿胎冠子并未断绝，甚至在南宋又再度兴盛。高宗绍兴二十九年（1159）知枢密院事陈诚之进言："窃见民间轻用物命以供玩好，有甚于翠毛者，如龟筒、玳瑁、鹿胎是也。……残二物之命以为一冠之饰，其用至微，其害甚酷。望今后不得用龟筒、玳瑁为器用，鹿胎为冠。"高宗再度下诏"应臣僚士庶之家，不得戴鹿胎冠子。及今后诸色人，不得采捕鹿胎并制造冠子。如有违犯，并许诸色人陈告。"不过《梦粱录》追忆南宋末临安有走街串巷专事"修洗鹿胎冠子"者，可见民间用者依然甚多。

除了对材质的奢靡追求，宋代女子对冠子的高大亦有着近乎偏执的喜好。如《续资治通鉴长编》载，宋仁宗即位初期，宫中女子流行戴一种夸张的高冠，长度可达二三尺，以至于"登车檐皆侧首而入"（图1-1-2-2-3）。仁宗亲政以后，为肃清奢靡之风，在皇祐元年（1049）下诏：

丁丑，诏妇人所服冠，高无得过四寸，广无得逾一尺，梳长无得逾四寸，仍无得以角为之，犯者重致于法，仍听人告。先是，宫中尚白角冠梳，人争效之，谓之内样。其冠名曰垂肩，至有长三尺者。梳长亦逾尺。御史刘元瑜以为服妖，故请禁止之，妇人多被罪者。[①]

于是，"终仁宗之世无敢犯者"，女子冠子尺寸才得以有所收敛。除了疯狂的冠子，宋代服妖中还记载有其他流行头饰，且均有明确的流行纪年。如

① 李涛.续资治通鉴长编：第十二册「M」.北京：中华书局，1995：4019.

图 1-1-2-2-3　头戴高冠的宋代女子形象
钱选《招凉仕女图》局部。

南宋陆游的《老学庵笔记》载：

> 靖康初年（1126），京师织帛及妇人首饰衣服，皆备四时如节，物则春蟠球、竞渡、艾虎、云月之类，花则桃、杏、荷花、菊花、梅花，皆并为一景，谓之一年景，而靖康纪元，果止一年。盖服妖也。

生动地描述了宋代女子首饰插戴应时应景，花团锦簇的市井生态。《宋史》卷六五《五行志三》又载：

> 绍熙元年（1190），里巷妇女以琉璃为首饰。《唐志》有琉璃钗钏，有流离之兆，亦服妖也，后连年有流徙之厄。

琉璃外表酷似珠翠，而价格又较珠翠便宜，易为普通百姓接受。琉璃首饰的流行与国家"珠翠"之禁有密切的联系，如景祐三年（1036），禁非命妇之家"以真珠装缀首饰衣服"及项珠、缨络、耳坠之类；绍兴五年（1135），禁"金翠为妇人服饰"[①]。国家禁令使人们不断变通，以满足自己装饰爱美的欲望，这种禁令反倒成了另类首饰流行的助推器，以致"京城禁珠翠，天下尽琉璃"（图1-1-2-2-4[②]、图1-1-2-2-5、图1-1-2-2-6）。

明代中叶以后，随着社会财富积累增加，商品经济愈加繁荣，城市消费生活水平得到高度发展；同时，晚明宦官专权，官僚机构渐趋腐化，法制日益松弛，生活方面越礼犯份之事应运而生，服饰方面也由尚奢侈、好虚荣逐渐演变成为追求怪诞、僭越的风尚。如顾起元在《客座赘语》中记载：

> 南都服饰，在庆、历前犹为朴谨，官戴忠静冠，士戴方巾而已。近年以来，殊形诡制，日异月新。于是士大夫所戴其名甚夥，有汉巾、晋巾、唐巾、诸葛巾、纯阳巾……巾之上或缀以玉结子、玉花瓶，侧缀以二大玉环……

① 《宋史》卷一五三《舆服志五》.

② 中国金银玻璃珐琅器全集编辑委员会. 中国金银玻璃珐琅器全集：玻璃器[M].石家庄：河北美术出版社，2004：图一二一、一二二.

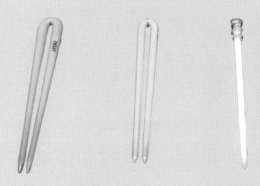

图 1-1-2-2-4　**琉璃簪**
南京邓府山宋墓出土。南京市博物馆藏。

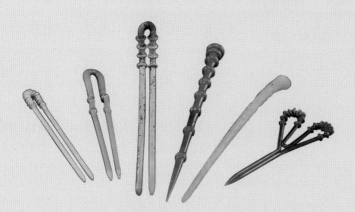

图 1-1-2-2-5　**宋元琉璃簪、钗**
王进藏。

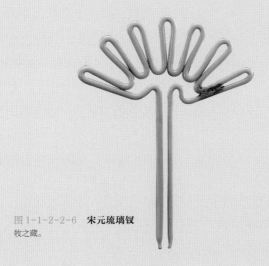

图 1-1-2-2-6　**宋元琉璃钗**
牧之藏。

图 1-1-2-2-7　**王翯人像（局部）**
丹麦国家博物馆藏。

这里的"玉结子""玉花瓶""大玉环"在文献中没有注明其具体形制，但推断应和金代贵族巾帽上的"玉逍遥""玉屏花""玉巾环"相对应，都是连缀在巾帽上的一种装饰性玉饰，兼可起到约束巾帽的作用。不只江南地区，北方如河南开封府的太康县在女子发式上亦有类似快速的时尚流转，据嘉靖《县志》载：

> 弘治间，妇女衣衫，仅掩裙腰；富用罗、缎、纱、绢，织金彩通袖，裙用金彩膝裥，髻高寸余。正德间，衣衫渐大，裙褶渐多，衫惟用金彩补子，髻渐高。嘉靖初，衣衫大至膝，裙短褶少，髻高如官帽，皆铁丝胎，高六七寸，口周尺二三寸余。

女子发髻的渐高，必然伴随着鬏髻形制的变化，嘉靖以后，高如官帽，也是颇为戏剧化了（图 1-1-2-2-7）。明代最让人瞠目结舌的时尚，是男女服饰的混杂，在头饰上最显著的特点就是女戴男冠和网巾。如褚人获《坚瓠集》引"吴下歌谣"，"苏州三件好新闻：男儿着条红围领，女儿倒要包网巾，贫儿打扮富儿形"。安徽泾县人萧雍在《赤山会约》一书亦载："又有女戴男冠，男穿女裙者，阴阳反背，不祥之甚。"[1] 又如河南开封府附郭祥符县，顺治年间的《县志》转引明代《开封志》形容明末流行服饰的特征："迨至明季嚣陵益甚，伎女露髻巾网，全同男子；衿庶短衣修裙，遥疑妇人；九华是帻，罗汉为履，傲侮前辈，堕弃本类，良可悼也。"[2]

以上种种，我们会发现，服妖凡是涉及首饰的，基本都是头饰。可见在中国古代的首饰

① （明）萧雍.赤山会约［M］.收入丛书集成初编册 733，上海：商务印书馆据径川丛书本排印，1936:10.

② （清）张俊哲修，张壮行，马士骘纂.顺治祥符县志［M］.收入稀见中国地方志汇刊［M］.北京：中国书店据日本内阁文库藏清顺治十八年刻本影印，1992:34.

门类中，头饰是最具有流行号召力的，也是佩戴最为广泛的。服妖现象历代都有，表现形式千姿百态，但其核心就是颠覆传统服饰观念桎梏，追求奇装异服和新巧设计，以彰显独特个性，从而形成时尚潮流。虽然在传统眼光里是离经叛道，但这种求新求变的时尚勇气在礼教约束极其严格的古代社会显得尤其珍贵，也在中国古代首饰史上留下了浓墨重彩的一笔另类光华。

第二节 | 中国古代耳饰文化

一 中国古代耳饰门类

中国古代耳饰门类非常多样，既有装饰用品，也有礼仪用品。

（一）玦

玦，作为耳饰，在史书中不见叙录，但在新石器时代发现的玉玦，大多见于人体的耳部，因此学者认为，耳饰是玦非常重要的一种用途。

在整个新石器时代，中国除西藏、新疆、甘肃西部地区外的其他地域，玉玦可谓层出不穷。在距今八千年左右的内蒙古自治区敖汉旗兴隆洼遗址的居住区和墓地里，人们找到了100多件玉器。其中，玉玦的数量最多，它成对地出现在墓主人的耳部周围（图1-2-1-1-1）。从佩戴的方式看，玉玦大多双耳佩戴，并且没有性别和年龄的差别，既有成年的男性和女性，也有儿童。

从形制上来看，玦大致可分为扁体环型、凸纽型、管柱型、圆珠型、兽型、玦口联结型等，也有像台湾卑南遗址的人形玦和奇特罕见的异型玦等，更有复杂成套的组玉玦。但其中以"形似环而有缺"的扁体环形玦最为常见。从装饰看，玦大多为素面无纹，只有少量有刻纹。从材质上看，玦大多为玉制，《说文·玉部》："玦，玉佩也。从玉，夬声。"如今墓葬中出土的实物遗存也以玉制居多。也有以象牙或兽骨制成的，或以其他普通石材制作的石玦，和以玛瑙、水晶、蚌、陶等材质制成。另有少量以金属制成的，称为金玦。

图 1-2-1-1-1 **玉玦（新石器时代）**
黑龙江省饶河县小南山墓葬出土。黑龙江省博物馆藏。（李芽摄）

　　玦作为耳饰主要流行于中国的新石器时代。商周以后，玦的用途开始发生改变，除了部分依旧作为耳饰外，很大一部分开始向佩饰及具有象征意义的财富及礼器转变，故有孔者、有纹饰者渐多。到了汉代，玦则主要见于西南边陲的南越、滇族等少数民族地区，汉族地区不再流行。

（二）瑱

　　瑱作为耳饰，目前有两种理解。一种是男子冕冠上的一种佩饰，又名"充耳"；棉制的称为"纩"或"充纩"。其出现的时间应在先秦礼制逐渐完备之时，名称最早见于《诗经》。《周礼·弁师》中描述诸侯冕冠时也提到了瑱："诸侯之缫斿九就……缫斿皆就，玉瑱，玉笄。"其后常见于汉魏时期的史籍，并陆续沿用到明代的服饰典章制度中。其形制在唐以前未见记载与图像，唐代《历代帝王图》中可以明确看到帝王冕冠两旁垂于耳畔的"瑱"是一圆珠的造型（图 1-2-1-2-1）[1]。明代墓葬中出土

① 海外藏中国历代名画编辑委员会.海外藏中国历代名画［M］.长沙：湖南美术出版社，1998.

图1-2-1-2-1 《历代帝王图》中后周武帝宇文邕,冕冠旁垂有圆珠状"瑱"
美国波士顿美术馆藏。

① 湖北省文物考古研究
所、钟祥市博物馆.梁庄王
墓 [M].北京:文物出版
社,2007:139—142.梁
庄王为明仁宗第九子,永
乐二十二年册封为梁王.

有多件冕冠,其中湖北的明梁庄王墓中的冕冠附件中有碧玉瑱2件、白玉瑱2件,皆为球形(图1-2-1-2-2)①。此类瑱最初用于"充耳",即充塞耳孔。后来被悬挂于人的耳畔。《汉书·东方朔传》云:"水至清则无鱼,人至察则无徒。冕而前旒,所以蔽明;黈纩充耳,所以塞聪。明有所不见,聪有所不闻,举大德,赦小过,无求备于一人之义也。"这句话的意思是:水过清了鱼难以存在,人太清高就不会有人附从,所以君主的冠冕前面有旒饰,可以遮挡一些明亮,耳边有饰物,用以遮蔽一些声音。通过这些有限的遮蔽,不求全责备,允许人们犯一些小错。太

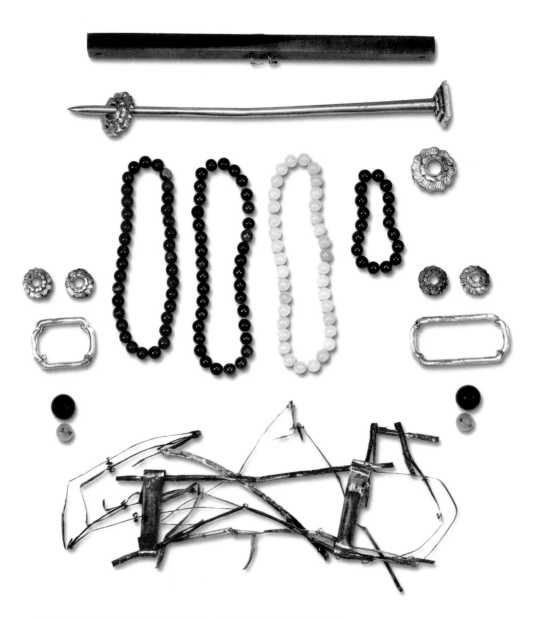

图 1-2-1-2-2　梁庄王墓出土冕冠附件，其中的两对青、白玉珠就是填

图1-2-1-2-3　玛瑙瑱（西汉）

江苏省扬州市邗江西湖胡杨20号汉墓出土。扬州博物馆藏。

长2厘米、直径0.75～0.9厘米，内芯有穿孔。

过明亮，太过清晰，太绝对了，反而不利于国家的治理。此类瑱的设计体现出中国古人推崇仁政德政的思想。

　　另一种理解认为瑱是特指嵌入耳垂穿孔中的一种饰物，也有的学者称之为耳栓[1]、耳塞、耳珰[2]等。其出现的年代比玦略晚，在距今七千年前的浙江余姚河姆渡遗址中出土有迄今发现的最早的陶质耳瑱[3]。汉代是瑱发展的最高峰，此时期墓葬中出土了很多腰鼓形瑱，材质多为玉或琉璃质，考古发掘中亦有见金属、陶、煤精等材质。主要是女性佩戴。汉魏之后其名其式在汉族地区渐渐不闻（图1-2-1-2-3）[4]。

（三）耳环（镮）

　　耳环，又名"镮"，简称"环"。耳环的形制，最初是以金属为主体材料制成的环形耳饰，到了辽宋时代，则

① 邓聪.从河姆渡的陶制耳栓说起［J］.杭州师范学院学报，2000，（3）.

② 费玲伢.长江下游新石器时代玉耳珰初探［J］.东南文化，2010，（2）.

③ 浙江省文物考古研究所.河姆渡：新石器时代遗址考古发掘报告［M］.北京：文物出版社，2003.

④ 扬州博物馆，天长市博物馆.汉广陵国玉器［M］.北京：文物出版社，2003.

图 1-2-1-3-1　**金耳环**
直径 2.5 厘米，为圆柱形金条弯曲成环
状。新疆维吾尔自治区哈密天北路古墓地
三二五号墓出土，新疆文物考古研究所藏。

① 图片摘自：中国金银玻璃珐琅器
全集编辑委员会 . 中国金银玻璃珐
琅器全集：金银器（一）[M]. 石家庄：
河北美术出版社，2004：图一三 ..

② 以上三条引述均摘自（清）王
初桐 . 奁史 · 钗钏门二 · 耳环 [M].
据清嘉庆二年伊江阿刻本影印 .

③ （宋）周去非 . 岭外代答 [M].
卷二，商务印书馆丛书集成本 .20.

转化为饰物后戴有环脚的形式。环脚即用作簪戴的细弯钩，宋代略短，到了明代则在耳后伸出很长，有约束行为，使人端庄之意。这种耳饰出现在冶金技术产生之后，在此之前，人们的耳饰大多以珠玉为之，如玉玦、瑱等。

"耳环"之名在史籍中出现得较晚，可能和汉族人早期不流行穿耳有关。在南北各少数民族中，金银制的耳环一度称作"耳镰"。《集韵·鱼藻》载："镰，金银器名。"又"璩，环属，戎夷贯耳。通作镰。"《山海经·中山经》："（青要之山）神武罗司之，其状人面而豹文，小要而白齿，而穿耳以镰。"郭璞注："金银器之名，未详也。"郝懿行笺疏："（《说文》）新附字引此经则作'璩'，云'璩。环属也。'"均说明耳镰即环状耳环（图 1-2-1-3-1）①。

目前能见到的有关耳环的记载，以晋六朝为早，佩戴对象主要是南北各地的少数民族，且男女均可戴之。如《南史·夷貊上》："林邑国……男女皆以横幅古贝绕腰以下……穿耳贯小环。"六朝以后，少数民族穿耳戴环的习俗一直有所延续。如《岜溪纤志》："苗妇人耳环盈寸。"《瀛涯胜览》："阿丹国妇人耳戴金厢宝环。"《贵州通志》："土人女子耳戴大环垂玉肩。"《郡大记》："大邦妇人耳戴大金圈。"②周去非《岭外代答·海外黎蛮》："其妇人高髻绣面，耳带铜环。"③等等。除了史籍记载，在辽金元等少数民族政权时期，墓葬中都出土了大量耳环。清代满族入关之前男子也戴耳环，入关之后男子逐渐从汉俗，不再穿耳戴环，但满族女子还保持了很长一段时间的一耳多环习俗。

图1-2-1-3-2　**银镀金点翠累丝福寿纹嵌珠耳环**
北京故宫博物院藏。一对，1.8厘米×1.8厘米。

图1-2-1-3-3　《三才图会》中的"环"

① 故宫博物院编．清宫后
妃首饰图典［M］.北京：
故宫出版社，2012：156.

② （明）王圻等编的《三
才图会》在"内外命妇冠
服"一项画出"环"的式
样，即耳环。

③ 《金瓶梅词话》第
七十八回："玉楼带的是
环子，金莲是青宝石坠
子。"

④ 《醒世恒言·乔太守乱
点鸳鸯谱》里便写："第
二件是耳上的环儿，此乃
女子平常时所戴。"

汉族男子不尚穿耳，也不喜佩戴耳环。耳饰在观念上普遍被人们接受的时代始于宋。宋代出土的耳饰文物中以耳环为主，且耳环脚多很短小，材质以金银为主，玉质的比较少见，也有少量金嵌宝石的，总体呈现出装饰相对节制的时风。耳环真正在使用上达到普及的时代要到明代。明清时期的俗家女子，无论身份贵贱，自幼便要穿耳戴环（图1-2-1-3-2）①。耳环是此时所有耳饰中最为正式的一类，在出席正式场合的正装中，后妃命妇多佩耳环。耳环在明代又称"环"②或"环子"③"环儿"④。明王圻等编的《三才图会》在"内外命妇冠服"一项画出了"环"的式样，可以代表明代命妇耳环的基本形制（图1-2-1-3-3）。

（四）耳坠

耳坠，又名"坠子"，其中珠形的坠饰在汉魏时期又称为"珰"。耳环所缀饰物是不可摇晃的，耳坠则不然，耳坠是在耳环基础上演变出来的一种饰物，它的上半部分多为

图 1-2-1-4-1
银镀金点翠如意蝶形嵌料珠耳坠（同治）
台北故宫博物院藏。黄籖：同治元年三月十七日
收，烧红石坠一对。烧红石即红色玻璃。
材质为银镀金、玻璃、珍珠、翠羽。
4.1 厘米 ×1.8 厘米。

图 1-2-1-4-2 **戴耳坠的末代皇后婉容**

① 台北故宫博物院.皇家风尚——清代宫廷与西方贵族珠宝［M］.台北：台北故宫博物院，2012.

圆形耳环，环下再悬挂若干坠饰，人在行动时坠饰来回摇荡，颇显戴者婀娜摇曳之姿，故名耳坠。

从出土文物观察，中国先民佩戴耳坠的习俗可上溯到新石器时代，但当时形制多比较简单，通常以玉石磨制成坠，上部各钻有小孔，可用绳带穿系佩戴。先秦到元代时期的耳坠大多出土于北方匈奴地区与西北新疆一带的墓葬，有一些制作已经比较精良，大多为金质，以镶嵌绿松石为多，也有嵌缀红玛瑙、玉石、金摇叶等。

因耳坠相对于耳环更显活泼，不如耳环端庄，故没有耳环正式，宋元明之际，女子耳饰多以耳环为主。在朝纲混乱的明晚期，耳坠才相对多见，但款式也大多比较简约、节制，并无过长、繁缛的流苏。耳坠在中国封建社会真正的大流行是在清代（图 1-2-1-4-1）①，此时耳坠的流苏有日渐繁缛之势，坠饰的款式也日渐增多，这和明代中叶兴起的心学及心学异端思想对程朱理学思想的冲击有关（图 1-2-1-4-2）。

（五）丁香

丁香，又名"耳塞"，是一种小型金属耳钉，也可于钉头镶嵌珠玉装饰，流行于明清时期。丁香不似耳环、耳坠般可以随风晃动，而是固定于耳垂之上，故比较小巧轻便，适于家常佩戴。其质地以金银

图 1-2-1-5　**金嵌珠宝丁香**
南京郊区出土。长 4.3 厘米。

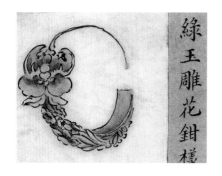

图 1-2-1-6-1
故宫博物院藏绿玉雕花钳小样图

图 1-2-1-6-2　**碧玺耳钳**
一对，通长均为 4.7 厘米。
沈阳故宫博物院藏。（李芽摄）

---

① 南京市博物馆.明朝首饰冠服 [M].北京：科学出版社，2000.海南陵水明墓中出土的一对莲花纹金丁香，耳饰部位呈五莲瓣花纹，原镶有的料珠已脱落，环钩呈弯钩形。通长 2 厘米，与其颇为相似。

② 故宫博物院.故宫博物院藏清代后妃首饰 [M].北京：紫禁城出版社，香港：柏高出版社，1992.

居多，富贵者嵌有珠玉，贫贱者则以铜锡为之（图 1-2-1-5）[①]。

丁香这种耳饰其实是女用耳瑱的变体，只不过前者以金属质地为主，后者以珠玉、琉璃质地为主。两者都是塞于耳垂之上的，只是耳瑱需要的耳孔相对要大一些，这主要是受玉石材料局限，故不受汉族女性喜爱。在有些地域也可称其为"耳珰"，《迦陵文集》载："江左呼妇人耳珰为丁香。"

（六）耳钳

耳钳原是满族人对耳饰的代称（图 1-2-1-6-1）。《辽海丛书》"冠婚丧祭之礼"载："初聘，曰插戴、曰下定，以如意庚帖等物纳之女家也，而奉省则有挂钩之说，其仪夫之父母姻族以耳钳、耳坠至女家，女子装饰拜于堂上……"这里的"耳钳"便指代耳环。清代的"一耳三钳"，指的是一个耳朵上戴三件耳饰，可以是环，也可以是坠。

后来，耳钳又特指一种夹钳的耳饰，因其无需穿耳孔，不会破坏身体的全形，故流行于 20 世纪 30 年代新女性崛起之时，也是当代女性在特殊场合需要盛装穿戴而不得不佩戴耳饰时的一种方便之选。耳钳一般配有金属制成的弓形轧头，轧头上制有螺纹，佩戴时只要将轧头松开，套入耳垂，然后将轧头旋紧即可（图 1-2-1-6-2）[②]。但这种耳饰佩戴时间长了，耳垂会因挤压而十分疼痛，故不宜长时间佩戴。

图 1-2-2-1-1　**战国早期曾侯乙墓编钟钟虡铜人** 湖北省博物馆藏。

① 四川省文化厅.三星堆祭祀坑出土文物选[M].
成都：巴蜀书社，1992：图版八－十四.

② 江西省文物考古研究所，江西省博物馆，新干县
博物馆.新干商代大墓[M].北京：文物出版社，
1997：157，图七九.

③ 张长寿.记澧西新发现的兽面玉饰[J].考古，
1987，（5）：470，图一.

④ 河南信阳地区文管会等.春秋早期黄君孟夫妇墓发
掘报告[J].考古，1984，（4）：326，图二七.此
玉雕人头出土时位于墓主人腰部，据香港科技大学林
继来先生在《论春秋黄君孟夫妇墓出土玉器》（《考
古与文物》2001年06期P71）一文中分析，根据
其戴耳环等造型特征分析，应属新石器时代龙山—石
家河文化时期遗物，而非春秋时期遗物.

⑤ 湖北省博物馆.随县曾侯乙墓[M].北京：文物
出版社，1980：图十一.其身份应该是奴隶.

三 中国古代耳饰的兴衰历程

（一）先秦至五代时期汉族地区耳饰没落原因分析

在新石器时代，先民们就已经知道以耳饰来美化自己了。夏商时期，这种古老的妆饰习俗还有所延续，但综观此时出土的穿耳人物形象，主要是以神人及奴隶形象为主。如河南安阳小屯商代遗址出土的陶塑，作奴隶形象，不分男女，每个人的耳部，均穿有小孔，有的耳部还穿有两个小孔，一上一下，上部为耳孔，下部则应为悬挂饰物而留；商末周初的四川广汉三星堆遗址出土的青铜头像，共出土有数十具与真人头等大的青铜头像，有的戴冠，有的戴帽，但耳垂下部穿孔，却是共同的特征①；再如江西新干商代大墓出土的神人兽面玉饰②、陕西西周墓发现之神人兽面玉饰③、陕西春秋早期黄君孟夫妇墓出土之玉雕人头④、战国早期曾侯乙墓编钟钟虡铜人（图1-2-2-1-1）⑤等等，皆是此类身份。鬼神巫师所着首饰是带有一定的图腾或复杂的巫术象征意义的，而奴隶穿耳在我国有明显的惩罚意味或卑贱的身份标志。在先秦时期，贯耳是肉刑的一种，即对违反军法者施之以箭镞穿耳的处罚。战国时改

图 1-2-2-1-2
英国人威廉·亚历山大著《1793：英国使团画家笔下的乾隆盛世》一书中所绘"贯耳"的刑罚

称为"射"。《左传·僖公二十七年》中载："楚子玉复治兵于蔿，终日而毕，鞭七人，贯三人耳。""贯耳"字本作"聅"。《说文》载："聅，军法。以矢贯耳也。从耳矢。"《司马法》："小罪聅，中罪刖，大罪剄。"这种对男子贯耳的刑罚，一直到晚清时期还很常见（图 1-2-2-1-2）[①]。

与此同时，随着各种学术思想的涌现，古人对穿耳之俗又从理论上进行了明确的抵制。周朝是我国礼制思想确立的时代，周文化是一种尊礼文化，长时期积累起繁复的礼制，人物的衣冠服制则是承载礼制

① 英国人威廉·亚历山大著《1793：英国使团画家笔下的乾隆盛世》P97 中有这样的记述，并配有其亲眼所见之插图："中国的刑罚中有用各种锐器来刺穿犯人的耳朵的。有一个人因对马嘎尔尼勋爵使团中的一位随员傲慢无礼，而被判挨 50 下鞭挞或竹板，此外还要用一根铁丝把他的手跟耳朵穿在一起。"

的一个非常重要的方面。此时兴起的诸子百家在对人物修饰方面纷纷提出各自的观点。例如以孔孟为代表的儒家，把女性的内在美，即女性的才能、智慧、精神以及符合礼仪规范、道德规范的修养和美德，称为"德"；把女性的外在美、形体美、容貌美称为"色"。儒家虽然强调德与色的统一，但当德色冲突时，则强调重德轻色，提倡"以礼制欲"。此时的法家也不注重修饰，他们从功利出发，认为过分修饰反而达不到目的。韩非主张功利第一，文饰第二，不"以文害用"，对于穿耳这种以破损肉体为代价的修饰就更是不齿了。以老庄为代表的道家的观点最有代表性，其以自然无为为本，"法天贵真"，推崇天然美，赞赏"大巧若拙""大朴不雕"，以个体人格和生命的自由为最高的美，提倡"全德全形"为女性美的最高境界。其中"全形"便是指在形体上保持完整，反对雕饰。《庄子·德充符篇》曰："天子之诸御，不爪翦，不穿耳"，成玄英疏："夫帝王宫闱，拣择御女，穿耳翦爪，恐伤其形。"郭庆藩集释，"家世父曰：不爪翦，不穿耳，谓不加饰而后本质见"。认为穿耳会破坏身体的"全形"，从而失去了天然美。郭沫若《金文丛考》据此认为："爪翦穿耳者不得御于天子，乃以为非礼。天子者宗周盛时之王，此尤足证女子穿耳之习必在周室衰微以后见重于世。"他的意思是说，穿耳之俗在史前是十分普遍的，周时，随着礼教制度的加强，中原人开始鄙视这种风俗，并且形成根深蒂固的观念。"礼崩乐坏"的春秋战国之后，此俗才又略有抬头，例如在汉代武帝之后曾出现瑱和珰的佩戴。但总体来讲，穿耳带环依然被认为"乃贱者之事"[1]，是"蛮夷所为"[2]，在中原上层社会中并不流行。《孝经·开

① （清）徐珂《清稗类钞》："女子穿耳，带以耳环，自古有之，乃贱者之事。"

② （汉）刘熙《释名·释首饰》："穿耳施珠曰珰。此本出于蛮夷所为也。蛮夷妇女轻淫好走，故以此（琅）珰锤之也。今中国人效之耳。"

图1-2-2-1-3　《宫乐图》中的唐代女子，浓妆艳抹，珠翠满头，但并无一人佩戴耳饰

宗明义章第一》中便写道："身体发肤，受之父母，不敢毁伤，孝之始也。"穿耳是不孝的表现。虽然孔夫子也讲："君子不可以不学，见人不可以不饰。不饰无貌，无貌不敬，不敬无礼，无礼不立。"[①]但这种饰只限于"加饰"戴物，是不能以伤害身体为代价的（图1-2-2-1-3）。

女性在周至唐这一历史阶段，对自己的肉身还是有自主权的。在宋以前，礼法对女子的束缚相对来说是比较薄弱的。北齐颜之推所著的《颜氏家训·治家篇》中就曾经说："邺下（今河南安阳北）风俗，专由妇人主持门户，诉讼争曲直，请托公逢迎，坐着车子满街走，带着礼物送官府，代儿子求官，替丈夫叫屈。"武则天的出现离不开这种风气。不仅如此，宋以前女子改嫁、私奔的事例也有很多。因此，自周朝开始，经历汉唐盛世，直至五代，耳饰在汉族人的生活中是极其不足道的。从出土的这一时期

① 孔子《大戴礼·劝学》。

汉族人物形象资料中来看，佩戴耳饰的人物形象非常罕见。即使有，也多为优伶、奴仆等。

中国传统文化是礼制至上的文化，人的一切行为规范都要发乎情，止乎礼义。穿耳并不合乎中国的礼制，人们因此想出了一种变通的方法：男戴充耳，女戴簪珥。将珠饰以丝线系于簪首，垂于耳畔，让其时刻敲打耳朵，以戒妄听。这在先秦至汉魏时期的上层社会的男女中，已成为一种制度规定了下来。而冕冠中充耳这个附件直到明朝还一直沿用，到了清朝，因废除了冕冠，充耳才退出历史舞台。

耳饰虽然在五代之前的汉族中并不流行，但在中国广大的少数民族地区，却一直广受欢迎，这在正史中是有广泛记载的。如《南史·夷貊上》："穿耳贯小环……自林邑、扶南诸国皆然也。"《后汉书·东夷》："会稽海外有东鳀人，人皆髡发穿耳，女人不穿耳。"《新唐书·西域》："中天竺……男子穿耳垂珰，或悬金，耳缓者为上类。"《旧唐书·西南蛮·婆利》："婆利国，在林邑东南海中洲上……其人皆黑色，穿耳附珰。"《北史·列传第八十三》："赤土国，扶南之别种……其俗，皆穿耳剪发，无跪拜之礼，以香油涂身。"《旧唐书·泥婆罗》："泥婆罗国，在吐蕃西。其俗剪发与眉齐，穿耳，揎以竹筒牛角，缀至肩者以为姣丽。"《卫藏图识》："西藏妇女耳带金银镶绿松石坠，下连珍珠珊瑚串，长六七寸，垂两肩。……巴塘番妇，耳贯哪咙大圈聚红珠于下，复以线缚于耳。"《广西通志》："蛮女耳带大环，环下间垂小珥。"《溪蛮丛笑》："犵狫妻女，以竹围五寸，长三寸裹镯，穿之两耳，名筒环。"《宋史》："南平獠妇人，美发髻垂于后，竹筒三寸斜穿其耳，贵者饰以珠珰"[1]等等。可见佩戴耳饰之俗，在中国东南西北四地的少

① 以上四条引述均摘自《夜使·钗钏门·耳环》。

图1-2-2-1-4 《贵妇礼佛图》中的西域贵妇则多半都戴有硕大的耳饰
德国柏林印度美术馆藏，原为伯孜克里克石窟第三十二窟壁画。

① 海外藏中国历代名画编辑委员会.海外藏中国历代名画［M］.长沙：湖南美术出版社，998.

数民族中皆有流行，且男女皆可戴之（图1-2-2-1-4）①。

（二）宋元明清时期汉族地区耳饰流行原因分析

从宋代开始，这一现象发生了转变。耳饰开始一改其衰败的颓势，在汉族女子中被广泛接受，进而很快和缠足一样，作为男女有别的重要标志，成为女性不得不为之事（图1-2-2-2-1）。这其中有着非常复杂的历史原因，和政治、经济、哲学等诸多方面都有关联。

1. 统治阶层构成的转变导致审美趣味的改变

中唐是中国封建社会由前期到后期的转折，它以两税法的国家财政改革为法律标志，以确立科举制度为官员选

图 1-2-2-2-1 **佩戴珠排环的宋仁宗皇后及其侍女**
摘自南熏殿《历代帝后像·宋仁宗皇后像》，台北故宫博物院藏。

拔新的途径，大批中小地主和自耕农阶层出身的知识分子，不用赐姓，而是通过考试做官，参与和掌握各级政权，在现实秩序中突破了门阀贵胄的垄断，成了国家官吏和知识精英的主体，即"士大夫"阶层。可以说，世俗地主出身的士大夫，由初唐入盛唐而崛起，经中唐到晚唐而巩固，到了北宋，则在经济、政治、法律、文化各方面取得了全面统治。

　　这一批世俗地主阶级比六朝门阀士族有更为广泛的社会基础和众多人数，他们不是少数几个世袭的门第阀阅之家，而是四面八方分散在各个地区的大小地主。他们由野而朝，由农而仕，由地方而京城，由乡村而城市[1]。他们的现实生活既不是处于在门阀士族压迫下要求奋发进取的初盛唐时代，也不同于

① 李泽厚.美的历程
[M].北京:文物出版社,
1981: 154.

① 陈来.宋明理学［M］.北京：生活·读书·新知三联书店，2011：10.

伐山开路式的六朝贵族的掠夺开发，基本上是一种满足既得利益，希望长久保持和固定的心态。与魏晋以来的贵族社会相比，自中唐以后，从北宋开始，社会发展的总趋势是向平民社会发展，其文化形态的基本精神则是突出世俗性、合理性、平民性①。大量的下层士人经科举进入上流社会，使世俗化的审美趣味得到上层社会的认同，取代了过去单一的贵族审美。

由此，宋代士大夫阶层的文化特色便出现了雅而俗化的趋势。不可否认，"宋代士大夫雅俗观念的核心是忌俗尚雅，但已与前辈士人那种远离现实社会的高蹈绝尘的心境不同，其审美追求不仅停留在精神上的理想人格的追求和内心世界的探索上，而同时进入世俗生活的体验和官能感受的追求、提高上"②。宋代士大夫游走于歌馆楼台，"溺于声色，一切无所顾避"③的生活方式，便是其社会生活俗化的极端表现。正如李泽厚先生在《美的历程》一书中所阐述的，"这一在北宋开始占社会上层统治主导地位的世俗地主阶层，虽然表面上标榜儒家教义，实际上却沉浸在自己的各种生活爱好之中：或享乐，或消闲，或沉溺于声色，或放纵于田园。前者——打着孔孟旗号，宣称文艺为封建政治服务这一方面，就发展为宋代理学和理学家的文艺观。后者——对现实世俗生活的沉浸和感叹倒日益成为了文艺的真正主题和对象。"④因此，随着因统治阶层构成的改变而导致的审美趣味的转变，有宋一代的"时代精神已不在马上，而在闺房"，对于女性的审美也逐渐从汉魏时期的颀长、放达和大唐时期的丰腴、健康，日益走向柔弱而矫饰，慵懒而娇羞，追求世俗风趣，耽于修饰，注重感官享受。贵族审美的特点是追求简约以达精致，世俗审美的特点则是追求繁缛以显富贵；贵族审美是求内隐的品质，世俗审美则重外显的光芒。因此，不仅仅是耳饰，宋以前始终未曾兴盛的戒指、手镯、项饰、佩件等也都在

② 高克勤.宋代文学研究的突破——宋代文学通论读后［J］.学术月刊，1998，（8）.

③ （宋）周辉.清波杂志（卷二）［M］.上海：上海书店出版社，1985.

④ 李泽厚.美的历程［M］.北京：文物出版社，1981.

此朝一并发扬光大起来。

2. 推行程朱理学导致女性地位没落，男女之别走向极端化

宋代为了防止藩镇割据的重演，不仅强化了中央政治集权制度，同时也加强了思想统治。前文提到，世俗地主阶层宣称文艺为封建政治服务的这一方面，就发展为宋代理学和理学家的文艺观。因此，理学事实上成了宋代官方艺术的指导思想，继成为中国封建社会后期的统治思想。理学又称"程朱理学"，是对儒家学说新的发展，其思想体现在很多方面，其中对世俗生活影响最深的主要体现在道德层面，即"以儒家的仁义礼智信为根本道德原理，以不同方式论证儒家的道德原理具有内在的基础，以存天理，去人欲为道德实践的基本原则。"[1]

理学家所提倡的"存天理，去人欲"这一观点，原本是提倡人们用普遍的道德法则"天理"，来克服那些违背道德原则过分追求利欲的"人欲"。北宋理学家程颐的那句"饿死事小，失节事大"原本也是告诉人们人生中有比生命、生存更为宝贵的价值，那就是道德理想。但在理学实际的发展过程中，由于无法判定应该遵守的"道德理想"的边界，反而使得理学一度成为禁锢女性、压制女性的道德枷锁。将"节"从君子的气节，一味狭隘地解读为女子的贞节。这就使得女性的社会地位自宋代开始出现了极大的转折。

宋代是我国两性关系从较为宽松走向严谨的过渡时期。程朱理学的兴起，提出了针对妇女的极为严酷的贞节观，反对寡妇再嫁。自宋代以后，似乎"贞节"与否成了评价女性好坏的唯一标准。而为了维

① 陈来.宋明理学［M］.
北京：生活·读书·新知
三联书店，2011：14.

图 1-2-2-2-2
宋代戴耳饰、缠小脚的杂剧演员形象
《杂剧打花鼓图》册页。

护女性的贞节，使得"男女有别"不仅体现在精神层面，也要体现在现实的身体层面，因此，从宋代开始，对妇女肢体的束缚逐渐开始强化。这主要表现在两个方面：一是缠足，二便是穿耳（图 1-2-2-2-2 ）。

　　穿耳和缠足的风行，迅速使得男女之别变得极端化。魏晋南北朝时期有"木兰从军""梁祝共读"的故事，女性能够大胆实现自我价值，皆是以女性的身体未曾受过明显的破坏为前提的。一旦穿耳，女性的身份便无从隐藏，再也不可能女扮男装、抛头露面。缠足则更是将女性柔弱化、私有化的最极端表现。女子从此逐渐和社会疏离，肉体的改变直接导致了精神的异化。在"饿死事小，失节事大"这一新儒学的口号下，原本儒家所倡导的"身体发肤，受之父母，不可毁伤"的古训便顷刻间变得微不足道起来。

　　穿耳除了使男女之别极端化之外，在汉族人的观念中，实际上还有一层隐晦的含义。汉刘熙《释名·释首饰》曰："穿耳施珠曰珰。此本出于蛮夷所为也。

① (汉) 刘熙. 释名 [M]. 北京: 商务印书局, 1939.

蛮夷妇女轻淫好走, 故以此琅珰锤之也。今中国人效之耳。"① 从这段话中可以看出, 中原人认为少数民族女子缺少礼教的束缚, 故行为少有约束, 不甚检点, 家人才让其穿耳垂珰, 以示警诫。清代徐珂《清稗类钞》中也有类似观点: "女子穿耳, 带以耳环, 自古有之, 乃贱者之事。" 由此看来, 穿耳之所以从宋代开始在汉族女性中流行, 和理学的兴起导致的女性地位的没落有密切联系。

3. 商品经济的繁荣使社会淫靡风气泛滥, 促使女性追求矫饰

在程朱理学的影响下, 儒家的两性道德观实际上是一种严重的双重道德观, 充满着复杂的矛盾冲突。男子一方面要女子贞节自守, 一方面又在外宿妓, 大售其淫。出于正统与习俗的习惯和专制与享乐的需要, 有权有钱的男性需要同时努力造就两类女性: 一类是传统家庭人伦型女性, 她们必须严守贞操, 为之传宗接代; 一类则是大量充斥于歌楼妓馆的 "风尘" "烟花" 女子, 用来满足其享乐的快感。因此, 宋代不仅社会风气淫靡, 而且娼妓业较前代也有了极大的发展。当然。这种现象的出现, 也有着多方面的因素。首先, 北宋王朝是通过 "和平兵变" 建立起来的, 前代末世之风并未进行大涤荡, 唐末五代淫靡之气保留了下来。为了防止武官权重, 笼络爪牙, 宋代实行重文抑武的政策, 宋太祖就公开鼓吹功臣们 "多积金帛田宅, 以遗子孙; 歌儿舞女以终天年"②。因而, 宋朝贵族官僚豪奢腐败, 大肆纵欲, 地方官吏 "监司郡守, 类耽于逸豫, 宴会必用妓乐"③。更重要的是, 宋代社会在政治和经济上都发生了很大的转变: 土地制度从唐代 "均田制"

② (元) 脱脱. 宋史·石守信传 [M]. 北京: 中华书局, 1977.

③ (清) 徐士銮. 宋艳·奇异 [M].

变为"租佃制"，这导致大批农民丧失土地，流入城市，卖儿卖女，这是宋代婢妾娼妓盛行的主要原因。再加上商业经济的迅速发展和都市生活的进一步世俗化，市井阶层和市民队伍迅速扩大，其中工商之民特别是商贾们，成了都市生活中重要的阶层，这直接促进了妓业的繁荣。一时间，宋代的都市如汴京、临安呈现空前的畸形繁荣，勾栏瓦肆，酒楼妓馆，舞榭歌台，竞逐繁华，这种盛况在《东京梦华录》《梦粱录》《武林旧事》以及众多的宋人笔记、诗词、话本中都有生动详细的描绘。再有，如前文所述，宋代的官吏选拔，更加注重对科举出身的文士的重用。在这一批世俗地主阶级出身的知识分子阶层中，不少是通儒经、信佛道、擅诗词的才子。他们喜爱与歌姬舞女们交往，与妓女诗酒唱和，相期相得。宋徽宗幸汴京名妓李师师，宋理宗宠临安名妓唐安安，一时传为佳话。至于风流名士，文豪词客更是与歌妓舞女难解难分，宋词之所以盛行，与妓业的兴盛是分不开的。

在这种背景下，特定阶层的女性以色相娱人就成了被社会普遍认可的现象，色相需要靠服饰来包装打造，那么女性妆饰渐趋繁缛与矫饰也就是自然而然的事情了。宋代女性更注重细节的修饰与精巧，包括耳饰在内的各种首饰门类都因此一并蓬勃发展起来。同时，随着缠足的兴起，女子逐渐局限于室内的生活方式，只能在方寸之间求其大千，这也是促进宋代首饰业走向繁荣的原因之一。可以说，宋代是中国汉族女性首饰的一个大发展时期（图 1-2-2-2-3）。

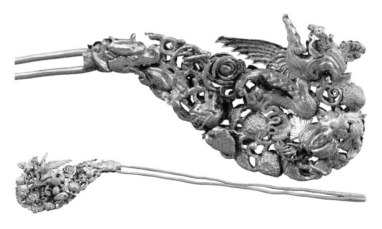

图 1-2-2-2-3　**龙凤瓜果金钗（南宋）**
1985 年湖北蕲春罗州城遗址窖藏出土，蕲春县博物馆藏。
长 22.4 厘米，重 37.5 克。

首饰的大发展，必然使得民间对金银的需求量剧增，而此时的朝廷对外却节节败退，大量割地赔款，国库亏空，入不敷出。在这种情况下，朝廷被迫数次降旨对服饰的装饰规格进行限定，这在《宋史·舆服志》中有多处记载。

端拱二年……其销金、泥金、真珠装缀衣服，除命妇许服外，余人并禁。

真宗咸平四年……自今金银箔线，贴金、销金、泥金、蹙金线装贴什器土木玩用之物，并请禁断，非命妇不得以为首饰。八年……诏："内庭自中官以下，不得以金为饰"。

景祐元年……诏：市肆造作缕金为妇人首饰等物者禁。三年……凡命妇许以金为首饰，及为小儿钤镯、钗篸、钏缠、珥环之属；仍毋得为牙鱼、飞鱼、奇巧飞动若龙形者。非命妇之家，毋得以真珠装缀首饰、衣服，及项珠、璎络、耳坠、头须、抹子之类。

从以上记载可看出，珍珠饰品在宋代似为皇家贡品，地位大大高于其他珠宝，是皇室权贵的代表，非命妇之家，不得使用。这在宋代帝后像中也可得到印证。金饰尽管也几度明令禁止命妇之外的人佩戴，但从出土文物情况来看，明显是法不责众，可看作是官府对民间竞相奢靡之风的一种警示。因为没有民间的豪奢无度，也就不可能有官府数度的一纸禁令。

对于这种民间竞相豪奢的世风，很多有识之士是颇感忧虑的。《宋史·舆服志》中也多次记载了当时官员对此风气的担忧与谏言：

徽宗大观七年，臣僚上言："辇毂之下，奔竞侈靡，有未革者。居室服用以壮丽相夸，珠玑金玉以奇巧相胜，不独贵近，比比纷纷，日益滋甚。臣尝考之，申令法禁虽具，其罚尚轻，有司玩习，以至于此。……"权发遣提举淮南东路学事丁瓘言"衣服之制，尤不可缓。今闾阎之卑，倡优之贱，男子服带犀玉，妇人涂饰金珠，尚多僭侈，未合古制。臣恐礼官所议，止正大典，未遑及此。伏愿明诏有司，严立法度，酌古便今，以义起礼。俾闾阎之卑，不得与尊者同荣；倡优之贱，不得与贵者并丽。止法一正，名分自明，革浇偷以归忠厚，岂曰小补之哉"。

可见，由于世风所习，不仅富商高官，就连倡优白丁，也视朝廷禁令如一纸空文，依旧服带犀玉，涂饰金珠，尚多僭侈，我行我素。这不得不引起皇帝的警惕，要想使民风淳朴，必须"观感而化矣"，使得上行下效，方为正途。

绍兴五年，高宗谓辅臣曰："金翠为妇人服饰，不惟靡货害物，而侈靡之

图 1-1-2-2-4
戴耳坠的载沣生母刘佳氏

习，实关风化。已戒中外，及下令不许入宫门，今无一人犯者。尚恐士民之家未能尽革，宜申严禁，仍定销金及采捕金翠罪赏格。"淳熙二年，孝宗宣示中宫袆衣曰："珠玉就用禁中旧物，所费不及五万，革弊当自宫禁始。"因问风俗，龚茂良奏："由贵近之家，仿效宫禁，以致流传民间。粥簪珥者，必言内样。彼若知上崇尚淳朴，必观感而化矣。臣又闻中宫服澣濯之衣，数年不易。请宣示中外，仍敕有司严戢奢僭。"宁宗嘉泰初，以风俗侈靡，诏官民营建室屋，一遵制度，务从简朴。又以宫中金翠，燔之通衢，贵近之家，犯者必罚。

虽言之凿凿，只是流风已久，朝廷又软弱无力，实是积弱难返。仅从耳饰一项来看，自宋代流行开来后，再经过与辽、金、元等原本就佩戴耳饰的民族的常年征战、错居与交流，及至明清，在汉族女性中，已无人不穿耳，无人不戴饰了（图 1-2-2-2-4）。

（三）民国至当代耳饰之新现象

穿耳在民国时期也有余续，但在新女性中，已呈现抽离之势（图 1-2-2-3-1），并一度公开号召废止穿耳。1921 年 11 月 5 日的《申报》有一则《不穿耳朵眼子之提议》，文曰：

现在我国女子，除了缠足以外，还有一个急需废止的事，就是穿耳朵眼子。推他原来的意思，不过为着带环子格外美丽，取悦男子而已。就不知道人之美丑，在乎天然风

图 1-2-2-3-1
20 世纪 30 年代的"金嗓子"周璇

图 1-2-2-3-2 **碧玺耳坠**
清代，沈阳故宫藏。（李芽摄）

姿，也不关乎这小小一耳环。而且现正在讲究解放时刻，女子不是专为男子的玩物，更不能自残肌体，做这卑鄙行为，贬损自己的人格。所以我特来提议，以后诸君生下女儿，务须把穿耳朵眼子与缠足两条事一齐废去。目下世处奢侈，什么耳环有珍珠、金银重重的花式，日新月异。如能不穿眼子，耳环自然无用，全国之中就把这宗款子省下已有若千万数，这好处实在不小。我更望有心社会的人，竭力提倡讲演鼓吹，令一般人都能知晓照行就好了。

这还只是一篇劝诫女子不要穿耳的号召檄文而已，并没有强制的功能。而从大约 1927 年开始，各地便开始陆续发布废止穿耳的禁令。1928 年的《北平特别市公安局政治训练部旬刊》便刊登了《甘省府禁止妇女穿耳》的禁令，1929 年又刊登了《滨江公安局禁令女子穿耳带环》；1929 年的《安徽民政月刊》刊登了安徽省民政厅发布的《禁止女子穿耳带环令》；1930 年《汕头市政公报》也刊登了汕头市市政厅发布的《布告奉令禁止女子束胸缠足束腰穿耳》的禁令，类似这样的禁令很快便在大江南北普及开来。在这种晓之以理的号召与强制性的禁令之下，穿耳的女性越来越少。但是，在解放肉身的同时，却很难抵挡人们的爱美之心。于是，一种可以夹钳于耳垂上的耳饰出现了，这类耳饰在北京故宫和沈阳故宫（图 1-2-2-3-2）都有收藏。夹钳于耳既可保持妆饰之美，又避免了穿耳的痛苦，保持身体的全形，实是一举两得。

直至当代，是否保持身体的全形实在是一种纯粹个人化的选择，其和女性社会地位的高低与否已没有直接的关联。它更多的是代表一种审美态度与个人喜好。而且，耳饰也不再是女性的专利，大量的男性也加入了佩戴耳饰的行列。但是，由于穿耳毕竟要承受身体的痛楚，并不是每一位爱美的人都愿意为之忍受的。故此，耳饰和头饰、手饰、颈饰、臂饰等手饰门类比起来，实属最不普及的一类。

第三节 | 中国古代颈饰文化

《广韵》载："颈在前，项在后"。也就是说，在古代，人们把脖子前面称为"颈"，脖子后面称为"项"。因此挂在脖子上的饰物通常称为"项圈""项链"等，大约是因为他们要靠脖子后面来承重。但这些饰物实际装饰的部位主要是颈部，甚至有一些可以延伸到胸腹部，因此本书将悬挂于脖子部位的饰物统称为"颈饰"。

■ 中国古代颈饰门类

（一）项链

颈饰中最常见的门类就是项链了。"项链"这一名称，并不见于古籍，在民国时期的书刊中才见到这一称谓，20世纪20年代"项链"之名才较为多见。"项链"特指用金、银等金属，或珠、玉、牙、骨等串制成的挂在颈项上的软链状首饰，分为串珠式、吊坠式和综合式三类。

项链起源很早，可以说自有人体装饰品开始，就有项链的存在，其在史前服饰形制尚未完备之时是最为重要和常见的一类首饰。由于脖子是最容易悬挂饰物而且前胸又是比较显著的部位，所以在史前社会，人们对颈部装饰尤为重视。当时的颈饰主要是以各类穿孔饰物串联而成，有的还在下部垂挂有复杂的坠饰。在距今4~1万年的大量旧石器时代遗址中，就出土过很多钻孔石珠、骨管、穿孔贝壳和鸵鸟蛋壳制成的扁珠，它们最初应该绝大多数是戴在脖颈上的坠饰。在人类早期的生活中，狩猎和采集是人们获得生活资料的主要方式，因此，捕猎能力是男性获得社会地位和异性青睐的重要砝码。人们在吃完猎获动物的肉

图 1-3-1-1-1　**蚌环项链**
巫山大溪出土，新石器时代晚期。重庆市博物馆藏。（李芽摄）

之后，把其兽牙或鱼骨穿孔挂在脖子上，不仅漂亮英武，而且也彰显了自己的能力，获得了部族的尊重。除了兽牙、鱼骨，贝壳和螺壳在早期则是财富的象征，其不仅分量较轻，光洁美观，而且对于内陆的部落来说，这种材料极为难得和珍贵，因此在金属货币出现之前，贝壳还长期充当着货币的角色，是财富的象征。由此，以贝、螺等介壳做的串饰，在史前墓葬中常有发现（图 1-3-1-1-1）。当然，史前时代最为精美的颈饰是以玉石质装饰物串联而成的组合类项链，其由串珠、管、璜、各类牌饰、锥形器和坠等玉器搭配串制而成，形制精美，制作考究，多见于权贵大墓（图 1-3-1-1-2）。

中国金属类的项链最早发现于两周时期的内蒙古地区和西北的青海、新疆等地，如出土于内蒙古阿鲁柴登战国中期墓中的金珠项饰，由 91 粒空腹金珠串成，为匈奴贵族所佩（表 3-18:1）。但总体来讲，中国古时的金属类项链多数为西域传入或受西域影响所致，中原汉族并无戴金属类项链的习俗，而是更热衷于宝石珠玉串珠类项链。在汉魏时期，颈饰并不多见，但由于对

图 1-3-1-1-2　**玉项链**
上海市青浦区福泉山良渚墓葬出土。（李芽摄）

图 1-3-1-1-3　**项珠串饰**
新疆维吾尔自治区和田地区民丰县尼雅墓地出土。
新疆文物考古研究所藏。（李芽摄）

外交流的进一步加强，"车渠、玛瑙、珊瑚、琳碧、罽宝、明珠、玑瑁、虎魄、水精、琉璃……殊方奇玩，盈于市朝"①，大量来自异国的天然宝石、人造宝石、生物材质等成为制作首饰的佳选。因而这段时期的颈饰，往往是采用这类珍贵的材料，雕琢成珠子或精致小巧的吉祥瑞兽和什物，典型的式样有胜形、禽鸟形、卧兽形、兵器形等，再以丝线系连成一圈，成为权贵阶层彰显身份的一种标志（图 1-3-1-1-3）。

　　盛唐的项链在串珠链索的基础上，逐渐添加吊坠装饰。可在中央垂坠一枚或者若干坠饰、牌饰，如陕西西安韦顼墓石椁线刻中刻画的两位贵妇，袒露的胸前各戴着一串圆珠项链，下系一枚牌状坠饰，中央镶嵌宝石。串珠除了简单的圆珠，还常有椭圆形、橄榄形、水滴形饰。唐代最华丽的，也可说中国古代史上最华丽的一条项链出自陕西西安隋李静训墓。该项链由三部分组成，链索为 28 颗多面金珠，每颗金珠均由 12 个细小的金环焊接而成，金环外焊小珠 1 圈大珠 5 颗，镶嵌珍珠，并以金丝编成的金链链接。开合部分为嵌宝饰件。坠饰则由水滴状镶金青金石以及圆形大红宝石、珍珠、金饰制成，用材和工艺极其奢华精细。墓主李静训出身皇族，从小为外祖母周太后养育，因此随葬物中或有西域贡赋品，此种项链在其他隋唐墓葬中尚无相似实例发现，中亚风格明显，似有舶来可能。

　　① ［晋］常璩，［清］廖寅.华阳国志卷二·汉中志［M］.上海涵芬楼借乌程刘氏嘉业堂藏，明钱叔宝钞本影印.

图 1-3-1-2-1 **银牡丹鸾凤项牌**
江西星子县陆家山宋代银器窖藏出土。

图 1-3-1-2-2 **儿童所戴项牌**
邯郸峰峰矿区金代崔仙奴墓出土瓷俑。

图 1-3-1-2-3 **戴项牌的仕女**
明代《仕女图》，美国圣路易斯美术馆藏。

---

① 海外藏中国历代名画编辑委员
会.海外藏中国历代名画［Ｍ］.长
沙：湖南美术出版社，1998.

随着佛教传入，项链逐渐衍化出一种非常复杂和华丽的形制，即后文讲到的璎珞。

（一）项圈

项圈指套在脖子上的圆环形装饰品，多用金银等制成。未成年孩子的项圈上被挂上长命锁或是玉石牌饰以求护佑，称为"项牌""寄名锁（符）"或"长命锁"等。

因项圈为金属所制，故史前时代并无出土，其早年多为北方游牧民族所戴，汉族并无戴项圈的传统。在内蒙古准格尔旗瓦吐沟战国墓中出土一件白银项圈，项圈由一银条锤成，截面为七棱形，一端无纹饰，另一端为虎衔羊浮雕图案，羊的后腿已被虎吞入口中，羊头与虎头相对（表3-18:2），是典型的游牧民族装饰题材。在后来的元代蒙古族墓葬、辽墓和金代新香坊墓地中也时见有项圈的出土。

项圈在汉族中晚唐以后才逐渐在女性或未成年孩子群体中出现。传为周昉所绘的《簪花仕女图》中，有一位仕女颈上戴有一件金项圈，大体呈中大端细的形态，前中还有四瓣弧形，并可以看见錾刻纹样的痕迹，是绘画形象中较早的例子。元明时期，底下坠有牌饰的项圈也称为"项牌"（图1-3-1-2-1、2、3）①。刘庭信所作散曲《端正好·金钱问卜》中有："穿一套藕丝衣云锦仙裳，带一付珠珞索玉项牌。"《金瓶梅词话》第三十九回里，吴道官给西门庆之子官哥儿的礼物中也有"一付银项圈条脱"，其上就挂着"银脖项符牌儿"，正面打着"金玉满堂，长命富贵"八个字，背面刻法名"吴应元"。但是，元明时代的项圈、项牌，无论出土或传世的实物都极为罕见。项圈的流行，不论在官方还是在民间，都是在清代以后。项圈被满族统治阶层称为"领约"，作为清代旗人女性所专用的一种颈饰，并且被记录到了官方制度之中。项圈佩戴时压于披领、朝珠之上，因其为金银这类贵金属所制，比较重，故具有约束披领的功能，是一种礼仪饰品，日常并不佩戴（图 1-3-1-2-4）。

图 1-3-1-2-4　**银镀金嵌珠宝领约**
嫔妃用，清中期制造。

（三）组玉佩

一提到组玉佩，大多数人会觉得是一种腰饰。的确，组玉佩作为腰饰，自先秦到明代都有所延续。但实际上，组玉佩最早是作为颈饰佩戴的，在新石器时代就已有滥觞，最隆重的时候在西周时期，最复杂者佩戴于脖颈之上，长度可一直延伸至脚踝。东周以后才悬挂在腰部，成为腰饰。究其原因，可能是东周时期，王室衰微，周天子已失去往日的威严，西周以来形成的规范礼制受到严重的威胁，组玉佩形制开始日趋简化，长度变短，挂在腰部已足以延展其长度，且男子佩戴也显得更为庄重。由此，玉佩便逐渐转化为体现君子修养的象征物。

前文介绍项链时，提及了新石器时代就已经出现了以玉石质装饰物串联而成的组合类项链，这实际上就是组玉佩的雏形，其复杂程度直接彰显着佩戴者的身份。夏商时期，随着阶级的出现及社会分化的加剧，颈饰质地的贵贱、制作的精粗、形制的新旧、种类的多寡、组合的繁简等等，无不刻上深深的阶级烙印。至周代，随着礼制的完备，组玉佩作为表示贵族身份的重要标志，在大墓中开始大量出土。其在西周时期主要佩戴于颈部，长度根据复杂程度的不同垂于胸腹部，甚至可长至脚踝部，成为展示身份非常重要的组成部分。两周时期，社会阶层分为周王、诸侯国君、大夫、士级贵族及平民。考古材料显示，西周贵族和平民所佩饰品有很大的区别，平民墓只有少量质劣的饰品或无，以玉为代表的饰品多出于士级以上贵族墓中，说明玉饰已具有礼的性质，成为阶层的界标，可能也是"礼不下庶人"的反映。一些学者认为统治集团内部玉佩饰所呈现的等级差别，除了使用数量的多寡外，主要体现在组玉佩中玉璜数量的多少，即那些结构繁复的多璜组玉佩，不仅作为修身立志的道德标准，而且是贵族们表示身份地位及权势的佩饰。

依据形制，西周时期的组玉佩可分为多璜组玉佩和玉牌穿珠组佩，系于颈部而下垂至胸腹部。其中多璜组玉佩男女皆可佩戴（图1-3-1-3-1），玉牌穿珠组佩较多地出现于西周时期大贵族女性墓葬中。组玉佩根据其组件不同可分为几个等级种类，最为贵重的属大佩，也称为杂佩、全佩，专用于贵族男女祭服及官员上朝佩带，一方面显示贵族们的身份地位，另一方面又有德育的作

图 1-3-1-3-1 **三璜联珠组玉佩**
山西省绛县横北西周墓地出土，山西省考古研究所藏。（李芽摄）

用。组佩在我国古代服制和礼制中一直占有举足轻重的地位。身份越高贵，佩戴的组玉佩就越长越复杂。在一些高等级贵族的墓葬中（如虢国 M2001、2012，应国 M84，晋国 M91、M31 等，墓主皆为国君或国君夫人），组佩上玉璜的件数，常与墓中随葬的铜鼎件数一致。

（四）璎珞

璎珞又作缨络，从形制上看，其实就是项链中比较复杂的一类，均为贯穿珠玉而成，多挂于颈部，长者可悬垂至胸腹部。

璎珞通常被认为是来自佛像的一种装饰物，实际上是古代南亚次大陆在家人，特别是贵族（不分男女）的随身装饰品，早在佛教兴起以前就已开始使用了。璎珞在佛教发源地印度是王公贵族身份地位的象征，富商大贾，哪怕富可敌国，也是不可佩戴的。而佛教艺术形象的创作大量素材来自生活，尤其菩萨装扮，大多是以王公贵族为造型来源，正规的菩萨形象几乎都佩戴各种各样的璎珞与华鬘（多指花环）。甚至"菩萨鬘"（亦作"菩萨蛮"），成为著名的词牌名。《蜀中广记》云："西域诸国妇女编发垂髻，饰以杂华，曰鬘。中国佛像璎珞之饰，是其制也。彼土称菩萨鬘。调名菩萨蛮取此。"[1]宗教和世俗生活的相互影响由此可见一斑。

当然，璎珞在中原的使用和佛教传入关系很大。汉以后就已经开始用"璎珞"或"缨络"来描述佛教经典中以及南亚、西域各国所用的华丽颈饰，《大唐西域记》卷二"衣饰"条记载印度无论男女皆"身佩璎珞"，传入的佛教造像的确也披挂各式璎珞装

① 曹学佺.蜀中广记·卷一百四·诗话记第四，文渊阁四库全书·册592［M］.上海：上海古籍出版社，1987：663.

图 1-3-1-4-1
披挂璎珞的唐代佛像
来自陕西省，华盛顿亚洲艺术博物馆藏。
（李芽摄）

饰（图1-3-1-4-1）。但璎珞很长一段时间里并未成为中原世俗日常颈饰。直到晚唐时，复杂的璎珞才开始出现在世俗女性形象中，敦煌晚唐五代壁画女供养人，几乎人人颈中都装饰有繁简不等的璎珞，尤其是多串圆珠由大颗宝石分隔成多段的构成方式，和佛教造像中的璎珞明显同出一源，或为佛教长期盛行，各种造像形象深入人心后，对于妇女装饰尤其是礼佛盛装的影响。在敦煌唐代俗语词汇集《俗务要名林》中，"璎珞"一词列入女服部，与钗子、篦子等并列，可见璎珞此时作为一种女装首饰，已进入世俗生活。

璎珞在中国古代最为盛行的时代当属辽代（表8-7），其佩戴使用不仅限于女性，男性也有使用。究其原因，既与西域民族繁饰传统有关，也与佛教在辽代的兴起有关，以至后代有"辽以释废，金以儒亡"之说[1]。故此，佛教服饰对辽代贵族产生影响也是自然之事。辽代璎珞通常由琥珀、水晶珠、珍珠或玛瑙管、鎏金或纯金镂空球、"心"形坠、"T"形坠，以及其他坠饰穿连而成，艳丽夺目，晶莹剔透，珠光宝气，极富装饰性。其中琥珀、水晶、玛瑙、珍珠、金银均为佛七宝之一，佛教认为水晶代表佛骨，而琥珀代表佛血，也可见其与佛教之间千丝万缕的联系。

到了明代，璎珞往往和项圈相结合，宗教绘画中的神仙人物，大都将身上装饰的宝珠璎珞系在项圈上（图11-2-5-1），于是项圈也被人们称为"璎珞"。《三才广志（记）》说："璎络，妇人颈上饰也。"当是指项圈而言。清代小说《红

① 苏天爵. 元朝名臣事略·卷十·宣慰张公 [M]. 上海：商务印书馆，1937：169.

楼梦》里多处将项圈写作"璎珞"或"璎珞圈",如黛玉第一次见宝玉,便见他"项上金螭璎珞,又有一根五色丝绦,系着一块美玉"。第八回:"(薛宝钗)从里面大红袄上将那珠宝晶莹、黄金灿烂的璎珞掏将出来。"甲戌本此处有夹批曰:"按璎珞者,头饰也,想近俗即呼为项圈者是矣。"

（五）朝珠

朝珠,又写为"数珠""素珠",是由清代旗人倡导使用的一种颈饰。朝珠的原型是佛珠,佛珠原本是用来计数、计时的。康熙朝的朝珠基本定型为颈部的配饰,同时具有了等级的仪制性,最终在乾隆朝被记入了《大清会典》中,成了官定服饰体系的组成部分。

朝珠的形制,是在以普通佛珠为"本体"的基础上,增加了一些饰物而形成的。其本体由一百零八颗大小、质地基本相同的"数珠子"串成。在一百零八颗"数珠子"之中,分为四个等份,每个等份之间的一颗"数珠子"一般会挑选材质不同的、略大于普通"数珠子"的特殊"数珠子",其中一颗称"佛头"、两颗称"佛肩"、一颗称"佛脐"。在佛头之上,要链接出来一个宝石做的塔形的结构,称之为"佛塔"。从佛塔上,垂下一根绦,中部要串上一块大宝石,叫做"背云"。在这跟绦的尾部,还要垂下用小宝石制作的坠角。除了佛塔、背云、坠角之外,在"佛头"到两侧的"佛肩"之间,还加饰有三串小珠子,叫做"纪念",每十个串为一串,一边放一串,另一边放两串。另外,在"纪念"的尾部,也可以垂下宝石的坠角（图 1-3-1-5-1）。

朝珠并不是人人皆可佩戴,根据乾隆朝的规定,可以佩戴朝珠的对象,男性中,除皇帝、皇子外,有王公以下、文职五品、武职四品以上大臣,以及未到前述品级,但是在翰林、詹事、科道、侍卫等职位工作的大臣。女性中,除后宫、皇女外,公主、福晋以下,五品以上的命妇,均可在穿着朝服和吉服时佩戴朝珠。男性无论是穿着朝服还是吉服,均只戴一挂朝珠,而女性在穿着朝服时,要佩戴三挂朝珠,两挂斜戴,一挂正戴（图 1-3-1-5-2）,穿着吉服时,则与男性一样佩戴一挂朝珠。至于朝珠的尊卑等级,则根据朝珠的材质以及所用绦的颜色来区分。因此,朝珠可以说是清代满族贵族非常重要的一种彰显等级身份的颈饰,既有宗教意义,又有礼制功能。

图 1-3-1-5-1　**珊瑚朝珠**
沈阳故宫博物院藏。（李芽摄）

图 1-3-1-5-2　**戴有领约和朝珠的《清康熙皇子夫妇像》**
Arthur M.Sackler 美术馆收藏。

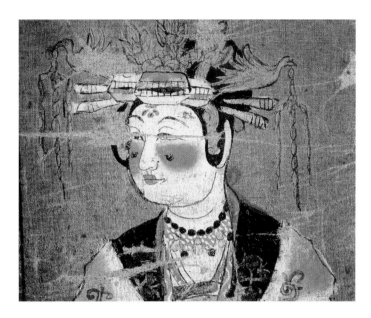

图 1-3-2-1　**戴有项链的女供养人像**
《父母恩重经变相图》，英国博物馆藏，原存敦煌藏经洞。

中国古代颈饰的非主流地位

　　总体来讲，颈饰在中国传统首饰文化中是最不被重视的一类。除了在清代被满族统治者重视，如"领约"以"项圈"的名义被记录在命妇的冠服制度里、"朝珠"在乾隆朝被记入《大清会典》成为官定服饰体系的组成部分外，在其他朝代的官方典制中便再无有关颈饰的记载。

　　项链在石器时代服饰尚未完备之时曾经非常流行，但服饰制度出现之后便迅速衰落，仅在唐代这样开放的流行袒胸露乳的朝代有过短暂的辉煌（图 1-3-2-1）[①]。项圈基本上只局限于北方游牧民族族群，晚唐以后才逐渐在女性或未成年孩子中出现，但绝大多数是以长命锁或记名符的形式存在。而组玉佩作为颈饰仅出现在西周，西周以后

① 海外藏中国历代名画编辑委员会.海外藏中国历代名画［M］.长沙：湖南美术出版社，1998.

便转为腰饰。璎珞是伴随佛教而传入中原的，基本也只出现在礼佛服饰中，并非日常所戴。朝珠则只流行于清朝满族统治阶层当中。

像汉代《释名》的"释首饰"条目、唐代《太平御览》的"服用部"、明代的《碎金》、清代《食史》的"钗钏门"等书籍中，也完全不见对颈饰的任何记载。究其原因，应和依据儒家礼制所创立的服饰制度有关，儒家反对身体的暴露，因此脖颈处往往被衣物包裹得严严实实，并不适于佩戴颈饰。西汉时期，贵族男女衣着上的重要装饰往往来自颈部重重叠叠的由内而外展示的衣领层次，层次越多，显示身份越尊贵，这在某种程度上取代了颈饰的作用。到了明代，女装大都有着高而宽的领部，并在此基础上发展出包住脖子的"竖领"，用纽扣将领口牢牢锁住，《酌中志》就特别提到"凡脖领亦不许外露……只宫人脖领则缀纽扣"。服装的形制往往会对饰品的佩戴产生影响，因此颈饰并未受到特别重视也在情理之中。

第四节 | 中国古代臂饰文化

臂饰，特指装饰于手臂部位的饰物。其在民间广受欢迎，但在中国古代官方典制首饰中并不是特别受重视的一类，臂饰唯一一次在官方服饰典制中出现是在明代洪武初年的皇后"燕居冠服"和"命妇常服"制度中[1]，但也只规定了不同等级身份所佩戴的材质区分，并未提及任何形制。究其原因可能与其是最难以被暴露在宽大礼服之外的首饰门类有关。礼服的重要意义之一在于其文化和身份的象征性，而象征性一定

① 洪武元年定："皇后冠服……燕居则服双凤翊龙冠、首饰、钏镯，以金珠宝翡翠随用"《明太祖实录·卷三十六下》；洪武五年，更定品官命妇常服：钏镯一品用金、五品用银镀金、六品及士庶妻皆用银。《明太祖实录·卷七十三》。

图 1-4-1-1-1 **玉瑗**
良渚文化。华盛顿 DC 亚洲艺术博物馆藏。（李芽摄）

要是可视的。臂饰因其佩戴的隐蔽性，故而被服饰典制所忽视。但臂饰装饰性很强，且具备很高的财富价值，有的臂饰（诸如五色缕、香串）还有辟邪驱秽的隐喻及功能，因此在民间广受喜爱，生生不息。

一 中国古代臂饰门类

（一）瑗、环、钏、镯

臂饰在新石器时代及先秦早期，因多为玉石质地，故典籍中称其为"瑗"。《尔雅·释器》载："好倍肉谓之瑗。"郭璞注："瑗，孔大而边小。"这里的"好"是指当中的孔径，"肉"是指孔径周围器物的边宽，即孔径大于边宽的环形玉器古称"瑗"，这类大孔的"瑗"在中国新石器时代各地的墓葬当中都有大量出土，而且很多出土时就套在人骨的手臂之上，因此，"瑗"实际上就是玉石类臂环的古称（图 1-4-1-1-1）。但"瑗"这一古称汉以后就很少使用了，"环""钏"和"镯"则成了后来臂饰最为常见的称谓。

"环"从玉，"钏"和"镯"从金，反映出制作臂饰最流行的两类材质：金属与玉石。不过在中国古代，"环""钏"和"镯"是基本可以相通之名。汉代繁钦《定情诗》中有："何以致缱绻？绾臂双金环"，三国的曹植《美女篇》中也有："攘袖见素手，皓腕约金环。"这里的"金环"均是指金臂环。《说文解字》载："钏，臂环也"，《通俗文》曰："环臂谓之钏"，都将

图 1-4-1-1-2　《三才图绘》中"钏"的图像

"钏"与"臂环"等同起来。初唐虞世南所编类书《北堂书钞》服饰部中，列有"钏"条，称"为环约腕"，并将前代各种金环、腕环类典故也归于此条下。敦煌唐《俗务要名林·女服部》中关于手部首饰部分，也只写有"钏"字。唐五代诗中常有"金钏越溪女""银钏金钗来负水""臂钏透红纱"等句。可见，将臂环称为"钏"自汉开始便为人所习用，唐代何家村窖藏中，除了三枚墨书为"钏"的柳叶形金钏外，还有两对样式相同的玉臂环，出土时装在莲瓣纹银罐中，器盖墨书"玉臂环四"，可知当时准确称呼。明代《三才图会》里有一幅标为"钏"的插图，非常明确地展示了当时"钏"的形制（图1-4-1-1-2）。

唐代文献中臂环又有"玉支""扼臂"之称。有一个著名的故事出自杨贵妃的"红粟玉臂支"，唐郑处诲《明皇杂录》载："我祖破高丽，获紫金带、红玉支二宝……红玉支赐妃子，后以赐阿蛮"，此玉支被赐给杨贵妃。当时宫中贵妇时兴向贵妃学琵琶曲，并赠以珍宝酬谢，贵妃注意到有一位舞女阿蛮无宝可献，于是"命侍儿桃红娘取红粟玉臂支赐阿蛮"。故事中所提的"红粟玉臂支"又称"金粟装臂环"，应当是一类用多节玉制成、装饰以金粟合页的玉臂环，其形制或类似于唐何家村窖藏之四件。这个故事在唐宋流传甚广，唐罗虬在《比红儿诗》中称之"金粟妆成扼臂环"，可见当时"臂环"和"扼臂"可共指一物。

图 1-4-1-1-3　**珊瑚手镯**
沈阳故宫博物院藏。（李芽摄）

① （明）阮大铖. 燕子笺
（明末刊本）"卷上"：
"奴家身边没有别件，只
有金镯头一付，金簪環一
匣。" 67.

② 《金瓶梅词话》第二十
回描述李瓶儿的一身盛
妆，道是"腰里束着碧玉
女带，腕下笼着金压袖"。

③ 李永宪等. 我国史前时
期的人体装饰品［J］. 考
古，1990，（3）.

"镯"这一名称在明代才开始在官方典制中出现，更多的是作为一种民间的俗名使用。《看云草堂集》云："钏，俗名镯，亦曰镮"；《事物异名录》载："臂环曰缠臑，亦曰镯子"，此外还有"镯头"[1]"压袖"[2]等称呼。

单环状臂环是臂饰中最常见的一类形制。从材质上看，玉、牙、骨、竹、木、陶等制成的臂环多为封闭型，不可调节大小；而金属制成的臂环有封闭的，也有开口的，便于调节及佩戴。臂环在新石器时代就有大量出土，如半坡仰韶文化遗址出土过上百件陶臂环[3]。良渚文化、红山文化、凌家滩文化等遗址中出土过大量的玉石质臂环，是新石器时代臂环中制作最为精良的一类。金臂环在商代便已出现，铜镯则主要出土于云南地区。汉魏时期，臂环出土量不多，且多为光素无纹或略饰以绞线纹的封闭式环形，比较素朴。隋唐五代则主要流行可调节的柳叶式钏以及可以开合的多节式"金粟装臂环"。宋元时期流行连珠镯，湖南出土的元代窖藏中的金银手镯几乎都是连珠镯。明代贵妇则以双龙（兽）头手镯为经典样式。清代满族贵族中，连珠镯不再盛行，转而以整块金属、宝石、玉石或木材制成，或者以多种珠宝、金属材质复合制成（图 1-4-1-1-3）。

（二）跳脱、缠臂金

"条脱""挑脱""条达""跳脱"这四个称谓应是外来音译的不同版本，多指一种螺旋式臂饰，故此类臂饰可能是一种外来形制。此名称最早见于东汉末繁钦所作的《定情诗》："何以致拳拳，绾臂双金环……何以致契阔，绕腕双跳脱"，其将独立的臂环与螺旋式的跳脱进行了区分，可见两者应属不同形态。《字汇》载："钏，古谓之挑脱，金条旋匝，浮贯臂间，女饰用之。"《能改斋漫录》载："古诗云：绕臂双条达。则条达之为钏必矣。" 晚唐牛峤《应天长·玉楼春望晴烟灭》也有"舞衫斜卷金条脱"。但"条脱"之名在唐之后就逐渐不再被人们熟悉。

宋金元时期，又出现"缠臂"[①]"缠钏"或"钳铤"[②]等名称，明代则俗称"镯头缠子"[③]。"铤"即"镯"，宋代文献中多写作"铤"，钳镯为一种中间宽两头收窄的开口镯。"缠臂"或"缠钏"则特指螺旋式臂环，金质的则称为"缠臂金"或"金缠臂"。如苏轼《寒具》诗中有"夜来春睡浓于酒，压褊佳人缠臂金"；元周巽《昭君怨》中有"玉凤搔头金缠臂"；南宋女词人朱淑真在她的《恨别》中亦写道："调朱弄粉总无心，瘦觉寒余缠臂金。" 表达了与恋人分别后肝肠欲断的思念使自己日渐消瘦，以至连缠臂都松脱了。

这类螺旋式"跳脱"或"缠臂金"，在先秦墓葬中便已有出土，如陕西韩城梁代村芮国国君墓M27出土的一对金镯便是此类形制[④]。其在汉魏墓葬中并不多见，只有少量银质件出土[⑤]。到了唐代，整

① 关于这一名称的讨论，见孙机《缠臂金》，《中国文物报》2001 年 7 月 18 日。

② （宋）张云翼编，南宋刻本《重编详备碎金》服饰篇"钗钏"，天理大学图书馆善本丛书·汉籍之部 第六卷［M］.天津：天理大学出版社影印本，1981 年.

③ （明）碎金（据明永乐初内府刻本影印）［M］.北京：北平国立北平故宫博物院文献馆，1935.

④ 王炜林等.金玉华年：陕西韩城出土周代芮国文物珍品［M］.上海：上海书画出版社，2012：图版 90.

⑤ 如贵州平坝马场东晋南朝墓出土有一件。

图 1-4-1-2-1　**金钑花钏和金八宝镯、金嵌宝戒指**
梁庄王墓出土。湖北省博物馆藏。（李芽摄）

个社会风气追求富贵开放，胡风盛行，且上装流行薄可透体，这类夸张的螺旋式臂钏便开始大放异彩，由长长的金银细条缠绕而成，环数可达八九圈，其在湖南保靖四方城唐墓、江苏扬州唐墓中均有出土，《簪花仕女图》中还可看到佩戴的具体效果。螺旋式臂饰在宋元时期使用更加普遍，全国很多地方都有出土和窖藏，但出土实物以银制居多，有的环身上錾刻有花卉纹样，环数少的有七八圈，多的有十六圈，甚至二十多圈，有的环身很粗，有的细如铁丝。明代的螺旋式臂钏形制与宋元时期相比区别不大，主要分为"金钑花钏"（图1-4-1-2-1）与"金光素钏"两种。《大明会典》记载了皇家婚礼中给后妃的"纳征礼物"，皇后有"金钑花钏一双、金素钏一双"，皇太子妃、亲王妃亦有"金钑花钏一双、金光素钏一双"，各为二十两重。

辽、金和清代贵族都不喜爱佩戴此物，或许因常年骑射，嫌其累赘之故。

图 1-4-1-3-1　**五色缕**

（三）五色缕

五色缕，又名长命缕、续命缕、辟兵缯、朱索等。原是一种五色丝绳，由汉代朱索演变而来，最初在端午节时饰于门上[①]，借五色之力辟除虫蛇鬼物、消灾延年，后转而缠于臂上，用以辟邪。"旧传三闾大夫语人：'五色丝，蛟龙所畏。'故是日长幼悉以五色丝系臂，一名长命缕，一名续命缕，父老相传可以辟蛇，至七夕始解弃之。"[②]这一风俗自汉代开始流行，延续至今，五色缕也成了一种极具特色的民俗臂饰（图 1-4-1-3-1）。

五色与汉代流行的五行思想密切相关，为青、赤、黄、白、黑五色，亦即所谓的五方、五行之色。

① 《后汉书·礼仪志》："五月五日，朱索五色印为门户饰，以难止恶气。"

② 梁克家.淳熙三山志[M].宋元方志丛刊[Z]，北京：中华书局，1990.

人们将五色丝线系于臂上，以期达到续命、辟兵、驱邪、防止疾病的目的。《太平御览》卷三十一引东汉·应劭《风俗通》："五月五日以五彩丝系臂，曰长命缕，一名续命缕，一名辟兵缯，一名五色缕，一名朱索。"又"以五彩丝系臂者辟兵及鬼，令人不病瘟"。此俗盛行之后，似长命缕也不仅限于五月五日佩戴，而成为人们常用的、蕴含着吉祥寓意的臂饰。如《西京杂记·戚夫人侍儿言宫中乐事》："至七月七日，临百子池，作于阗乐，乐毕，以五色缕相羁，谓为相连绥。"即汉高祖时的宫人们，编结五色丝缕来作为装饰；同书卷一《身毒国宝镜》亦云"宣帝被收系郡邸狱，臂上犹带史良娣合采婉转丝绳"。汉宣帝刘询尚为婴儿时，受巫蛊之祸牵连，无辜入狱，臂上尚系着其祖母史良娣的长命缕。这应当也是寄托着祖母希望他能安全长大成人的祝愿。五色缕所寄托的吉祥寓意自汉朝始，历经唐宋，一直延续至今。

除了五色缕，红色的腕绳亦为人们所喜爱。古乐府中便有《双行缠》诗云："双行缠云朱丝系，腕绳真如白雪凝。"以红丝线系腕的风俗有两种说法，一说认为红色可以驱邪，其功能和五色缕类似；一说认为其源于唐人"月老"的传说，也有姻缘丝（丝者，思也）之称。

（四）臂串

还有一类臂饰由各类珠玉串制而成，称为"臂串""腕串"或"手串"。此类臂饰在新石器时代就有大量出土，如北京市东胡林遗址少女腕部的由7块牛肋骨制成的臂饰即属于此类腕串[①]；江苏新沂花厅遗址在M42人骨的左、右前臂骨上则分别有由7颗和11颗玉珠串成的腕串[②]。商代臂饰是以环类为主，而周代臂饰则多为腕串。如三门峡虢国墓地[③]、陕西韩城芮国墓地出土了由玛瑙、绿松石、

① 周国兴、尤玉柱.北京东胡林村的新石器时代墓葬[J].考古,1972,（6）.

② 南京博物院花厅考古队.江苏新沂花厅遗址1989年发掘纪要[J].东南文化,1990,（5）.

③ 河南省文物考古研究所.三门峡虢国墓[M].北京：文物出版社,1999.

① 图片摘自:孙秉君,蔡庆良.芮国金玉选粹——陕西韩城春秋宝藏[M].西安:三秦出版社,2007:186.

② 孙机.汉镇艺术[J].文物,1983,(第6期).注14。

③ 北京大学出土文献研究所编.北京大学藏西汉竹书 肆.上海:上海古籍出版社,2015:38.

美玉等组成的极其精美的珠玉腕串(图1-4-1-4-1)①;陕西宝鸡茹家庄墓地则出土了青玉贝腕串;山西侯马上马墓地一中年女性人骨腕部出土3组珠环串饰。从出土情况来看,当时腕串的佩戴并不分男女,虢国墓地国君夫人和国君太子都双手佩戴珠玉腕串;芮国墓地国君佩戴金臂镯,正夫人和侧夫人则都带有珠玉腕串;茹家庄墓地M1男性墓腕饰由13件青玉贝组成,其殉葬妾属墓中也出土同类腕饰。

到了汉代,汉人将此类臂串称为"系臂珠"。《太平御览》卷八○三所引谢承《后汉书》载:"汝南李敬,少时迁赵相。奴于鼠穴中得系臂珠及珰,悬珥相连。"西汉时,系臂珠是以各类雕琢过的宝石串成的,且多呈寓意吉祥的动物形态,起着"射魃辟邪除群凶"的作用。考古发现中多见的为蹲伏的狮形辟邪瑞兽②。史游《急就篇》有"系臂琅玕虎魄龙",可知制作臂珠的常用宝石材料是虎魄与琅玕。虎魄即琥珀,琅玕乃某种珍贵的宝石饰物,考古发现中,可见玛瑙、煤精、水晶、绿松石等材质的串饰。汉代系臂珠最明确的实物,见于西安凤栖原西汉张安世家族墓1号墓。考古人员在女性墓主人的左手腕处发现一串饰件,包括2件琥珀辟邪、1件绿松石鸟、1件珠饰及1件三角形饰。还有一类系臂珠以白珠制成,如北京大学藏西汉竹书《妄稽》中描写美女虞士的装饰,有"篹齐白珠,穿以系臂"③之语;南朝陶弘景所著《真诰》描写仙女首饰为"指着金环,白珠约臂",这里的白珠或是指珍珠一类。

手串在中国古代最流行的时期当属清朝,清朝贵族不论男女都喜爱戴手串,也称为"软镯"。当时出于避暑驱邪的功能,所选材料主要是香木,用细

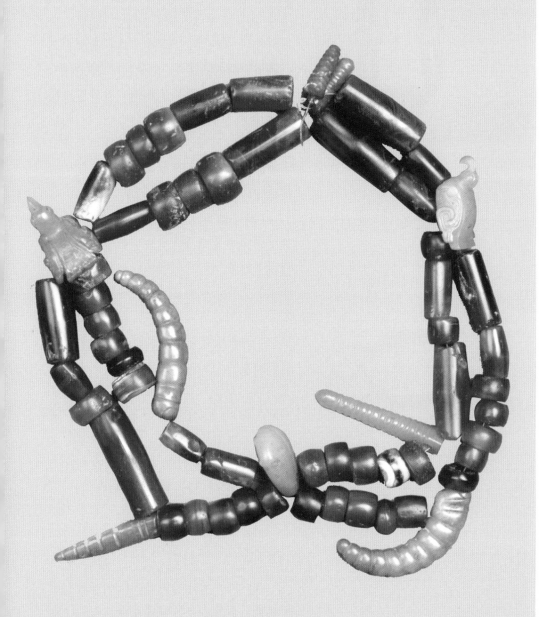

图 1-4-1-4-1　**腕串**

出自陕西韩城梁代村芮国墓地。为侧夫人芮姜左手腕串，由两圈珠串组成，珠串佩件则有玉鸟、玉蚕、玉贝、玛瑙管及玛瑙珠。

图 1-4-1-4-2　**迦南香手串**
沈阳故宫博物院藏。（李芽摄）

图 1-4-1-4-3　**垂果银包金软镯**
清、二十世纪初，为清末帝溥仪后妃所用之物。
7 厘米 ×2.5 厘米。

① 台北故宫博物院.皇家风尚——清代宫廷
与西方贵族珠宝［M］.台北：台北故宫博
物院，2012.

绳将一个个用香木镟好的数珠子串起来，并在打结处加饰"佛塔"，这种香木做的手串也称"香珠"或"香串"（图 1-4-1-4-2）。到了清中后期，手串逐渐脱离其避暑驱邪的功能性，向纯粹的臂饰发展，其象征是手串的材质从伽楠木等香木逐渐改为金属、宝石、玉石等珠宝（图 1-4-1-4-3）①。其后，在基础的仅加饰佛塔的手串之上，又加入其他固定装饰，便形成了清中后期在旗人中所流行的"十八子"。

此外，古人还有在臂上系铃铛的风俗。如梁简文帝《怨诗》中有"黄金肘后铃，白玉案前盘"，即在肘部系有黄金铃铛。《幽明录》中也记载有这样一个故事："义熙三年，山阴，徐琦每出门，见一女子貌极艳丽，琦便解臂上银铃赠之，女曰感君佳，贶以青铜镜与琦，便结为伉俪。"《祖台之志怪》中还载有一神怪故事："有人于曲阿见塘上一女子貌端正，呼之即来，便留宿，乃解金铃系其臂，至明日更求，女却无人，忽过母猪牢边，见猪臂上有金铃。"从故事中可知，应该男女皆可臂部系铃。

（五）大臂环、随求

大臂饰相对比较少见，因手臂被衣服所遮掩，因此大多数臂饰是戴在人的手腕处。在史前时代服饰制度尚不完备的时期出土过一些大臂饰，如牛河梁第三地点 9 号墓人骨大臂处出土有一件臂饰，淡绿色

图1-4-1-5-1 **玉臂鞲**
法库县大孤家子乡李贝堡村辽墓出土。（李芽摄）

图1-4-1-5-2
羯摩三钴杵纹银臂钏
陕西扶风法门寺地宫出土。

玉，体扁薄，呈半圆弧状，正面磨有数道凹槽，下端左右两侧凸出部位各钻2~3孔，近顶端钻单孔，背面无光泽，上有土渍。类似臂饰在内蒙古敖汉旗大甸子659号墓也出土过，在美国哈佛大学艺术博物馆也收藏了1件[1]，造型差不多，均为1墓1件，出土于墓主手臂旁边。哈佛的这件呈弧形半圆筒形，两侧各有3个穿孔，应是用于穿绳索或皮带系于臂上的，跟华北一带的架鹰猎手传统使用的护臂很是相似。在辽代契丹族墓葬中出土有几件玉臂鞲，辽狩猎放鹰者将臂鞲置于手臂上，以防被鹰抓伤（图1-4-1-5-1）。

随着服饰制度的建立，大臂饰在汉族人的日常生活中几乎很少见到。但随着佛教的传入，有一种特殊的宗教臂环值得一提，其在法门寺地宫衣物帐中被称为"随求"，其中羯摩三钴杵纹银臂钏2件（图1-4-1-5-2），三钴杵纹银臂钏4件[2]。据学者研究，"随求"即佛教密宗崇信的随求菩萨，是观音菩萨之变身，系密宗菩萨之一。此菩萨能随众生之祈求而为其除苦厄，圆满众生之希望，故名。随求信仰及其陀罗尼真言的传播，与唐代持明密教传入中土密切相关。持明密教的僧侣宣称，依法受持、书写、携带这些真言陀罗尼即可获得不可思议的功德，于是世人常随身佩带单独书写的咒语，以为护身符。若将这些咒语"带在头者"或"在臂者"，方有无量功德，可发挥镇恶驱邪、

① 江伊莉、古方.玉器时代：美国博物馆藏中国早期玉器[M].北京：科学出版社，2009.

② 陕西省考古研究所等.法门寺考古发掘报告[M].北京：文物出版社，2007：227.

图 1-4-2-1-1
戴有金镯、金耳坠、金步摇的《河东夫人像》
明代，（传）吴焯，美国哈佛大学福格美术馆藏。

常得安乐的作用。因此，这类出土的"随求"臂钏实际上是盛放经咒的容器。在唐宋考古中，多次发现将经咒放置在金属质地的臂钏和下领托中伴死者随葬[①]。这类"随求"臂环，根据密宗佛像的造型推断，大多戴于大臂处。

二 中国古代臂饰中的文化意涵

（一）压袖

臂饰在新石器时代就得到了极大的发展。先秦以后，衣裳形制逐渐完备，衣袖对手臂的遮挡日渐严密，因此，臂部装饰相较于新石器时代大大减少。到了汉代，中原贵族服饰的衣袖尤其尚长，人们的手臂皆隐藏在堆叠的衣袖之中，因而臂饰一方面还保留着装饰的作用，另一方面则起着实用的功能，即防止长度远远超过手臂的衣袖滑落，以便露出手来活动。因此，金臂饰在明代又有"金压袖"之称，如《金瓶梅词话》第二十回描述李瓶儿的一身盛妆，道是"腰里束着碧玉女带，腕下笼着金压袖，胸前项牌缨落，裙边环佩玎珰"（图 1-4-2-1-1）。

（二）驱邪消灾

有两类臂饰被赋予了驱邪消灾的含义，至今为民俗所钟爱。其一是前文介绍

① 霍巍，朱德涛．法门寺地宫出土"随求"与舍利瘗埋制度［J］．文物，2017，（2）．

图1-4-2-2-1　**迦楠木香串（清）**
沈阳故宫博物院藏。（李芽摄）

的"五色缕"，其二便是流行于清朝时期的以香木制成的手串。

香木串也简称"香串"，其最初作为一种小型的"数珠"（大型为一百零八颗）是念经时计数用的，不过这种功能随着手串脱离宗教用途而逐渐被忽视，取而代之的另一实际用途是驱邪避瘟。香木中最名贵的当属伽楠木，是著名的熏香料，含树脂的伽楠树根或树干经加工后入药，有降气、暖中、暖肾、止痛等作用。因此，佩戴此木于腕上，确实具有保健的疗效。《清稗类钞》中也提到香串的作用是："夏日佩之以辟秽。"在清宫档案中，我们也能发现在清中前期，手串作为避暑驱邪的重要物品的记录。如雍正元年六月，即将赴任的河间副将薛凤翼入宫谢恩，在召对时，雍正帝即赏他避暑丹十锭、裕暑丹十锭、裕暑手伽素珠一挂，并且亲切嘱咐道："所赐裕暑丹，早起磨水涂鼻孔内，不怕暑气。素珠带手上，日间常闻，你看，朕手现带着。"这里的"裕暑手伽素珠"便应是伽楠木所制（图1-4-2-2-1）。

当然，前文提到了"随求"，因其内装有经咒，也具有同等功能，但其主要是一种宗教法器，并非日常佩戴之物。

第五节 | 中国古代手饰文化

手饰，特指装饰于手指部位的饰物。其虽在中国起源很早，在原始社会就出土有很多玉、骨指环，但总体来讲，中国传统首饰文化中对手饰并不特别热衷。

鐶指

图 1-5-1-1-1
《三才图绘》中的"指环"
图样

一 中国古代手饰门类

（一）戒指

戒指，特指套在手指上的环形饰物，有的有华丽的戒面装饰。"戒指"这个名称到元代才出现在历史典籍之中，而在这之前和之后，指代戒指的名称，数量多达十几种。如"戒止""介指""手记""代指"等等。其中使用频率最高，使用时间最长的名称是"指环"，也可省称为"环"。因其特指套在手指上的环形饰物，故名。根据材质的不同，又可称之为"金环""银环""铜环""玉环""镀环"等。成书于战国的《竹书纪年》中便已有："纣嬖妲己，作宝于指环。"唐代的《太平御览》"服用部"里专设"指环"条目，《太平御览》《奁史》这类类书中记载的关于指环的典故更是不计其数（图 1-5-1-1-1）。

戒指还有一个名称，叫"约指"，这是依佩戴方式而命名的。《说文》："约，缠束也。"所以"约指"就是"缠束在手指上"的意思。汉末三国时繁钦的《定情诗》中便有："何以致殷勤，约指一双银。"直到晚清此称呼依旧保留，《首都志》"婚礼"条载："清季欧风渐于中国，一切趋于简易，乃有所谓文明结婚，不由父母媒妁，先相结以情爱，然后订婚，互易约指。[①]"戒指在汉代还被称为"彄环""指彄""行彄"，彄即环的意思。《西京杂记》卷一载："汉戚姬以百炼金为彄环，照见指骨，上恶之，以赐侍儿鸣玉、耀光等各四枚。"明代梅鼎祚《西汉文纪》卷五，赵合德进献给赵飞燕的贺礼中便有"精金彄环四指"。戒指到了宋元，常以"指铤"亦即"指镯"

① 首都志 [M].台北：成文出版社影 1935 年铅印本.

图1-5-1-1-2
北京故宫博物院藏绿玉嵌珠镏子设计样

图1-5-1-1-3　**绿玉嵌珠镏子**
径2.2厘米。清宫旧藏。

① （明）顾起元．客座赘语［M］．明万历四十六
年刻本．

② 甘泉县续志［M］．台北：成文出版社影1926
年刻本．

③ 黄能馥，陈娟娟．中华历代服饰艺术［M］．北京：
中国旅游出版社，1999．

为称，为民间富贵人家聘礼"三金"之一。宋代吴自牧《梦粱录》卷二十"嫁娶"条载："且论聘礼，富贵之家当备三金送之，则金钏、金锭、金帔坠者是也。若铺席宅舍，或无金器，以银镀代之。"这里的"金锭"就是金戒指的意思。明代戒指又多了一个名称，曰"缠子"。明顾起元《客座赘语》"女饰"条："金玉追炼约于指间曰'戒指'，又以金丝绕而箍之曰'缠子'，即繁钦诗之所谓'约指一双银'也。"[①]其是指环的另一种形制，非单环套于指上，而是用较粗的圆形或方形金属丝弯曲缠绕成螺旋之状套于手指上，所绕圈数不等，以二至三圈为多，也有做七八圈者，颇类似臂饰中的跳脱之制。

戒指还有很多民间俗称，如"戒箍"，江苏《甘泉县续志》"物产考"第七下亦有："金约指，俗名戒指，或戒箍。其阳面制为方形、圆形、或扁桃形、方形者或镌小印其上，有嵌珠或宝石者。"[②]如"指展"，元代周达观《真腊风土记》"人物"卷，谈到真腊国（今柬埔寨）风俗："寻常妇女椎髻之外，别无钗梳头面之饰。但臂中带金镯，指中带金指展。"再如"镏子"，这是北方方言对戒指的俗称，周立波《暴风骤雨》第二部："他从他家起出两个金镏子。"北京故宫博物院收藏有几幅清宫"镏子"的设计稿（图1-5-1-1-2）[③]，而清宫旧藏镏子中有与设计图几乎一模一样的款式（图1-5-1-1-3）。

图1-5-1-2-1　**玉韘（春秋）**
山西省曲沃县羊舌晋侯墓出土。
山西省考古研究所藏。（李芽摄）

戒指在中国古代汉族文化中并不太受重视，在被宋代作为聘礼"三金"之前，大多是胡俗的一种反映，出土的戒指款式也深深地受到异域文化的影响。如新疆吐鲁番交河沟西一号汉墓出土的金虎首指环、江苏南京东晋王氏家族7号墓出土的以金刚石镶嵌的"金刚指环"、内蒙古呼和浩特地区北魏墓出土的金嵌宝石的"卧羊戒指"与"立羊戒指"，造型都带有北方游牧民族的特色。尤其是在北朝高等级墓葬中出土的一类镶嵌宝石的印章戒指，这些戒指的所有者，或是当时朝廷的权贵，或是贸易路线上的商人，根据这些因素判断，这些印章戒指均应是通过丝路贸易来到中国的珍贵外来品，并非中原地区的饰物。戒指真正在汉族民间被广泛佩戴，要到明清时期了。在《金瓶梅》这类市井小说中，将戒指作为礼物馈赠或者日常佩戴的记载不计其数，如《金瓶梅词话》第十五回写道："那潘金莲一径把白绫袄袖子搂着，显他遍地金掏袖儿，露出那十指春葱来，带着六个金马镫戒指儿。"当今，戒指因被赋予了作为爱情与婚姻信物的功能，成了所有首饰门类里最为普及的一类。

（二）韘、扳指

韘（弽），也称决。为古代套于右手大拇指辅助张弓射箭的一种工具，其一般用象骨制作，内衬柔皮。因用不加保护的拇指拉弦开弓会感觉疼痛，也使不上力气，所以需要戴上韘来保护（图1-5-1-2-1）。韘作为实用器，从出土文物来看，主要流行于商代晚期到战国晚期，从西汉早中期

图 1-5-1-2-2　戴扳指的乾隆皇帝
《威弧获鹿图》，北京故宫博物院藏。

开始，韘逐渐衰落，韘形佩兴起，西汉中期以后很长一段时间便不再见到韘出土，明代仅见一例玉韘出土。

尽管汉末之后墓葬中不见有韘出土，但这并不意味着韘没有使用。明初王常宗曾有诗曰："忆昔少年曾任侠，身轻欲飞衣袴褶。晓起冲寒行且猎，强箭如雨脱韝韘。"[1]韝是缠绕于左手小臂处束袖之物，便于射箭。诗歌描绘的就是清晨策马射箭，乃至韝、韘都为之脱落的场景。可知韘对于擅长骑射之人来说是常备之物（图 1-5-1-2-2），只是可能大多不用珍贵材料制作，易腐，故并不为人所特别关注。

① （明）王彝.王常宗集卷四"已酉练场寓舍咏雪"，影印文渊阁四库全书（册1229）[M].台北：台湾商务印书馆，1986：430.

图 1-5-1-2-3　**玉扳指与扳指盒**
沈阳故宫博物院藏。（李芽摄）

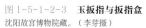

韘在清代演变成了扳指，被满族男子戴于右手大拇指上，尤以玉扳指为多。此外还有牙、骨、木及各色贵重宝石，如翡翠、玛瑙、琥珀等等。近人徐珂《清稗类钞·服饰》载："扳指，一作搬指；又作挷指，又作班指。以象牙、晶玉为之，着于右手之大指，实即古所谓韘。"从清宫传世的玉、翡翠扳指来看，它们在当时已经完全作为纯粹的手饰品，不具备任何实用价值了（图 1-5-1-2-3）。

（三）护指

护指，又名"指甲套""指套""金指甲"，是清代中后期贵族女性常用的一种手饰。

清代贵族多有蓄甲的习惯。一般认为，蓄甲使得指甲修长，彰显着其人脱离生产即不需要进行体力劳作等信息，隐性夸耀自己养尊处优的上层身份，从而形成以指甲纤细、修长为美的时代审美。在贵族之中，女性相比男性更加脱离生产生活，故贵族女性的指甲可以蓄得更长，随之出现了护指这种手饰。正如《清稗类钞》所言，护指的主要作用除了基础的保护蓄长的指甲外，还有"欲其指之纤如春葱也"，即令手指看上去更加纤细、修长（图 1-5-1-3-1）。

图 1-5-1-3-1　戴有指甲套的慈禧

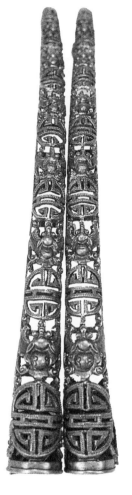

图 1-5-1-3-2　台北故宫博物院藏清代指甲套

（左）玳瑁嵌珠指甲套，长 10.5 厘米。

（中）银镂空福寿纹指甲套，长 13.5 厘米。

（右）玳瑁缉米珠团寿指甲套，长 10 厘米。

　　护指，一般由珍贵的金属、宝石或玉石制作而成。目前能够见到的护指材质，金属类有金、银、铜以及银镀金等等，玉石则主要以翠为主。其形制一般为锥子型，顶端尖锐，尾部为圆形。有整体缓慢尖锐的，也有中部以上变尖锐、扁平至与指甲同形状的。其外表，可以为仅使用基础材料的"素面"，也可以是在基础材料之上，进行镂空、雕刻乃至于镶嵌珠宝、点翠（图 1-5-1-3-2）。

（四）义甲

义甲，又名"爪"，形如指甲，是戴在指头上保护指甲的用具。古时常被人们应用于弹奏乐器。如《梁书》卷三十九《羊侃传》："侃性豪侈，善音律，自造《采莲》《棹歌》两曲，甚有新致。姬妾侍列，穷极奢靡。有弹筝人陆太喜，着鹿角爪长七寸。"这里的义甲是用鹿角磨制的。唐代还流行银质的义甲，在诗词中多有提及，唐李商隐《无题二首》诗"十二学弹筝，银甲不曾卸"，杜甫《游何将军山林》"银甲弹筝用"，说的都是弹筝时用的银质义甲。也有使用玻璃的，如唐刘言史《乐府杂诗》"月光如雪金阶上，进却颇梨义甲声"中提到"颇梨义甲"。但严格来说，义甲并不属于首饰门类，应属于一种实用工具。

二 中国古代戒指中的文化意涵

（一）妃嫔戴在手上用来起区分、辨识作用的标记

"戒指"是到元代才有的名称，其原名为"指环"，之所以称为"戒指"，又名"手记""代指"，也简称"记"，皆是出自其用途本身。《诗笺》曰："古后妃群妾，以礼进御，女史书其月日，授之以环，以进退之。生子月辰，以金环退之；当御者以银环进之，着于左手；既御者着于右手，谓之手记，亦曰指环。"这段话的意思是说古代帝王后宫妃嫔无数，按规定，妃嫔在接受帝王御幸时，都必须经过女史登记，女史事先向妃嫔们发放两种指环，一为金环，一为银环。平常妃嫔一般佩戴银环，具体又分两种戴法：即将侍奉皇帝的戴在左手，因为左手属阳，侍奉完皇帝的则戴在右手，因为右手属阴[1]。一旦妃嫔月事来潮或者有了身孕，不能侍奉皇上，则手戴金环，女史

---

① 《太平御览》引"女史书"曰："授其环，以进退之。有娠则以金环退之，当御者以银环进之。进者着于左手，阳也，以当就男，故着左手；右手，阴也，既御而复，故此。女史之职。"

图 1-5-2-1-1　**银指环**

重庆丰都县镇江镇土地梁子墓地，东汉初，一组 4 件，直径 2.2 厘米。

见之则不列其名。因"事无大小，记以成法"[1]，故名"手记"。简单来说，"手记"就是戴在手上用来起区分、辨识作用的记号，其又名"代指"。中国传统文化注重含蓄的表达，房事、月事、孕事这类事情本就比较私密，忌以口说，因此以物代言，便是自然而然的事。所以"代指"可以理解为"戴在手指上，代替语言的标志物"。明代王三聘辑《古今事物考》卷六"指环"条："《五经要义》曰'古者后妃群妾御于君所，当御者，以银环进之，娠则以金环退之，进者着于右手，退者着于左手。本三代之制，即今之代指也'。"东汉卫宏所撰《汉旧仪》也载："汉宫人御幸，赐银指环。"《诗笺》为汉代郑玄所著、《毛诗》为先秦著作，这说明至少在中国先秦至汉代这一历史阶段中，戒指的主要用途是宫中妃嫔戴在手上用来起区分、辨识作用的一种标记（图 1-5-2-1-1）[2]。

"戒指"这个名称实际上就是源于"手记"这个功能，因戴手记的女子，都是帝王的嫔妃，是身有所属之女子，甚至怀有身孕的女子，因此不仅要禁戒其他男子的追求，甚至要禁戒房事，故名"戒指"，也可写作"戒止"。清顾张思《土风录》卷五载："戒指乃已幸女子者，……俗亦呼手记。"已幸女子在中国古代一般是指已婚配女子，故此，戴戒指亦有标明已婚身份的功能，这和现代的婚戒倒是有些异曲同工之效。明凌濛初《二刻拍案惊奇》中也有类似的情节，书中女子在给她的情人书信中写道："徒承往复，未测中心。拟作夜谈，各陈所愿。……先以约指一物为定。言出如金，浮

① 《诗·邶风·静女》："静女其娈，贻我彤管。"汉毛亨传："古者后夫人必有女史彤管之法，史不记过其罪杀之后……群妾以礼御于君所，女史书其日月，授之以环，以进退之。生子月辰则以金环退之；当御者以银环进之，着于左手；既御着于右手。事无大小，记以成法。"

② 白九江.丰都镇江汉至六朝墓群 [M].北京:科学出版社,2013.

图 1-5-2-1-2　**戴戒指的晚清女子**
故宫博物院藏《晚清汉族妇女像》。

情且戒！如斯而已。"由此可见，"戒"字的含意还隐喻着戒掉一切朝秦暮楚的心态这样一层含意。清代王应奎《柳南随笔》："妇人以金银为介指其来已久，相传古者妇人月经与娠则带之，否则去之，今人常带在手既昧戒止之义，甚至男子而亦带之，若为饰手之物尤可怪矣。"说明在清代，戒指已经纯粹成了一种装饰，其禁戒的古意已不为人们所熟知（图 1-5-2-1-2）。

（二）象征"早日还乡"或"情爱永驻"的馈赠信物

在中国古代，器物往往承载着某种文化意义，是一种不言而喻的表示，即"藏礼于器"，这在先秦时便广泛存在。《荀子·大略》载："聘人以珪，问士以璧，召人以瑗，绝人以玦，反绝以环。"杨倞注："古者，臣有罪，待放于境，三年不敢去，与之环则还，与之玦则绝，皆所以见意也。"可见，因"环"与"还"谐音，帝王赐流放之罪臣以玉环则表示其可还乡之意。明何景明《杂言》载："古人奉德则报以佩，恩返则报以环，恩绝则报以玦。"也是此意。《后汉书·袁谭传》亦载："愿熟详吉凶，以赐环玦。"可见"环"还有吉祥之意。但这里的"环"是否就是指环，文中并没有明说，也有可能是佩环。但在《北史》中有另一记载："（元）树初发梁，睹其爱姝玉儿，以金指环与别，树常着之。寄以还梁，表必还之意。"明确说玉儿是以指环相赠，以期爱人尽早还乡。另清代王初桐辑《奁史》一书引宋代张君房所著《丽情集》"崔娘寄张生信有玉指环云：环者还也"也是此意。因此，在中国传统文化中，不论是佩环还是指环，作为馈赠之物，皆可昭示还乡之意。

除此之外，指环还因其环属的特性，表示"循环"之意。唐代李景亮所著传奇小说《李章武传》中有一个情节，"李章武系事告归长安，（与王氏子妇）殷勤叙别，章武留交颈鸳鸯绮一端……子妇则答白玉指环一双，赠诗曰：念子还相思，见环重相忆，愿君永持玩，循环无终极"。在这里，指环因其"循环无终极"的属性，表达了情人之间相思无绝期的情愫（图1-5-2-2-1）①。

① 古方.中国出土玉器全集·江西卷［M］.北京：科学出版社，2005.

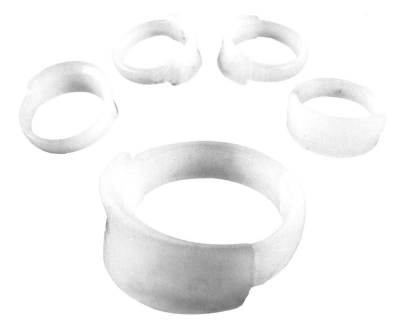

图 1-5-2-2-1　**白玉指环**
江西省南城县女冠山明益宣王元妃李氏墓出土，江西省博物馆藏。

（三）与鬼魅相关

　　戒指在中国古代汉文化语境内，典籍中所涉及的故事大多和鬼魅及灵异事件相关，这是其和其他门类首饰最大的不同之处，戒指代表的主流文化似乎并不是爱情和美貌，而是充满着某种神秘、诡异的元素。此种文化倾向始于汉，并广泛流行于魏晋南北朝到唐五代期间，这或许和此一阶段中国南北民族大融合，对外交流异常频繁有关。因为戒指和耳饰一样，宋以前主要流行于胡文化地区和西方国家，中原汉族并无戴戒指的传统，或因其染有浓重的异域气息，故充满着一种异族的神秘色彩。

　　汉代刘歆《西京杂记》卷一中有一则记载："戚姬以百炼金为彄环，照见指骨，上恶之，以赐侍儿鸣玉、耀光等各四枚。"这种令皇上恶心的能"照见指骨"的指环是用何种材料制成，我们不得而知，但即使在科技如此发达的当下，这种现象也依旧是令人匪夷所思的，可见此记载本身就有诡异的成分。唐代刘禹锡在其诗作《马嵬行》里吟咏已死去的杨贵妃时，

图 1-5-2-3-1 **盾形金指环**
赤峰市阿鲁科尔沁旗耶律羽墓出土。（李芽摄）

① 《刘宾客文集》卷二十六。

也有类似的描述："传看千万眼，缕绝香不歇，指环照骨明，首饰敌连城。"①将照骨指环与死者相联系，也体现了指环在时人眼中的一种神秘主义色彩。汉代哲学家董仲舒所著《春秋繁露》中则有将指环和鬼魅直接联系起来的早期记载："纣刑鬼侯，取其指环。"随后的魏晋至唐五代期间，此时的灵异故事集、志怪故事集中有关指环的记载激增，并且其中百分之八十以上都与神鬼与死人有关，以下摘录一部分。

生活于北齐至隋朝之间的文人颜之推的灵异故事集《集灵记》中记载有这样一则故事："王谓亡后，妻子困于衣食，谓见形诏妇曰：我若得财物，当以相寄，后月小女得金指环一双。"

南朝梁任昉编写的《述异记》载："周氏婢入山取樵，忽梦见一女子曰：'吾目中有刺，烦为拔之，当有厚报。'此婢乃见朽棺髑髅草生眼中，便为拔草，即于某处得一双金指环。"（图 1-5-2-3-1）

南朝宋刘敬叔撰志怪小说集《异苑》载："晋有士人，买得鲜卑女，名怀顺。自说其姑女为赤苋所魅。始见一丈夫，容质妍净，着赤衣，自云家在厕北。女于是恒歌谣自得，每至将夕，辄结束去屋后。其家伺候，唯见有一株赤苋，女手指环挂其苋上。芟之而女号泣。经宿遂死。"

唐代段成式《酉阳杂俎》载："崔罗什夜经长白山西，忽见朱门粉壁楼台相望，俄有青衣出语什曰：'女郎须见崔郎。'什怳然下马，入两重门内，……室内二婢秉烛，呼一婢令以玉夹膝置什前，什遂问曰，贵夫刘氏愿告其名，女曰：'狂夫刘孔才第二子，名瑶，字仲璋，比有罪被摄，仍去不返。'什乃下床辞出，女曰：'从此十年当更相逢。'什遂以玳瑁簪留之，女以指上玉环赠什，上马行数十步回顾，乃见一大冢，后十年什卒。"

唐代范摅撰笔记小说集《云溪友议》载，"韦皋少游江夏，止于姜使君之馆。姜氏孺子曰：荆宝有小青衣，曰玉箫，年才十岁，常令祗侍韦，玉箫亦勤于应奉，……因而有情。韦后归觐与玉箫约云：'少则五载，多则七年来娶。'因留玉指环一枚，并诗一首遗之。暨五年不至，玉箫乃祷于鹦鹉洲，又逾二年，玉箫乃叹曰：'韦家郎君，一别七年，是不来矣。'遂绝食而殒。姜氏愍其节操，以五（玉）环着于中指而同殡焉。"后来韦皋升官，了解了玉箫殉情而死的经过，倍感思念，便请术士作法以期相会。"清夜玉箫乃至，谢曰：'承仆射写经造缘之功，旬日便当托生，却后十三年再为侍妾，以谢鸿恩。'后韦以陇右之功理蜀，不替累迁中书令，因作生日，节镇皆贡珍奇，独东川卢八座送一歌妓，未当破瓜之年，亦以玉箫为号，观之乃真姜氏之玉箫也，中指有肉环隐出，不异留别之玉环。"

五代孙光宪撰《北梦琐言》载："藘昌远居吴，有女郎素衣红脸，容质绝丽，遂与相狎，赠以玉环，一日见槛前白莲花，俯而玩之，见花蕊中有物，乃所赠玉环也，折之遂绝。"

《岷峨山志》载："有客夏日游岷峨山寺，忽逢白衣美女，年十五六，姿貌绝俗，因诱致密室，情款甚密。及去，以白玉指环遗之，即上寺楼，隐身目送。白衣行计百步许，奄然不见，乃识其处寻见百合花一枝，白花绝伟，劚之根本如拱，既尽，得白玉指环。"

五代以后，此类有关指环的灵异故事逐渐减少，但并未绝迹，直至清代依旧还有余绪，如清王椷撰《秋灯丛话》中便记载有一神秘紫衣女与一男子"缱绻殊甚，赠张一指环，色如碧玉，明如水晶，云可疗心痛。朦胧熟睡闻耳畔呼曰：'可起矣。'张惊起，紫衣人已不知所之，馆舍城市俱失所在，惟所赠指

图 1-5-2-4-1
金嵌宝印章戒指
河南偃师市杏园村 YD1902 号唐
墓出土，环体厚重，上嵌椭圆形
紫色水晶，水晶上浅刻两字，文
字为中古时期的巴列维语。

环尚在。遇心痛者前，水饮之立效。"①

纵观以上故事，绝大多数与男女交欢有关，或男赠女，或女赠男，并无定数，且与婚姻无关，多为一夜缠绵。可见指环在此时期的汉文化语境中，并非传统意义上的良家女子所戴。回溯先秦至汉代时期指环作为手记的功能，也只是用于标明君王是否适合临幸的记号，与婚姻和爱情本身并无多大关系。

（四）戒指未必都戴在手上

首饰未必都是装饰品，很多时候它象征一种财富。当戒指作为财富和信物使用时，并不一定需要戴在手指上。南朝宋戴祚撰《甄异记》载有这样一则故事，"秦树至曲阿，日暮失道，遥望火光往投之宿，乃女子独居室者，为树设食，遂与寝，止向晨树去，女泣曰：'与君一睹后面无期。'以指环一双赠之，结置衣带，相送出门，树行数十步，顾其宿处，乃是冢墓，居数日亡，其指环结带如故。"在这里，女子没有将戒指戴在男子的手指上，而是结置于其衣带之上。河南偃师市杏园村 YD1902 号唐墓出土有金戒指一件，据发掘报告称，墓主人是"右手握一金戒指"，也没有戴在手指上。这枚金戒指是作为印章来使用的，青金石戒面上刻的文字是反字，文字为中古时期的巴列维语（中古波斯语）（图 1-5-2-4-1）②。这种将戒指作为印章的习俗来自西方，明代张燮《东西洋考》载："旧港，古三佛齐国也。初名干陀利，又名渤淋，在东南海中……民散居城外……以国王指环为印。"据布兰奇·佩尼著的《世界服装史》一书所述：戒指在古

① 以上指环故事均摘自（清）
王初桐著《奁史》卷七十"指
环"篇，据清嘉庆二年伊江阿
刻本影印。

② 中国社会科学院考古研究
所河南二队.河南偃师市杏园
村唐墓的发掘［J］.考古，
1996，（12）.戒面所刻文字
自右至左缀列为"'pd"，其
意思是"好极啦！""奇妙无比！"
等，到了后来的伊斯兰时代，
又增加了"值得称赞！"的意思。

希腊时期最早便是作为印鉴或徽章使用的，后来还有过表示等级身份的作用。在罗马帝国时期，金戒指"一变而为国家荣誉的象征，作为献给作战有功的官员的一种奖赏"[1]将戒指作为赏物的用法很可能随着南北朝时的东西文化交融而逐渐被北方朝廷所沿袭。北周李贤墓中的金戒指，有学者就认为"可能是北周皇室对李贤的赏物"[2]。

（五）戒指作为婚姻的聘礼或爱情的信物是仿自胡俗

与其他首饰不同，在中国古代，将戒指与婚姻和爱情联系在一起，是仿自胡俗，即西北少数民族或西方人的习俗。相关记载始于魏晋时期，如《晋书》"西戎传"载："大宛娶妇，先以同心指镮为聘。"这里的"同心"指环是指一种"铜芯"指环，外镀金或银，取其谐音。再如《太平御览》引《外国杂俗》云："诸问妇许婚，下全[3]同心指环，保同志不改。"又引《胡俗传》云："诸胡，始结婚姻，相然许，便下金同心指环。"《夔史》引《番境补遗》云："牛骂番婚姻，男以银锡约指赠女为定。"等。西方至迟在罗马共和国时期，戒指已经和婚姻有了固定的关系。前述《世界服装史》就指出，当时金戒指已代替了铁戒指，成为婚礼上新婚夫妇佩戴的装饰[4]。这一习俗或经中亚（大宛国等）作为"胡俗"传入我国，逐渐被国人所了解。前述《酉阳杂俎》《云溪友议》《北梦琐言》等故事便都是将戒指作为爱情信物的例证。明代话本《闲云庵阮三偿冤债》中的一场男欢女爱，也是以一对"金镶宝石戒指儿"为信物，几番推波助澜。

当然，戒指的这种功能或许还有佛教的影响在内。实际上，佛教传自西域，其故事中保留了大量胡俗也是自然而然的事情。现存敦煌文书中有一种被称为《太子成道经》的变文，内容为净饭王太子的成佛经过。文中说太子长大，

① 布兰奇.佩尼著、徐伟儒主译.世界服装史［M］.沈阳：辽宁科学技术出版社，1987.

② 宁夏回族自治区博物馆、宁夏固原博物馆.宁夏固原北周李贤夫妇墓发掘简报［J］.文物，1985，（11）：19.

③ 这里的"全"当为"金"，参下引《胡俗传》。

④ 布兰奇.佩尼著、徐伟儒主译.世界服装史［M］.沈阳：辽宁科学技术出版社，1987：162.

① 王重民等编.敦煌变文集
[M].北京:人民文学出版
社,1957:290-291.

② 《佛本行集经》原文只是
间接和婚姻发生关系。据佛
经原文,太子准备的"杂宝
无忧器"都让其他女子拿走
了。耶输陀罗最后一个来,
来后又向太子要杂宝,"是
时太子指边有一所著印环,
价直百千,从指脱与耶输陀
罗"但是耶输陀罗仍不高兴。
后来净饭王向耶输陀罗的父
亲提婚,经过比武等,耶输
陀罗的父亲才同意将女儿嫁
给太子。这里太子实际上并
没有以戒指为信物,与女子
定婚的意思。但是中国唐代
西北地区的僧侣(或还有文
人)对佛经作了改编,删掉
了其他杂宝无忧器,只以金
戒指来判定婚姻,显然是受
沿丝绸之路东传的西方文化
的影响。

③ 湖北省文物考古研究所,
钟祥市博物馆.梁庄王墓
[M].北京:文物出版社,
2007.

④ 何继英.上海明墓出土
戒指[J].上海文博论丛,
2011,(3).

净饭王想为他娶妻以使他依恋人间,"太子闻说,遂奏大王,若(与)儿取其新妇,令巧匠造一金指环,(儿)手上带之,父母及儿三人知,余人不知。若与儿有缘,知儿手上金指环者,则为夫妇"。后来摩诃那摩女耶输陀罗说了出来,于是"太子当时脱指环",娶耶输为妻[①]。《太子成道经》系根据《佛本行集经》演绎而成[②],在敦煌文书中有八个卷子,可见当时广为流传。加上变文那种连说带唱的讲经方式,相信这一故事在大众中一定比较普及,或许对时风会有一定影响。在明代梁庄王墓中的"法器匣"内,便发现有一枚金法戒(图 1-5-2-5-1)[③]。

戒指真正在中国作为婚姻的聘礼之一,其风俗起源于宋代民间。宋代吴自牧《梦粱录》卷二十"嫁娶"条载:"且论聘礼,富贵之家当备三金送之,则金钏、金锭、金帔坠者是也。若铺席宅舍,或无金器,以银镀代之。"这里的"金锭"便指的是金戒指。在明代《金瓶梅》等描写市井风俗的小说中,我们也可以看到戒指的身影。如《金瓶梅》第七回,西门庆相看孟玉楼后,心下中意,便命人"用方盒呈上锦帕二方、宝钗一对、金戒指六个,放在托盘内送过去",作为"插定",即将婚事定下之意。

但戒指在中国传统的汉文化圈中,并没有被纳入宫廷嫁娶聘礼典制。明代尽管戒指出土数量很多[④],但在《大明会典》的"皇帝纳后仪"礼单中,头饰、镯钏、耳环、面花、玉佩珩珰、霞帔坠头等首饰一应俱全,却并无戒指踪影。到了清代,满族执政,戒指才真正受到重视。《清实录》"世祖章皇帝实录"记载顺治九年八月,更定婚娶之制。"和硕亲王及和硕亲王未分家之子。婚娶,行纳币礼,用……金项圈一、合包一、大簪三枝、小簪三枝、

图 1-5-2-5-2　**镶宝石金花饰戒指**
清代。西安市雁塔区曲江池村出土。直径 2.1 厘米，重 18.5 克。

耳坠一副、戒指十枚。""世子、多罗郡王及世子、多罗郡王未分家之子。婚娶，行纳币礼……（项圈、合包、簪、耳坠数量同上）戒指八枚。""多罗贝勒，及多罗贝勒未分家之子。婚娶，行纳币礼……（项圈、合包、簪、耳坠数量同上）戒指六枚。""固山贝子未分家之子。婚娶，行纳币礼……（项圈、耳坠数量同上，簪为各二枝）戒指四枚。"及至异姓公、及异姓公未分家之子及以下品级者婚娶，纳币礼则再无戒指。可见，戒指在满族的聘礼中，是金银首饰中体现身份等级最鲜明的标志，且一般为双数（图 1-5-2-5-2）[1]。到清末民初，西风东渐，戒指作为订婚之纪念物的风俗开始风行。《清稗类钞》中对此有明确记载："大宛娶妇先以同心指环为聘，今乃以为订婚之纪念品，则欧风所渐也。"

① 西安市文物保护考古所.西安文物精华：金银器［M］.北京：世界图书出版公司，2012.

第六节 │ 中国古代首饰文化综述

在首饰以上的五大门类中，每类首饰自有每类首饰的独特文化意涵，但首饰作为一个群体，也不可避免的会有一些文化上的共同属性。

图 1-6-1-1　点翠嵌珠宝喜字凤钿

台北故宫博物院藏。这是旗人女子大婚时用的喜钿。

一　首饰与婚嫁礼俗紧密相连

作为金银首饰，一桩大宗的需要，便是嫁娶。"至少可以说，金银首饰的成批打制是集中在嫁女时节。如果是一家一户的集中购求，常常会雇请银匠到家里来专务打造。也因此出自同一银匠的一时打造，多半簪钗成双头面成副，——头面一副之数少则十几，多则二十以上，且一眼看去便可认得分明。"[1]扬之水先生在《中国古代金银首饰》一书中关于首饰与婚嫁之间的关系描述得非常准确（图1-6-1-1）。

实际上，首饰与婚嫁的联系从恋爱时就已开始，古时恋人往往以钗相赠而定情，别离时也赠钗以相慰。如南北朝释宝月《估客乐》："郎作十里行，侬作九里送。拔侬头上钗，与郎资路用。"语意浅显，

[1] 扬之水.中国古代金银首饰（卷一）[M].北京：故宫出版社，2014：146.

却饱含一段深情。女子赠情郎钗以寄相思，又聊助情郎旅途资费。而分钗也成为别离的代名词，女子将钗分作两半，一半赠与远去的情郎，待他日重逢再行"合钗"，如陆罩《闺怨诗》："自怜断带日，偏恨分钗时。"在男女间情爱断绝时，原先所赠的首饰也将送还原主。如鲍照《行路难》："还君金钗玳瑁簪，不忍见之益愁思"，写的便是男子变心，女子送还首饰的情形。

当然，男女之间可以互赠定情之物的自由恋爱在古代社会毕竟罕见，大部分男女的婚姻还是要遵循"六礼"的。在"六礼"中，人们最看重的是"纳征"，即男方往女方家送聘礼，"纳征"之后，往往标志着婚姻关系正式成立。聘礼的数量和种类历朝以降，或定于礼，或制以律，依其身份，各有等差。"周时玉帛俪皮；战国以后，始益以金；至汉，则以黄金为主；魏晋南北朝用兽皮；隋唐以降，品物繁多；宋则惟财是重。"[1]宋代以金银财物和金银首饰为主体的聘礼内容与前朝有很大不同，也极大影响了后世的婚俗文化。宋代在"六礼"之前，还增加了一个环节，叫"相妇"，即以男方为主动权的"相亲"。宋江休复《江邻几杂志》载："京师风俗，将为婚姻者，先相妇。"[2]通常是男女方本人不见面，而是让男方的某位亲属相看女方，男方若是相中了，就用一支金钗插在女方的冠髻上，称为"插钗"。《梦粱录》卷二十载："如新人中意，即以金钗插于冠髻中，名曰'插钗'。若不如意，则送彩缎二匹，谓之压惊，则婚事不谐矣。"[3]因此，金钗在宋代婚嫁礼俗中具有特殊的象征意义，意味着男女双方对这桩婚事的基本认可。

当女方接受金钗后，男方便要向女方下定聘礼，相当于"纳吉"和"纳征"，宋代一般分三次进行。《宋史》卷一〇五"礼志"载，"诸王纳妃，宋朝之制，诸王聘礼，赐女家白金万两。敵门（即古之纳彩）用羊二十口，酒

① 陈鹏.中国婚姻史稿[M].北京：中华书局，2005.

② （宋）江休复.江邻几杂志[M].明万历商氏半垫堂刻本.

③ （宋）吴自牧著，符均、张社国校注.梦粱录[M].西安：三秦出版社，2004：304-305.

二十壶，彩四十匹；定礼：……黄金钗钏四双，条脱一副，真珠琥珀璎珞，真珠翠毛玉钗朵各二副……；纳财：……真珠翠毛玉钗朵各三副……"。宋代民间定聘礼也分三次进行，据《梦粱录》卷二十"嫁娶"条记载宋代民间富贵之家的定礼为：珠翠、首饰、金器、销金裙褶及缎匹、茶、饼等物；聘礼则为金钏、金铤、金帔坠，称为"三金"。家庭经济情况不好的也可以用银器镀金代之，下彩礼则要简单一些，一般为绢、银锭等物。总之，金银首饰不论在王公贵族还是平民百姓的婚嫁聘礼中，都占有极其重要的比例。

当然，除了男方送聘礼，女方也要有陪嫁，这在宋代称之为"房奁"。南宋元初周密所著《武林旧事》卷二"公主下降"一文中写道："南渡以来……公主房奁：真珠九翚四凤冠、褕翟衣一副、真珠玉珮一副、金革带一条……。"① 一件"珍珠九翚四凤冠"，与皇家礼服制度中皇妃的礼服冠相同，自与平民大相径庭，足显公主威仪与高贵的身份。《梦粱录》卷二十中亦载有平民女子"房奁"："女家回定帖，亦如前开写，及议亲第几位娘子，年甲月日吉时生，具列房奁：首饰、金银、珠翠、宝器、动用、帐幔等物，及随嫁田土、屋业、山园等。"虽然这里并没有具体描述"房奁"中首饰的数目与种类，但是可以看出，金银首饰依然是宋代女子陪嫁中不可或缺的资装。

随着宋代科举制度的日益成熟，世俗地主知识分子也可以经由科举由野而朝，步入社会上层。因此，婚姻门第观比前代大大减弱，"婚姻不问阀阅"是南宋婚姻风俗的一大特色。随着商品经济的发展，婚姻论财愈加严重，并直接影响了后世婚俗。而金银首饰因其贵金属的特殊性，在竞侈厚嫁之风下，婚嫁聘礼

① （宋）周密著，李小龙、赵锐评注.武林旧事［M］.北京：中华书局，2007：40.

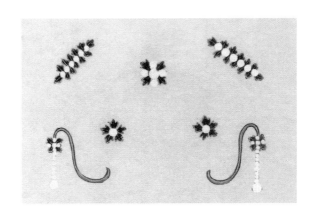

图 1-6-1-2　**珠面花二副、翠面花二副**

中金银饰品占比加重，便是自然而然的事情。

明代第一次把皇家纳征礼单明确记载于典制当中，让我们对最高规格的婚嫁首饰门类有了相对鲜明的概念。明《礼部志稿》卷二十"皇帝纳后仪"所备"纳吉纳征告期礼物"中首饰有：

金龙珠翠燕居冠一顶（金簪全）……玉佩玎珰一副（金钩金事件全）、玉云龙霞帔坠头一个、金钑花钏一双、金素钏一双、金连珠镯一双、首饰一副（天顺八年加一副）、珠面花二副、翠面花二副、四珠葫芦环一双、八珠环一双、排环一双、玉禁步一副……珠翠花四朵、翠花四朵。（图1-6-1-2）①

这里的"首饰一副"推测应为簪钗之属。"皇太子纳妃仪"所备"纳征礼物"中首饰有：

珠翠燕居冠一顶（冠盖全、冠上大珠博鬓结子等项全、金凤二个、金宝钿花二十七个、金簪一对、冠上珊瑚凤冠觜一副）……白玉钩碾凤文佩一副（玉事件二十件、串珠全）、金钩二个……珠翠面花四副、珠翠花四枝（金脚八钱重）、金脚四珠环一双（金脚五钱重）、梅花环一双（金脚五钱重）、金钑花钏一双（二十两重）、金光素钏一双（二十两重）、金龙头连珠镯一双（一十四两重）、金八宝镯一

① （明）明宫冠服仪仗图［M］.北京：北京燕山出版社，2015：118.

双（八两重、外宝石一十四块）。

通观明代皇后和皇太子妃整个纳征首饰礼单，我们会看到皇家对嫁娶首饰的门类、造型，甚至重量都做了详细的规定，让人一目了然，这是前代所未有的，但也正因为充斥细节，便也越发体现出等级的森严与不可僭越。

清代皇室为了炫耀皇威权势，聘礼中首饰的数量与奢华比明代有过之而无不及，到了简直令人咋舌的地步（图1-6-1-3）。同治、光绪两帝的大婚仪档，是迄今为止发现的记录中最为完备的中国帝王婚仪的记载，根据《清同治大婚典礼红档》档案记载，帝王大婚所需订办的珠宝首饰种类包括：朝珠、带钩、扁方、手串、佩、簪、镯、翠花、扳指、钳、耳坠、戒指、环、指甲套、钿子、如意等等有近百种之多。以材质论，主要是金珀、白玉、赤金、碧玡瑶、蜜蜡、翡翠、珊瑚、翠羽、珍珠、玛瑙、水晶等。这其中有内务府督办、造办处监制的各色首饰，也有委托各地主管机构协办的相关物件。特别是一些首饰镶嵌类的原材料，还需大量进口或异地采办，如粤海关负责置办的朝衣、珠宝等。再如乾隆第十女和孝固伦公主下嫁和珅之子丰绅殷德，其陪嫁首饰规模更是惊人，有：

红宝石朝帽顶一个，嵌二等东珠十颗；金凤五只，嵌五等东珠二十五颗，内无光七颗，碎小正珠一百二十颗，内乌拉正珠二颗，共重十六两五钱；金翟鸟一只、嵌辇子一块，碎小正珠十九颗，金镶青金桃花垂挂一件，嵌色暗惊璺小正珠八颗，穿色暗惊璺小正珠一百八十八颗，珊瑚坠角三个，连翟鸟共重五两三钱；帽前金佛一尊，嵌二等东珠二颗；帽后金花二枝，嵌五等东珠二颗；金镶珊瑚头箍一围，嵌二等东珠七颗，重四两七钱；金镶青金方胜垂挂一件，嵌色暗惊璺小正珠二十四颗，穿碎小正珠二百四十九颗，珊瑚坠角三个，重四两五分；金嵌珊瑚顶围一围，嵌二等东珠五颗，五等东珠二颗，重五两四钱；鹅黄辫二条，檀石背云二个，珊瑚坠角四个，加间三等正珠四颗，四等正珠四颗；双正珠坠一幅，计大正珠六颗，二等正珠六颗，加间碎小正珠六颗，金钩重一两七钱五分；金手镯四对，重三十五两；金荷莲螃蟹簪一对，嵌无光东珠六颗，小正珠二颗，湖珠二十颗，米珠四颗，红宝石九块，蓝宝石二块，辇子一块，重二两一钱。金莲花盆景簪一对，嵌暴皮三等正珠一颗，湖珠一颗，无光东珠六颗，红宝石十二块，辇子一块，无挺，重一两五钱；金松灵祝寿簪一对，嵌无光东珠二颗、小正珠二颗，米珠十颗，辇子二块，红宝石四块，蓝宝

图 1-6-1-3　点翠凤钿

凤钿是旗人贵族女性新婚时，新妇配合吉服所戴用的。

图 1-6-1-4　**满族新娘的背面和正面**
1867 年约翰·汤姆森（John Thomson）摄于中国北京。

图 1-6-1-5　**喜字点翠耳钳**
北京故宫博物院藏。

图 1-6-1-6　**金镂空
喜字纹指甲套**
长 10.4 厘米。
台北故宫博物院藏。

① 张杰.满汉联姻：清代宫廷婚俗［M］.沈阳：辽海出版社，1997：146.

② 故宫博物院.清宫后妃首饰图典［M］.北京：故宫出版社，2012.

石二块，碧玕瑶二块，重二两。①

　　帝王婚嫁如此奢华，必然上行下效。因此，大街小巷间金店银匠成为城市中最为忙碌的手工业劳动者。大户人家在足金足两的前提下，比拼的常常是精工巧作，多在首饰款式上做足文章，力求新意。婚嫁礼俗无疑成为推动首饰行业不断求新求变的重要动力（图 1-6-1-4、图 1-6-1-5②、图 1-6-1-6）。

二 首饰可作为财富，可作为赏赐、朝贡或馈赠的礼品

首饰因大多用贵重金属或珠玉宝石制作，本身就具有极高的财富价值，之所以在婚嫁礼俗中如此看重首饰的比重，也与它的财富属性有直接关联。

首饰作为财富，关键时刻往往可以借此救急。《搜神后记》中载有一则以金钏贿赂阴间小鬼转而还阳的故事，"李除死，其妇守尸至三更，崛然起坐，搏妇臂上金钏，执之还死。妇伺察之，至晓更活。云：为吏将去，多见行贿得脱者，许以金钏，吏令归取，吏得钏便放还。"《唐书》中则记载有以金钏换书的故事，"王昭少好学，尝有鬻书于市者，其母将为买之，搜索家财不足其价，惟箧中有金钏数枚，既而叹曰：何爱此物，令吾子不有异闻乎，促令货易此书"。《益部耆旧传》中还记载有"金环葬母"的故事："刘宠丧母，时乱，坟墓尽发，宠乃矫母命，为家贫无财，唯有手上金环卖，造墓，遂免发掘。"[1]

首饰当然也是情人之间馈赠的最佳礼品。在汉代繁钦的《定情诗》中，各式各样的首饰就都成了恋爱中的情人取悦对方的礼物："我既媚君姿，君亦悦我颜。何以致拳拳？绾臂双金环。何以道殷勤？约指一双银。何以致区区？耳中双明珠。何以致叩叩？香囊系肘后。何以致契阔？绕腕双跳脱。何以结恩情？美玉缀罗缨。何以结中心？素缕连双针。何以结相于？金薄画搔头。何以慰别离？耳后玳瑁钗……"整首诗生动地表达出两位有情人一次次互赠信物，以表"殷勤"之意；频频指物为誓，以示"拳拳"之心的现实生活情态。南朝齐时，东昏侯萧宝卷为了讨好宠妃潘氏，甚至不惜打破东晋义熙年间（公元405—419年）南亚地区狮子国进贡的一尊玉佛像以获得玉料，为爱妃制作玉钏[2]。

① 以上三则故事均摘自（清）王初桐．奁史［M］．（卷七十"钗钏门三"）据清嘉庆二年伊江阿刻本影印．

② 《梁书》卷五十四《诸夷·师子国传》："晋义熙初，始遣献玉像。经十载乃至。像高四尺二寸。玉色洁润。形制殊特，殆非人工。此像历晋、宋世在瓦官寺。寺先有征士戴安道手制佛像五躯，及顾长康《维摩画图》，世人谓为三绝。至齐东昏，遂毁玉像，前截臂，次取身，为嬖妾潘贵妃作钗钏。"

图 1-6-2-1　**球形嵌饰金耳坠**
共 2 件。通高 8.2 厘米，球径 1.6 厘米，每件重
21.5 克（含珠宝重量）。
江苏扬州市三元路窖藏出土，现藏江苏省扬州
博物馆。由于窖藏处并无首饰主人资料的发现，
因此其主人的身份不明，但从其造型来看，结
合唐代女子并无戴耳饰的习俗，显然应属于异
域流入的饰品。

图 1-6-2-2　**镶钻戒指表**
台北故宫博物院藏。

① 徐良玉，李久海，张容生.扬州发现
一批唐代金首饰［J］.文物，1986.（5）.

② 台北故宫博物院.皇家风尚——清代
宫廷与西方贵族珠宝［M］.台北：台北
故宫博物院，2012.

首饰也是上下级之间作为赏赐的礼品或
财富，这在史籍记载中不计其数。如《太平
御览》引《后汉书》云："孙程等十九人立
顺帝有功，各赐金钏指环。"《新唐书》载：
"定安公主，始封太和。下嫁回鹘崇德可汗。
会昌三年来归……诏使劳问系涂，以黠戛斯
所献白貂皮、玉指环往赐。"《宋书·明帝
纪》载：泰始三年九月戊午，"以皇后六宫
以下杂衣千领，金钗千枚，班赐北征将士"。
《武林旧事》载：皇后归谒家庙，散付本府
亲属、宅眷、干办、使臣的礼物中便有"金
镯、金钗……翠花、翠冠"等物。《重修扬
州府志》卷之五十六："监生田士英妻周氏，
康熙四十六年，仁庙奉，皇太后南巡，道经
柳巷，田士英之妻周孺人，年九十，率子妇
孙，曾跪接蒙赏金玉戒指二枚。"

此外，首饰也是外国朝贡时常见的贡品
之一。如《宋会要辑稿》载："唯宋文帝元
嘉五年，天竺伽毗黎国王月爱又遣使奉表，
献金刚指环、摩勒金环、宝物、赤白鹦鹉各
一。"同书"蕃夷七·历代朝贡"章引《山
堂考索》："是年正月，三佛齐贡……猫儿
眼指环、青玛瑙指环、大真珠指环共一十三
事。"《夜史》引《天直行记》中亦载："安
南国进皇后方物状，有妆金真珠钏一双，金
重一两，珠一千颗。"魏晋南北朝时期出土
的金刚指环、印章指环，隋朝李静训墓出土
的豪华金嵌宝项链等，都带有明显的异域风
格，很有可能皆是来自国外的进贡之物（图
1-6-2-1[①]、图 1-6-2-2[②]）。

三 首饰的发展隐含着中国古代科技的进步历程

受中原的崇玉文化影响，中国早期汉族地区的首饰以玉石为主。但由于金银本身化学属性的稳定及其稀有珍贵和璀璨的光芒，再加上游牧民族及外来文化的影响，抛开地域差异，金银器实际始终在首饰中占有主流地位。

中国古代的金银器加工工艺大体包括锤鍱（将金块捶打成薄片状）、拔丝（将金块拔成粗细不等的丝）、炸珠（将金块制成鱼子大小的金珠）、掐丝（将薄金片切成窄而扁的细丝，掐成图案）、焊活（用焊药涂在胎或丝片上，经火熔焊牢固）、打造（将金片锤打成形或锤出隐起图案花纹）、錾鍱（錾是指錾刻图案细部，鍱是指阴刻细线）、熔铸（即以金银溶液注入范中，冷却后起范取出金件）、累丝（将金银抽成细丝，以堆垒编织等技法焊接而成）、编织（以金丝编织图案或器物）、镶嵌（是指在金银器铸造时或掐丝之间预留下的凹槽中嵌入宝玉石或用包镶、爪镶等工艺方法镶嵌宝玉石的一种技术）等。其中焊珠、掐丝、累丝和镶嵌等工艺，多用于制作首饰，极其精巧细致，故又称"细金工"。

夏商时代的金银首饰，做工还很初级，主要是金片和金丝工艺制品，经切割、捶打、盘曲而成形。以掐丝、焊珠、镶嵌为基本技术的细金工大约出现于战国晚期，成熟于东汉。内蒙古鄂尔阿鲁柴登出土的"金镶松石耳坠"（表3-8：1），其所用金丝、金片及连缀松石本属较普通的一般金工，然而在其连缀松石的金件上焊有金炸珠，以三珠铺底上焊一珠的二层焊接，似为迄今所见我国出土的制造年代最早的金炸珠焊接工艺实证[1]。而此一时代出土的做工最为精细的金耳饰则要数先秦齐国故地战国墓出土的一件融汇中原和北方草原风格的"金嵌宝耳坠"

① 中国金银玻璃珐琅器全集编辑委员会.中国金银玻璃珐琅器全集：金银器（一）[M].石家庄：河北美术出版社，2004：3-4.

图 1-6-3-1　**金嵌宝耳坠（战国晚期）**
山东淄博临淄区商王村战国晚期墓出土。
通长约 7.3 厘米。

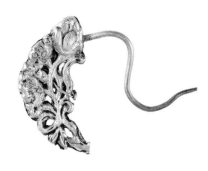

图 1-6-3-2　**一把莲纹金耳环**
湖南常德三湘酒厂出土。常德市博物馆藏。
一把莲饰长 3 厘米，耳钩弧长 4.3 厘米，
重 3.59 克。

---

① 扬之水. 奢华之色——宋元明金银器研究
（卷一）［M］. 北京：中华书局，2010.

（图 1-6-3-1），此器以金丝、金炸珠、镶嵌绿松石等细金工艺制成，七、八层连接，小巧玲珑，精细至极，其镶嵌绿松石和缀有三角形摇叶饰片的形式和匈奴地区的金耳坠颇有相似之处，但其形制纤细精巧，又与匈奴的粗犷之气有别，且有珍珠镶嵌，珍珠为沿海地区所产，匈奴地处北部草原，先秦时期饰物中嵌珍珠者并不多见。可见，此副耳坠受到北方文化一定影响，但又注入了汉族特有的审美观念。

金银首饰在宋代得到了大发展。宋元时期的首饰在制作工艺上最突出的一点，是以精细的锤鍱工艺将平面图案做成很有浮雕效果的立体图案，再辅以"镂花"亦即錾刻，使浮雕式的图案既有栩栩生意，又细致入微。湖南常德三湘酒厂出土的"一把莲纹金耳环"，便是用两枚金片分别打造成形，然后扣合为一而成，耳环脚的一端分作两枝从金片之间穿入，复于当中打结以固定。其造型若弯月，却顺势而成流行纹样中的"一把莲"，做工之精致，构思之巧妙，立意之吉祥，令人爱不释手（图1-6-3-2）①。

由于宋元首饰多为金银片材锤鍱而成，故相对比较扁平，而明代盛行的累丝工艺则是把片材处理为花丝，使得首饰造型更加富有立体感，空间感，构图也更加繁复，金的柔韧之品质也在累丝工艺中被发挥到了极致。累丝工艺是细金工艺中的极则，由一根根花丝到成为一件完整的作

图 1-6-3-3　**金累丝嵌珠宝鸾凤双龙纹满冠**
明代，荆恭王及王妃合葬墓出土。湖北明代藩王博物馆藏。

图 1-6-3-4　**益庄王妃楼阁人物金满冠**
益庄王继妃万氏棺内出土。国家博物馆藏。

品，要依靠堆、垒、编、织、掐、填、攒、焊，八大工艺，而每种工艺细分起来又是千变万化。讲究者，还要再"镶宝"或"点翠"，称为累丝镶嵌。因其用料珍奇，工艺繁复，累丝镶嵌历史上一向只是皇家御用之物。如益庄王继妃万氏棺内随葬的楼阁人物金满冠（图 1-6-3-3），荆恭王及王妃合葬墓出土的金累丝嵌珠宝鸾凤双龙纹满冠（图 1-6-3-4）皆属此类。累丝可以说是金银器手工制作所能达到的精细之最。

在首饰上镶嵌珠宝的习俗，最初也出自游牧民族。先秦时期，匈奴地区就喜以绿松石穿饰金耳坠，金碧辉映，尤为耀眼。后来的鲜卑、女真、契丹等也多有传承。其观念除了美化装饰之外，和游牧民族喜爱黄金饰品一样，也有彰显和保存财富的作用。但金嵌宝首饰真正的大发展时期，始于元代。成吉思汗蒙古铁骑征战促进了东西方文化贸易的交流，各地奇珍汇集于蒙古贵族的手里，这种影响必然在他们的服饰之中有所展现。比如姑姑冠上的塔形葫芦环和葫芦、天茄、一珠等耳饰款式，均适宜装宝，因此在元代格外风行。这不仅使元代首饰变得华贵异常，也使得色彩较之前代更显斑斓，并对明清首饰的发展产生了深远影响。

明代的累丝工艺可谓鬼斧神工，但单纯的金工还是无法满足明代统治者对生活穷奢极侈的追求，因此，镶嵌珠宝便成了明代首饰的又一特色。明人对镶珠嵌宝的喜爱，便传承于元代风尚，郑和下西洋带回的西方珠宝制作观念又开阔了国人的眼界，起到了一定推波助澜的作用。但笔者认为最重要的原因，还是在于明朝统治者对财富贪婪无度的追求与奢靡无度的生活方式。尤其到明代中后期，皇室生活日益奢靡，对各色宝石的搜罗，可谓无所不用其极，耗费了大量银财，以致内府库藏匮竭。仅明仁宗第九子梁庄王墓就出土了 3400 多件（整理前）珠宝器具，其中镶嵌的珠宝就有 18 种之多，分别为红宝石、蓝宝石、祖母绿、绿柱石、金绿宝石、东陵石、石英岩、石榴石、尖晶石、珍珠、辰砂、水晶、长石、锆石、琥珀、玛瑙、绿松石、玻璃。世界上五大名宝，除钻石外，其他四大名宝在梁庄王墓中均有发现，且不乏精品（图 1-6-3-5、6）[1]。嘉靖中期以后，"太仓之银，颇取入承运库，办金宝珍珠，于是猫儿睛，祖母绿，石绿，

① 杨明星等. 湖北钟祥明代梁庄王墓出土宝石的主要特征 [J]. 宝石和宝石学杂志，2004，（9）.

图1-6-3-5　**金累丝镶宝石掩鬓正面**
明代梁庄王墓出土。

图1-6-3-6　**金累丝镶宝石掩鬓背面**
明代梁庄王墓出土。

①《明史》卷八二"食货六"。

②《明实录》"明世宗肃皇帝实录"
（梁鸿志复印件）卷之一百四。

③《明史》列传"李三才"中，三
才上奏万历帝："陛下爱珠玉，民
亦慕温饱；陛下爱子孙，民亦恋妻
孥。奈何陛下欲崇聚财贿，而不使
小民享升斗之需；欲绵祚万年，而
不使小民适朝夕之乐。自古未有朝
廷之政令、天下之情形一至于斯，
而可幸无乱者。今阙政猥多，而陛
下病源则在溺志货财。"

④《明实录》"明神宗显皇帝实录"
（红格钞本）三百四十卷。

⑤ 同①。

撒孛尼石，红刺石，北河洗石，金刚钻，朱蓝石，紫英石，甘黄玉，无所不购"①，甚至由于连年采珠，珠贝不得休养生息，以致"虽易以人命，珠亦不可得"②；到了万历年间，万历皇帝更是以"溺志货财"③闻名。万历十年（1582），他亲政后，为求得宝石，他异想天开地规定了所谓"钦降宝石式样"④，命令富商大贾如式为他采买。于是"帝日黩货，开采之议大兴，费以巨万计，珠宝价增旧二十倍"⑤；成书于万历年间的《五杂俎》卷一二列举当日为世人所重的各种宝石，而曰"皆镶嵌首饰之用"。万历十四年（1586），仅七、九两个月，采买珠宝共享银二十六万八千多两；二十七年（1599）十一月户部前后买珠玉用银七十五万两；二十八年（1600）只采购珍珠一项，

图 1-6-3-7　**明代贵妇容像**

① 韩大成.明代帝后搜刮珠宝述略 [J].紫禁城，1982，（5）.

② 赵松龄等.明定陵出土部分宝玉石的鉴定 [J].定陵（上）[M].北京：文物出版社，1990：370-371.

③ 费信《星槎胜览》和马欢《瀛涯胜览》两书均有详细记载。

④ 杨新.明清肖像画[M].上海：上海科学技术出版社，2008.

用银增至一百七十五万两①。万历帝的奢靡，我们从定陵出土的珠宝首饰器具中可见一斑。定陵出土的宝石中，如猫儿眼、金宝石、蓝宝石、祖母绿等，均为世界上罕见的高档宝石，其价堪比钻石，甚至质优者还要超过钻石②。因中国本土宝石矿很少，因此定陵所出宝石绝大部分来自国外，多为各国送给明王朝的供品或中国商船与之贸易交换而来③。

明代贵族对珠宝的狂热搜刮，因此，此时不论是明代皇后的凤冠，还是明代命妇的写真容像，她们所戴的首饰绝大多数都是黄金嵌宝，尽管款式不一而足，但珠光宝气却是共同的特色（图 1-6-3-7）④。而各地明墓出土的金嵌宝首饰，数量也颇为丰富。

中国古代对所镶嵌之宝石的加工，多为随形或

图 1-6-3-8　**金镶珠宝蝶恋花耳环**
北京定陵地宫出土，属孝靖后首饰。定陵博物馆藏。
通长 5.5 厘米，重 13.5 克。

圆形弧面型，有一些仅仅依原石形态或宝石的解理面进行简单抛磨，刻面型加工样式几乎没有（图 1-6-3-8）。由于宝石形状的不规整，托座与宝石的扣合故多半不很紧密，极易脱落。直到晚清之后，西方的宝石切割与镶嵌技术才开始影响中国的首饰制作。多数学者认为这种现象产生的主要原因是因为中国古代的宝石加工工艺落后，而笔者认为工艺落后只是表象，造成此工艺落后的缘故才是主因。中国古代在细金工艺和玉石加工工艺上的成就可谓登峰造极，为何独独宝石加工工艺落后呢？我想这还是和中国人独特的审美观念有关。

中西首饰在设计理念上自古就有很大的差异。比如在色彩上，西方自 19 世纪以来喜爱白金与钻石的搭配，在单纯中彰显其典雅高贵；而中国则喜爱黄金、点翠与有色宝石的组合，在斑斓中显示其华贵与富丽。在造型与纹样设计上，西方珠宝以几何形框架为主，配以简单的花串、璎珞、缎带或蝴蝶结等花样，显得高标脱俗；而中国的珠宝设计则往往具备福禄寿喜、平安吉祥等文化意涵，在富贵中又不失文采与生活世相，显得入世且亲和。在对珠宝的选择上，西方重稀罕贵重以显示其权势与财富，如英国王冠上那些举世罕见的硕大钻石便是标志；而中国的珠宝从来不只是为了表现矿石的美丽，其德行与内涵才是被珍视的真正原因，如美玉可比君子之德，青金石、蜜蜡、珊瑚、绿松石因其色泽的比附，用以祭祀天、地、日、月诸神。

　　宝石之所以受人喜爱，自然是因其罕有和美丽，但对于中国人来说，却又不仅仅是因为这表面的浮华。西方人自古喜爱钻石，因其璀璨；中国人自古喜爱美玉，因其温润。在唐以前，中原地区甚至连黄金首饰都不多见。中国赏玉文化源远流长，赏石文化更是深入人心，观美玉如沐君子之德，观顽石以期千秋如对，对二者之崇拜与欣赏在国人的心目中根深蒂固。因此，尽管西方宝石文化的流入逐渐改变了玉石一支独大的局面，但对于石头的欣赏态度却不可能完全西化。

　　中国人喜爱含蓄朦胧，忌锋芒毕露；喜爱曲径通幽，忌直白明了。在中国人的观念中，美应如雾里看花，从迷离中找寻；应如味外之味，诗情尽在言外；美的体验应该是一种悠长的回味。而西方皇族所喜爱的那璀璨的钻石，光芒四射，炫人眼目，显然不符合中国人崇尚之温润如玉，含蓄谦恭的君子美德。东汉许慎总结了玉之"五德"，第一条便是"润泽以温，仁之方也"，我想这便是中国人尽管喜爱宝石的色彩与贵重，但却并不注重刻面型加工的文化因缘。宝石之色彩可以比附天地诸神，宝石之贵重可以展示皇家威仪，但却不必一定要将之琢磨得光芒四射、咄咄逼人。笔者不禁想起曹雪芹描写王熙凤的那句点睛之笔："粉面含春威不露"，放在此处形容中国人对宝石之美的态度真是再恰当不过了。

　　中国人加工宝石除了不注重刻面之外，也注意保持宝石的原石形态，喜爱将宝石随其本来之形，镶嵌于首饰之上（图1-6-3-9），而并不像西方人那样一定要把宝石切割得中规中矩，呈标准的几何形态。中国人恐怕是世界上最注重"天趣"的民族，这从先人造字上就可看出，"伪"即"人""为"。老子也说"大巧若拙"，这一简短而又深刻的哲学道理给中国艺术的方方面面都打上了深刻的烙印，其将人为与天工两种截然不同的创造状态呈现于人们面前。前者是机心的，后者是自然的；前者是知识的，后者是非知识的；前者是造作的，后者是素朴的；前者以人为徒，后者以天为徒。大巧若拙，就是选择天工，而超越人为。法国凡尔赛宫的园林称之为几何式园林，中轴对称布局，一切树木、池塘、花坛都修剪、砌造得整整齐齐，规规矩矩，一如欧洲人对宝石的切割与抛磨，精推细算，面面玲珑；中国的园林虽也是人造，但却讲究"虽由人造，宛自天成"，一任薜苔蔽路，土石相错，恰如中国人对于宝石的随形之态，生于自然，便随其自然。按照中国艺术南宗的观点，人工过重，就会有匠气。

图 1-6-3-9　**大碌带**
北京定陵地宫出土。定陵博物馆藏。

图 1-6-3-10　**点翠镶钻钿花**
台北故宫博物院藏。

中国书法有四品论：一为逸品、二为神品、三为妙品、四为能品。人工的巧妙是能，属于最低级，而逸品就是自由自在，不受法度限制，天真质朴。中国人对宝石随形加工的态度尽在于此了。

　　到了清代，金银首饰的制作工艺可以说融汇了中国几千年金银制作工艺之大成，除了全盘继承以往所有的锤鍱、拔丝、炸珠、累丝、镶嵌、打造、掐丝、錾镂、焊活、编织等技艺外，还有所发展、有所创新。例如点翠，是指用翠鸟的羽毛贴缀在它物的表面，来增加美观的一种工艺。其虽然至迟在公元 3 世纪前后就已经存在，在宋代后妃礼冠上开始明确使用，但其真正自宫廷到民间都能被广泛应用于首饰则是在清代。其也是辨识清代首饰的一个重要特征（图1-6-3-10）。再如珐琅彩，是指在金银器上点烧透明珐琅或以金掐丝填烧珐琅以及金胎画珐琅的一种新工艺，此技法可使首饰增添一种华丽富贵之气。此外，由于满族的游牧民族传统及深受藏传佛教的影响，致使清代金银首饰，尤其是皇家金银首饰还融合了中原地区、蒙古、西藏、新疆、西南等地各民族的传统工艺和风格，可谓兼收并蓄，取长补短。同时，随着西风东渐，西方文明的成果也在清代中后期的首饰设计中体现出来，如欧洲人喜爱的钻石及各种人造宝石、玻璃，也出现在清后期的首饰当中。西方的宝石切割与镶嵌技术也逐

图 1-6-3-11
银镀金嵌玻璃花卉耳坠（同治）
台北故宫博物院藏。
材质为银镀金、珐琅、玻璃。
3.9厘米 ×2.3厘米。

图 1-6-4-1
鸟首形笄
殷墟出土。

① 台北故宫博物院.皇家风尚——清代宫廷与西方贵族珠宝［M］.台北：台北故宫博物院，2012：169.

渐影响了中国的首饰制作，在清宫收藏的清代晚期首饰当中我们可以看到明显的西方刻面型加工手法和抓爪珠宝镶嵌技法等（图 1-6-3-11）①。

四 首饰中蕴藏着丰富的人文意趣与世情世相

首饰随着人类文明的诞生而诞生，又随着社会生活的日渐丰富而发展壮大，因此它总是同社会风气和文化氛围密切相关。因其与人贴身相伴，自是最能展示佩戴者的身份涵养和生活情趣；又因其大多材质名贵，设计自会极尽巧思，物尽其用，因而极具审美价值与艺术价值。审美史、社会史、经济史、观念史、风俗史之种种因素都会不自觉地渗透到首饰的设计与应用当中，使首饰成为展示世情世相、表达人文意趣，进而标志身份、展示技艺、炫耀美丽的象征，直接反映了人和社会的精神面貌。可以说，在方寸之间，蕴万千气象。

《诗经·商颂》云："天命玄鸟，降而生商。"商代以凤鸟为图腾，故商王武丁之妻妇好墓出土的数十件骨笄中，笄首以鸡形和鸟形出土数量最多（图 1-6-4-1），绝不仅是审美使然，而必然和宗教、文化有关；在两晋之交的乱世，妇人间一度流行过像兵器之形的簪饰。东晋干宝所著《搜神记》卷七即记有这一时尚："元康中，妇人之饰有五兵佩。又以金银、象角、瑇瑁之属为斧钺戈戟，而戴之以当笄。"这类五兵簪在南京人台山东晋王兴之、宋和之夫妇墓，南京象山七号墓，南京象山东晋王建之、刘媚子夫妇墓中都有实物出土，无疑是战乱频仍的现实生活在首饰造型中的一种反映。

宋代理学的盛行导致耳饰的兴起，及至晚明，随

图1-6-4-2　**戴耳坠的清代仕女**
清，改琦《酴醾春去图》局部。

着心学的兴起，以李贽为代表的文人掀起了一股反抗伪古典主义的浪漫主义，这股上层的浪漫主义洪流与下层的现实主义彼此渗透，群体秩序就开始让位于个体自由，圣贤世界就开始让位于平民世界，"理"的禁制就开始让位于"欲"的满足。于是，在妆容审美上便逐渐走向追求妖娆与新异怪诞之风。例如晚明之前，耳饰主要是以耳环为主，因耳环不可如耳坠般可随意晃动，显得比较端庄，而自晚明开始，带有流苏的耳坠则日渐多见（图1-6-4-2）。《红楼梦》第六十五回"贾二舍偷娶尤二姨　尤三姐思嫁柳二郎"中那风流节烈的尤三姐"两个坠子却似打秋千一般"，晃得贾氏兄弟二人有如丢魂摄魄，可说是将耳坠的妙处描绘得淋漓尽致。再有晚明种种男女服饰的混杂，追求怪诞、僭越的风尚，都与整个时代观念的转变有关。

　　游牧民族政权（如辽、金、元、清）由于生活方式的不同，喜戴巾帽，故而头饰品种偏少，但耳饰、戒指这类在中原仅局限在女性身上的饰物，却是男女共用。成吉思汗所建立的蒙古帝国，横跨亚欧大陆，气魄非凡，蒙古铁骑客观上打通了东西方的贸易渠道，促进了东西方文化贸易的交流。通商、进贡甚至是抢掠来的各地奇珍汇集于蒙古贵族的手里。这种影响必然在他们的服饰之中有所展现。不仅衣料要用织入金丝的织金锦和珍贵皮毛，还必加些金珠宝石尚可满足。照《马可波罗游记》所述，元统治者每年必举行大朝会十三次，统治者和身边有爵位的亲信达官贵族约一万二千人，参加集会时，必分节令穿统一颜色金锦质孙服。

图 1-6-4-3
戴有耳环、手镯、脚镯的雍正帝
清宫廷画家绘,《雍正帝行乐图》之二局部,
绢本设色,北京故宫博物院藏。

并且满身珠宝,均由政府给予[1]。因此,在中国首饰史上,宝石镶嵌的大量应用便是始于元代。有许多还是海外各国来的,称为"回回石头"。仅《南村辍耕录》上记载的宝石,红的计四种,绿的计三种,各色鸦鹘(即刚玉宝石)[2]计七种,猫睛二种,甸子三种,各有不同名称出处。元代蒙古贵族对宝石的喜好,除了受到贸易的影响,当然也和游牧民族独特的生活方式导致的审美喜好有关。游牧民族不同于定居民族,他们储存财富的方式不靠土地和房屋,主要依靠可以随身携带的珠宝首饰和可以随之移动的牧群,因此,珠宝首饰对他们来说不仅仅是一种装饰,更相当于一间流动的银行。因此游牧民族贵族,不分男女,均喜佩戴一身珠宝,几乎已成惯例,久而久之,便也养成了一种不同于汉族文人清雅审美的浓艳之气(图 1-6-4-3)。这种格调,到了清朝,愈加显著。因此,清代首饰最大的特色便是穿珠点翠的大量应用。虽然仍离不开金银,然而金银的光彩已被珠宝和翠羽所掩盖,另呈一番缤纷五色之态。

首饰史研究的绝不仅仅只是器物本身,而是要由物看人,进而了解我们的历史文脉与一众生活中的琐碎。为何宋女爱戴冠子?为何契丹喜爱璎珞?为何明代喜爱鬏髻?为何满女一耳三钳?这些现象都不是审美范畴可以解决的,而与当时人的思想观念和文化选择相关。首饰与人是零距离接触,我们研究一切物质,所发现的并不仅仅是物本身,而是人自己——这个创造了第二自然的人类自身,这是我们研究首饰史的终极意义。

① 马可·波罗口述,鲁思梯谦笔录,曼纽尔·科姆罗夫英译,陈开俊等合译.马可·波罗游记 [M].福州:福建科学技术出版社,1981.

② 宋岘."回回石头"与阿拉伯宝石学的东传 [J].回族研究,1998,(3).

第二章

中国原始社会的首饰

李 芽

图 2-0-1　**饰珠和赤铁矿**
距今约1.4万年，旧石器时代晚期，河北省阳原县虎头梁出土。饰珠是用鸟的骨管制成，其一端被仔细磨过，另一端则粗粗一磨，应该是供系绳佩戴使用。赤铁矿是原始人用作染色的一种原料，如将动物筋或植物纤维做成的绳子染成红颜色，再用它们穿系颈饰。

① 中国社会科学院考古研究所.新中国的考古发现与研究［M］.北京：文物出版社，1984:17.

② 中国社会科学院考古研究所.新中国的考古发现与研究［M］.北京：文物出版社，1984:19.

③ 裴文中.中国新石器时代的文化［M］.北京：中国青年出版社，1954；贾兰坡.旧石器时代文化［M］.北京：科学出版社，1957.

④ 匡瑜.东北地区的旧石器时代考古文化［J］.考古与文物，1982，（2）.

⑤ 贾兰坡等.山西峙峪旧石器时代遗址发掘报告［J］.考古学报，1972，（1）.

⑥ 盖培等.虎头梁旧石器时代晚期遗址的发现［J］.古脊椎动物与古人类，1977，（4）.

⑦ 图片引自中国历史博物馆.华夏文明史［M］.北京：朝华出版社，2002:20.

佩戴首饰的习俗在我国起源很早，在距今20万年前的北京新洞人遗址发掘中，就曾出土过两件经磨制的骨片①，这可能是最早的人体装饰品遗存。至旧石器时代晚期，大约距今4~1万年间，在我国境内如宁夏水洞沟②、北京山顶洞③、辽宁金牛山④、山西峙峪⑤、河北虎头梁⑥（图2-0-1）⑦等地，人体装饰品遗存开始大量出土，如钻孔石珠、骨管、穿孔贝壳、鸵鸟蛋壳制成的扁珠等，这些附着于人体的各类管、珠、坠饰等，就是我国早期的首饰雏形。

旧石器时代出土的首饰，从工艺、材质、造型等方面，还处于相对粗糙、简单的初级阶段。例如材质上，主要采用的是人们在渔猎劳动中获得的牙、骨、贝（蚌）、鸵鸟蛋壳等动植物材质，少量采用的是经过适当挑选的硬度相对较低的石材，如形状规范的砾石、石墨、天然石灰质结核等。在制作工艺上，尽管还处于旧石器时代，但这批早期的首饰实物显然是这个时代制作最精良的一类，无论何种质地，都已穿有小孔，有的还是用两面对钻法制成，说明这些首饰可能都是作为挂饰使用的，或为单体挂饰、更多的则是组合挂饰。而且，许多装饰品的穿孔处都染有如赤铁矿粉类的红色颜料，尤其是辽宁海城小孤山遗址出土的一件贝质穿孔片饰，在其一面的边缘上刻有数道沟槽，围绕中心的穿孔呈放射状，沟槽里仍保留有红色染料，显得格外引人瞩目。其三，不少首饰的一面或边缘都留有人工磨制的痕迹，有的骨、贝制品还明显经过刮、削等加工，饰物表面显得比较光滑规整。由此可见，旧石器时代晚期出土的这批首饰遗存，尽管还处于一个对自然物进行简易加工的初级阶段，但已经不是萌芽阶段的原始作品，而应是具备一定经验和技术积累的产物了。

步入新石器时代之后，随着生产力的发展，人类的审美意识和对美的追求也愈加强烈。此时的各类首饰不论从数量、材质、工艺、种类以及形制、功能等方面都得到了极大的发展。在中国各地的大小墓葬中，首饰的出土不仅数量庞大，而且也往往是随葬品中材质和质量最为精良者。其中质料好、制作精的饰品较集中地出现于个别墓葬中，表明饰品开始有了阶级属性。

总体来看，原始社会时期出土首饰的面貌既有一些共同特点，也呈现出鲜明的地域特点：

（一）从材质上看，各地基本都是从对羽毛、竹、木、骨、牙、蚌贝等动植物遗骸进行简单加工而成的饰物，向完全由人工制造的陶及玉石等坚硬矿物质饰物发展转变，金属首饰只在新石器时代晚期如齐家文化等少数地区有零星发现，还不普及。其中骨质首饰出土以黄河上、中游地区为多，而黄河中游从仰韶文化时期到龙山文化时期则出土了大量人工烧制的陶质装饰品，如环、珠、管、笄等，其中尤以陶环在数量上占有相当大的比重。黄河、长江下游地区出土的首饰品中，骨质品和陶质品所占比例则大为减少，这可能和此地区的土质不宜烧制小巧的饰物，且陶质品也不易在潮湿多雨地区保存有关。长江下游地区是以玉、石质装饰品为主。能够熟练、准确地对坚硬的玉质材料进行加工制作，标志着这一地区当时在装饰品的制作工艺方面已达到相当高的水平。其中造型讲究、工艺精湛的玉首饰绝大部分都出土于新石器时代中后期的高等级墓葬中，说明在原始社会中晚期，首饰数量的多寡和制作得精致与否已经和墓主人的身份地位挂钩。

（二）从形制上说，原始社会的首饰造型普遍比较简单，主要以有孔、易穿戴的各类环形装饰品、坠饰以及由穿孔珠、管组成的各类串饰为主，加工技艺还很有限，主要还是以量取胜。当然，在良渚墓葬的许多大墓中，也出土了一些雕刻有羽冠神人或兽面纹的制作极其精美的玉石首饰，除了具有装饰作用，应该也是礼器的一种，象征墓主人的权利和地位。

（三）从人体佩戴的部位来看，早期比较重视头饰和颈饰，然后逐渐发展到几乎遍及全身的臂饰、胸饰、腰饰、足饰、手饰等，但其中臂饰似乎受到特别的重视，出土量相对更多一些。从流行品种来看，各地也有明显不同，如西北及中原地区品类主要为颈腰饰及臂饰等，半坡、北首岭、姜寨、元君庙等地都有大量发现，尤其是臂饰，在黄河中游地区仰韶文化遗存中出土量最多，仅半坡遗址就出土多达 1082 件，约占全部装饰品的六成以上。长江流域中下游及西南地区品类主要有耳饰、颈胸饰等。河姆渡遗址中出土有大量骨笄、牙笄，但出土大量玉首饰的良渚文化诸多墓葬中，却罕见有笄的出土，取而代之的则是数十件在其他地区墓葬中罕有的玉梳背；而有猪獠牙头饰出土的墓葬则普遍不出土笄，这似乎说明首饰和发型之间有着某种必然的联系。

（四）从首饰佩戴群体上来看，石器时代中期饰品多出于妇女和儿童墓葬中，说明这种审美意识的形成最初是围绕妇女为中心而开始的，体现了母系氏族的特征，从饰品出土的普遍性来看，还没有质料及数量上的差别。但新石器时代晚期，在大汶口和良渚遗址中的一些大型墓葬中往往出土有较多数量并且制作精美的装饰品，和其他墓葬形成鲜明的对比，表明在财富略有积累之时，私有观念开始萌芽，财富的占有者往往是那些个人力量较强的部落首领，这时的装饰品除了装饰性外，还标识着个人能力和与众不同的身份。因此，此时饰品不单出现于妇女和孩子墓中，男性墓中也有出土，并且在一些墓中出土数量多而精，表明阶层和阶级的分化。而且，首饰的门类也开始和性别和身份挂钩，如猪獠牙头饰大多出土于男性墓，而璜作为颈饰多出土于女性墓，玉梳背则只出土于大墓和少数中型墓中。

当然，以上所述只是针对迄今可见的出土文物而言，在整个原始社会，必然还有一种热衷于以植物花卉或者动物皮毛为妆饰的传统，这在当代原始部落中也是屡见不鲜的。在出土的各类玉玦、玉镯中，有一些是明显断裂后，又人为穿孔系连的，这说明玉器对于原始人的珍贵程度，即使不小心损坏了，也不舍得丢弃，而是尽可能地去修复。毕竟玉石比较珍贵，且较难加工，在那样一个茹毛饮血的年代，不可能是人人都能享有的。而植物的花卉、种子、叶子和羽毛兽骨则相对容易得到，因此以它们为材质制作各种首饰是一件顺理成章的事。但是，由于动植物材质的妆饰品非常容易损坏，不像牙、骨、贝和石材那样可以长久保存，在距今上万年的历史遗存中难觅踪迹，因此，不作为我们阐述的重点。可是，我们实在不应忘记人类生活中永久的对鲜活动植物的依恋。

第一节 | 原始社会的头饰

🔲 羽饰

自然界动植物身上的花叶毛羽比较容易获取和加工，而且色彩斑斓，甚至芳香袭人，因此，早期的先民以它们为制作服饰品的材质是一件顺理成章的事情。《古史考》便载："古之初人……山居则食鸟兽，衣其羽皮，饮血茹毛。"只是因为它们容易腐烂，不易保存，故在史前文物中并不多见。但头上插羽的习俗却是有明确的图像资料可以印证的。在距今6000年前的河姆渡遗址第三文化层中曾出土过几个泥质陶塑人头像，其中有三个人头塑像的顶部钻有横向排列的小孔（图2-1-1-1）。对于这些小孔的用途，学者毛昭晰先生认为是用来插羽毛的[①]。如果这个

① 观点和图 2-1-1-1 摘自毛昭晰.从羽人纹饰看羽人源流［C］.浙江省文物局等编写.河姆渡文化研究.杭州：杭州大学出版社，1998:28-29.

图 2-1-1-1　**头顶有小孔的泥质陶塑人头像**
河姆渡遗址第三文化层出土。

① 陆耀华．浙江嘉兴大坟遗址的清理［J］．文物，1991，（7）．

② 图片引自中国历史博物馆．华夏文明史［M］．北京：朝华出版社，2002：78.

③ 黄厚明．中国东南沿海地区史前文化中的鸟形象研究［D］．南京艺术学院，博士论文，2004：87-167.

推论不误，那么，这便是现存最早插羽为饰的图像证实。1989年浙江嘉兴大坟遗址发现一个崧泽文化时期泥质灰陶俑，头部后面有锥髻，而头顶偏后处有小孔，也可能是用来插羽毛的①。到了良渚文化时期，刻有各类羽冠神人的形象便广泛出现在此时的玉器之上，成了良渚文化最常见的一种纹饰（图2-1-1-2）②。其中的神人头戴宽大的羽冠（有些简化纹饰中，这类羽冠被简化为一个"介"字形纹或平行的弦纹），从浙江余杭反山M12出土的玉琮王（M12:98）上的羽冠来看（图2-1-1-3），这种羽冠由小束的羽毛排列而成，羽毛束的背面应该有较硬质的靠衬，以便把这些羽毛束固定成冠，最后再把羽冠的边缘修剪成整齐的形状，顶部收缩成尖状的天穹形。良渚文化中的这种羽冠神人形象，被学者们认为是鸟祖神崇拜，同时由鸟祖神进而衍生出对日神的崇拜，以及对鸟类自身卵生多产的生殖能力崇拜的象征③。

在中国思想文化史上，"尊鸟贵羽"一直是华夏先民的传统信仰。夏朝就是一个"贵羽"的朝代，《史记·夏本纪》曾提到，当时各地要向朝廷"贡羽、旄、齿、革"等物。将鸟羽放在四大贡品之首，足见鸟羽在人们心目中的地位。有的学者甚至进一步推测，认

图 2-1-1-2　**玉三叉形器**
浙江省余姚市瑶山 7 号墓出土，左右两叉各刻有侧面形象的羽冠神人形象。

图 2-1-1-3　**玉琮王上的羽冠神人形象**
浙江余杭反山遗址出土。

图 2-1-1-4　云南沧源岩画上的羽人形象

① 毛昭晰.从羽人纹饰看羽人源流［C］.浙江省文物局等编写.河姆渡文化研究.杭州:杭州大学出版社,1998:21.

② 王文清."羽人"与良渚文化［J］.江苏史学,1989,（1）.

为中国古代的神仙思想也与羽人信仰有着不解之缘，所谓"羽化成仙"，也就是人要模仿鸟飞到天上去①。以羽为冠的羽人或羽民在文献中亦有大量记载。《淮南子·原道训》说舜"能理三苗，朝羽民，徙裸国"。高诱注曰："羽民，南方羽国之民，使之朝者，德以怀远也。"《山海经·海外南经》说"羽民"国在"比翼鸟东南"，《山海经·大荒南经》说"羽民"之国在南方"成山"。《淮南子·地形训》亦说"羽民"在东南方，称之为"南海羽民"。有学者考证，上述"羽民""羽国"就是良渚文化的先民，"反山、瑶山等地的良渚文化墓地，很可能就是羽民的墓地"②。当然，随着羽人的迁徙，羽人的居住点不断扩散。元代李京《云南志略》曰："蒲蛮……头插雉尾，驰突如飞。" 云南沧源所有的岩画点都有头插长短羽毛的羽人图像（图2-1-1-4）。此外，

图2-1-1-5　铜鼓上的羽人

羽人的形象资料还广见于广西、云南、贵州、四川和越南的铜鼓上。例如广西西林普驮屯280号鼓、云南江川李家山M24：42B号鼓、江川李家山M24：60号鼓、云南广南县广南鼓、广西贵县罗泊湾M1：10号鼓等铜鼓上均有头插羽饰的羽人形象[1]（图2-1-1-5）。

　　头部插羽的习俗在后世也广有流传，插羽之人或代表英勇，或代表权贵。如先秦与汉代武官插有鹖毛的鹖冠。《古禽经》："鹖冠，武士服之，象其勇也。"鹖性好斗，至死不却，武士冠插鹖毛，以示英勇。京剧小生头上插的翎子也有此意，凡插翎的一般都代表英武勇猛之人，如周瑜、穆桂英等都常戴用。清代官员官帽上所戴的花翎，则以眼数区别品级，眼数越多，官阶越高。在当代原始部落，头部插羽为饰的形象依旧屡见不鲜，在北美印第安部落、新几内亚西省SOMA部落等，都可见头部插羽图像留存。

① 图片转引自毛昭晰.从羽人纹饰看羽人源流［C］.浙江省文物局等编写，河姆渡文化研究.杭州大学出版社，1998:24.

二 笄

笄就是簪，笄是簪的古称。先秦时期的著作，在叙及这类首饰的时候，大多称其为"笄"。《仪礼·士冠礼》曰："皮弁笄，爵弁笄。"汉郑玄注："笄，今之簪。"可见，汉代人们已不知"笄"为何物，需要专门注释方懂。在中国古代首饰中，头饰是大宗，而诸多的头饰中，笄（簪）又是数量最多者，因为其不但是装饰品，更是束挽发髻的必需品，这在原始社会也不例外。

笄的使用是伴随着束发成髻的习俗出现的，也就是说，在原始人披发或者梳辫发的时候，基本还是不需要笄这种束发工具的。而原始人是从什么时候开始束发成髻的呢？应该说至少从旧石器时代晚期就已开始了。从旧石器时代墓葬中的出土装饰品来看，绝大多数为穿孔的串饰或挂饰，笄虽难得一见，但也不是绝对没有，如贵州省普定穿洞旧石器时代晚期遗址便曾出土有骨笄[1]。那时的人们对玉石、骨角一类坚硬材质的加工技术虽然还很有限，但我们可以推论旧石器时代的人类应该会用竹木类的材质做笄来挽发，毕竟竹笄、木笄是最易制作、也最易获取的。只是因其易腐，故此在漫长的历史长河中难见其踪影。《事物纪原》（引《二仪实录》）中便载："燧人始为髻，女娲之女以荆杖及竹为笄以贯发，至尧以铜为之，且横贯焉。舜杂以象牙、玳瑁，此钗之始也。"根据这段话，人类至少在会用火之时，即距今约18000年前的山顶洞人时期（燧人氏钻木取火），便已会梳髻了，而最早的笄就是竹木质的。从出土文物中我们也的确可以找到很多束发成髻的

① 蔡思夫.贵州最早的骨制装饰品[J].贵州文史丛刊，2014，（04）.

图 2-1-2-1　元君庙 M420 ③出土女性头骨顶部骨笄的放置位置

她的额骨上有一宽约 0.3 厘米的灰黑色印痕，穿过耳际至枕骨的下方，当是头额缠绕的饰带腐朽后的印痕。

形象。如距今约 6000 年前的陕西西安半坡的人面鱼纹盆上，便有总发至顶，顶中央束发髻，发髻上横插发笄的形象。在陕西龙山文化的神木石峁遗址中出的玉人头像，头顶也有发髻。在甘肃定宁出土的马家窑文化半山型彩陶人头器盖上，头顶上有两个角状凸起，也似乎为束起的二个椎髻。另外，在许多原始岩画中，我们也可看到许多类似椎髻的发式形象。

　　我们现今所能见到的原始社会的笄大都是出土自新石器时代的墓葬，因为常常和人体骨骼同时出土，可知使用发笄者不分性别，也不分男女老幼。在陕西临潼新石器时代姜寨遗址的公共墓葬区内，曾发现一具七岁男童骨架，其头顶便插有两枚骨笄；在陕西元君庙仰韶墓地出土一女性尸骨，其脑后则有一根巨大的骨笄（图 2-1-2-1）[①]。

　　新石器时代笄的材质主要以玉、石、骨质为主，其中以骨笄最为常见，仅新石器时代遗址出土的实物就不下千种，骨笄的材料大多为兽骨，如牛、羊、猪、鹿等，也有

① 北京大学历史系考古教研室.元君庙仰韶墓地[M].北京：文物出版社，1983：图版二十二.

① 宝鸡市考古工作队.陕西扶风案板遗址（下河区）发掘简报［J］.考古与文物，2003，（9）.

② 中国科学院考古研究所.庙底沟与三里桥（黄河水库考古报告之二）［M］.北京：科学出版社，1959.

③ 高春明.中国服饰名物考［M］.上海：上海文化出版社，2001：83.

少量人骨制成的。除此之外，还有少量陶笄、蚌笄、角笄、牙笄等。陶笄在仰韶文化中出土很多，如西安半坡遗址、陕西扶风案板遗址均有陶笄出土①；蚌笄实物不多，在仰韶文化庙底沟遗址②、河南商丘黑堌堆龙山文化遗址和河北邯郸涧沟村新石器时代龙山文化遗址③都曾零星出土；象牙笄在浙江杭州湾河姆渡遗址出土者可为代表（表 2-1:16）。但在出土大量玉首饰的良渚文化诸多墓葬中，却罕见有笄的出土，这是一个很奇特的现象，或许当时人们有其他束发工具，也或许良渚人多用木、竹类易腐的材料制作发笄。

新石器时代笄的形制大体分为以下几类（表2-1）。

1.圆锥形：即笄体横断面呈圆形或近圆形，一端平直，一端尖锐，尖端部分插入发髻。分素面和有纹饰两类，纹饰一般集中刻画于笄首部位，可以部分露在发髻之外用于装饰。有部分笄身呈弯曲状。

2.扁锥形：即笄体横断面呈弧形、椭圆形或长方形，整个笄身呈扁平状。大部分为笄首宽平，笄身下部尖锐。也有个别笄首比笄身略窄者，但插入发髻的笄底部依旧呈尖锐状。也分素面和有纹饰两类，纹饰一般集中刻画于笄首部位。

3.棱锥形：即笄体横断面呈方形、菱形或多边形，笄身有明显的棱角。一端平直，一端尖锐，尖端部分插入发髻。

4.梭形：即笄体横断面呈圆形或扁圆形，但笄体两端均磨成尖状，插入头发的一端则磨制得更尖锐些。部分笄的中部，还有明显的束腰现象。

5.笄首雕饰形：即笄首附加立体雕饰，而非仅仅刻纹，雕饰有的膨大于笄身，也有的和笄身等宽。

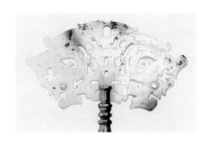

图 2-1-2-2.
玉组合笄的笄首
山东临朐县西朱封遗址出土。

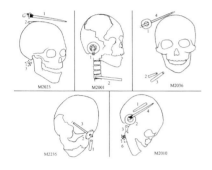

图 2-1-2-3　**陶寺组合笄出土位置示意图**

雕饰造型多样，有几何形，也有动物形和人形。

6.组合形：这是新石器时代出土笄中造型最为复杂，材质最为多样，也最具观赏性的一类。其有玉质，也有骨质，也有玉骨组合，但笄首与笄身均为组合插接，精美者以胶状物粘附骨珠、绿松石珠等作为装饰。

其中，山东省临朐县西朱封遗址出土的一枚玉组合笄非常精美（表 2-1：20、图 2-1-2-2），与该玉笄同出于一座墓葬的玉器还有钺、刀及其他大量陶礼器，其随葬器物数量之多，质量之精令人惊叹，墓主人身份应该是部落首领或者巫师。在山西省襄汾县陶寺遗址出土的一系列组合笄中，还连缀有步摇坠饰，可视为后世步摇簪的鼻祖（表 2-1：21）。陶寺出土的组合笄一般包括两种玉组件：其一是嵌连在骨笄顶端的玉饰件，多呈小环形和小璧形，个别作半璧形；其二是玉坠饰，顶端皆穿孔，多作长条形，也有近梯形或弯角形者。有的还发现配套的玉笄、骨笄。这种组合笄共发现 24 组，分别出于 24 座墓中。这 24 座墓葬，明确属女性者 15 座，属男性者 3 座，可看出这类头饰多为女性使用，但也并不绝对。从出土位置判断，大多从颅右侧插入发髻，坠饰垂于右耳际，在已复原的 8 组中，从左侧插入者仅 2 例（图 2-1-2-3）。从佩戴者身份来看，从王室成员到一般平民皆可使用，其间差别主要在于材质。王室与贵族多用软玉，平民则用石质为多。这批组合笄出土时组件多已散落，每组现存饰件 2~5 件不等。其中 10 组曾镶嵌绿松石饰片，由十数枚至 60 余枚不等[1]。

① 高炜.龙山时代玉骨组合头饰的复原研究［C］.襄汾陶寺遗址研究.北京：科学出版社，2007.

表 2-1: 新石器时代笄的形制分类

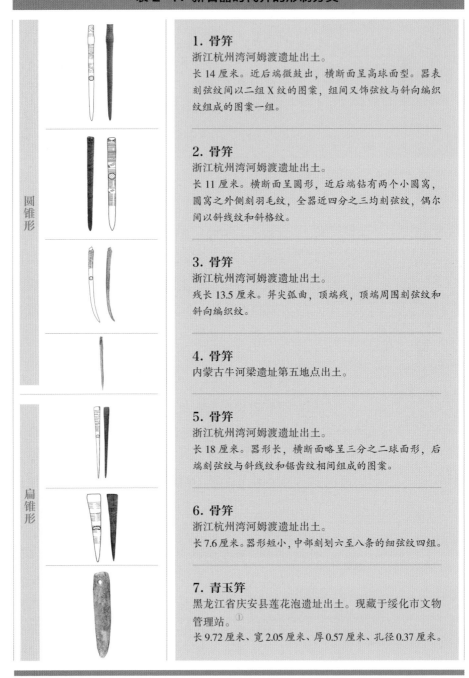

圆锥形

1. 骨笄
浙江杭州湾河姆渡遗址出土。

长 14 厘米。近后端微鼓出，横断面呈高球面型。器表刻弦纹间以二组 X 纹的图案，组间又饰弦纹与斜向编织纹组成的图案一组。

2. 骨笄
浙江杭州湾河姆渡遗址出土。

长 11 厘米。横断面呈圆形，近后端钻有两个小圆窝，圆窝之外侧刻羽毛纹，全器近四分之三均刻弦纹，偶尔间以斜线纹和斜格纹。

3. 骨笄
浙江杭州湾河姆渡遗址出土。

残长 13.5 厘米。笄尖弧曲，顶端残，顶端周围刻弦纹和斜向编织纹。

4. 骨笄
内蒙古牛河梁遗址第五地点出土。

扁锥形

5. 骨笄
浙江杭州湾河姆渡遗址出土。

长 18 厘米。器形长，横断面略呈三分之二球面形，后端刻弦纹与斜线纹和锯齿纹相间组成的图案。

6. 骨笄
浙江杭州湾河姆渡遗址出土。

长 7.6 厘米。器形短小，中部刻划六至八条的细弦纹四组。

7. 青玉笄
黑龙江省庆安县莲花泡遗址出土。现藏于绥化市文物管理站。①

长 9.72 厘米、宽 2.05 厘米、厚 0.57 厘米、孔径 0.37 厘米。

---

① 黑龙江省文物考古研究所李陈奇，赵评春 . 黑龙江古代玉器［M］. 北京：文物出版社，2008.

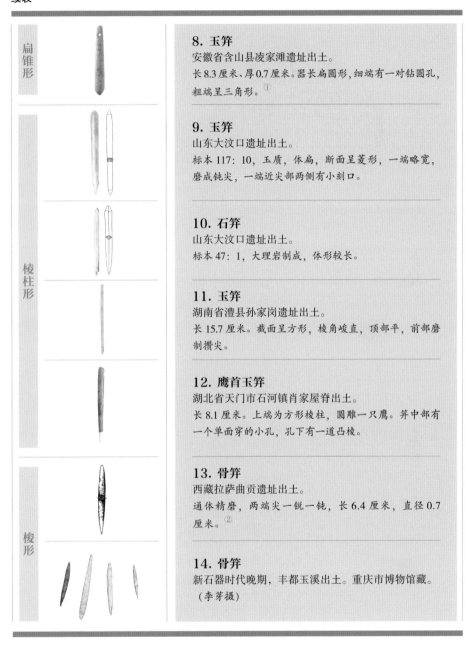

扁锥形

棱柱形

棱形

8. 玉笄

安徽省含山县凌家滩遗址出土。

长8.3厘米、厚0.7厘米。器长扁圆形，细端有一对钻圆孔，粗端呈三角形。[1]

9. 玉笄

山东大汶口遗址出土。

标本117：10，玉质，体扁，断面呈菱形，一端略宽，磨成钝尖，一端近尖部两侧有小刻口。

10. 石笄

山东大汶口遗址出土。

标本47：1，大理岩制成，体形较长。

11. 玉笄

湖南省澧县孙家岗遗址出土。

长15.7厘米。截面呈方形，棱角峻直，顶部平，前部磨制攒尖。

12. 鹰首玉笄

湖北省天门市石河镇肖家屋脊出土。

长8.1厘米。上端为方形棱柱，圆雕一只鹰。笄中部有一个单面穿的小孔，孔下有一道凸棱。

13. 骨笄

西藏拉萨曲贡遗址出土。

通体精磨，两端尖一锐一钝，长6.4厘米，直径0.7厘米。[2]

14. 骨笄

新石器时代晚期，丰都玉溪出土。重庆市博物馆藏。

（李芽摄）

① 安徽省文物考古研究所.凌家滩玉器［M］.北京：文物出版社，2000：84.
② 中国社会科学院考古研究所、西藏自治区文物局.拉萨曲贡［M］.北京：中国大百科全书出版社，1999.

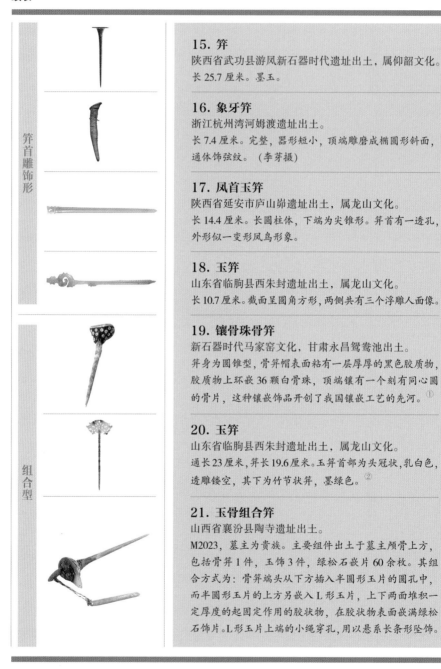

笄首雕饰形

15. 笄

陕西省武功县游凤新石器时代遗址出土，属仰韶文化。

长 25.7 厘米。墨玉。

16. 象牙笄

浙江杭州湾河姆渡遗址出土。

长 7.4 厘米。完整，器形短小，顶端雕磨成椭圆形斜面，通体饰弦纹。（李芽摄）

17. 凤首玉笄

陕西省延安市庐山峁遗址出土，属龙山文化。

长 14.4 厘米。长圆柱体，下端为尖锥形。笄首有一透孔，外形似一变形凤鸟形象。

18. 玉笄

山东省临朐县西朱封遗址出土，属龙山文化。

长 10.7 厘米。截面呈圆角方形，两侧共有三个浮雕人面像。

19. 镶骨珠骨笄

新石器时代马家窑文化，甘肃永昌鸳鸯池出土。

笄身为圆锥型，骨笄帽表面粘有一层厚厚的黑色胶质物，胶质物上环嵌 36 颗白骨珠，顶端镶有一个刻有同心圆的骨片，这种镶嵌饰品开创了我国镶嵌工艺的先河。[①]

组合型

20. 玉笄

山东省临朐县西朱封遗址出土，属龙山文化。

通长 23 厘米，笄长 19.6 厘米。玉笄首部为头冠状，乳白色，透雕镂空，其下为竹节状笄，墨绿色。[②]

21. 玉骨组合笄

山西省襄汾县陶寺遗址出土。

M2023，墓主为贵族。主要组件出土于墓主颅骨上方，包括骨笄 1 件，玉饰 3 件，绿松石嵌片 60 余枚。其组合方式为：骨笄端头从下方插入半圆形玉片的圆孔中，而半圆形玉片的上方另嵌入 L 形玉片，上下两面堆积一定厚度的起固定作用的胶状物，在胶状物表面嵌满绿松石饰片。L 形玉片上端的小绳穿孔，用以悬系长条形坠饰。

① 谢端琚. 甘青地区史前考古［M］. 北京：文物出版社，2002.
② 中国社会科学院考古研究所山东工作队. 山东临朐朱封龙山文化墓葬［C］. 考古，1994，（1）.

图 2-1-3-1
山东泰安大汶口出土骨梳

图 2-1-3-2 **骨梳**
山东邹县野店出土。

---

① 王仁湘.中国古代梳篦发展简说［M］.湖南考古辑刊（第4集），1987.

② 山东省文物管理处，济南市博物馆.大汶口：新石器时代墓葬发掘报告［M］.北京：文物出版社，1974：95.

③ 图片摘自山东省博物馆等.邹县野店［M］.北京：文物出版社，1985：图63.8.

④ 图片摘自俞为洁.饭稻衣麻：良渚人的衣食文化［M］.杭州：浙江摄影出版社，2007：图9-4.

⑤ 苏州博物馆等.江苏昆山绰墩遗址第一至第五次发掘简报［C］.马家浜文化.杭州：浙江摄影出版社，2004：184.

▤ 梳篦

最初人们梳理头发，用的应该就是手指，后来随着生产技术的进步，人们才仿造手指的形状，制作了梳齿更为细密的梳子。因最初梳子的制作实属不易，故其实际上也是一种比较精贵的财物，梳理完头发，人们也就随手插在了发髻上作为头饰。因此，最初的梳子大多是竖长条形，梳背很高，这样，梳背可以暴露于发髻之外用于装饰，和现今的梳子形状差别很大。从我国梳子的发展历史来看，这种竖长形的梳子一直流行到三国时期，从西晋至隋唐时期则逐渐演变为横宽的样式，从唐宋开始才逐渐演变为横向半月形的形制①。

从考古资料来看，梳子男女皆用，并不存在性别上的区别。山东泰安大汶口遗址曾出土两把象牙梳，其中一件保留非常完整，长16.7厘米，为长方形象牙皮制成，有十六个细密的梳齿，齿端略薄，把面稍厚，近顶端穿圆孔三个，顶端刻四个豁口，梳身镂花纹，用平行的三道条孔组成"8"字形，内里填"T"字形的图案，界框仍由条孔组成（图2-1-3-1）②做工精细，造型优美，为史前出土梳子中的一件精品。同为大汶口文化的山东邹县野店出土有一把骨梳，共十五齿（图2-1-3-2）③。

太湖流域早期的梳遗存发现于马家浜文化。江苏昆山绰墩遗址M73女性墓主的头顶残留有一把象牙梳，有8个梳齿，部分饰有弦纹（图2-1-3-3）④，从所附照片看是从后向前插饰在头顶发髻上（图2-1-3-4）⑤。属于马家浜文化晚期的浙江嘉兴吴家浜遗址M5男性墓主的头部上端发现有1件五齿象牙梳，整把梳呈纵长条扁平薄片状，长21.1厘米、宽4.1厘米、厚0.4厘米，梳背部分占了总长的2/3，还刻画有一些由同心圆和弦纹组成的装饰图案，看来装饰功能已

图 2-1-3-3　**象牙梳**
江苏昆山绰墩遗址 M73 出土。

图 2-1-3-4　**江苏昆山绰墩遗址 M73 女性墓主头部象牙梳的出土位置**

图 2-1-3-5　**象牙梳**
浙江嘉兴吴家浜遗址 M5 出土。

超过梳理功能（图 2-1-3-5）[①]。从墓葬平面图来看，当时应是从上向下纵向插饰在墓主后脑勺的发髻上（图 2-1-3-6）[②]。

　　良渚文化时期，梳的使用已经相当普遍，其制作也更为精细。良渚文化的梳子和马家浜文化及大汶口文化的梳子最大的不同是，后两者多用整块材料制作而成，而良渚文化多为组合式梳子，梳背多为玉质，梳齿则多选象牙、骨等材质，两部分用榫卯结构套合，组成一把完整的梳子。

　　由于良渚文化的玉梳背长期以来一直单独出土，未见与套合的梳齿完整出土，故考古界一直不知其真实用途，而将其命名为"玉冠状饰"或"垂幛式器"等。直到 1999 年，浙江海盐周家浜遗址 M30 出土了一把完整的玉背象牙梳（图 2-1-3-7）[③]，其与象牙梳齿组合成一把梳子后，插饰在墓主的头上（图 2-1-3-8），才纠正了之前的误读。我们从这把梳子中可以了解到当时梳背和梳齿的组合方式是：先把玉梳背下端的扁榫嵌合在象牙梳顶端的卯槽里，再

① 图片摘自俞为洁.饭稻衣麻：良渚人的衣食文化 [M].杭州：浙江摄影出版社，2007：图 9-4.

② 图片摘自浙江省文物考古研究所等.浙江嘉兴吴家浜遗址发掘简报 [J].文物，2005，(3).

③ 图片摘自浙江省文物考古研究所.浙江考古精华 [M].北京：文物出版社，1999.

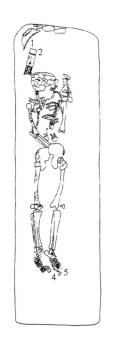

图 2-1-3-6　**浙江嘉兴吴家浜遗址**
马家浜文化晚期 M5 平面图

图 2-1-3-7　**玉背象牙梳**
通高 10.5 厘米，玉背顶宽 6.4 厘米，象牙梳顶宽 4.7 厘米，厚 0.6 厘米。玉背以两枚横向销钉固定于牙梳之上。牙梳共 6 齿，顶部有阴线细刻席纹与云雷纹的组合纹饰。

① 图片摘自蒋卫东.神圣与精致：良渚文化玉器研究［M］.杭州：浙江摄影出版社，2007:153.

用两枚横向销钉通过其上的小孔进行加固，从而套合成一个整体。因此，绝大多数的玉梳背下端都有一个扁薄的榫，榫上多有几个用于销钉加固的穿孔（叶腊石质地多无扁榫，只有销钉孔，如新地里 M98:5）。2000 年嘉兴石圹头遗址考古发掘时，征集到一件盛家墩遗址出土的良渚文化骨梳。骨梳下部七齿，上部正面有三条横向凹弦纹，弦纹间两条凸棱上镶嵌着上排六片、下排五片红褐色的叶腊石圆形小玉片，背面则保留光素的骨腔面。骨梳顶端面中央掏挖了一长条形凹槽，凹槽两侧各有两个对称的销钉孔，显然原来带有组装件。虽然征集时组装件已缺失，但从梳子顶端凹槽的形制分析，此件骨梳顶端的组装件应是玉梳背无疑（图 2-1-3-9）①。在浙江海盐的龙潭港遗址，还发现了

图 2-1-3-8　**浙江海盐周家浜遗址 M30 玉背象牙梳的出土情况**

图 2-1-3-9　**嘉兴盛家墩嵌玉骨梳**

梳子另一种更加复杂和牢固的组合方式。龙潭港 M9 出土的玉梳背，底边和两侧边都作成扁榫状，以便插嵌到中间掏空、左右两侧边及底边都掏挖出凹槽的有机质梳身上，再用漆树汁和桃胶等黏合剂加以固定[①]。

史前墓葬中出土的梳子，很多都是象牙梳。因为用象牙梳梳理头发不易产生静电，易于梳理通顺且不伤头发，所以象牙是一种高档的制梳材料。《礼记·玉藻》对此也有记载："栉用樿栉，发晞用象栉。"樿，就是白理木，木质较涩，洗头时用白理木的篦子篦发，可以篦除发间的垢腻。洗后晾干，头发会因干燥而易起静电，这时就要用象牙梳来梳理。这个道理看来史前人类已经知晓，因此他们会选用象牙材料做梳身，用木质材料做篦子。浙江平湖庄桥坟遗址就曾出土过木篦[②]。

史前梳子的插戴方法大约有两种。一是插饰在头顶，有从额头正中的头顶向后插和从后向前插

① 蒋卫东.良渚文化文物精品展[J].收藏家,2005,(9).

② 浙江省文物考古研究所等.浙江平湖市庄桥坟良渚文化遗址及墓地.考古,2005,(7).

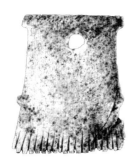

图 2-1-3-10 **石梳**
山西襄汾陶寺遗址出土。白色，呈钺形，
有梳齿二十个，上端钻一孔。长9.4厘米、
齿端宽7.9厘米。

图 2-1-3-11 **插梳土偶**
日本群马县绵贯观音山古坟出土。

① 图片摘自中国社会科学院考古研究所山西工作队. 山西襄汾县陶寺遗址发掘简报［J］. 考古, 1980,（01）.

② 图片摘自俞为洁. 饭稻衣麻. 良渚人的衣食文化［M］. 杭州：浙江摄影出版社, 2007.

③ 郑巨欣先生在《梳理的文明》一书 P16 中认为："插饰或拥有玉梳梳的那些人享有特权并能施行法术。良渚人笃信玉梳背即使在拥有者死后仍能够施展法力，并能继续为族人带来利益……梳亦神物。"

④ 详见蒋卫东. 神圣与精致：良渚文化玉器研究［M］. 杭州：浙江摄影出版社, 2007：200-204.

两种插法。这种插法可见绰墩遗址 M73，是从后往前插的（图 2-1-3-4）；山西襄汾陶寺遗址曾发现一男性墓主的头顶有一把石梳，是从前往后插的（图 2-1-3-10[①]）；日本群马县绵贯观音山古坟（属公元 6 世纪）出土的一个土偶，从额头正中向后插有一把梳子，可作为形象参照（图 2-1-3-11）[②]。另一种是在后脑勺从上往下插。这种插法可见前文吴家浜遗址 M5（图 2-1-3-6），周家浜遗址 M30（图 2-1-3-8）出土牙玉梳和新地里 108 号墓玉梳背出土时，均被死者头骨压盖，应也属于这种插戴方法。

在原始社会时期，一般一人只插一把梳子，因为绝大多数墓葬中都只发现一把梳子。在良渚文化中，玉梳背的出土也是每墓只出一件。良渚文化出土的玉梳背上，经常刻画有羽冠神人的形象，制作非常精良，其除了具有装饰作用，应该也是宗教用器或礼器的一种，象征墓主人的权利和地位，并有崇灵的巫术意义，是良渚特权阶层的标识物[③]。因此，玉梳背的有无是衡量良渚墓葬等级高下的重要标志之一，一般出土玉梳背的都是大墓和少数中型墓。从墓葬出土情况来看，良渚玉梳背的使用和性别似无关联，只要身份、地位够条件，男女均可插戴。目前太湖流域出土的良渚文化玉梳背已超过 60 件，其型制根据蒋卫东先生的归纳，大致分为一个主流型制"凹"字形和一个亚型制"凸"字形[④]。

其中，整体呈"凹"字形、上端有弧形或弓字形凹凸的玉梳背出土件数最多，见于从早到晚各期墓葬。"凸"字形玉梳背目前仅见 3 件，均采用阴线刻或镂雕与阴线刻相结合的手法，琢刻了羽冠神人纹饰，制作非常精美（表 2-2、图 2-1-3-12）。

图 2-1-3-12　**玉梳背**

浙江省余杭反山出土，M15:7。通高 3.7 厘米，上宽 6.8 厘米，下宽 6.2 厘米，厚 0.3 厘米。现藏浙江省文物考古研究所。

表 2-2：良渚文化玉梳背的形制分类

良渚「凹」字形玉梳背六式

1. Ⅰ式：瑶山 M4：28
略呈上大下小的倒梯形，上端平直，没有任何凹缺。其应代表玉梳背的最早型制。

2. Ⅱ式：张陵山 M4:03
略呈上大下小的倒梯形，顶端凹缺，中央有圆弧形凸起。Ⅱ式与Ⅰ式年代大致相当或略晚，是承前启后的形式。

3. Ⅲ式：瑶山 M8:3
略呈上大下小的倒梯形，顶端凹缺，中央有弓形尖凸，尖凸下方常有椭圆形扁孔。Ⅲ式出现于中期偏早阶段。

4. Ⅳ式：反山 M17：8
造型和Ⅲ式接近，但榫部内收变窄，且在背体上有纹饰，有单面的，也有双面均有纹饰者。

5. Ⅴ式：反山 M14：174
造型和Ⅳ式接近，但背体两侧边下端开始向内凹弧，下端榫部内收变窄。应属良渚中期偏晚阶段。

良渚「凹」字形玉梳背六式

6. Ⅵ式：新地里 M124:12

造型和Ⅴ式接近，但顶端中央的弓形尖凸已不明显，常退化成台形凸起，凸起下方无穿孔，两侧边进一步斜收，下端凹弧部分范围进一步扩大，玉梳背整体呈上宽下窄，节节内收之势。榫部或内收更窄，或与凹弧连为一体。是良渚晚期的型制。

良渚「凸」字形玉梳背

7. 玉梳背

浙江省余杭县瑶山出土，M2:1。现藏浙江省文物考古研究所。

高5.7厘米，上宽7.7厘米，厚0.3厘米。

8. 玉梳背

浙江省余杭反山出土，M16:4。现藏浙江省文物考古研究所。

通高5.2厘米，上宽10.4厘米，下宽6.4厘米，厚0.3厘米。

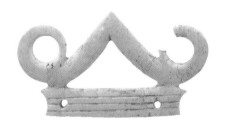

图 2-1-3-13　**人字形冠玉梳背**
安徽含山县凌家滩墓地 M15出土，通高3.6厘米，宽6.6厘米，厚 0.3厘米。

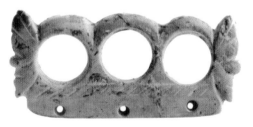

图 2-1-3-14　**侧人首形玉梳背**
辽宁牛河梁积石冢红山文化遗址出土，高 3.1厘米，宽 6.8厘米，下宽 6.2厘米，厚 0.3厘米。

除了良渚文化，在红山文化、凌家滩文化等地也出土过玉梳背，它们共同的特点是在下部有连接其他材质梳体的扁薄的榫，榫上多有几个用于销钉加固的穿孔（图 2-1-3-13、14）。

图 2-1-4-1　**束发器**
山东大汶口墓葬出土。（李芽摄）

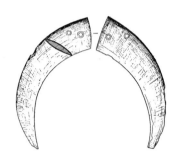

图 2-1-4-2　**束发器**
山东邹县野店墓葬出土。

四 猪獠牙头饰

以猪獠牙作为头上的饰物，从目前考古资料来看，最早可能出现于大汶口文化时期。其通常用成对的猪獠牙劈成薄片制成，多呈新月形，一端较宽，宽端一般均有穿孔，因出土位置均位于头部，且一般不见与骨笄同出，故推断此时大概起着与骨笄相同的束发作用，因此有学者认为其是一种束发器。在山东泰安大汶口文化的原始居民当中，其中 19 座墓葬中共出土 21 对半（图 2-1-4-1），仅 1 墓出土 2 对，还有 3 座墓各出 1 对半，其余皆 1 墓出 1 对。同属大汶口文化的山东邹县野店遗址中也出土有 4 对（图 2-1-4-2）①，均位于死者头旁。从大汶口的出土情况看，男女均可佩戴。但如果其只是起到和笄一样的束发作用，为何顶端均有穿孔呢？穿孔似乎意味着其有可能是被固定或串联于其他物体之上所制，因此，其更可能是作为一种头饰。《蛮书》卷四就曾记载："寻传蛮……持弓挟矢，射豪猪，主食其肉，取其两牙，双插髻旁为饰。又条猪皮以系腰。"

这种习俗曾逐渐向南传播，但在传播的过程中，其组合形式和功能都发生了一定的变化。在江苏海安青墩遗址，有 5 座墓随葬有野猪獠牙，墓主均为男性，每墓有一两件，共计 8 件，其中 3 件位于墓主头端，5 件位于胸腹部②。头端的可能是头饰，胸腹部的则可能是坠饰。在良渚文化中晚期，男性以猪獠牙作为头饰似乎有兴起的势头，且所用牙的

① 图片摘自山东省博物馆等.邹县野店［M］.北京：文物出版社，1985：图 63.9.

② 南京博物院.江苏海安青墩遗址［J］.考古学报，1983，（02）.

图 2-1-4-3　**猪獠牙头饰**
浙江海盐龙潭港遗址 M26 出土，海盐县博物馆藏。

① 黄宣佩.福泉山良渚文化墓地的家族与奴隶迹象［C］.良渚文化论坛，香港：中国文化艺术出版社，2003.

② 图片摘自浙江省文物考古研究所.浙江考古精华［M］.北京：文物出版社，1999.

③ 浙江省文物考古研究所、海盐县博物馆.浙江海盐县龙潭港良渚文化墓地［J］.考古，2001，(10).

④ 浙江省文物考古研究所等.浙江桐乡新地里遗址发掘简报［J］.文物，2005，(11).

⑤ 浙江省文物考古研究所等.嘉兴凤桥高墩遗址［C］.崧泽·良渚文化在嘉兴.杭州：浙江摄影出版社，2005.

数量有明显增加。在上海青浦福泉山 M109，墓主头部曾发现成排的野猪獠牙饰和玉梳背，墓主似为一位地位显要的男性①。浙江海盐龙潭港遗址曾出土野猪獠牙组合饰 2 组，成堆出土于墓内头骨顶端。其中 M26 共发现 14 枚獠牙，根据大小，似可排成两两相配的 7 对（图 2-1-4-3）②，最小的那对已酥碎。其中最粗壮的一对保存较好，下端磨平，中间挖孔，两侧切割出 "V" 字形小缺口，如此加工显然以利于安插和绑扎固定在冠体上，成为一种威武有力的极好的形象装饰。獠牙最长的达 11.2 厘米，最短的仅 5 厘米左右。M9 中的则保存较差，但至少可辨出 10 个以上的獠牙个体。从随葬品的数量和规格看，此两墓分别是龙潭港墓地中位列第一和第二的高等级大墓③。此外，浙江桐乡新地里遗址的一些高等级墓葬中也有野猪獠牙饰发现，如 M66、M98，这两墓均随葬有石钺，墓主为男性的可能性较大④。浙江嘉兴凤桥高墩遗址 M3 头骨上部出有一套 6 枚野猪獠牙，左右各 3 枚，呈对称分布（图 2-1-4-4）⑤。

原始人类佩戴装饰物，决不是单纯为了审美，而大多有着巫术的含义。根据巫术的接触律原理，他们认为佩戴

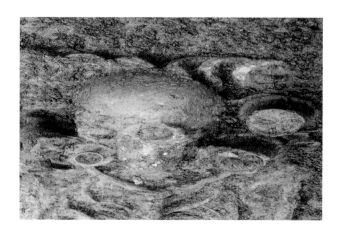

图 2-1-4-4　**嘉兴凤桥高墩遗址 M3 墓主头顶上的猪獠牙头饰**

某种东西，这种东西所具有的一些特性就会转移到自己的身上。雄性野猪很凶猛，而獠牙是野猪最厉害的武器，原始人，尤其是男人，将野猪獠牙佩戴在头顶，悬挂在胸前，一是为了借野猪的凶猛，二也是向异性宣告自己的捕猎能力。在茹毛饮血的时代，拥有优秀捕猎能力是男性成为部落领袖的重要条件，因此出土诸多猪獠牙头饰的墓葬往往也是高等级墓葬。猪獠牙头饰应该是象征墓主人勇武、强壮、威严的标志。

五 额饰

额饰，泛指装饰于额部的各类饰物。一般多用布条，或将玉、石、牙质等饰物穿孔，以丝线串联成环状饰物系于头部构成。其典型的装饰效果可见甘肃礼县高寺头村出土仰韶文化陶人头，其额部便有一串珠串状额饰环绕（图 2-1-5-1）①。

元君庙仰韶文化墓地一具女性人骨（M420）的

① 图片摘自捷人、卫海.中国美术图典 [M].长沙：湖南美术出版社，1998.

图 2-1-5-1　**带有额饰的陶制人头**
甘肃礼县高寺头村出土，甘肃礼县文化馆藏。

图 2-1-5-2　**头部串饰**
山东邹县野店 22 号墓出土。
（李芽摄）

① 黄河水库考古队甘肃分队.临夏大河庄、秦魏家两处齐家文化遗址发掘简报 [J].考古，1960，（3）.

② 山东省文物管理处，济南市博物馆.大汶口：新石器时代墓葬发掘报告 [M].北京：文物出版社，1974：98.

③ 山东省博物馆等.邹县野店 [M].北京：文物出版社，1985：94.

④ 南京博物院，江苏省考古研究所，无锡市锡山区文物管理委员会.邱承墩：太湖西北部新石器时代遗址发掘报告 [M].北京：科学出版社，2010.

头骨上，残留着一条宽约 3 厘米的灰黑色印痕，从额头穿过耳际至枕骨下方，估计是头额缠绕的饰带腐朽后留下的印痕，这提供给我们有关当时人们头饰的一些情况（图 2-1-2-1）。在临夏大河庄、秦魏家两处齐家文化遗址中，在骨架的头部或手臂上，也遗有红色的染料或者保存着红色布纹的痕迹[1]。

串饰类额饰因不似布条易腐，故出土量很多。山东泰安大汶口墓葬便出土有多组制作精美的玉石质头饰[2]。其中 10 号墓出土头饰两串：一串由白色大理岩长方石片 25 件与牙形的 2 件组成（表 2-3：1），石片制作规则，多下宽上窄，窄的一端穿一圆孔，散布在额部及头的右侧；另一串由 31 件大理岩管状石珠组成，位置在头的左侧。47 号墓出土头饰四串：一串为 8 件大理岩长方石片组成，其中竖排穿有三孔的 4 件，二孔的 1 件，上端穿一圆孔的 3 件（表 2-3：3）；另一串为 22 件大理岩石块组成，石块形状不规则，不少利用残臂环等加工制成，穿孔的一端都先经过磨薄；还有两串，由 11 件大小不等的石环组成（表 2-3：5）。同属大汶口文化的邹县野店遗址出土的玉头饰更为精美：其中 22 号墓为一女性墓主，一组玉串饰出土在其头部，有单环、双连环、四连环、绿松石坠等 11 件串饰组成，色泽艳丽，造型美观，制作精巧，堪称一件艺术佳品（图 2-1-5-2）；另一 31 号墓为一男性墓主，也有一组玉环出土于其头部，环上刻有齿牙（表 2-3：6）[3]。属良渚文化的无锡邱承墩遗址第三期文化 M3 头部出土有条形、圆形、长圆形片状玉饰 1 组（表 2-3：4）；M5 头部有散落的片状玉饰；M11 头部也有玉管、玉珠组成的头饰 1 组[4]。在良渚文化中，还出土有两串玉管搭配一件玉璜的串饰，如瑶山 M11 出土的项串，内圈 16 管，外圈 23 管，配有

图 2-1-5-3　**单人墓**
内蒙古白音长汗遗址二期乙类 M11
墓葬出土。

一龙纹玉璜（表 2-3）[1]，全串圈径较窄，出土部位和玉梳背相邻，可能是一种额饰。

除了玉石质头饰，还有贝壳串制的。内蒙古白音长汗遗址二期乙类 M11 墓葬为一 35 岁男性单人墓，其头顶呈环形放置 15 枚蚌饰，下葬时 15 枚蚌饰被穿在一起，绳索穿过蚌壳顶部，使所用蚌壳顶部向上。另两肩之上有 2 个石珠，与颈椎之上横放的 1 件玉管合为一组作为挂在项上的饰物（图 2-1-5-3）[2]。

表 2-3：新石器时代出土额饰

1. 石头饰
出土于山东大汶口 10 号墓。
为白色大理岩长方石片 25 件与牙形的 2 件组成，石片制作规则，多下宽上窄，窄的一端穿一圆孔，散布在额部及头的右侧。

2. 玉串饰
浙江余杭瑶山 M11 出土。现藏浙江省文物考古研究所。
外圈管长 2.2~2.5 厘米，径 1.41 厘米，孔径 0.5~0.6 厘米；内圈管长 2.4~3.9 厘米，径 1.1~1.3 厘米，孔径 0.5~0.6 厘米。

3. 石头饰
出土于山东大汶口 47 号墓。
一串，为 8 件大理岩长方石片组成，其中竖排穿有三孔的 4 件，二孔的 1 件，上端穿一圆孔的 3 件。

[1] 浙江省文物考古研究所. 瑶山［M］. 北京：文物出版社，2003.
[2] 图片摘自内蒙古自治区文物考古研究所. 白音长汗：新石器时代遗址发掘报告［M］. 北京：科学出版社，2004：203.

4. 圆形与长圆形片状玉饰

无锡市邱承墩遗址出土。

5. 石头饰

出土于山东大汶口 47 号墓。

共有两串，均由 11 件大小不等的石环组成。

6. 玉头饰

山东邹县野店 31 号墓出土。

六 钗

《释名·释首饰》："叉，枝也。因形名之也"；《玉篇·金部》："钗，歧笄也"，即言单股为簪，双股为钗。原始社会钗出土量很少，因为钗更适合用金属类有弹性的材质制作，且适用于较高大的发髻。黑龙江省杜尔伯特蒙古族自治县李家岗墓地出土过一只骨钗。端部呈汤勺状，宽 3.2 厘米，柄为两条平行的骨腿，一面经磨制，较光滑，另一面较粗糙。通长 9 厘米，腿横截面为方形，厚 0.5 厘米，两骨腿间距 0.5 厘米，一腿长 7.2 厘米，另一腿略短（图 2-1-6）[1]。当为中国古钗的鼻祖了。

七 其他

原始社会头部饰物除了以上介绍的几大主要类型之外，还有一些特殊类型，它们均出土于头部周围，但其功

图 2-1-6 **骨钗**
黑龙江省杜尔伯特蒙古族自治县李家岗墓地出土。

[1] 杜尔伯特蒙古族自治县博物馆.黑龙江省杜尔伯特李家岗新石器时代墓葬清理简报［J］.北方文物，1991，（2）.

图 2-1-7-1 马蹄状玉箍
牛河梁第二地点一号冢 4 号墓出土。长 18.6 厘米、斜口部最宽 10.7 厘米、平口长径 7.4 厘米、厚 0.3~0.7 厘米。长筒形，筒扁圆，长筒面各有内弯，一端斜口，口沿薄似刃，平口一端两侧各钻一孔。出土时枕于头下，长面在上。

① 图片摘自辽宁省文物考古研究所.牛河梁红山文化遗址与玉器精粹［M］.北京：文物出版社，1997.

② 辽宁省文物考古研究所.牛河梁红山文化遗址与玉器精粹［M］.北京：文物出版社，1997：26.

③ 吕学明等.重现女神：牛河梁遗址［M］.天津古籍出版社，2008：123.

能和佩戴方式尚不十分明确，在此略加介绍，以供读者参考。

有一种马蹄状玉箍是红山文化玉器中流传最多的一种玉器，也是牛河梁发掘出土最多的一种玉器（图 2-1-7-1）①。关于这种玉器的功能和使用方法说法不一，有人认为是臂饰或腕饰，有人认为是头上的王冠，也有人认为其是女性生殖器的"概念模型"等等，不一而足。然而其正式挖掘的出土位置绝大多数是枕在头下的，据此有学者推测其功能和束发有关。马蹄状玉箍的形制特点也进一步支持了这一推论：玉箍的长筒形体非一般制作的正圆形，而是扁圆形，且长面做出略有内弯的弧度，这在制作时增加了很大的难度，却与置于头后部相吻合。同时，平沿一端钻出对称双孔的已有多例，据此分析，作束发用的可能性比较大，且发式及其装饰历来就是代表等级身份的一种显著标志，从出土情况来看，马蹄状玉箍在高等级墓葬中具有一定普遍性，但非最高等级墓葬所必备②。

此外，牛河梁遗址中还出土有很多钻孔玉璧，显然是佩挂之物，其中有一些就是出土于头部位置的。如牛河梁第五地点一号冢中心大墓（Z1M1），在墓主人头骨两侧便各置一玉璧，乍一看好像是耳饰，但仔细观察，就会发现这一对玉璧的出土位置非常靠上，其上边缘已经几乎与头顶平齐了，因此专家推测其应该是头饰或冠饰，玉璧垂于耳侧，璧孔刚好与耳朵齐平，璧向天，佩戴者通过此孔可以随时倾听到天帝的旨意，从而达到与神相通的目的（图 2-1-7-2）③。

在良渚文化墓葬中，人骨头部经常出土一种三叉形器，精致者上面也雕刻有神人兽面纹饰，与玉梳背上的纹饰相互配套呼应（图 2-1-7-3）。瑶山 M7 三

图 2-1-7-3　三叉形器
浙江省安溪镇瑶山 M7 出土。

图 2-1-7-2　牛河梁第五地点一号冢
中心大墓出土实况
墓主为男性，头骨两侧各置一穿孔玉璧，
胸部有勾云形玉佩和玉箍，右腕戴一玉镯，
双手各握一玉龟，墓主生前当具有极高的
地位。

图 2-1-7-4
瑶山 M7：26 三叉形器出土实际情形

① 图片摘自浙江省文物考古研究
所．瑶山［M］．北京：文物出版社，
2003.

② 浙江省文物考古研究所．反山
［M］．北京：文物出版社，2005.

叉形器出土时和一玉长管相连，其周围散落有若干
玉珠与玉管，应该是头部的串饰（图 2-1-7-4）①。
这种三叉形器的具体功能目前还未可知，有可能是
一种头饰，也有可能是一种置于头部的礼器。

　　在良渚文化墓葬中，人骨头部除了玉梳背、三
叉形器之外，还经常出土一种半圆形玉饰片，其底
边平直，正面稍弧凸，背面相应略内凹，背面或侧
缘钻有 1~3 对小隧孔。其在浙江余杭反山遗址的 4
个墓葬（M12、M14、M20、M23）中，各出土 1 套，
每套 4 个，由一块玉料一次性雕琢而成，以大致相
等的间距围成一圈散落在墓主的头上端。这 4 套半
圆形玉饰片中，3 套是素面的，只有 M12 出土的 1
套雕琢有人兽纹（图 2-1-7-5）②，与玉梳背上的
纹饰互相呼应，非常精美。雕琢这类弧形玉器的技
艺比平面打磨要复杂得多，可见其应是一种非常稀
贵的饰品，出土半圆形饰片的这 4 座反山墓葬也的
确是此墓地随葬品数量最多、等级最高的墓葬之一，
而 M12 更是这个墓地等级最高的一座墓葬。而且，
从墓葬出土情况来看，半圆形饰片的随葬只与身份
地位相关，与性别并无关系。至于其到底是头饰还

图 2-1-7-5　浙江余杭反山 M12：78 出土玉半圆形饰片
（左：正面、右：反面）

图 2-1-7-6
内蒙古南宝力皋吐墓葬出土骨冠

图 2-1-7-7
内蒙古南宝力皋吐墓葬骨冠出土位置

① 俞为洁.饭稻衣麻.良
渚人的衣食文化［M］.
杭州：浙江摄影出版社，
2007：232-236.

② 陈永志，张红星.内蒙
古考古大发现［M］.呼
和浩特：内蒙古出版集团
等，2014：30.

是冠饰随件，甚或是放置于头顶部位的一种礼器随件，尚待进一步研究①。

在内蒙古南宝力皋吐墓葬中，还发现有 4 个完整的骨角质冠饰（图 2-1-7-6），出土时骨冠很紧密地套箍在遗骸头颅上，帽子的形状十分明显（图 2-1-7-7）。经检测发现，组成骨冠的是剖割成弧形条片的大型动物肋骨、獠牙或犄角，每个骨片两端都有孔，显然是绳索穿缀用的。骨片长短、弧度非常讲究，每顶冠由十五六片组成，骨条表面可能还覆盖过兽皮或编织物。发现骨冠的墓葬中有 3 座位于墓群的中心位置，随葬品均十分丰富。骨冠佩戴于墓主人头部，可能象征着其非同一般的身份和地位②。

图 2-2-0-1 **安徽含山凌家滩出土薛家岗文化玉人**
高 8.1 厘米, 厚 0.5 厘米, 安徽省文物考古研究所藏。

第二节 | 原始社会的耳饰

　　佩戴耳饰之俗在中国起源于何时, 史籍中并没有明确的记载。但至少在新石器时代, 先民们就已经知道以耳饰来美化自己了 (或者说护佑自己), 且不分男女。出土的耳部穿孔人俑是史前人佩戴耳饰的一个直接证据。如安徽含山凌家滩出土的一中年男性玉人, 除了有层层的手镯之外, 他的两耳都有穿孔 (图 2-2-0-1); 甘肃天水蔡家坪出土的一个陶塑女头像, 蒙古人种的特征十分显著, 似正在张口歌唱, 她的双耳耳垂部位也有穿孔, 据考古工作者研究, 这是新石器时代仰韶文化时期的遗物, 至今已有5000 年的历史。同一时期的还有甘肃礼县高寺头村仰韶文化遗址出土的陶人头, 甘肃秦安寺嘴村出土的人头形器口陶瓶等, 他们的耳垂上都穿有耳孔, 这些人耳上的小孔显然是穿挂耳饰用的, 这样的例子在新石器时代的人物形象中并不少见。

　　抛开早已不见踪迹的植物类材质耳饰不论, 中国原始社会的耳饰实物主要出土于新石器时代[1]。新石器时代还没有成熟的冶金工艺, 因此, 此时出土的耳饰大多是玉石质, 也有少量的陶、煤精、牙骨等质地。此时期的耳饰形制主要以玦为主, 出土量比较庞大, 造型也丰富多样, 应是原始社会主要的耳饰形制。耳瑱和耳坠也有出土, 但数量远不及玦, 其中出土瑱的墓葬相对等级比较高, 从新石器时代及先秦出土的一系列佩戴瑱的玉人像来看, 佩戴瑱的人物在当时的社会是具有较高身份或者特殊身份的人群。耳饰的佩戴方式主要有夹戴 (如玦), 直接塞入耳部穿孔 (如玦、瑱), 或穿绳系挂于耳部 (如玦、耳坠) 等。耳环是冶金工艺诞生之后的产物, 在甘肃广河县的齐家坪, 即齐家文化的命名地, 也就是中国社会步入金石并用时代

① 邓聪.东亚玦饰四题[J].文物, 2000, (2).

之际，才出土了我国迄今为止所发现的最早的金耳环和铜耳环。

一 玦

在距今 8000 年左右的内蒙古自治区敖汉旗兴隆洼遗址，人们发现一些玉玦成对地出现在墓主人的耳部周围，很可能是人类历史上已知最古老的耳饰，因为世界旧石器时代考古学并未出现过耳饰。[①]整个新石器时代，中国除西藏、甘肃西部及新疆等西部地区外，其他地域的玉玦可谓层出不穷。目前中国发现出土有玦饰的遗址至少有数以百计之多，且很多墓葬出土玦饰数量惊人，如河南省三门峡市上村岭出土有 290 件；山西侯马上马墓地出土了 700 多件；台湾卑南遗址出土有 1287 件。而如此庞大数量的玦饰，肯定仍然只是冰山一角。从出土情况看，玦无疑是中国原始社会最为多见的一种耳饰。香港中文大学邓聪博士在《蒙古人种及玉器文化》一文中曾尝试指出："从史前至历史时期蒙古人种的玉器文化，玦饰是最广泛分布的一种装饰品，表现出蒙古人种对人体耳部特殊的癖好。"

玦大多为玉制，《说文·玉部》："玦，玉佩也。从玉，夬声。"今墓葬中出土的实物遗存也以玉制居多。同时，也有以象牙或兽骨制成的牙骨玦，以普通石材制作的石玦，和以玛瑙、水晶、蚌、陶等其他材质制成的。此外，还有少量以金属制成，称为金玦，其实物遗存在湖北巴东县银盘墓群—明代墓葬中曾出土，据该墓的发掘报告中载发现有铜玦 2件，锈蚀严重，位于瓦片上，推测死者头枕瓦片，1件（M207:4）完整，直径 1.1 厘米；另 1 件（M207: 5）

① 邓聪.东亚玦饰的起源与扩散[C].东方考古（第一集）.北京:科学出版社，2004.

152

断为 2 截①。

1889 年，吴大澂的《古玉图考》将一种如环而有缺的玉器称为玦②。吴氏对玉玦的意见，对玦的定名起到非常重要的作用。汉《白虎通》载："玦，环之不周也。"《酉阳杂俎·忠志》载："玉玦，形如玉环，四分缺一。"《汉书·五行志第七》则载："公衣之偏衣，佩之金玦。（师古曰：'……金玦，以金为玦也。半环曰玦。'）"从记载来看，玦的造型一般为形似环而有缺，只是所缺之大小不一，但玦的弧度基本不应小于半环，从实物遗存来看，绝大多数缺口小于四分之一。

新石器时代的玦，大多为素面无纹，只有少量有刻纹。玦的造型、用途及寓意在不同时代、不同区域有不同的面貌。其既可作为耳饰，也可作为配饰③、臂饰④、射箭时勾弦的器具⑤和冥器⑥等。总体上来说，玦在新石器时代，大量是以耳饰的形式存在的。

---

① 湖北省文物考古研究所，南京大学历史系考古专业.湖北巴东县银盘墓群发掘报告[J].南方文物.2009,（4）.
② 吴大澂．古玉图考［M］.北京：中华书局，1948.不少学者讨论玦字含义，有建议用珥或填取代玦字．本文从现今一般使用玦饰之意，以如环而缺为玦饰.
③《说文·玉部》中写："玦，王佩也。"《白虎通》："君子能决断则佩玦。"均已表明了玦在有文字记载后的文明社会中其主要用途已由耳饰逐渐转化为一种佩饰．其实这种转化在新石器时代已经出现．在河姆渡遗址第 4 层和凌家滩 87M8：16 中，均出现一些未完全切断的玦饰，这可能就是耳饰逐渐转化为坠饰的一种表现．另外，在战国初期的曾侯乙墓中出土过一对大小相当，直径 5.2 厘米，出土位置位于墓主左腿侧的玦，其应该是因作为佩饰佩于腰间故而悬垂于腿侧的．玦作为佩饰，既可单独佩戴，也可与璜、管、珠等一起组合佩挂．例如良渚文化出土的玦尽管数量不多，而且主要集中于早中期阶段．但除了少量作为耳饰外，其余所发现的玦多于缺口相对一边肉上钻有系孔，出土时或位于腕部作为腕饰，或位于胸腹部位作为串挂玉件．如浙江余杭良渚文化墓地 M14 出土过这种玉玦饰，报告称之为"玦式圆牌"．这件玦式圆牌便是与玉璜及玉管伴出，显然和它们一样作为佩挂饰物来用.
④ 如属于马家浜文化的浙江省余杭市良渚镇梅园里遗址 M6 出土二对玉玦，直径 3.3~7.8 厘米、孔径 1.3~6厘米．小的二件位于死者头部两侧，应为耳饰，直径较大的二件位于死者两侧手腕部，发掘者指出这应是臂饰．浙江省文物考古研究所．浙江考古精华［M］.北京：文物出版社，1999：50.
⑤《字汇·玉部》："玦，射者着于右手大指以钩弦者亦谓之玦。"《诗·卫风·芄兰》："童子佩韘"．毛传："韘，玦也，能射御则佩韘。"《礼记·内则》："右佩玦。"李调元补注："玦，即《诗》'童子佩韘'之韘．韘，玦，半环也，即之扳指，成人所佩也。"这种玦的材质，《说文》中称："射决也，所以钩弦。以象骨、韦系着右巨指。"即多为象牙或骨制成，以皮绳系于右拇指上．学者常光明先生有一观点很有新意，他认为"玦"作为"勾弦射具"，与"韘"完全不同，实为射箭勾弦之"彄玦"，并不是套在手指上，而是握于掌心的．射箭时，左手持弓，右手握"玦"，将弓弦通过"缺缝"引入"玦"的中心圆孔，旋转"玦"的角度，使"缺缝"垂直于弓弦，以便勾住弓弦，然后拉满弓弦．放箭时，右手略微旋转"玦"的角度，使弓弦由"缺缝"迅速滑出，这便是"开弦"放箭．远古渔猎时代，生产与生活主要靠射猎，作为射猎必需用具的"玉玦"，游牧先民均须随身携带，所以有的"玉玦"还钻有"穿孔"，以穿绳系于手腕，既方便使用又免于遗失．进入夏商以后，不再经常射猎的贵族官员，便会将"玉玦"系于腰间，此后就逐渐演变为装饰性的"如环佩玉"了.
⑥ 2001 年，中国社会科学院考古研究所刘国祥发掘内蒙古自治区赤峰市敖汉旗兴隆洼遗址时，发现了一具距今 8000 年的兴隆洼文化的女孩尸骨，在其头骨的右眼眶内，发现嵌有一件玉玦，故提出"以玦示目"的说法.

① 杨建芳.耳饰玦的起源、演变与分布：文化传播及地区化的一个实例[C].中国古玉研究论文集.台湾：众志美术出版社，2001：139-167；邓聪.环状玦饰研究举隅[C].东亚玉器.香港：香港中文大学中国考古艺术研究中心，1998：86-101.

② 杨虎，刘国祥.兴隆洼文化玉器初论[C].东亚玉器（第一册）.中国考古艺术研究中心，1998：128-139.

③ 周汛，高春明.中国历代妇女妆饰[M].香港：三联书店（香港）有限公司、学林出版社联合出版，1997.

④ 邓聪.东亚玦饰四题[J].文物，2000，（2）.

玦作为耳饰，虽在史书中不见叙录，但从目前的考古资料来看，在新石器时代是最常见的一种用途，因为在新石器时代发现的玉玦大多见于人体的耳部①。考古工作者从中国最古老的玉器出土地8000年前的东北兴隆洼遗址中就发现数量很多的玉玦，它们成对地出现在墓主人的耳部周围，应该是史前人生前佩戴的耳饰②。从它们的佩戴群体看，有成年的男性，成年的女性，也有儿童。当时佩戴玉玦讲究双耳佩戴，但是没有性别和年龄的差别。同时在嘉兴马家浜、湖北宜昌清水滩等地的新石器时代文化遗址中，也都发现这种饰物，出土位置大都在墓主人的耳际。江苏常州圩墩村新石器时代的遗址中，共出土9枚玦形饰物，出土时皆在人骨耳边，且墓主人都是女性，一般一墓仅出1件，说明玦饰也可以单耳佩戴。四川巫山大溪遗址出土的耳饰甚为丰富，有时一人戴两种耳饰，质料和形状也各不相同，例如一二八号墓中就能见到这种情况：墓主是一位妇女，年龄约50岁，在其墓中共出土随葬品4件，其中2件为耳饰，分别置于人骨耳部，左面为1枚玉玦，右面是1个石质的圆环③。

（一）玦的三种佩戴方式

玦作为耳饰是如何佩戴的呢？考古界一般认为有三种方式。

1. 将玦直接穿过耳孔佩戴④

尽管对于当代人来说打一个能穿过玦的耳洞似乎是太大了，要承受很大的痛苦。但从现存原始部落的资料来看，在耳垂上穿挂又大又重的耳饰，进

图 2-2-1-1
戴玦饰的菲律宾少数民族
（依高山纯摄，1983 年）

① 邓聪.东亚玦饰的起源与扩散
[C].东方考古（第一集）.北京：
科学出版社，2004.

② 上海市文物保管委员会.崧泽
[M].文物，1987；上海市文物管
理委员会.1994—1995年上海青浦
崧泽遗址的发掘[C].上海博物馆
集刊第八期.上海：上海书画出版社，
2000.

③ 安徽省文物考古研究所.凌家滩
[M].北京：文物出版社，2006.

④ 浙江省文物考古研究所.反
山——良渚遗址群考古报告之二
[M].北京：文物出版社，2005.

⑤ 南京博物院、江苏省考古研究所、
无锡市锡山区文物管理委员会.邱承
墩[M].北京：科学出版社，2010.

⑥ 葛金根.马家浜文化玉玦小考
[J].东方博物，2006，（3）.

而把耳洞拉伸得很大的实例是很常见的。因为穿挂饰物对于很多原始部落的居民来说，并不仅仅是为了美，而是一种成人的标志或者起到彰显财富的作用。如在东亚岛屿国家，直至近代，在菲律宾及印度尼西亚诸岛屿仍见有土著穿戴玦饰的风俗（图 2-2-1-1）①。即使是在真正的原始社会，从考古资料来看，在中国新石器时代遗址中，耳饰实物遗存除了玦外，还有瑱。例如长江中下游出土玉瑱的新石器时代遗址就有青浦崧泽②、含山凌家滩③、余杭反山④和无锡邱承墩⑤等。这些瑱的佩戴要直接嵌入耳垂，一些中空的瑱中心孔径达到3厘米以上，没有很大的耳洞是无法佩戴的。因此，将玦直接穿过耳孔佩戴，在技术上和在观念上都没有问题。商周时期冶金工艺成熟后出现的金属圆环形耳环，也是环而有缺的形制，其实就是玦的一种延续，只是材质更替了而已。

2. 将玦的缺口夹于耳部佩戴

有学者认为，从出土位置看，有的玦缺口朝上，故推断应是这种佩戴方式。例如在马家浜遗址中出土的作为耳饰的玉玦，相关报告中明确玦口均向上，因而其缺口很可能用于夹住耳垂或耳廓，但缺口一般宽约 0.2~0.4 厘米，有的仅 0.1 厘米左右⑥，这种缺口使用起来似乎太窄了些。也有学者认为玦不是夹于耳垂，而是夹于耳廓的软骨部位。但不论哪种夹法，因玉石本身有一定密度，且无任何弹性，其夹在耳部作为陪葬的冥器佩戴是可以的，但对于日常运动中的人来说，这样佩戴恐怕是不牢靠的。

3. 用绳带穿系于耳部佩戴

这种说法的依据是，有很多玦的边缘有钻孔，如在江西新干大洋洲商代大墓中出土的 20 件玦饰，玦口对应顶部都有小孔。笔者认为，玦作为佩饰可穿孔连缀其他玉饰，组成组玉佩，作为耳饰应该也是可以的。

耳饰的使用，看似是一件很简单的事情，但其实需要具备观念和技术等很多层面的要求，例如：1. 耳部妆饰概念的形成；2. 耳饰制作及管理的技术；3. 耳饰佩戴的技术，即具备人体耳部穿孔及处理皮肤发炎的知识。新石器时代玦饰的大量出现，说明这些技术已经比较成熟。笔者以为，其作为耳饰的功能在史书中之所以不见记载，是因为在逐渐步入文明社会的历程中，玦最初作为耳饰的功能渐渐发生了转化，因为耳饰是所有首饰中唯一需要破坏肉体完整的首饰（穿耳洞），而中国在先秦时期的《孝经·开宗明义篇》中便已提道："身体发肤，受之父母，不敢毁伤，孝之始也。" 故此，耳饰（不仅仅是玦）在中国宋以前的汉族人中是极不流行的，最初的功能也就因不被人提及而渐渐被遗忘了。

（二）玦的造型

依据考古发掘的实物遗存来看（不局限于原始社会），玦在造型上大致可分为扁体环形、凸纽形、圆管形、圆珠形、兽形、玦口连结形等，也有像台湾卑南遗址的人形玦和奇特罕见的异形玦，更有复杂成套的组玉玦。

1. 扁体环形（表 2-4）

扁体环形玦在扁环的一侧有切口，是玦饰中最为常见的一种。《白虎通》载："玦，环之不周也。" 就指的是常见的环形玦。环形玦的出土量是比较大的，例如 1970 年在宁乡黄材王家坟的小山丘上挖出一件商代青铜提梁卣，内贮 320 多件商代玉器，其中玦饰就有 64 件，均素面无纹，扁体玦口有直切和斜切两种，大的直径达 10.4 厘米、小的直径 1.4 厘米[①]。在江西新干大洋洲商

---

① 喻燕姣. 略论湖南出土的商代玉器 [J]. 中原文物，2002，(5).

代大墓中也出土玉器 70 余件，其中玦饰就有 20 件，分为扁薄和扁厚两种，全部为素面无纹，玦口对应顶部有小孔，基本成对出土，大小依次递减，玦按直径可分为 6~7 厘米、4~5 厘米、2~3 厘米三组，很可能是同一素材连续生产玦饰的结果[1]。环形玦又可分为扁薄和扁厚两种，扁薄者居多，厚度一般小于 0.5 厘米，如新干玦饰扁薄者占 18 件，厚度集中在 0.15~0.2 厘米。扁厚者厚度一般大于 0.5 厘米，如新干玦饰扁厚者占 2 件，厚度为 0.8 厘米。

总体来看，环形玦大致可分为以下几种类型。

A 型：方环形扁体玦

玦体近方形，也有梯形或三角形的，出土数量不多，比较别致。红山文化出土的方形玦也有学者称之为鸟形玦。

B 型：圆环形扁体玦

此种类型是玦饰中出土数量最多的、最常见的一种类型。根据细节的不同又可以分为以下几种样式：

B Ⅰ：圆环形扁体素面直切玦

B Ⅱ：圆环形扁体素面斜切玦

B Ⅲ：圆环形扁体素面有穿孔玦

B Ⅳ：圆环形扁体素面连结式玦

B Ⅴ：圆环形扁体有纹饰玦

B Ⅵ：圆环形扁体组玉玦

B Ⅶ：椭圆形扁体玦

新石器时代出土的玦饰多为素面无孔无纹者，以耳饰居多。玦的器壁部分称为"肉"，孔径部分称为"好"，由此又分为三种造型：肉好相等、肉大于好和肉小于好。还有一类玦玦面薄厚不一，有的是一面平，另一面有坡度，坡度有内厚外薄，也有外厚内薄的；还有一类两面都有坡度的，此类可称为坡形玦。进入商周以后，玦饰的用途发生改变，逐渐向佩饰或组玉玦转变，故有孔者渐多，也出现了少量有纹饰者。还有一些玦出土时由两段或三段相结

① 邓聪.从《新干古玉》谈商时期的玦饰［J］.南方文物，2004，（2）.

合而成，估计是后来断裂了，将断口接补上，在连结处钻孔连结，称为连结式。这说明当时的人即使是断裂的玉玦都不肯轻易抛弃，而是修复后再次使用。可见当时的玉器属珍贵稀罕之物；另一方面，或许玉玦具有某种神圣意义，需要最大限度地利用好、保存好。还有一类更为华丽的类形，如云南江川李家山出土的组玉玦：器身很薄，呈米黄色，整件饰物琢磨精致，通体呈扁圆形，上缘平直，下缘内凹，在上缘部分的中间开有一个缺口，缺口的两端各钻一个小孔，用以穿组。出土时多堆积在死者耳部，通常以成组形式出现，每组数片至十余片，大小不等，层层迭压。当时使用时应该是先以细绳穿组，然后再悬挂在耳部[①]。再如广东博罗横岭山先秦墓地出土玉器中有相当数量的玦饰由小到大成组出现在墓主头部两侧。墓葬 M225 中有两组玦饰由小到大迭置在墓主头骨两侧附近，两组玦饰各有 8 件，玉质都为白色的石英岩玉，细腻程度各有不同（表 2-4：16）[②]。

表 2-4: 扁体环形玦

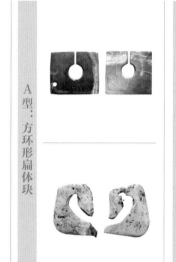

A 型：方环形扁体玦

1. 玉玦
贵州省赫章县可乐墓葬出土。现藏于贵州省博物馆。
左：长 2.85 厘米、宽 2.4 厘米、厚 0.2 厘米；右：长 2.8 厘米、宽 2.8 厘米、厚 0.2 厘米。

2. 玉玦
浙江省余杭市瑶山 55 号墓出土。现藏于浙江省文物考古研究所。
高 2 厘米、宽 1.2~1.7 厘米、厚 0.4 厘米。透闪石玉，扁平体，外形略呈梯形。

---

① 周迅、高春明.中国历代妇女妆饰［M］.香港：三联书店（香港）有限公司、学林出版社联合出版，1997.
② 吴沫，丘志力.广东博罗横岭山先秦墓地出土玉器探析［J］.东南文化，2005，（3）：20-27.

A型：方环形扁体玦

3. 玉玦

台湾台东县卑南遗址出土。现藏于台湾史前文化博物馆。

暗绿色，有白色沁，皆出于头部，都是单件出现。

4. 玉玦（肉好相等）

河南省孟津县小潘沟出土。洛阳市博物馆藏。

属龙山文化，直径1.2厘米。

BI：圆环形扁体素面直切玦

5. 玉玦（肉大于好）

江西省新干商代大墓出土（XDM:684），现藏于江西省博物馆。

成对出土，直径6厘米、孔外径1.9厘米、孔内径1厘米、中间厚0.8厘米。

B型：圆环形扁体玦

6. 玛瑙质玦一组（好大于肉）

浙江省余杭市良渚梅园里出土。

梅园里M6:1~4，直径3.3~7.8厘米，孔径1.3~6厘米。

出土时直径较小的位于死者头部两侧，应是耳饰，直径较大的位于手腕部，应是镯。[1]

BII：圆环形扁体素面斜切玦

7. 玉玦

越南 Mai Dong 出土。

---

① 浙江省文物考古研究所.浙江考古精华［M］.北京：文物出版社，1999：198.

BII：圆环形扁体素面斜切玦

8. 玉玦

湖南衡阳杏花村出土，玦口为斜切。

直径 10 厘米、内径 4 厘米、厚度 0.2 厘米。

BIII：圆环形扁体素面有穿孔玦

9. 玉玦

浙江省余杭市瑶山遗址。

---

10. 玉玦（西周）

河南省三门峡市上村岭虢国墓地 1665 号墓出土。现藏于中国历史博物馆。

外径 3.2 厘米、内径 0.9 厘米、厚 0.2 厘米。

B型：圆环形扁体玦

BIV：圆环形扁体素面连结式玦

11. 玉玦

安徽凌家滩遗址出土。现藏于安徽省文物考古研究所。

外径 7.3 厘米，内径 5.3 厘米，厚 0.5 厘米，缺口 0.4 厘米。此玦有一断痕，两边各对钻圆孔，两孔之间有暗槽相连，补接断口。

---

12. 玉玦

江苏省金坛市三星村遗址出土，M718:9。

此玦出土于手腕部。

BV：圆环形扁体有纹饰玦

B型：圆环形扁体玦

BVI：圆环形扁体组玉玦

BVII：椭圆形扁体玦

13. 玉鸟纹玦（西周）

上海博物馆藏。

直径4厘米。正面以婉转流畅的线条琢蟠环的鸟纹，圆眼，尖长喙，身饰云纹，背面光素无纹。此件玉玦系玉璧改制而成。

14. 玉玦（春秋晚期）

河南省淅川县下寺1号墓出土。现藏于河南省文物研究所。

右：直径5.9厘米、孔径2.8厘米；左：直径5.85厘米、孔径2.8厘米，两面皆雕琢阴线蟠虺纹，两件尺寸相近，应是一对。①

15. 玉玦（东周）

洛阳体育场西东周墓出土。

出土时位于墓主两耳畔，一边一个。外径5.5厘米，内径1.3厘米，厚0.12厘米。

16. 组玉玦（先秦）

广东博罗横岭山先秦墓地墓葬M225出土。现藏于广东省文物考古研究所。

由小到大迭置在墓主头骨两侧附近，一组有8件，玉质为白色的石英岩玉。直径依次为5厘米、3.5厘米、2.8厘米、2.4厘米、1.9厘米、1.6厘米、1.5厘米。

17. 组玉玦（汉）

云南江川李家山21号墓出土。现藏云南省博物馆。

均厚约0.1厘米，最大件直径3.4厘米，孔径2.4厘米；最小件直径1.5厘米，孔径0.8厘米。青白玉，四对大小相依有序，环至缺口处变窄，均有二细圆穿孔。

18. 玉玦（商）

安阳殷墟出土（采自梅原末治）。

---

① 张剑、赵世刚.河南省淅川县下寺春秋楚墓 [J].文物，1980，（10）.

续表

| B 型：圆环形扁体玦 | B Ⅶ：椭圆形扁体玦 |  | **19. 玉玦**
四川省凉山州盐源县双河乡毛家坝老龙头墓葬出土。
现藏于凉山州博物馆。
年代为战国至秦汉。长 2.5 厘米，宽 2 厘米，厚 0.25 厘米。
青玉质。 |

2. 凸纽形（表 2-5）

凸纽形玦是指考古发现的器身外缘带有凸纽装饰的玦，多为玉、石质或玻璃质地，广泛分布于环南海地区，如越南、菲律宾、泰国等国。在我国则在两广、香港、台湾和闽浙等地区发现有这种凸纽玦。广东曲江石峡遗址第四期墓葬出土了 3 件，年代相当于商代[1]。广西红水河沿岸的武鸣等秧山[2]、平乐银山岭[3]、田东锅盖岭[4]等地战国墓群中发现了若干件凸纽玦。台湾卑南遗址，香港南丫岛也有同类玦出土。浙江衢州西山西周早期土墩墓出土的 4 件凸纽玦[5]，是凸纽玦分布的北限。根据北京大学考古文博学院干小莉先生的研究来看，这种凸纽形玦大致可分为五种类型[6]。

A 型：方形扁体凸纽玦

B 型：圆形扁体凸纽玦

C 型：圆形扁体 C 形纽玦

D 型：圆形扁体兽形纽玦

E 型：钩坠形凸纽玦

① 广东省博物馆等.广东曲江石峡墓葬发掘简报［J］.文物，1978，（7）.

② 广西壮族自治区文物工作队等.广西武鸣马头元龙坡墓葬发掘简报［J］.文物，1988，（12）.

③ 广西壮族自治区文物工作队.平乐银山岭汉墓［J］.考古学报，1978，（2）.

④ 广西壮族自治区文物工作队.广西田东县发现战国墓葬［J］.考古，1979，（6）.

⑤ 金华地区文管会.浙江衢州西山西周土墩墓［J］.考古，1984，（7）.

⑥ 干小莉.从凸纽型玦看环南海区域土著文化的交流［J］.南方文物，2008，（2）.

表 2-5：凸纽形玦

A 型：方形扁体凸纽玦

1. 玉玦（汉）

广东省广州市南越王墓出土。现藏广州西汉南越王博物馆。

长 7 厘米、宽 7 厘米、孔径 1.3 厘米、厚 0.2 厘米。

B 型：圆形扁体凸纽玦

BI：圆（方）粒状凸纽形

2. 玉玦

台湾台东县卑南遗址出土。

现藏于台湾史前文化博物馆。

BII：锯齿状凸纽形

3. 玉玦（战国）

贵州省赫章县可乐墓葬出土。现藏于贵州省文物考古研究所。

直径 5.6~5.8 厘米、厚 0.2 厘米。

4. 玉玦（春秋）

江苏吴县严山吴国玉器窖藏出土。现藏吴县文物管理委员会。

长径 2.18 厘米、短径 1.8 厘米、内径 0.9~0.8 厘米、厚 0.3~0.2 厘米。绿松石质，周围镂雕花棱。

C 型：圆形扁体 C 形玦

CI：C 形凸纽两端上翘明显，有的凸纽中部有凸起。

5. 玉玦

广东省韶关市马坝石峡遗址出土。

现藏于广东省博物馆。

---

6. 玉玦

广东省韶关市马坝石峡遗址出土。现藏于广东省博物馆。

直径 6.2 厘米、孔径 3.2 厘米。

C型：圆形扁体C形组块

CII：C形凸组弧度平缓，两端上翘不明显。

D型：圆形扁体兽形组块

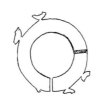

E型：钩坠形凸组块

7. 玉玦（战国）

广西平乐银山岭出土。现藏广西壮族自治区博物馆。

直径 1.7~3.8 厘米，厚 0.1~0.5 厘米。

8. 玦

台湾富岗石棺遗址出土，蛇纹岩制造。

外缘剩下四个完整的兽状突起及两个残断的突起。从整个标本看，原来可能有 8 个突起。环径 4.9 厘米，好径 3 厘米，肉宽 0.9 厘米，厚 0.2 厘米，缺口宽 0.2 厘米。

9. 玦

台湾富岗石棺遗址出土，蛇纹岩制造。

其外周缘原有八个兽状突起，有一个断掉，留下断痕。环径 1 厘米，好径 2.9 厘米，肉宽 1~1.2 厘米，厚 0.2 厘米，缺口宽 0.2 厘米。

10. 玦

菲律宾巴拉望岛 Tabon 诸洞穴，铁器时代早期。

3. 圆管形（表 2-6）

圆管形玦的外形似圆管体，一侧有纵向切口。这类玦的出土数量比较少，但起源很早。在最早发现玉玦的兴隆洼遗址第 180 号房址内第 118 号墓中就出

土两件圆管状玉玦[1]。河姆渡遗址第一期文化层也出土过 1 件圆管形骨玦［标本
T243（4A）：225］，是截取较窄的一段肢骨经粗磨而成，形似椭圆形，一侧切
割有缺口，直径 1.6~2.1 厘米，高 1.4 厘米（表 2-6：4）[2]。据马家浜遗址出土
玉玦来看，圆管状玦要早于扁体环形玦。春秋早期河南省光山县宝相寺黄君孟
夫妇墓（表 2-6：5）和春秋晚期河南淅川县下寺 3 号墓（表 2-6：6）中也均出
土过这种刻有纹饰的圆管形玦。圆管形玦从造型来看大致可分为三种类型。

　　A 型：棱纹圆管形玦

　　B 型：光滑圆管形玦

　　C 型：有纹饰圆管形玦

表 2-6：圆管形玦

 	**1. 玉玦（春秋）** 陕西韩城出土。 出土于墓主人头部两侧。外径 2.1 厘米、内径 1.5 厘米、厚 0.3 厘米、缺口宽 0.4 厘米、高 1.1 厘米。器表琢磨三道凹槽，形成四道凸棱纹。 **2. 玉玦** 德辅博物馆藏红山文化青白玉玦。 该玦整体为磨制，玦的一侧磨洼呈骨节形，造型较为奇特。外径：2.5 厘米、内径：0.5 厘米、高：2.5 厘米。
	**3. 玉玦** 江苏江阴祁头山遗址出土。 长 1.9 厘米、上径 1.4 厘米、下径 1.3 厘米。 标本 M13：3，鸡骨白色，玦口较长，玦口内部及孔内打磨光滑。

A 型：棱纹圆管形玦

B 型：光滑圆管形玦

① 郭大顺 . 龙山辽河源［M］. 天津：百花文艺出版社，2001：36.

② 浙江省文物考古研究所 . 河姆渡：新石器时代遗址考古发掘报告［M］. 北京：文物出版社，2003.

B 型：光滑圆管形玦	**4. 骨玦** 河姆渡遗址第一期文化层出土骨玦，标本 T243（4A）:225。 截取较窄的一段肢骨经粗磨而成，近似椭圆形。高 1.4 厘米，直径 1.6～2.1 厘米。
C 型：有纹饰圆管形玦 	**5. 玉玦（春秋）** 1983 年河南省光山县宝相寺黄君孟夫妇墓出土。现藏于河南省信阳地区文物管理委员会。 外径 3.2 厘米、高 2.65 厘米，通体饰阴雕双勾变形饕餮纹。
	**6. 玉玦（春秋）** 河南淅川县下寺 3 号墓出土。现藏于河南省文物研究所。高 3 厘米、外径 2 厘米、孔径 0.9 厘米、缺口宽 0.32 厘米。器表琢有变形夔纹，顶端平面琢有双环纹。

4. 圆珠形（表 2-7）

圆珠形玦的外形像珠体，和圆管形相比腰部比两头膨胀，因此看起来比较浑圆，出土数量也比较稀少，在马家浜文化中出土过一些（表 2-7：1、2）。

5. 兽形玦（表 2-7）

兽形玦往往模仿团成圈的兽形，如龙形、鸟形等。属于玦中装饰比较精美的一类，可能大多作为礼器，或彰显墓主人的身份。在新石器时代，红山文化出土了大量制作异常精美的兽形玉（表 2-7：4），因其造型皆似环而有缺（也有部分缺口处未完全切断，尚有联结），故笔者将之纳入兽形玦类型，此类玦可能大多是作为礼器的。在商代，商晚期的妇好墓中出土了 9 件兽形玦（以龙形为主），制作非常精美（表 2-7：3），但这类玦在殷墟的其他墓中几乎未见。

① 安徽省文物考古研究
所.凌家滩玉器[M].北京:
文物出版社，2000：84.

② 杨伯达.中国玉器全集
（上）[M].河北：河北
美术出版社，2005：122.

6. 玦口连结形（表2-7）

这类玦的玦口未完全切断，尚有连结。如河姆渡第四层出土的6件玦中就有2件玦口未完全切断（表2-7：5），凌家滩编号87M8：16的玦也是如此[1]，很多兽形玦也是如此（表2-7：6）。这可能是一种特意的设计，标志着玦已由最初耳饰的功能发生转变。

7. 人形玦（表2-7）

人形玦主要出土于台湾台东县卑南遗址。例如卑南遗址B2413号墓葬是一个曾经多次使用的复体葬石板棺，棺内出土了丰富而精美的陪葬品，不仅有玉双人形玦1件（表2-7：7），还有下文的多环兽形玉玦1件。卑南遗址B2391号石板棺外还出土了玉单人形玦1件（表2-7：8），可能是双人形玉玦的一种变形，至今尚未发现第二件标本。这一类玉玦造型独特，极为罕见，除了出土于卑南遗址外，还见于台湾北部圆山文化系统的芝山岩遗址[2]。

8. 异形玦（表2-7）

有一类玦的造型非常奇特，也非常少见，不属于以上任何一类，故统一将之归为异形玦。在台湾台东县卑南遗址，经由抢救发掘出的玉玦有1300多件。从其型制构造及墓葬中的陪葬部位判断，可以确定是耳饰无疑。其中有一些造型非常奇特罕见，如外形长方、下端向外展开的两翼形玦（表2-7：10）及B2413号复体葬石板棺内出土玉多环兽形玦（表2-7：9）等。另台东绿岛油子湖遗址出土过挂钩形玦，台北圆山出过2件鱼尾形玦（表2-7：11），此类鱼尾形玦仅在台湾发现过2件，皆造型奇特而罕见。广东梅县还曾发现过1件三角形玦（表2-7：12）。

表 2-7

圆珠形玦

1. 玉珠形玦

江苏省常州市圩墩出土马家浜文化玉玦。南京博物院藏。

黄褐色，算珠状，取料硬度低，似为滑石，出土时置于头部两侧。直径2.1厘米、孔径0.6厘米、厚1.7厘米。

2. 玉珠形玦

江苏省常州市圩墩出土 T7801— M41 玦。

白色，外径1~1.3厘米，孔径0.8厘米，厚1.3厘米，缺口宽约0.3厘米，横断面近长方形。

兽形玦

3. 玉龙形玦（商）

1976年妇好墓出土。中国社会科学院考古研究所藏。直径5.5厘米、孔径1.2厘米、厚0.5厘米，此型玦在妇好墓共出土九件，而在殷墟的其他墓中几乎未见（有些可能已被盗）。

4. 玉兽形玦

红山文化。辽宁省博物馆藏。

高4.2厘米、最宽3.4厘米、厚1.4厘米。

玦口连结形

5. 石玦

河姆渡第一期文化遗存出土，标本 T234（4B）：301，玦口尚未最后分离。

直径1.7厘米、厚0.7厘米。

6. 玉虺形玦（商）

1976年妇好墓出土。中国社会科学院考古研究所藏。直径4.5厘米、孔径1厘米、厚1.5厘米。

人形玦

7. 玉双人形玦

台湾台东县卑南遗址 B2413 号复体葬石板棺内出土。
现藏于台湾史前文化博物馆。

长 6.6 厘米、宽 3.9 厘米、厚 0.35 厘米。造型独特，
极为罕见。

8. 玉单人形玦

台湾台东县卑南遗址 B2391 号石板棺外出土。现藏于
台湾史前文化博物馆。

长 5.7 厘米、宽 1.8 厘米、厚 0.25 厘米。

异形玦

9. 玉多环兽形玦

台湾台东县卑南遗址 B2413 号复体葬石板棺内出土。

长 6.8 厘米、宽 2.8 厘米、厚 0.3 厘米。这一类型的玦
仅此一件。

10. 玉翼形玦

台湾台东县卑南遗址出土两翼形玉玦。
现藏于台湾史前文化博物馆。

11. 玉异形玦（残）

台北圆山贝冢出土。

在器物的上方，好的左侧，两面各有一凹槽，推测可
能是未完成的缺口，属于玦口连结型。纵长 7.1 厘米，
厚 0.25 厘米，好径 1.25 厘米。

12. 玉三角形玦

广东梅县出土。

（三）玦的象征意义

古人为何要戴玦呢？除了崇玉文化和作为耳饰的装饰性之外，其深邃的象征意义也是我们应该关注的。

玦是中国古代人民最早制作的玉器之一，根据对原始文化的研究来分析，原始人类制作某种器具往往是具有一定用途的，或者是具体的实用用途，或者是与他们生活息息相关的巫术用途。而巫术用途中尤以生殖崇拜比较常见。因为在生产力极其低下的社会形态下，唯有多生多育才能保证部族的兴旺。对此，学者周庆基有一观点可以参考："玦……以简单明确的形式表现出女性生殖器官，圆形是子宫，缺口是阴道，一目了然。随着长期的实践，人们也意识到男性在生殖中的作用，于是又制作了象征女性的璧与象征男性的且和琮。""红山文化的玉玦……多数为龙胎形。如果说以前的玦象征子宫与阴道，而红山文化的玦则是象征蜷伏在子宫内的小龙胎。……龙大概是部落或部落联盟的图腾，他们制作龙胎形玉玦，就是希望以母神的生殖力量，使他们的部落或部落联盟人口兴旺。"[①]

步入文明社会之后，玦的象征意义变得日益重要。随着文字逐渐成熟，古人根据同声相假的原则，用玦象征决断、裁决，视为拥有某种权利或能力的象征。《白虎通》载："君子能决断则佩玦"便是此意。此外，玦还象征与人断绝关系，有诀别之意。《广韵·屑韵》："玦，珮如环而有缺。逐臣赐玦，意取与之诀别也。"

二 瑱

瑱作为耳饰，目前有两种理解：一种特指嵌入耳垂穿孔中的饰物，也有的学者称之为耳栓[②]、耳塞、耳珰[③]等。

① 周庆基.说玦［J］.河北大学学报（哲学社会科学版），2000,（2）.

② 邓聪.从河姆渡的陶制耳栓说起［J］.杭州师范学院学报，2000,（3）.

③ 费玲伢.长江下游新石器时代玉耳珰初探［J］.东南文化，2010,（2）.

① 浙江省文物考古研究所.河姆渡:新石器时代遗址考古发掘报告[M].北京:文物出版社,2003.

② 赵福生.平谷县上宅新石器时代遗址[C].中国考古年鉴1987.北京:文物出版社,1988;北京市文物研究所、北京市平谷县文物管理所上宅考古队.北京平谷上宅新石器时代遗址发掘简报[J].文物,1989,(8).

③ 安徽省文物考古研究所.安徽含山凌家滩新石器时代墓地发掘简报[J].文物,1989,(4)期;安徽省文物考古研究所.安徽含山县凌家滩遗址第三次发掘简报[J].考古,1999,(11).

④ 费玲伢.长江下游新石器时代玉耳珰初探[J].东南文化,2010,(2).

⑤ 上海市文物保管委员会.崧泽[M].北京:文物出版社,1987;上海市文物管理委员会.1994—1995年上海青浦崧泽遗址的发掘[C].上海博物馆集刊.第八期,上海:上海书画出版社,2000.

⑥ 安徽省文物考古研究所.安徽含山凌家滩新石器时代墓地发掘简报[J].文物,1989,(4);安徽省文物考古研究所.凌家滩[M].北京:文物出版社,2006.

另一种是男子冕冠上的佩饰,其名称出现在周代。本节讲述的瑱均为瑱的第一种形式。

瑱出现的年代比玦略晚,在距今 7000 年前的浙江余姚河姆渡遗址中出土有迄今发现的最早的陶质耳瑱[①],原报告称之为纺轮,也有学者将之定名为耳栓。瑱的材质有陶、煤精、骨、石、玉、水晶等,如辽宁沈阳新乐遗址下层文化出土有煤精质瑱(表 2-8:4);北京平谷县上宅遗址出土有石质和陶质的瑱,石质的均为黑色滑石制成[②];安徽含山县凌家滩遗址出土 1 件水晶"菌形球",报告认为"应为耳珰(瑱)"(表 2-8:3)[③];玉质耳瑱在新石器时代则多出土于长江下游的大型墓葬中[④]。总体来说,瑱的出土数量有限,远不及耳玦的普及。

(一)瑱的造型

1. 蘑菇形瑱(表 2-8)

蘑菇形瑱,瑱上部呈半球状,球下有细圆柄,底为扁平圆形。分为实心和中部半空两种。实心的如崧泽 M127:3,玉色黄绿,顶面圆弧,底面平,束腰,顶径 2 厘米、底径 1.5 厘米、高 1 厘米,类似的还有 2 件[⑤];凌家滩 M15:103-1 和 M15:104,位于墓主头部,原报告称之为"玉饰",均为透闪石,白灰色,上部呈半圆弧状,中间呈细圆柱,柱下呈平圆形底,前者顶径 1.2 厘米、底径 1 厘米、高 0.8 厘米;后者顶径 1.5 厘米、底径 1.3 厘米,高 1.1 厘米。凌家滩 M16:5 和 M16:34 则摆放于墓葬的南部,应位于墓主人头的两侧,质地、颜色、器形、大小均相似,应为一对(表 2-8:2)。在凌家滩,也出土了一些半中空的蘑菇形瑱,如 M4:127(表 2-8:1)和 M9:64,均出土于墓主头部周围[⑥]。

图 2-2-2-1
戴有圆筒形瑱的羽冠神人
江西新干商代大墓出土。

① 浙江省文物考古研究所.反山:良渚遗址群考古报告之二[M].北京:文物出版社,2005.

② 李世源、邓聪.珠海文物集萃[J].香港:香港中文大学中国考古艺术研究中心,2000:196.

③ 费玲伢.长江下游新石器时代玉耳珰初探[J].东南文化,2010,(2):197.

④ 费玲伢.长江下游新石器时代玉耳珰初探[J].东南文化,2010,(2).

⑤ 湖北省荆州博物馆、湖北省文物考古研究所、北京大学考古系石家河考古队.肖家屋脊[M].北京:文物出版社,1999.

⑥ 江西省文物考古研究所、江西省博物馆,新干县博物馆.新干商代大墓[M].北京:文物出版社,1997.

2. 收腰圆筒形瑱（表 2-8）

此类瑱横剖面为圆形,纵剖面为工字形,中部收腰,两端呈喇叭状奢口,通常一端较另一端奢口略大,也分为实心和中空两种,以中空者多见。此类瑱佩戴时是插戴于耳垂上的耳孔中,较宽一侧向前方,耳孔的直径以小于瑱腰部直径为适合,耳孔过大则瑱容易脱落。凌家滩 M14:12,M14:13 均属此种类型;无锡邱承墩 M5:22 和 M5:23 出土于墓主耳部,为一对玉耳瑱;余杭反山 M21:8,原报告称"玉喇叭形端饰",但因其质地、器形、大小与邱承墩出土的玉耳瑱极为相似,故确认其应为"玉耳瑱"①;广东珠海宝镜湾遗址（表 2-8:6）②、广东珠海南扪遗址等都出土有此类瑱（表 2-8:5）③。

（二）瑱佩戴者之身份研究

从长江下游墓葬出土耳瑱情况来看,据南京博物院费玲伢先生研究认为:崧泽文化晚期至良渚文化早期随葬玉瑱的墓葬在墓地中为等级较高的墓葬,但地位并不十分显赫;良渚文化中晚期随葬玉瑱的墓葬皆为墓地中地位显赫的贵族墓葬。说明玉瑱在当时的这些区域中,不仅是作为装饰品,也是身份、地位和等级的象征④。这一点在新石器时代和商周时期出土的一系列佩戴瑱的玉人像中也可以得到证实。湖北天门肖家屋脊遗址出土过石家河文化晚期的 7 件戴大耳瑱的神人玉面像⑤;江西新干商代大墓曾出土戴大耳瑱的羽冠神人（图 2-2-2-1）⑥;陕西岐山凤雏村甲组西周宗庙基址和陕西长安张家坡 M17 出土过西周时期的神人玉面

像①，其耳部均戴大耳瑱；山西曲沃羊舌西周晚期到春秋时期的晋侯墓地 M1
亦出土 1 件戴中穿圆孔大耳瑱神人玉面像。这些佩戴耳瑱的人物形象均面相
威严狞厉，有的头戴高冠，有的头上有角，非同常人，因此考古工作者将之
定名为神人。这也说明，佩戴瑱的人物在当时是具有较高身份或者特殊身份的
人群。

表 2-8：新石器时代出土的瑱

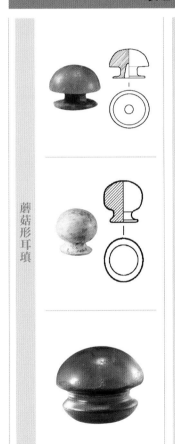

蘑菇形耳瑱

1. 玉瑱
安徽凌家滩遗址出土。M4:127。
距今 5500 年左右，玉牙黄色。上半部呈半空心蘑菇状，
下有细圆柄，底扁平圆形，中心钻一圆孔。
高 1.7 厘米、球径 2.3 厘米、底径 1.9 厘米、孔径 0.5 厘米、
孔高 0.9 厘米。②

2. 玉瑱
安徽凌家滩遗址出土。M16:34。
距今 5500 年左右，玉灰白泛绿斑纹，上半部近圆球形，
球下细圆柄和扁平圆底，实心。
高 1.2 厘米、球径 1.3 厘米、底径 1 厘米、厚 0.1 厘米，
柱径 0.6 厘米。③

3. 水晶瑱
安徽凌家滩遗址出土，藏于安徽省文物考古研究所。
M15:34。
距今 5500 年左右，器扁圆球形，表面琢磨光亮。球
中间琢磨凹槽。槽上为大半圆球体，槽下为小半圆弧
底。上球径 1.5 厘米，凹槽宽 0.3 厘米、深 0.2 厘米、
下球径 1.3 厘米，通高 1.2 厘米。④

① 刘云辉主编.中国出土玉器全集·陕西卷［M］.科学出版社，2005.
② 安徽省文物考古研究所.凌家滩玉器［M］.北京：文物出版社，2000.
③ 同②。
④ 徐红霞.玉器文明：凌家滩遗址出土玉器赏析［J］.收藏家，2008，（10）.

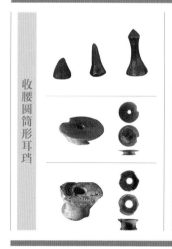

收腰圆筒形耳珰	**4. 煤精制瑱（抠图）** 辽宁省沈阳市新乐遗址下层文化出土，其形状似跳棋棋子，现藏于辽宁省博物馆。[1]
	5. 瑱 广东省珠海南扪遗址出土。[2]
	6. 瑱 广东省珠海宝镜湾遗址出土。[3]

三 耳坠（表2-9）

耳坠，在原始社会冶金工艺尚未成熟之际，应是以绳带穿系于耳洞，垂挂于耳垂之下的一种饰物。当然，有些玉玦也有穿孔可悬挂坠饰，有些空心的耳瑱也可穿系坠饰，它们都会放在各自的章节中专门讨论，不纳入耳坠的范畴。

在新石器时代出土的人物形象中，见不到耳部穿有坠饰的明确形象，但耳部有穿孔的人物形象是很多的，耳坠实物也有不少发现。新石器时代耳坠的形制多比较简单，通常以玉石磨制成简单的几何形状，以素面无纹者居多，上部钻有小孔，以便用绳带穿系佩带。甘肃广河地巴坪新石器时代半山文化遗址中，即出土有这类饰物。其以绿松石制成，被加工磨制成薄片状，正面琢磨精致平滑，反面则比较粗糙，出土时共见两件，形状不一，一件呈长方形，另一件略作三角形，顶端均钻有圆孔，出土时位于人骨耳部，故可明确其用

① 李艳红.中国史前装饰品的造型和分区分期研究［D］.苏州大学博士论文，2008：98.
② 李世源、邓聪.珠海文物集萃［M］.香港：香港中文大学中国考古艺术研究中心，2000：196.
③ 同②。

途（表2-9：1）^①。与此类似的耳坠实物，还见于四川巫山大溪新石器时代遗址，也用绿松石制造，器形略呈圆形，出土位置也在人骨耳部附近^②。大汶口文化遗址出土头面装饰极为丰富，且较成系统，其中玉耳坠出土很多，如花厅遗址便出土有梯形耳坠6件、梨形耳坠1件^③、绿松石耳坠2件（表2-9：4）、绿松石小耳坠1件^④。山东大汶口遗址47号墓在人骨耳部均有璧形石环一组，应是耳坠的悬饰（表2-9：3）^⑤；山东兖州王因墓中也出土有梯形绿松石耳坠（表2-9：5）^⑥。在新石器时代晚期的牛河梁红山文化遗址辽宁省阜新县胡头沟墓地3号墓中还曾出土有一对绿松石鱼形耳坠，坠饰呈片状，头部各钻一圆孔，既为鱼目，也为坠孔，设计精巧别致，做工精湛，当为新石器时代耳坠的精品之作（表2-9：2）^⑦。

表2-9：新石器时代出土耳坠

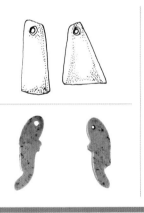

1. 绿松石耳坠
甘肃广河地巴坪"半山类型"墓地出土。
呈片状，一端有孔。一面琢磨平滑，一面不磨。一件长3.7厘米、宽1~2.7厘米；另一件长4.5厘米、宽1.6厘米。

2. 绿松石鱼形耳坠
辽宁省阜新县胡头沟墓地3号墓出土。
左长2.7厘米、右长2.5厘米。两件为一对，片状，头部钻单孔为目，也为坠孔。

① 甘肃省博物馆文物工作队.广河地巴坪"半山类型"墓地［J］.考古学报，1978，（2）；高春明.中国服饰名物考［M］.上海：上海文化出版社，2001：124.
② 四川长江流域文物保护委员会文物考古队.四川巫山大溪新石器时代遗址发掘计略［J］.文物，1961，（11）.
③ 南京博物院.1987年江苏新沂花厅遗址的发掘［J］.文物，1990，（2）.
④ 南京博物院.1989年江苏新沂花厅遗址的发掘［J］.东方文明之光——良渚文化发现60周年纪念文集［C］.海口：海南国际新闻出版中心，1996.
⑤ 沈从文.中国古代服饰研究［M］.上海书店出版社，1997.
⑥ 山东博物馆、良渚博物院.大汶口——良渚：良渚玉器文化展［M］.北京：文物出版社，2014.
⑦ 郭大顺，方殿春，朱达，辽宁省文物考古研究所.牛河梁红山文化遗址与玉器精粹［M］.北京：文物出版社，1997.

3. 石质耳坠
山东大汶口文化出土。
扁薄，玉质，墨绿色。出土于人头骨耳部，应是耳坠的悬饰。

4. 绿松石耳坠
江苏省新沂市花厅遗址 18 号墓出土。
长 2.9 厘米，现藏于南京博物院。上端琢一垂挂圆孔，下端穿有三个系物小孔。出土时位于女性耳朵下面。①

5. 绿松石耳坠
山东兖州王因出土，属大汶口文化。
长 4 厘米，底宽 3.1 厘米，济宁市兖州区博物馆藏。

第三节 | 原始社会的颈饰

  颈饰，特指佩戴于颈部的装饰物，短小者垂挂于颈部，长大者可以垂挂至胸腹部。因胸前的饰品，大多仍需系在脖子上，所以也归入颈饰之列。在人体装饰中，由于脖子是最容易悬挂饰物而且前胸又是比较显著的部位，所以在史前社会，人们对颈部装饰尤为重视，并由此形成了早期的审美意识及风俗习惯。当时的颈饰主要是以各类穿孔饰物串联而成，有的还在下部垂挂有复杂的坠饰，其可能是人类最早的首饰了，在距今 4~1 万年的大量旧石器时代遗址中，出土过很多钻孔石珠、骨管、穿孔贝壳和鸵鸟蛋壳制成的扁珠，它们最初绝大多数应是戴在脖颈上的坠饰。

---

① 古方 . 中国出土玉器全集：江苏、上海卷［M］. 北京：北京科学出版社，2005.

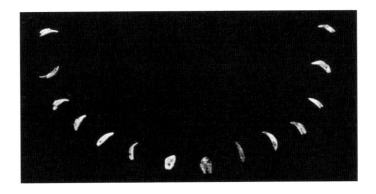

图 2-3-1-1 **穿孔兽牙**

距今约 1.8 万年前，旧石器时代晚期，北京市房山县周口店龙骨山山顶洞出土。每枚兽牙的牙根均有穿孔，有的孔眼边缘留有红色的赤铁矿痕迹，可能是被红色系绳所染。

■ 颈饰的材质

（一）牙角贝质

最早的颈饰往往用兽牙、兽角、硬果及贝壳、螺壳等钻孔穿制而成，因其比玉石相对来说更好加工，而且有着特殊的象征意义。

在人类早期的生活中，狩猎和采集是人们获得生活资料的主要方式，因此，捕猎能力是男性获得社会地位和异性青睐的重要砝码。人们在吃完猎获动物的肉之后，把其兽牙或鱼骨穿孔挂在脖子上，不仅漂亮英武，而且也彰显了自己的能力，获得了部族的尊重。同时，毫无疑问，佩戴虎牙的男子必然比佩戴犬牙的男子能获得更多异性的追求。在龙骨山山顶洞人遗址中，就发现有兽牙一百二十余颗，它们成堆成组地分布在人骨周围，大多都经过打制、研磨和钻孔，其中部分饰物上的孔眼已被磨损变形，显然是长期佩戴的结果（图 2-3-1-1）[1]。在新石器时代墓葬中，

① 图片引自中国历史博物馆.华夏文明史[M].北京:朝华出版社，2002：20.

图 2-3-1-2　獐牙坠饰
浙江河姆渡第一期文化遗存出土。标本
T213（4B）：125（左），长 6.7 厘米；
标本 T1（4）：79（右），长 6 厘米。

图 2-3-1-3　鹿角坠饰
浙江河姆渡第一期文化遗存出土。标本
T233（4B）：194，上半部均刻满麦穗纹，
长 8.8 厘米。

---

① 图片引自浙江省文物考古研究所. 河姆渡：新石器时代遗址考古发掘报告［M］. 北京：文物出版社，2003：122.

---

② 图片引自孙国平. 远古江南：河姆渡遗址［M］. 天津：天津古籍出版社，2008：138.

---

③ 图片引自浙江省文物考古研究所. 河姆渡：新石器时代遗址考古发掘报告［M］. 北京：文物出版社，2003：彩版八四.

此类颈饰也屡有发现。如内蒙古呼和浩特二十家子村墓葬中，曾发掘出一具骨架，在骨架的周围出土有 5 件牙饰，均以动物的獠牙制成，每件牙饰的顶部都钻有小孔，以便穿系，出土时散布在人架的肋骨和臂骨之间，可见也是一种颈饰。黄河、长江下游地区出土的装饰品在较早阶段的北辛、河姆渡文化时期，比较重视颈部的装饰，多出土用鱼脊椎骨及虎、熊、猪、獐的骨、牙制成的管、珠、坠等饰品（图 2-3-1-2）[①]。吉林延边汪清古墓也出土过类似含有野猪牙的串饰。

除了兽牙，牛、鹿等的角也是制作坠饰的重要材料，其质地坚硬细腻，而且和兽牙一样也兼具彰显捕猎能力的功能。在浙江河姆渡第一期文化遗存中就出土很多角质坠饰，其中两件用鹿角加工精制而成，基本保留鹿角的原形，仅将角跟部位磨成扁纽形，且对钻有小圆孔一个，其中一件上半部均刻满麦穗纹，颇为别致（图 2-3-1-3[②]、图 2-3-1-4[③]）。

贝壳、螺壳在早期则是财富的象征，其不仅分量较轻，光洁美观，而且对于内陆的部落来说，这种材料极为难得和珍贵，因此在金属货币出现之前，贝壳还长期充当着货币的角色。在汉字中，凡与货币和财富有关的字，大都是"贝"字旁，如资财、贡赋、买卖、赏赐、馈赠、贵贱等等，时至今日，人们也仍将心爱之物称为"宝贝"，皆是源于此古意。因此，以贝、螺等介壳做的串饰，在史前墓葬中常有发现。如北京门头沟东胡林村西侧的新石器时代早期古墓中，曾挖掘出一具约 16 岁女孩的遗骸，在女孩的颈

图 2-3-1-4　**鹿角坠饰**
浙江河姆渡第一期文化遗存出土。标本 T243
（4A）：242，器型小。长 6.5 厘米。
（李芽摄）

图 2-3-1-5　**穿孔的蚶壳串饰**
广东湛江遂溪鲤鱼地新石器时代晚期墓葬出土。

部有规律地排列着一组螺壳，共 50 余颗，螺壳的大小差距不大，最大者长 1.8 厘米，宽 1.6 厘米，厚 1.1 厘米；最小者长 1.15 厘米，宽 0.8 厘米，厚 0.6 厘米。这些螺壳的顶部，均有一个磨制的小孔，用于穿系绳索，由于出土位置明确，可确定其为颈饰，该墓葬距今约有 1 万年的历史了。广东湛江遂溪鲤鱼地新石器时代晚期墓葬也出土过穿孔蚶壳组成的串饰（图 2-3-1-5）[①]。

① 图片引自高春明.中国历代服饰艺术［M］.北京:中国青年出版社，2009:图 409.

（二）骨质

史前墓葬中，珠串类装饰品出土量最多的就是骨珠，其通常是将鸟兽的肢骨截取为小段，然后加工磨制成各种形状的管、珠，考究者还在外表涂染上颜色。肢骨本身中部有孔，故加工成骨珠、骨管很容易，因此在很多墓葬中动辄便出土数千颗之多。如西安半坡遗址姜寨 M7 的墓

① 中国历史博物馆.华夏文明史［M］.北京：朝华出版社，2002.

② 北京大学历史系考古教研室.元君庙仰韶墓地［M］.北京：文物出版社，1983.

③ 陈贤儒等.甘肃皋兰糜地岘新石器时代墓葬清理记［J］.考古通讯，1957.（6）.

④ 李永宪、霍巍.我国史前时期的人体装饰品［J］.考古，1990，（3）.

⑤ 李进增等.朔色长天：宁夏博物馆藏历史文物集萃［M］.北京：文物出版社，2013.

主是一位十六七岁的少女，她的胸腰部随葬骨珠有8577颗（图2-3-1-6）①；姜寨M54墓主也是一位少女，在其头、颈、上身、腰部共散有骨珠2052颗；半坡的M152墓出土了63颗珠子，分布在小女孩的腰间及手腕上，则可能是腕饰和腰饰。可见，在遥远的6000年前，"珠玑盛装"的少女形象并不鲜见。仰韶文化元君庙墓地也发现骨珠较多，有5座墓共出土1949颗，其中M420墓第3号女孩骨架旁就出了1147颗，这些骨珠是用禽类骨骼磨制成的，甚精致，形状基本呈圆形，外径多为3~5厘米、孔径1~2厘米、厚1~2毫米②。甘肃皋兰糜地岘新石器时代墓葬中的M4墓中两具人骨的颈部，共计带有1830颗骨珠，其中一具人骨的颈部共绕有五圈计1000颗左右③。此类珠串黄河上游地区墓葬几乎全出自人骨颈部，而黄河中游地区除元君庙墓地外则均出自人骨的腰部④，这种差异可能与当时不同的民族或部落、氏族的不同穿戴习俗有关。在宁夏固原店河新石器时代遗址中出土过一套陶托绿松石坠骨珠颈饰，陶托外形为一束腰、两面内凹的鼓形陶器，在其一面贴满十枚规则不一的扁平绿松石，束腰处有一圈槽痕，似为系挂串饰所致，陶托底部留有黑色胶质，可能原有粘贴物已全部脱落，串珠由大小不一、薄厚不均的骨珠组成，骨珠圆孔十分规整，内孔有加工痕迹，其制作技法耐人寻味（图2-3-1-7）⑤。

（三）陶质

在黄河中游地区的仰韶文化时期一直到龙山文化时期，出土有大量的陶制珠、管，其中有不少是作为颈饰用途的。在崧泽文化中，也出土过陶珠颈

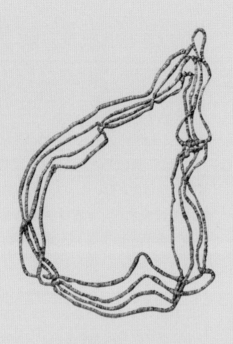

图 2-3-1-6　西安半坡遗址姜寨 M7 出土骨珠项链，共计 8577 颗

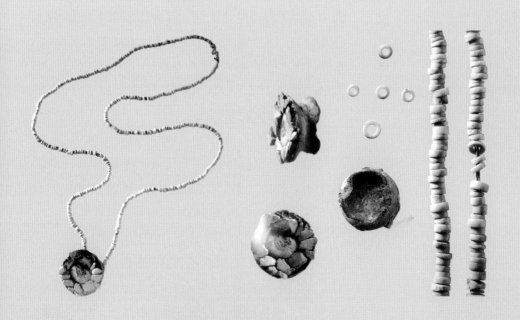

图 2-3-1-7　陶托绿松石坠骨珠颈饰
宁夏固原店河新石器时代遗址出土。陶托直径 2.8 厘米，高 1.3 厘米；
骨珠直径 0.2~0.37 厘米，孔径 0.1~0.15 厘米。

串，珠为泥质黑皮陶，共 22 颗，扁圆形，位于墓主的胸部。[①]

① 浙江省文物考古研究所.南河浜：崧泽文化遗址发掘报告［M］.北京：文物出版社，2005.

（四）玉石质

随着人类加工技艺的进步，玉石逐渐取代兽牙、贝壳等动植物遗骸，成为人们制作颈饰的重要材料。从出土情况来看，玉石质颈饰是史前时期颈饰中制作最为精美，造型最为丰富的一类，主要出现于新石器时代中后期，尤以长江中下游地区为多。我们从浙江余杭反山、上海青浦福泉山、湖北黄梅陆墩、江苏新沂花厅、浙江嘉兴大坟等地的新石器时代遗址中，都可以看到大量玉珠、玉管实物。这些玉珠、玉管大小不一，形状各异，有球形、束腰形、圆鼓形、琮形、竹节形等等，不一而足。出土时多成串出现，其中不少出现于骨架上部，有些还可明显看出在颈部及胸部，显然是被用作颈饰。玉石质颈饰的构成形式远比上述牙骨等材质要丰富得多。

二 颈饰的形制分类

人脖颈处佩戴的饰物，主要有三种形制。

（一）独立佩挂的单件珠、管、璜或坠饰

单件珠、管、坠饰常见于平民小墓，甚至一些殉葬人牲也随葬有珠、管等玉饰，如上海青浦福泉山为 M139 墓主殉葬的女人牲，头顶上有玉珠 1 粒，面额上见玉管 1 件，颈部有玉环 1 件，在上肢骨上有小玉穿缀件 1 件，左右下肢骨上各有玉管 1 件。[②]除了单

② 黄宣佩.福泉山：新石器时代遗址发掘报告［M］.北京：文物出版社，2000.

图 2-3-2-1
湖南澧县城头山 M678 墓葬中双璜出土位置

① 图表根据上海市文物保管委员会．崧泽：新石器时代遗址发掘报告［M］．北京：文物出版社，1987．编辑整理．

② 图片摘自邓聪．东亚玉器［M］．香港：香港中文大学——中国考古艺术研究中心，1998．

个的珠、管，各类材质的坠饰出土于胸部的则不计其数，我们认为其也应是挂于颈部而垂于胸部的一种饰物。如浙江河姆渡第一期文化遗存出土坠饰 16 件，第二期文化遗存出土坠饰 17 件，分别用动物的肢骨、牙、角等制作。在红山文化牛河梁遗址中，很多人骨胸部都发现有玉石穿孔饰物，如牛河梁第五地点一号冢中心大墓，人骨胸部便出土有勾云形玉佩和玉箍（图 2-1-7-2）。

在新石器时代的颈饰中，玉璜是非常有特色的一类，其经常被单独发现于人骨的脖颈部，因此，判断为颈饰无疑。当然，玉璜还有很多其他的功能，如作为组玉佩的一部分，作为发兵的信符，作为同姓宗室分封的珍玉等，在这里我们只介绍其作为颈饰的用途。

璜是一种出现较早、分布较广的史前玉（石）饰件。中国的大江南北，从东北到青藏高原，从内蒙到岭南的史前文化中，都有玉璜出土。而以太湖为中心的长江下游三角洲地区则是我国史前玉璜出土数量最多、存续时间最长的地区。太湖流域的玉璜初见于马家浜文化晚期，盛行于崧泽文化，是崧泽文化最主要的玉石质装饰品，其大多是用一根绳线系佩于颈部。崧泽出土的玉璜造型有条形、桥形和半璧形，有些璜的一端还被做成似鱼或似鸟的形状，非常精美，而且半璧形璜从早期到晚期有逐渐增多的趋势（表 2-10）[①]。这一地区绝大多数的墓葬中，是以单璜作为颈饰的，但个别也出现一人双璜的现象。如上海市青浦县崧泽新石器时代遗址 14 座出土有玉璜的墓葬中，11 座墓随葬有 1 件，3 座墓随葬有 2 件。崧泽二期 M62 中，出土一成年女性，颈部便有玉璜两件；此外湖南澧县城头山 M678 墓葬中，人骨颈部也有玉璜两件（图 2-3-2-1）[②]。青浦崧泽的 14 座墓葬中，7 座为女性墓主，1 座可能是男性，2 座幼儿，4 座墓主性别、年龄不明。由此推测，玉璜当时可能主要是女性的一种装饰品。到良渚文化时期，玉璜则只在部分大墓中还有出土，但制作要精美得多，并和玉管串组合佩戴，因此，本书放在组合类颈饰中介绍。

表 2-10：上海青浦崧泽遗址出土玉璜代表形制	
I式：长条形，或似环的四分之一	长 13.7 厘米。墨绿色，两端较宽。
	长 8.6 厘米。乳白色，两端收狭。
II式：半环形	长 8.5 厘米。黄绿色，两端均为断裂面，似为环残断后改制。
III式：倒置似桥形	长 11.2 厘米。墨绿色。
IV式：半璧形	长 10.6 厘米。翠绿色，一面遗留明显的锯割痕迹。

IV式：半璧形		长7.9厘米。乳白间有虎黄色，大于半璧，璜的一侧上翘。
V式：似鱼鸟形		长7.2厘米。淡绿色，似鱼形。
		长6.6厘米。湖绿色，一端似鱼形，另一端似鸟形。

（二）珠、管成串佩挂（表2-11）

成串珠、管多见于大中型墓葬。这些串饰的长短相差很大，短者由数十颗组成，只能垂至颈胸部，长者由数百颗组成，则可垂至腰腹部。

管、珠的造型与色彩，有一些比较统一，玉管的玉色和玉质一致，粗细也基本吻合，相邻的玉管往往能够合并对接，推测这种管串可能是由一块玉料制成。如瑶山M7墓中有一组由114颗玉管组成的串饰便是如此，色彩和材质均十分均匀，其位置约当于死者的腹部位置，当为垂至胸前的挂饰（图2-3-2-2、表2-11：1）[①]。浙江省余杭市后头山遗址M9墓出土的玉珠串饰，为浅黄绿色叶腊石制成，共74颗直壁管形珠，也应是先做成细柱形再锯开制成（表2-11：2）[②]。

① 图片摘自浙江省文物考古研究所.瑶山[M].北京：文物出版社，2003：75图八七.

② 古方.中国出土玉器全集·浙江卷[M].北京：科学出版社，2005.

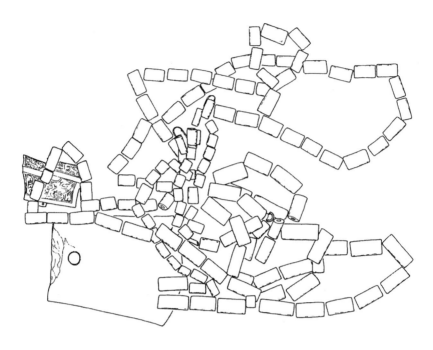

图 2-3-2-2　瑶山七号墓玉管串出土状态

有一些颈饰则是由不同造型的管、珠、片搭配串制的，不似前者那般统一，但也别有韵致。如无锡邱承墩遗址 M5 墓墓主头部有散落的片状玉饰，耳部有瑱 1 对，胸前则有由玉珠、玉管、玉扣、玉坠组成的项饰（表 2-11：3）[①]，非常精美。山东泰安大汶口 10 号墓出土颈饰一串，由 19 件形状不规则的绿松石片组成（表 2-11：4）；105 号墓出土的颈饰则由 14 颗白色大理岩玉米状石珠组成[②]。安徽省萧县皇藏峪金寨遗址出土有一绿松石串饰，由 24 块各种形状的绿松石片组成，长方形的在一端钻孔，正方形和圆形的则在中部钻孔，颇有特色（表 2-11：5）[③]。

在组成颈串的玉管中，有时会发现一些琮形管，这种琮形管金石学中称为（珊）子。从墓葬位置看，琮形管应是颈饰中的组件，每每一式两件，对

① 南京博物院，江苏省考古研究所，无锡市锡山区文物管理委员会. 邱承墩：太湖西北部新石器时代遗址发掘报告 [M]. 北京：科学出版社，2010：138.

② 山东省文物管理处，济南市博物馆. 大汶口：新石器时代墓葬发掘报告 [M]. 北京：文物出版社，1974：98 图版 96:5.

③ 古方. 中国出土玉器全集·安徽卷 [M]. 北京：科学出版社，2005.

称夹串在颈串中。江苏新沂花厅 M16、M18 的颈串中就夹有这种琮形管（表 2-11：6）[1]。也有整串都用这种琮形管串成的颈串，如浙江余杭瑶山 12 号墓就出土过这样一串颈串，共由 32 枚琮形管组成，琮形管高约 3.5 厘米，射径约 1.3 厘米，孔径约 0.6 厘米（表 2-11：7）[2]，在如此小的玉管上每一个上下前后都雕刻四个兽面纹，是需要极大的耐心与极高的技艺的，显然这类颈饰已经超越了装饰的用途，而带有更复杂的宗教或权力意义了。

除了琮形管外，新石器时代还出土了许多造型各异的异形珠管穿制成的串饰，如安徽含山凌家滩遗址 87M15 出土一玉项链，由 12 件玉管组成，每件玉管表面琢磨有数周凹槽（表 2-11：8）[3]。西藏昌都卡若文化遗址出土有一新石器时代玉颈饰，由 25 颗玉管和玉片相间串缀而成，在中原地区甚是少见（表 2-11：9）[4]。颈串大部分是以一线纵向贯穿成串，但反山 M12 还出土了一些用并联状辫穿的串饰，也非常别致（表 2-11：10）。

表 2-11：新石器时代成串珠、管颈饰代表形制

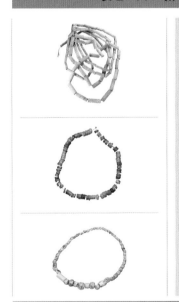

1. 玉管串
瑶山七号墓出土。现藏浙江省文物考古研究所。
长 1.4~4.5 厘米，直径 0.8~1.3 厘米，孔径 0.45~0.7 厘米。玉质沁为黄白色，由 114 颗圆管组成。

2. 玉珠串饰
浙江省余杭市后头山遗址九号墓出土。现藏于余杭博物馆。
直径 0.5~0.7 厘米，长 0.2~0.4 厘米。

3. 玉颈饰
无锡邱承墩遗址 M5 出土。

① 邓聪.东亚玉器［M］.香港：香港中文大学——中国考古艺术研究中心，1998.
② 古方.中国出土玉器全集·浙江卷［M］.北京：科学出版社，2005.
③ 安徽省文物考古研究所.凌家滩玉器［M］.北京：文物出版社，2000：图版 128.
④ 黄能馥，陈娟娟.中华历代服饰艺术［M］.北京：中国旅游出版社，1999.

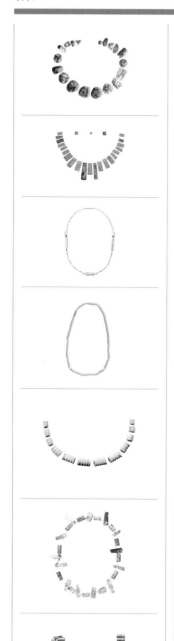

4. 颈饰
山东泰安大汶口 10 号墓出土。

---

5. 绿松石串饰
安徽省萧县皇藏峪金寨遗址出土。现藏于萧县博物馆。
由 24 块各种形状的绿松石片组成。

---

6. 带琮形管颈串
江苏新沂花厅 M18 出土。

---

7. 琮形管颈串
浙江余杭瑶山 12 号墓出土，现藏于临平江南水乡博物馆。

---

8. 玉项链
安徽含山凌家滩遗址 87M15 出土。
由 12 件组成，最大的管高 2.1 厘米，宽 1.3 厘米，厚 0.8 厘米，孔径 0.3 厘米；最小的高 1 厘米，宽 1 厘米，厚 0.6 厘米，孔径 0.3 厘米。

---

9. 玉颈饰
西藏昌都卡若文化遗址出土。

---

10. 并联状瓣穿玉串饰
浙江余杭反山 M12 出土。
（李芽摄）

（三）组合类颈饰（表 2-12）

此类颈饰由串珠、管、璜、各类牌饰、锥形器和坠等其他器类搭配串制而成，形制精美，制作考究，多见于权贵大墓。

组合类颈饰简单者为一串玉管或玉珠外加一坠饰组成，如无锡邱承墩遗址 M3 出土的颈饰，便是如此（表2-12:1）[1]；有些项串的管、珠则形态各异，色彩斑斓，如上海青浦福泉山良渚文化墓葬 M9 发现的一串就是如此，串中有珠、管、坠、铃等串件，包括 54 件大小不一、形状各异的玉珠（42 件腰鼓形，12 件圆珠形）、5 件绿松石圆珠、10 件玉管（6 件圆筒形，2 件扁轮形，2 件柱础形）、2 件琮形管及 1 件铃形玉坠（表 2-12:2）[2]。

还有一类颈饰是由管珠和玉锥形器组合而成。玉锥形器在各地墓葬中出土很多，其具体用途一直没有得到确认，但上海青浦福泉山 M74 出土有一串由大小不一、形状各异的47 颗珠、2 件管、6 件锥形器串联组成的颈饰，由于器物位置未经扰乱，因此可以比较清楚地看到 6 件锥形器是间隔于偏下的玉珠之中，一边 3 件，呈孔雀开屏状（表 2-12:3）[3]，此颈饰的出土证明了作为装饰性坠饰是玉锥形器的功能之一；类似带有玉锥形坠儿的颈饰在浙江反山墓葬中也有出土（表 2-12:4）。锥形器在山东泰安大汶口墓葬中也有出土，原考古报告中将之命名为笄，现在看来显然是错误的。

除了玉锥形器，玉璜也是组合类颈饰中非常重要的组成部分。玉璜除了可以作为坠饰单独佩戴，也可以与管珠串饰组合成为非常精美的颈饰。在南京市北阴阳营新石器墓葬中出土有玉石装饰品 371 件，其中璜就有 100 件，还有玦 46 件、管 86 件等，大多为玉质，部分为玛瑙，均琢磨光滑。装饰品的位置相对固定，这应该和其用途有关。例如玉玦常发现在死者的耳根部位，璜、管在胸前，有的单个，有的成组，应是一套串饰，犹如后世的项链。妇女

① 南京博物院，江苏省考古研究所，无锡市锡山区文物管理委员会. 邱承墩：太湖西北部新石器时代遗址发掘报告［M］. 北京：科学出版社，2010.

② 孙维昌. 良渚文化丛谈：福泉山良渚文化 9 号大墓［J］. 考古学集刊，1965，（2）.

③ 上海市文物保管委员会. 上海青浦福泉山良渚文化墓地［J］. 文物，1986，（10）.

图 2-3-2-3
浙江余杭瑶山 M4 玉璜与其上管串的出土情况

图 2-3-2-4
浙江余杭反山 M22 玉半圆牌与其上管串的出土情况

① 南京博物院.南京市北阴阳营第一，二次的发掘[J].考古学报,1958,(1).

② 浙江省文物考古研究所.瑶山[M].北京:文物出版社,2003:彩图111.

③ 浙江省文物考古研究所.反山[M].北京:文物出版社,2005.

和男子的墓内均有随葬（表 2-12:6）①。良渚文化作为颈饰坠件的玉璜，每墓多为 1 件，且只在部分大墓中还有出土，说明这时玉璜开始成为身份和地位的重要标志。良渚玉璜最常见的形式是半璧形，两个上边角各钻有一个小孔用于穿绳系挂，大多素面光滑，但在反山和瑶山等高等级大墓中，则出土了不少透雕和雕琢有人兽纹的玉璜，非常漂亮。如瑶山 M4 出土的玉璜串饰，出土时位于颈胸部位（图 2-3-2-3、表 2-12:5）②，16 节首尾相接的玉管与玉璜紧密相连，组成一套完整的项链。在反山 M22 中，出土有一类似的串饰，只是半璧形璜已演化成半圆形牌饰了，其由 12 颗玉管串挂和一件半圆牌饰构成，玉管均为素面，半圆牌饰正面用浅浮雕和阴文细刻相结合的技法雕琢一神徽图案，出土时位于玉梳背的下方（图 2-3-2-4、表 2-12:7）③。璜在崧泽文化中发现于女性的颈部，在良渚文化中也常与女性使用的纺轮共出，并且一般不和玉琮、玉钺同墓出土，而琮、钺一般被认为是男性墓主的标志物之一，说明璜在良渚时期依然主要被女性使用。

图 2-3-2-5
江苏新沂花厅遗址出土玉颈饰
（李芽摄）

图 2-3-2-6　**圆牌串饰一组 8 件，出土时与玉璜 M4:6 相邻，应为同组挂饰**
浙江省安溪镇瑶山墓葬出土。

① 邓聪.东亚玉器［M］.
香港：香港中文大学——
中国考古艺术研究中心，
1998.

② 浙江省文物考古研究
所.余杭吴家埠新石器时
代遗址［C］.浙江省文物
考古研究所学刊.北京：
科学出版社，1993.

③ 图片摘自浙江省文物考
古研究所.瑶山［M］.北
京：文物出版社，2003：
彩图 112.

　　除此外，还有很多不拘一格的颈饰。如江苏新沂花厅遗址 M16 出土的一串项串，由 2 件琮形管、2 件扁平冠状佩、23 枚喇叭形管、18 颗鼓形珠串联而成，而且另有 28 颗鼓形小珠分别穿缀在那 2 件扁平冠状佩下，显得独具匠心（表 2-12:8）①。江苏新沂花厅遗址还出过一套玉颈饰更为复杂，由 14 个大小不一的玉环、3 件璜、2 件四角有浮雕状鸟纹的玉佩和 5 件锥形坠饰，共 24 件饰件串连而成，非常精美（图 2-3-2-5）。浙江余杭吴家埠遗址 M8 墓主的颈部，也出土过一串由 30 件管、珠、佩、柱形饰等玉件组成的项串饰②。在良渚文化的一些高等级墓中，在人物的胸腹部还经常会发现有一组圆牌饰与玉璜的组合串饰，圆牌的形态犹如体型较小的玉璧，也有形如玉玦的，它们的边缘大多对钻有一个小圆孔，有的边缘还琢刻有一圈"龙首纹"，圆牌出土时一般呈竖向排列，与玉璜共同组成胸腹部的佩玉，可视为商周组玉佩的雏形（图 2-3-2-6）③。

表2-12：新石器时代组合颈饰代表形制

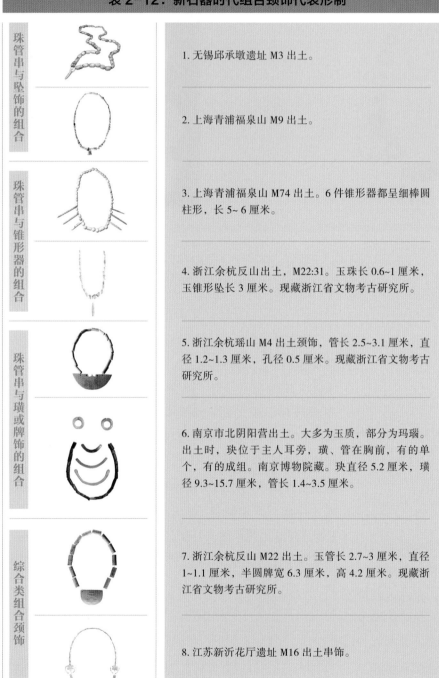

珠管串与坠饰的组合

1. 无锡邱承墩遗址 M3 出土。

2. 上海青浦福泉山 M9 出土。

珠管串与锥形器的组合

3. 上海青浦福泉山 M74 出土。6 件锥形器都呈细棒圆柱形，长 5~6 厘米。

4. 浙江余杭反山出土，M22:31。玉珠长 0.6~1 厘米，玉锥形坠长 3 厘米。现藏浙江省文物考古研究所。

珠管串与璜或牌饰的组合

5. 浙江余杭瑶山 M4 出土颈饰，管长 2.5~3.1 厘米，直径 1.2~1.3 厘米，孔径 0.5 厘米。现藏浙江省文物考古研究所。

6. 南京市北阴阳营出土。大多为玉质，部分为玛瑙。出土时，玦位于主人耳旁，璜、管在胸前，有的单个，有的成组。南京博物院藏。玦直径 5.2 厘米，璜径 9.3~15.7 厘米，管长 1.4~3.5 厘米。

综合类组合颈饰

7. 浙江余杭反山 M22 出土。玉管长 2.7~3 厘米，直径 1~1.1 厘米，半圆牌宽 6.3 厘米，高 4.2 厘米。现藏浙江省文物考古研究所。

8. 江苏新沂花厅遗址 M16 出土串饰。

第四节 | 原始社会的臂饰和足饰

臂饰在中国新石器时代各地的墓葬当中都有大量出土，而且很多出土时就套在人骨的手臂之上，因其多为环状，根据佩戴位置的不同，戴于小臂的我们统称其为腕环，戴于大臂的我们统称其为臂环。其中，根据形制的不同，又分瑗、镯、串等不同的名称。

一 臂饰的材质

由于金属工艺的局限，原始社会出土的臂饰和其他首饰门类一样，主要还是以玉石、陶、牙、骨类为主。

（一）陶质

陶质臂饰在黄河中游地区仰韶文化遗存中出土量最多，仰韶文化遗存中的陶雕装饰品主要是陶环，仅于半坡仰韶文化遗址就出土多达 1082 件，约占全部装饰品的六成以上。陶环的式样非常丰富，除有红、灰、黑陶外，还发现有一种白陶环。其形状有圆形、多角形、螺旋形、齿轮形等若干种（图 2-4-1-1）[1]，剖面多呈圆形或椭圆形，也有少数呈三角形、半月形、长方形等。陶环装饰以素面和划纹为多，个别用红、黑两色施以彩绘。李永宪等学者对半坡几处遗址出土的陶环直径做了统计，判断半坡的大多数环饰应该主要用于装饰手臂和腕部[2]。在此地墓葬中，也的确发现有套在手臂尺骨、桡骨上的环饰[3]。仰韶文化陕西扶风案板遗址中也发现有较多陶镯，均为泥质黑陶，外表面有两周或三周突棱。如标本 H4:71（图 2-4-1-2），表面有三周突棱，呈螺旋状，中间突棱突出，内径 6.8

① 西安半坡博物馆.西安半坡［M］.北京：文物出版社，1982.

② 李永宪等.我国史前时期的人体装饰品［J］.考古，1990，（3）.

③ 中国社会科学院考古研究所山西工作队等.1978—1980 年山西襄汾陶寺墓地发掘简报［J］.考古，1983，（1）.

图 2-4-1-1　**陶环**
陕西省西安半坡遗址出土。

图 2-4-1-2　**陶镯**
仰韶文化陕西扶风案板遗址出土。

图 2-4-1-3　**陶镯**
山东邹县野店 M88 出土。

① 宝鸡市考古工作队.陕西扶风案板遗址（下河区）发掘简报［J］.考古与文物，2003，（9）.

② 湖北宜昌地区博物馆等.宜昌中堡岛新石器时代遗址［J］.考古学报，1987，（1）.

③ 图片摘自山东省博物馆等.邹县野店［M］.北京：文物出版社，1985.

④ 湖北省荆州地区博物馆.湖北五家岗新石器时代遗址［J］.考古学报，1984，（2）.

⑤ 何介钧.洞庭湖区新石器时代文化［J］.考古学报，1986（4）.

厘米，高 5 厘米①。类似有凸棱的陶镯，在湖北宜昌中堡岛也有②。除了仰韶文化，陶质臂饰在其他地区也有发现，在黄河、长江下游地区较晚阶段的大汶口、马家浜等区域，经常发现双臂套有多个陶环的情况。如山东邹县野店遗址 M88 男性墓主的右臂上戴有 6 件陶环，左臂有 3 件（图 2-4-1-3）③；湖北公安县王家岗遗址一座新石器时代墓葬墓主的手臂上戴有 11 件陶环④；在湖南车轱山大溪文化墓地中，有几具女性人骨的手臂上套着 11 至 12 件陶环⑤。陶质臂饰在良渚文化中也有少量发现，但远不及上述地区常见。

（二）象牙质

在中国历史的早期，大象在黄河中下游及其以南地区有较广泛的分布，因此获得象牙并不是一件特别难的事情。大汶口、马家浜墓葬中就都出土有精美的象牙梳，河姆渡曾出土精美的象牙

① 江苏省赵陵山考古队.江苏昆山赵陵山遗址第一、第二次发掘简报[C].东方文明之光——良渚文化发现60周年纪念文集[C].海口:海南国际新闻出版中心,1996.

② 浙江省文物考古研究所、海盐县博物馆.浙江海盐县龙潭港良渚文化墓地[J].考古,2001,(10).

③ 浙江省文物考古研究所等.浙江桐乡新地里遗址发掘简报[J].文物,2005,(11).

④ 浙江省文物考古研究所等.浙江平湖市庄桥坟良渚文化遗址及墓地[J].考古,2005,(7).

⑤ 周国兴、尤玉柱.北京东胡林村的新石器时代墓葬[J].考古,1972,(6).

⑥ 云南省博物馆.元谋大墩子新石器时代遗址[J].考古学报,1977,(1).

⑦ 西藏自治区文物管理委员会、四川大学历史系.昌都卡若[M].北京:文物出版社,1985.

⑧ 甘肃省博物馆.广河地巴坪"半山类型"墓地[J].考古学报,1978,(2).

⑨ 桐乡章家浜、徐家浜良渚文化墓葬挖掘[C].沪杭甬高速公路考古报告.北京:文物出版社,2002.

⑩ 图片摘自山东省文物管理处,济南市博物馆.大汶口:新石器时代墓葬发掘报告[M].北京:文物出版社,1974:262.

笋。当然,象牙毕竟相对易腐且珍贵,因此象牙镯的数量远远不及陶质和玉石质臂饰那么普及。江苏昆山赵陵山M77就随葬有两件象牙镯①;浙江海盐龙潭港遗址M9中出土有1件象牙镯,外径7.2厘米、内径6.35厘米、宽1.5厘米②;浙江桐乡新地里遗址M28、M66等都出土有象牙镯,其中M28的象牙镯明确在墓主的手腕部位,但已朽蚀③。此外,像浙江平湖庄桥坟遗址也曾报道有象牙镯发现④。

(三)骨质

骨头因为都比较细长,做成臂环很难整体成型。因此,骨镯一般都是拼合连缀而成,与其他材质臂环在形制上多有不同。最早的骨镯出土于距今1万年左右的北京市门头沟区东胡林墓葬。在少女遗骸的腕部发现一件用7块扁状骨管连成的骨镯,牛肋骨被截成长短不等的小段,截头磨得圆钝而光滑,其中长型4枚,短型3枚,从原排列位置观察,原物可能是长短相间,用绳索相连的一副骨镯⑤。云南元谋大墩子新石器时代墓葬中出土的一件腕镯,也是由14片兽骨磨制粘合而成,制作十分精致⑥;昌都卡若遗址发掘中采集到的一件骨镯,由两个半圆形骨筒组成,上面分别钻有对应的小孔,目的是便于系绳将其加以拼合佩戴⑦;甘肃广河地巴坪半山类型墓地中,死者腕部戴有一种形似筒状的骨环,是使用一种黑色胶状粘物将许多小骨片连缀而成⑧,颇具特色;浙江桐乡徐家浜M3中也随葬有一对骨镯,从所附墓葬平面图看,是左右手腕部各戴一只⑨。山东省泰安市大汶口遗址出土一种臂环,由兽肢骨弯曲制成(图2-4-1-4)⑩,现呈半环形,壁薄,两端各有两个小孔,出土时紧套在人架桡骨上。

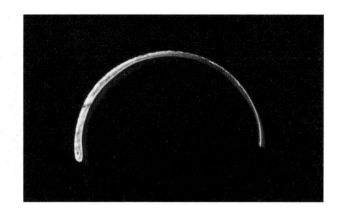

图 2-4-1-4　**骨镯**
山东泰安大汶口墓葬出土。

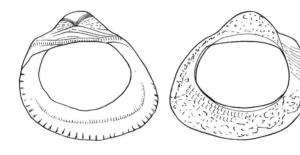

图 2-4-1-5　**蚌臂环**
内蒙古白音长汗遗址出土。长6.1厘米，
宽6.2厘米，环径3.2～4.6厘米。

（四）蚌壳质

　　蚌壳质的臂饰出土量远不及颈饰多。远离海岸线的内蒙古林西县白音长汗遗址部落居民对贝壳饰情有独钟，因为稀缺所以更显珍贵，他们利用各种贝类加工制成形形色色的装饰品，有装饰在头部的额饰，也有戴在腕上的臂环，其中有一种蚌壳（东海舟蚶）即来自遥远的海边[①]，他们将蚌壳顶部磨掉，形成圆形环状，在环形蚌壁大环边缘内侧的下部磨制成小凹槽线，垂直于边缘，小凹槽线相互平行，距离相等，外侧下边缘局部也磨制成类似小凹槽，制作很是用心（图2-4-1-5）。也有将蚌壳顶部磨

① 内蒙古自治区文物考古研究所.白音长汗：新石器时代遗址发掘报告[M].北京：科学出版社，2004：506.

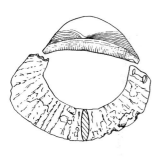

图 2-4-1-6　**蚌臂环**
内蒙古白音长汗遗址出土。长 7.5 厘米，宽 6.2 厘米，环径 3.5～5 厘米，孔径 0.25～0.5 厘米。

去后形成圆环形，然后一锯为二，分段磨制的，用绳穿孔相连接（图 2-4-1-6）。西安半坡仰韶文化遗址也出土过蚌镯，其中标本 3509，平面呈环形，断面呈圆形[①]。

（五）玉石质

玉石质臂饰在良渚文化、红山文化、凌家滩文化等遗址中出土数量都很多，式样也非常精美，是新石器时代臂饰中制作最为精良的一类。

▤ 臂饰的形制分类（表 2-13）

臂饰从大的形制分类上分为臂（腕）环类、腕串类和套于大臂上的护臂形制。

臂（腕）环即环形臂饰，是臂饰中出土数量最多的。我们现在通常将之称为"镯"，但从名物的角度来讲，镯应该是金属工艺诞生之后对臂（腕）环的称呼，而此时玉石类的臂（腕）环则称为"瑗"。《尔雅·释器》载："好倍肉谓之瑗。"郭璞注："瑗，孔大而边小。"这里的"好"是指当中的孔径，"肉"是指周围器物的边宽，即孔径大于边宽的环形玉器古称"瑗"，而这一特点和戴在手上的臂（腕）环正好一致，因此，"瑗"实际上就是玉石类镯的古称。当然，如果从功能上来看，瑗与镯确实相同，但按边宽与体厚的差异来区分瑗与镯可能更有助于我们的分类归纳。因此，我们这里特把边宽大于体厚，即扁薄状的环形臂饰称为"瑗"，而将其余形制都称为"镯"。

[①] 吴诗池等. 仰韶文化的原始艺术[J]. 史前研究, 2005, (8).

（一）瑗

瑗，这里是指孔径大于直径一半，且边宽大于体厚的臂（腕）环。瑗整体器身呈扁平状，与手臂的贴合度不是很好，戴在手腕上应该并不是特别舒服。此类瑗在良渚文化、大汶口文化（表 2-13:1）、陶寺文化等墓葬中都有出土。其中山西襄汾陶寺文化城址 M11 出土玉瑗和铜齿轮形瑗各一，两件瑗出土时同套于墓主手臂之上（表 2-13:2）。

（二）筒形镯

筒形镯指体厚大于边宽的臂（腕）环。此类臂（腕）环在长江以南、西南及华南地区出土较多，似乎具有整个南方地区腕饰的共同特征。筒形镯器体较厚，器壁剖面有内直外弧型、外直内弧型、内外皆直型和内外皆弧型。有一些筒形镯为了与手腕贴合，还制作成上口稍大，下口稍小的形制。如浙江省安溪镇瑶山墓葬 M11 出土的玉筒形镯，便是上口直径 5.8 厘米，下口直径 5.3 厘米（表 2-13:6）。

（三）环形镯

环形镯指横断面为圆形、近圆形、方形或近三角形等，体厚与边宽基本相等的臂（腕）环。此类造型在臂（腕）环中是最常见的。在玉石质环形镯中，主要是圆环的剖面有所区别。但在陶镯中，环形镯则有圆形、多角形、螺旋形、齿轮形等若干种（图 2-4-1-1），造型更加丰富，这应和陶质易于加工有关。除了圆环外，也有少量方环出土，如山东省平城关镇尚庄遗址 M27 便出土有玉方环形镯，镯内圈略呈椭圆形，外圈呈圆角方形（表 2-13:9）。

（四）琮形镯

琮形镯指造型外方内圆，形似玉琮的臂（腕）环。在臂（腕）环中，琮形镯是比较特殊的一类：一般都为玉质，造型与祭地用的礼器"琮"基本一致，

图 2-4-2-1　**琮形镯**
浙江桐乡新地里遗址 M137 琮形镯出土时套于人骨手腕之上。

① 殷志强.太湖地区史前玉器述略 [J].史前研究,1986,(3、4 期合刊);安志敏.关于良渚文化的若干问题 [J].考古,1988,(3).

② 张光直.谈"琮"及其在中国古史上的意义 [M].文物与考古论集.北京:文物出版社,1986.

③ 苏琼.赵陵山出土的两件玉器 [N].中国文物报,1992 年 8 月 2 日第 3 版.

④ 浙江省文物考古研究所,桐乡市文物管理委员会.新地里(上、下)[M].北京:文物出版社,2006.图片摘自俞为洁.饭稻衣麻:良渚人的衣食文化 [M].杭州:浙江摄影出版社,2007;260.

⑤ 北京大学考古学系等.浙江桐乡普安桥遗址发掘简报 [J].文物,1998,(4).

⑥ 中国社会科学院考古研究所山西工作队等.山西襄汾县陶寺遗址发掘简报 [J].考古,1980,(1).

但因其出土时套于人骨手腕之上,故名。关于琮的渊源和用途,学术界曾有流行甚广的看法,认为可能就是源于女性手饰的镯或环①,代表着女性、阴性,因此是用以"祭地"的礼器②。但是,根据对新石器时代各地区墓葬中琮的出土情况和排列分析来看,有一个值得注意的现象——琮几乎全部出自男性墓中,这至少表明琮应该与男性也有关系,并不完全代表女性、阴性。

琮形镯在良渚文化墓葬中出土很多。如后杨村四号墓中唯一一件出土在棺内的玉琮,就位于死者的左手腕部;江苏昆山赵陵山 M77,1 件矮方形素面琮形镯与玉环、象牙镯一起穿戴在墓主手臂的残骸遗痕上③;浙江桐乡新地里遗址 M137,玉琮出土时也明显套戴在女性墓主的左手手腕之上,琮孔中还残留有墓主的腕骨(图 2-4-2-1)④,其为透闪石软玉制成,琮体四面均有以转角为中轴线向两侧展开的对称纹饰,纹饰平分为两节,每节各刻一组简化的神人脸面;顶部微凸,刻两组细弦纹,每组以 3—4 道细弦线组成,代表神人简化的羽冠;眼睛为重圈,似为管钻碾磨而得;外圈两侧有小三角形眼角;阔嘴,嘴角作卷弧状;下角对称刻一对弧线,勾画出神人的脸庞。琮体四面中三面彻底打磨精细,唯一面留有较多的略有起伏的圆弧状切割痕迹,制作非常精美(表 2-13:11);桐乡普安桥 M11 墓主右下臂处有一切割过的半截玉琮,在琮孔内及其两端部分也发现有臂骨的痕迹⑤。琮形镯在后来的山西襄汾陶寺墓地(陶寺文化)中也有发现,其中 M271 男性墓主的手臂上就套有琮⑥。山西省芮城清凉寺墓地 M52 为规模较大的墓葬,因遭盗扰,

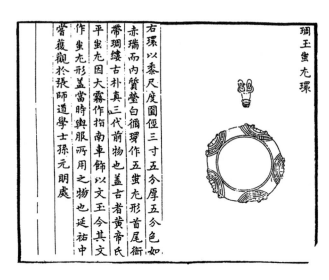

右璲以黍尺度圓徑三寸五分厚五分色如
赤瑞而內質瑩白循琢作五蚩尤形首尾銜
帶琱縷古朴真三代前物也盖古者黃帝氏
平蚩尤因大霧作指南車飾以文王今其文
作蚩尤形盖當時與服兩用之物也延祐中
嘗獲觀於張師道學士孫元朗處

珮玉蚩尤環

图 2-4-2-2　朱德润《古玉图》著录的珮玉蚩尤环

① 山西省考古研究所
等.山西芮城清凉寺新石
器时代墓地［J］.文物,
2006,（3）.

仅残余 1 件玉琮套在墓主左手上（表 2–13:12）①。

（五）花式镯

有一些镯上雕刻有兽纹、神人兽面纹或几何纹花式，精美而又罕见，这里归类为"花式镯"。刻有兽纹的玉镯以良渚文化中出土的最为精美。如浙江省安溪镇瑶山一号墓出土有一玉镯，整体作宽扁的环状，内壁平直光滑，外壁琢刻出 4 个凸面，其上刻同向且相同的类龙首形图案，利用外壁的宽平面表现龙首的正面形象，并以浅浮雕延伸至镯体的上下端，形成龙首的侧面形象，从而组成颇为立体的龙首图案，以往曾将此类玉环称之为"蚩尤环"（图 2–4–2–2、表 2–13:13）。类似的良渚文化玉镯在美国弗利尔美术馆也有收藏（表 2–13:14）。在良渚文化中，还有一类装饰有神人兽面纹的玉镯很有特色，其装饰纹样与上文所述良渚玉梳背、三叉形器、半圆形玉饰片上的纹样属同一图案体系，为良渚最常见的纹饰。如浙江湖州杨家埠遗址就出土过1件神人兽面纹玉镯，玉镯呈环状，外壁分布着4个等距的长方形凸块，每个凸块上雕琢有一个简化的神人兽面纹；浙江汇观山遗址也出土过类似玉镯，环状外壁均匀分布着5个扁长方形凸块，每个凸块上也雕琢有一个简化的神人兽面纹[1]；在美国哈佛大学艺术博物馆也藏有一件类似玉镯，外壁浮雕有八组神人兽面纹，非常精美（表2-13:16）。几何纹饰的玉镯以瑶山墓葬出土的绞丝纹玉镯为代表，其内壁平直，外壁琢一周平行的斜向凸棱，为绞丝纹，此种纹饰为良渚文化玉镯中唯一一例，非常雅致（表2-13:15）。花式镯在陶镯中体现得最为丰富，因陶泥易于塑造，加工相对容易得多，其中以半坡出土的陶镯式样最为多样，有圆形、多角形、螺旋形、齿轮形等，有些不仅装饰有刻划纹，还施以彩绘（表2-13:17）。在山东邹县野店出土一陶镯，筒状，外侧刻有正、倒三角形和圆圈，在陶镯中也属非常有特色的一例（表2-13:18）。

（六）连结式镯（瑗）

有一些臂饰为两段或三段相连接而成，应和连结式玦一样，为断裂后，为了继续使用，而在断口两侧分别钻孔或切割出凹槽，以供系连，称为连结式镯（瑗）。有一些连结式镯（瑗）的断口切割磨制得非常光滑，因此也有学者认为是有意而为之，以便穿绳调节大小。良渚文化时期，此类连结式镯（瑗）常有发现，如福泉山M145和M9均有出土，其中M9的连结式镯出土时，其孔中还残留有墓主的臂骨，若非如此，很可能会被当作两件玉璜。无锡市邱承墩遗址（表2-13:19）和山东大汶口遗址则有连结式

① 中国国家博物馆等.文明的曙光：良渚文化文物精品集［M］.北京：中国社会科学出版社，2005.

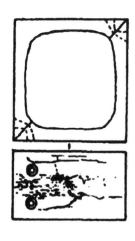

图 2-4-2-3　**方连结式镯**
上海金山区亭林遗址出土。

璦出土（表 2-13:20）。此类连结式镯不仅有圆形，还有方形。上海金山区亭林遗址便出土过 1 件方形连结式骨镯，标本 M23:18，用骨料的髓腔磨平作正面，由两个直角的"V"字形对合成中空的四方体，一端钻两个孔作穿连用（图 2-4-2-3）[①]。

（七）玦式镯（璦）

有一些臂饰为有缺口的圆环，这里称为玦式镯（璦），将镯（璦）制成玦状为马家浜文化所独有，其中可能蕴含特殊意义。如余杭市良渚梅园里出土有一组 4 件玉玦，出土时，较小的两件位于死者头部两侧，应为耳饰，较大的两件则位于死者两侧手腕部，应是镯（表 2-13:23）[②]。

（八）镶嵌式镯

镶嵌式镯是指运用镶嵌工艺对镯进行加工。山西省临汾下靳墓地出土 2 件镶嵌绿松石腕饰，1 件标本 M136:3，状似手镯，在黑色底上贴附绿松石，外径 9.5 厘米、内径 5.3 厘米。另 1 件标本 M76:1（表 2-13:25），呈宽环带状，在黑色胶状物上贴附绿松石碎片，其上等距镶嵌 3 个白色石贝[③]。内蒙古自治区昭乌达盟翁牛特旗解放营子石棚山墓地女性死者上肢骨多带臂环，其中 M27 的墓主人为 40 岁左右的成年女性，她的右肢佩带制作精致、有一定弧度的长方形臂饰，出土时为环形，直径约 7 厘米，结构分三层，内圈衬有粗麻布作底衬，中间施一层厚 1 毫米的黑色胶状物，胶质物上镶嵌两行雪白漂亮的蚌珠，蚌珠直径 3 毫米、厚 0.9 毫米，孔径只有 1 毫米，需要特别

① 上海博物馆考古研究部.上海金山区亭林遗址 1988.1990 年良渚文化墓葬的发掘［J］.考古,2002,（10）.

② 浙江省文物考古研究所.浙江考古精华［M］.北京：文物出版社,1999.

③ 下靳考古队.山西临汾下靳墓地发掘简报［J］.文物,1998,（12）.

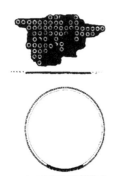

图 2-4-2-4　**镶嵌式镯**
内蒙古解放营子石棚山 M27 出土，上为侧视图，下为俯视图。

图 2-4-2-5　**腕串**
良渚晚期遗址浙江省桐乡新地里遗址出土。

① 李恭笃.昭乌达盟石棚山考古新发现［J］.文物，1982，（3）.

② 邓聪.东亚玉器［M］.香港中文大学——中国考古艺术研究中心，1998.

③ 南京博物院花厅考古队.江苏新沂花厅遗址1989年发掘纪要［J］.东南文化，1990，（5）.

④ 图片摘自浙江省文物考古研究所，桐乡市文物管理委员会.新地里(上、下)［M］.北京：文物出版社，2006.

锋利的钻头和高度的技巧，否则，蚌珠就会断裂，这说明当时蚌质饰品的制作已具有丰富的经验和精湛的技术（图 2-4-2-4、表 2-13:26）[1]。

（九）有领镯

有领镯是指在镯的内壁单面或双面凸起，形成高领，故称。有领玉璧与之很像，最早发现于黄河中游地区，有领镯则出土相对少一些。在台湾卑南遗址共发现此类玉镯6件，环壁宽在十几到二十几毫米，领高 20 或 30 毫米不等，精细磨制，内缘近正圆形，外缘多不规则。该墓出土的有领镯皆出自单人成年墓葬；皆戴在左手臂上，有领面朝上；都另有管珠项链（或铃形玉珠头饰）陪葬；能鉴定死者皆为女性[2]（表 2-13:27）。

（十）腕串

除了各类臂（腕）环，此时也有类似今天手链式的腕饰，大多以骨珠或玉管、珠等串连而成，因这类臂饰戴于大臂上极易滑落，更适宜戴在腕部，故这里称为腕串。前面所提到的北京市东胡林遗址少女腕部的由 7 块牛肋骨制成的臂饰即属于此类腕串。江苏新沂花厅遗址在 M41 人骨的右前臂骨上套有大玉环和石环各一个，在 M42 人骨的左、右前臂骨上则分别有由 7 颗和 11 颗玉珠串成的腕串[3]。良渚晚期遗址浙江省桐乡新地里遗址死者手腕部位出土了 20颗玉珠，也应是腕饰（图 2-4-2-5）[4]。

（十一）大臂饰

大多数臂饰是戴于人的小臂处，但也有一些是套于人

图 2-4-2-6 **玉臂环**
扁环状，内壁弧凸，外壁凸圆。
高 0.7 厘米、直径 8 厘米、孔
径 5.9 厘米。

图 2-4-2-7 **玉护臂**
牛河梁第三地点 9 号墓出土。

的大臂处。如浙江省安溪镇瑶山七号墓中共出土 12 件玉镯，均为素面，其中墓室中部集中放置 9 件镯形器，分置于两侧，原应戴于两臂，可以确认为大臂环的为此件，出土时位于右上肢（图 2-4-2-6）[1]。牛河梁第三地点 9 号墓人骨大臂处出土的一件臂饰，淡绿色玉，体扁薄，呈半圆弧状，正面磨有数道凹槽，下端左右两侧凸出部位各钻 2—3 孔，近顶端钻单孔，背面无光泽，上有土渍（图 2-4-2-7）[2]。类似臂饰在内蒙古敖汉旗大甸子 659 号墓也出土过，在美国哈佛大学艺术博物馆也收藏有一件，造型都差不多，均为一墓一件，出土于墓主手臂旁边。哈佛的这件呈弧形半圆筒形，两侧各有 3 个穿孔，应是用于穿绳索或皮带系于臂上的，跟华北一带的架鹰猎手传统使用的护臂很相似。

表 2-13：新石器时代臂饰代表形制

	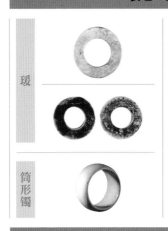	
瑗		1. 山东泰安大汶口遗址出土。 直径 9.9 厘米、厚 0.3 厘米。器体扁薄。
		2. 山西襄汾陶寺文化城址 M11 出土。 玉瑗（左）和铜齿轮形瑗（右），两件瑗出土时同套于墓主手臂之上。[3]
筒形镯		3. 浙江省安溪镇瑶山 M11 出土。 外壁圆弧，内壁微凸。高 3.3 厘米、直径 6.9 厘米、孔径 5.7 厘米。

① 图片摘自浙江省文物考古研究所.瑶山［M］.北京：文物出版社，2003：75、彩图 214.
② 图片摘自辽宁省文物考古研究所.牛河梁红山文化遗址与玉器精粹［M］.北京：文物出版社，1997.
③ 梁星彭、严志彬.山西襄汾陶寺文化城址. 2001 中国重要考古发现［M］.北京：文物出版社，2002.

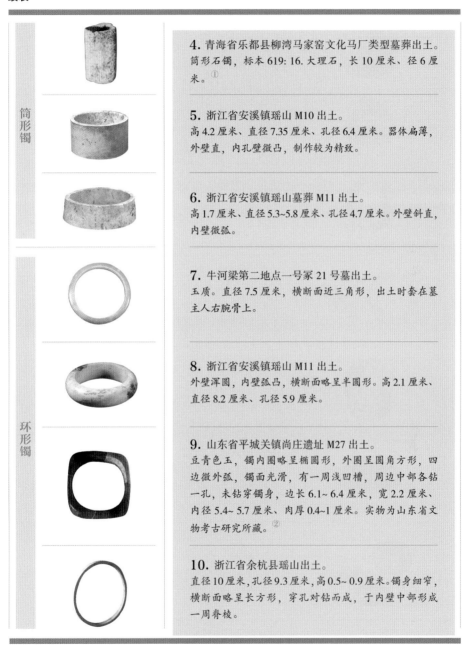

筒形镯

4. 青海省乐都县柳湾马家窑文化马厂类型墓葬出土。
筒形石镯，标本 619:16. 大理石，长 10 厘米、径 6 厘米。①

5. 浙江省安溪镇瑶山 M10 出土。
高 4.2 厘米、直径 7.35 厘米、孔径 6.4 厘米。器体扁薄，外壁直，内孔壁微凸，制作较为精致。

6. 浙江省安溪镇瑶山墓葬 M11 出土。
高 1.7 厘米、直径 5.3~5.8 厘米、孔径 4.7 厘米。外壁斜直，内壁微弧。

环形镯

7. 牛河梁第二地点一号冢 21 号墓出土。
玉质。直径 7.5 厘米，横断面近三角形，出土时套在墓主人右腕骨上。

8. 浙江省安溪镇瑶山 M11 出土。
外壁浑圆，内壁弧凸，横断面略呈半圆形。高 2.1 厘米、直径 8.2 厘米、孔径 5.9 厘米。

9. 山东省平城关镇尚庄遗址 M27 出土。
豆青色玉，镯内圈略呈椭圆形，外圈呈圆角方形，四边微外弧，镯面光滑，有一周浅凹槽，周边中部各钻一孔，未钻穿镯身，边长 6.1~6.4 厘米、宽 2.2 厘米、内径 5.4~5.7 厘米、肉厚 0.4~1 厘米。实物为山东省文物考古研究所藏。②

10. 浙江省余杭县瑶山出土。
直径 10 厘米、孔径 9.3 厘米、高 0.5~0.9 厘米。镯身细窄，横断面略呈长方形，穿孔对钻而成，于内壁中部形成一周脊棱。

① 青海省文物管理处考古队，中国社会科学院考古研究所.青海柳湾——乐都柳湾原始社会墓地［M］.北京：文物出版社，1984.
② 山东省文物考古研究所等.在平尚庄新石器时代遗址［J］.考古学报,1985，（4）.

琮形镯

11. 浙江桐乡新地里遗址 M137 出土。
通高 6.7 厘米、射径 8 厘米、孔径 6.1~6.3 厘米。

12. 山西省丙城清凉寺墓地 M52 出土。

花式镯

13. 蚩尤环
浙江省安溪镇瑶山一号墓出土。
高 2.65 厘米、直径 8.2 厘米、孔径 6.1 厘米。

14. 龙首纹玉镯
美国弗利尔美术馆藏，属良渚文化。
直径 9.8 厘米，高 1.4 厘米。这件玉镯有 6 个等距雕刻的龙头，雕琢粗放，呈简化的长方形。

15. 绞丝纹玉镯
浙江省安溪镇瑶山墓葬出土。
高 2.3 厘米、直径 6.5 厘米、孔径 5.7 厘米。

16. 神人兽面纹镯
哈佛大学艺术博物馆藏，属良渚文化。
直径 9.6 厘米，高 2.4 厘米，厚 1.2 厘米。外壁浮雕有 8 组神人兽面纹。

17. 陶镯
陕西省西安半坡遗址出土陶环。
造型各异，有的还在镯外壁施以彩绘。

18. 陶镯
山东邹县野店 M29 出土。
筒状。外侧刻有正、倒三角形和圆圈。

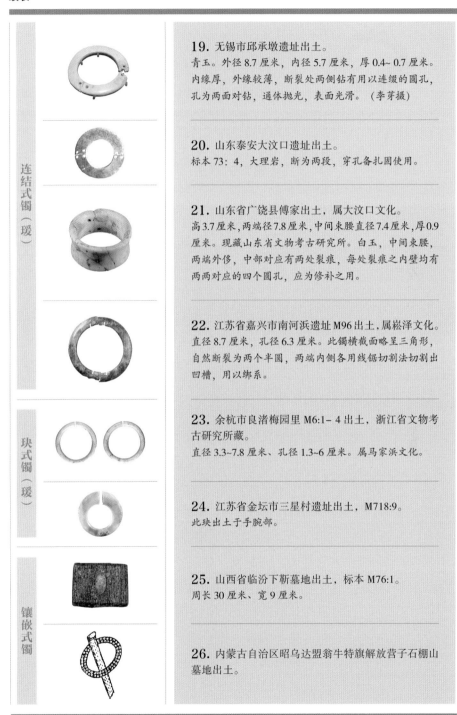

连结式镯（瑗）	**19.** 无锡市邱承墩遗址出土。 青玉。外径8.7厘米，内径5.7厘米，厚0.4~0.7厘米。内缘厚，外缘较薄，断裂处两侧钻有用以连缀的圆孔，孔为两面对钻，通体抛光，表面光滑。（李芽摄） **20.** 山东泰安大汶口遗址出土。 标本73：4，大理岩，断为两段，穿孔备扎固使用。 **21.** 山东省广饶县傅家出土，属大汶口文化。 高3.7厘米，两端径7.8厘米，中间束腰直径7.4厘米，厚0.9厘米。现藏山东省文物考古研究所。白玉，中间束腰，两端外侈，中部对应有两处裂痕，每处裂痕之内壁均有两两对应的四个圆孔，应为修补之用。 **22.** 江苏省嘉兴市南河浜遗址M96出土，属崧泽文化。 直径8.7厘米，孔径6.3厘米。此镯横截面略呈三角形，自然断裂为两个半圆，两端内侧各用线锯切割法切割出凹槽，用以绑系。
块式镯（瑗）	**23.** 余杭市良渚梅园里M6:1－4出土，浙江省文物考古研究所藏。 直径3.3~7.8厘米、孔径1.3~6厘米。属马家浜文化。 **24.** 江苏省金坛市三星村遗址出土，M718:9。 此块出土于手腕部。
镶嵌式镯	**25.** 山西省临汾下靳墓地出土，标本M76:1。 周长30厘米、宽9厘米。 **26.** 内蒙古自治区昭乌达盟翁牛特旗解放营子石棚山墓地出土。

有领镯	**27.** 台湾卑南墓葬出土。

📄 臂饰的戴法

从臂饰的出土情况来看，在很多地区是从小佩戴，轻易不摘下的。如青海柳湾墓地出土的一种大理石制成的臂饰，呈环状或筒状，直径仅在6~11厘米，一般成人的手是很难套进去的，但它们恰恰都戴在死者的臂部或腕部。据发掘者推测，"这种臂饰可能是自幼就开始佩戴，至死也不取下的一种饰品[1]"。山东泰安大汶口遗址出土臂（腕）环21件，多数是石质的，玉质、骨质的不多，陶质的只有1件。这些臂（腕）环有的直径较小，今天手形较小的成人也套不下去，有的肉部扁宽，似亦不适于佩戴，但它们都恰恰佩于手腕部位。这些文物的出土为我们明确了这些臂（腕）环的具体用途，也说明了臂饰对这些地区人们的重要与珍贵。

在原始社会，臂饰的佩戴，不分男女，也没有左右手的限制。如浙江嘉兴凤桥高墩遗址的M9，玉镯出土时就明确套戴在成年女性墓主的左手腕部[2]。江苏昆山赵陵山M77的男性墓主，左手腕部戴有一件象牙镯和一件玉镯，右手腕部戴有两件玉镯，一件象牙镯和一件琮形镯[3]。上海青浦福泉山良渚文化墓葬共出土25件玉镯，镯孔中残留有墓主臂骨的有8件，其中套于右手的有3件，套于左手的有5件[1]。

① 青海省文物管理处考古队等.青海柳湾［M］.北京：文物出版社，1984.

② 浙江省文物考古研究所等.嘉兴凤桥高墩遗址的发掘［C］.崧泽·良渚文化在嘉兴.杭州：浙江摄影出版社，2005.

③ 江苏省赵陵山考古队.江苏昆山赵陵山遗址第一、二次发掘简报［C］.东方文明之光：良渚文化发现60周年纪念文集［C］.海口：海南国际新闻出版中心，1996.

图 2-4-2-9　**安徽含山县凌家滩出土戴臂环玉人** 高 8.1 厘米，厚 0.5 厘米。安徽省文物考古研究所藏。

① 黄宣佩.福泉山：新石器时代遗址发掘报告[M].文物出版社，2000：86-90.

② 吕学明等.重现女神：牛河梁遗址[M].天津古籍出版社，2008：124.

③ 山东省博物馆等.邹县野店[M].北京：文物出版社，1985.

④ 何介钧.洞庭湖区新石器时代文化[J].考古学报，1986，（4）.

⑤ 四川省博物馆.巫山大溪遗址第三次发掘[J].考古学报，1981，（4）.

⑥ 图片摘自蒋卫东.神圣与精致：良渚文化玉器研究[M].杭州：浙江摄影出版社，2007：139.

⑦ 南京博物院.江苏邳县大墩子遗址第二次发掘[J].考古学集刊第1集.

在内蒙古牛河梁遗址积石冢墓葬中的玉镯，根据出土状态分析，墓内若出单镯，则必定戴在右腕上，若出双镯，则左右腕各戴一个②。从大量出土臂（腕）环的墓葬来看，在数量上，也不局限于一臂仅戴一个，而是可以一臂戴多个。这在安徽凌家滩出土的一个玉人身上有很直接的体现（图 2-4-2-9）。如山东邹县野店遗址 M47 的男性墓主，右臂有 9 件玉环，左臂有 6 件玉环③；湖南华容车轱山遗址，也发现有套至 11—12 件臂环的④。

在江汉地区，有部分臂饰在功用上已发生了一些变化，如大溪遗址 M140，墓主为女性，其手臂上戴着蚌镯，而胸部却放置有两件石镯⑤，说明同样的饰品在功用上已有差异。在山西庙底沟二期文化至陶寺文化时期的墓葬中，曾出现有玉璧套戴在死者手腕部的现象。如山西省丙城清凉寺墓地发现多个墓葬中死者手臂上套着玉璧，如 M61 为小型墓，墓主右臂近腕处套着 2 件玉璧；M79 为中型墓，墓主人左手套有 2 件玉璧，其中 1 件为连缀复合玉璧；M46 的墓主则在右手套有 1 件玉璧（图 2-4-2-10）⑥。但仔细推究，直径 20 厘米以上的玉璧不可能作为日常臂饰佩戴，那样不仅会严重影响日常起居，给生活、生产活动增添诸多不便，而且玉璧也时常面临碰磕碎裂的风险。所以，这些玉璧可能属于某种宗教用品，只会在特定的礼仪场合，或干脆在死者的葬礼上才被佩戴。

四 足饰

除了各类臂饰，在新石器时代的一部分墓葬中，在人骨的腿脚部位，也会经常发现一些环类，骨珠或玉珠散落周围，推测应是足饰。在邳县大墩子 M218 中女性人骨的左跖骨旁，曾发现了 10 颗雕刻精致的小骨珠⑦，很可能是穿套在足部的装饰品。在有些良渚文化墓葬中，墓主的脚

图 2-4-2-10

山西芮城清凉寺 M46，一件玉璧套戴在墓主右手臂上。

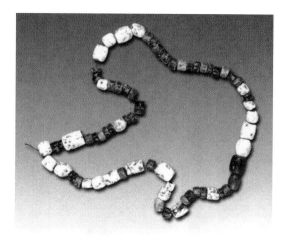

图 2-4-2-11　**足串**

良渚晚期遗址浙江省桐乡新地里遗址出土。为 71 颗玉珠组串，出于死者腿脚部位。

① 图片摘自浙江省文物考古研究所，桐乡市文物管理委员会.新地里(上、下)[M].北京：文物出版社，2006.

② 浙江省文物考古研究所.余杭吴家埠新石器时代遗址[C].浙江省文物考古研究所学刊.北京：科学出版社，1993.

③ 张明华.良渚古玉用途新论[J].南方文物，1993，(03).

④ 南京博物院.江苏邳县大墩子遗址第二次发掘[J].考古学集刊，1965，(02).

⑤ 参见谢端琚.甘青地区史前考古[M].北京：文物出版社，2002.

部也会发现一种小圈的珠串，推测可能是足链（图 2-4-2-11）①。浙江余杭吴家埠遗址的 M8 墓主脚部有 8 件小玉珠，从同时随葬的陶纺轮看，墓主应为女性②；反山 M12 墓主两脚踝部各有一串小珠串③；苏北邳县大墩子遗址 M218 女性墓主的左跖骨旁，也曾发现过 10 颗雕刻精致的小骨珠④，可能也是一串足链。在甘肃东乡林家遗址、天水师赵村遗址、西山坪遗址、阳洼坡遗址等马家窑文化早、中期遗址中，出现大量陶环，其中很多置于死者足踝处⑤，可能是作为足环使用的。

第五节　原始社会的手饰

在原始社会的人体装饰品中，手部的饰物目前只发现有指环，指环相对于颈饰、头饰、耳饰、臂饰要少得多，而且主要出土于新石器时代的墓葬中。

一 指环的材质

新石器时代出土的指环以牙骨角质为多。如大汶口文化及其后的龙山文化中发现有较多的指环。以山东泰安市大汶口遗址为例，仅 1959 年的第一次发掘，就发现了 20 枚指环（和 1 件半成品），分别出自 15 座墓葬中，其中有 9 枚仍套在死者的指骨上[①]，这些指环的材质多样，石、玉、骨、角质皆有，以骨质的最多，其中发现有一骨指环，上嵌三块绿松石圆饼，是史前骨指环中制作最为精良者（表 2-14：3）。山东章丘市大汶口文化焦家遗址出土鹿角质指环 2 件，通体磨光，一件断面呈圆形，一件断面呈半圆形[②]。在马家窑文化、青莲冈文化中也都发现有骨指环，如甘肃兰州西坡（坬）遗址便发现骨指环 2 件，磨制甚精细，皆完整，断面呈长方形[③]。属良渚文化的浙江海盐龙潭港遗址 M26 也出土有 1 枚骨指环[④]。

在史前指环中，制作最精良的当属玉石质指环，其中很多环壁上都有钻孔，里面原应镶嵌有饰物，可以说是后世嵌宝指环的雏形。这类指环大部分出土于山东大汶口文化的墓葬中。如山东曲阜西夏侯遗址出土指环 1 件 M8:2，大理岩，乳白色，上面有一个漏斗状小孔，原来当嵌有其他饰物（表 2-14：4）[⑤]。山东省泰安市也出土过几枚环壁上有一个两面对钻圆孔的指环，如标本 25：14，以淡绿色玉石制成（表 2-14：2）；标本 125：47，白色大理岩制成，只是里面的镶嵌物均已脱落。山东章丘市焦家遗址也出土过白玉指环 3 件，内缘较平，外缘圆鼓，一侧斜穿一孔，直径 3.8 厘米；石指环则有 14 件，一部分壁上钻一小孔[⑥]。当然，玉石质指环中，有钻孔者毕竟为少数，大部分还是

① 山东省文物管理处，济南市博物馆.大汶口：新石器时代墓葬发掘报告[M].北京：文物出版社，1974:10.

② 章丘市博物馆.山东章丘市焦家遗址调查[J].考古，1998，（6）.

③ 甘肃省博物馆.甘肃兰州西坡（坬）遗址发掘简报[J].考古，1960，（11）.

④ 浙江省文物考古研究所、海盐县博物馆.浙江海盐县龙潭港良渚文化墓地[J].考古，2001，（10）.

⑤ 中国科学院考古研究所山东队.山东曲阜西夏侯遗址第一次发掘报告[J].考古学报，1964，（12）.

⑥ 章丘市博物馆.山东章丘市焦家遗址调查[J].考古，1998，（6）.

① 苏州博物馆等.江苏常熟罗墩遗址发掘简报[J].文物,1999,(7).

② 昌潍地区文物管理组、诸城县博物馆.山东诸城呈子遗址发掘报告[J].考古学报,1980,(3).

③ 山东省文物考古研究所鲁中南考古队、滕州市博物馆.山东滕州市西康留遗址调查、发掘简报[J].考古,1995,(3).

④ 国家文物局.浙江余杭卞家山遗址[C].2003中国重要考古发现.北京:文物出版社,2004:36.

⑤ 中国科学院考古研究所甘肃工作队.甘肃永靖秦魏家齐家文化墓地[J].考古学报,1975,(10).

素面。指环在良渚文化中发现不多，但江苏常熟罗墩遗址曾发现良渚文化玉指环3件，均体形厚实而小，横截面呈半圆形，似缩小的玉镯（表2-14：1）①。

此外，还有陶指环。如山东诸城呈子遗址第二期出土有一个手制陶指环，剖面椭圆形，直径2厘米②。山东滕州市西康留遗址发现大汶口文化陶制指环一枚，泥质橙黄陶，束腰形，高1.5厘米（表2-14：6）③。在浙江余杭卞家山曾发现两枚指环形态及大小的竹编制品④，其是否是戒指还不敢肯定。但根据现存原始部落的人体装饰品来看，植物类竹木质指环在原始社会必定应该存在过，只是因其不易保存而难觅其踪。

在新石器时代晚期的齐家文化中，还发现过金属质地的铜指环。如甘肃永靖秦魏家齐家文化墓地中发现有两件小铜环（M70:2、M99:6），圆形，均残，系锤击成，都出在人骨架的手指旁，应该是用作指环⑤。

二 指环的形制分类（表2-14）

原始社会出土指环的造型主要分为两类：圆环形和圆管形。

其中，圆环形最为常见，也是历代指环的主流形制。各种质地都有，横截面呈半圆形为多，也有呈圆形、椭圆形和方形的（表2-14：1）。环面则以正圆形为多。圆环形当中，又分素面圆环形和圆环钻孔形两类。圆环钻孔形指环环壁上所钻之孔又分漏斗形（表2-14：4）和两面对钻直筒形两类（表2-14：2、表2-14：Ⅰ型）。

第二类为圆管形指环，环壁较高，呈管状。这类指环玉石质的比较少，大多为骨管随形磨制而成，所以环面正圆形不多，多为椭圆形（表 2-14：5）。也有少量陶塑者，出现束腰形等新型制（表 2-14：6、表 2-14：Ⅱ型）。

表 2-14：原始社会指环的造型分类

素面圆环形	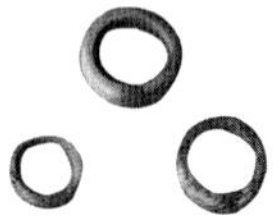 **1. 玉指环** 江苏常熟罗墩遗址良渚文化玉指环 3 件。 均体形厚实而小，横截面呈半圆形，出土时位于手指部位，其中一件器形规整，外缘隆起浑圆，直径 2.7 厘米，宽 0.5 厘米，厚 0.6 厘米。线图为 M8：13。
Ⅰ型：圆环形 — 圆环钻孔形	**2. 玉指环** 山东省泰安市大汶口遗址出土，淡绿色玉石制成。 环壁内直外鼓，外沿有一个两面对钻的圆孔。[1] **3. 嵌绿松石骨指环** 山东省泰安市大汶口遗址 M22 出土，骨质。 高 1.8 厘米，径 3.7 厘米，内径 2.3 厘米。（李芽摄） **4. 石指环** 山东曲阜西夏侯遗址出土。 M8：2，大理岩，乳白色，上面有一个漏斗状小孔，原来当嵌有其他饰物。外径 3.1 厘米，孔径 1.9 厘米。出土时套在人骨左手的中指上。[2]
Ⅱ型：圆环形	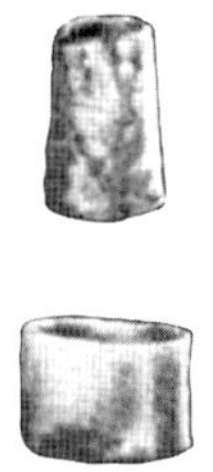 **5. 骨指环** 江苏邳县大墩子遗址共出土类似骨管 4 个。 均呈椭圆形管状，管壁甚薄，只有 1~2 毫米，通体光亮。 M44：12（中间线图）出土时就套在墓主右手手指上，该墓主为约 30 岁男性，从随葬品看，应是一位社会地位较高，受尊敬的人。左图为（大 M4：15、M4：14）。[3]

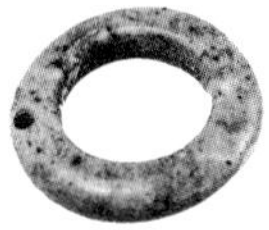

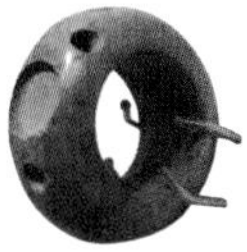

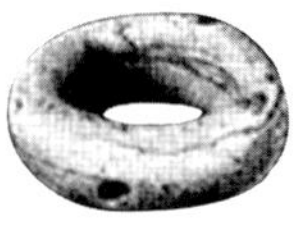

---

① 山东省文物管理处，济南市博物馆.大汶口：新石器时代墓葬发掘报告［M］.北京：文物出版社，1974：99.
② 中国科学院考古研究所山东队.山东曲阜西夏侯遗址第一次发掘报告［J］.考古学报，1964，（12）.
③ 南京博物院.江苏邳县四户镇大墩子遗址探掘报告［J］.考古学报，1964，（2）.

II型：圆环形	

6. 陶指环
山东滕州市西康留遗址大汶口文化陶制指环。
泥质橙黄陶，束腰形，高 1.5 厘米。①

三 指环的戴法

从新石器时代指环出土情况来看，指环的佩戴不分男女，但以男性为多；佩戴也不分左右手，但似乎以中指佩戴为多。

从泰安大汶口遗址出土情况来看，指环分别出自 15 座墓葬中，其中有 9 枚仍套在死者的指骨上，其佩戴既不分男女，也不分左右手。山东诸城呈子遗址第一期 M20 男性墓主右手中指上发现套着 1 枚石指环，剖面近椭圆形，直径 3.6 厘米②。山东曲阜西夏侯遗址出土的指环，出土时则套在左手的中指上③。江苏常熟罗墩遗址发现良渚文化玉指环 3 件，其中 M8：13 出土时位置明显在左手的手指部位④。介于大汶口文化和良渚文化交界地带的苏北地区的一些遗址中，也常有指环发现，如江苏邳县大墩子遗址 M44 墓主为约 30 岁男性，其右手手指上就套有 1 枚骨管指环⑤。江苏常州圩墩遗址发现一男性人骨的左手指骨上有 1 枚骨指环，环体宽厚⑥。

① 山东省文物考古研究所鲁中南考古队、滕州市博物馆．山东滕州市西康留遗址调查、发掘简报［J］．考古，1995，（3）．
② 昌潍地区文物管理组、诸城县博物馆．山东诸城呈子遗址发掘报告［J］．考古学报，1980，（3）．
③ 中国科学院考古研究所山东队．山东曲阜西夏侯遗址第一次发掘报告［J］．考古学报，1964，（12）．
④ 苏州博物馆等．江苏常熟罗墩遗址发掘简报［J］．文物，1999，（7）．
⑤ 南京博物院．江苏邳县四户镇大墩子遗址探掘报告［J］．考古学报，1964，（2）．
⑥ 吴苏．圩墩新石器时代遗址发掘简报［J］．考古，1978，（4）．

附 原始社会代表性墓葬出土装饰品综述

一 山东泰安大汶口墓葬群出土装饰品一览[1]

① 墓葬文物出土信息均摘
自：山东省文物管理处，
济南市博物馆. 大汶口：
新石器时代墓葬发掘报告
[M]. 北京：文物出版社，
1974.

② 原报告称猪獠牙头饰为
"束发器"。

山东大汶口遗址是新石器时代晚期大汶口文化的代表性遗址之一，位于山东省泰安县和宁阳县交界的地方，距今有 5000 多年。大汶口墓葬随葬品的陈放位置是比较清晰的：猪獠牙头饰[2]、臂环、成串的头饰、颈饰，佩于应佩的部位。指环有 9 件套在手指上。随葬品的陈放位置，对判断某些器物的用途有着重要的价值。例如猪獠牙头饰，假如我们不了解其佩于头上，仅从形制判断，就会误认为是一种牙刀。又如有的臂环直径较小，手形较小的成人也套不下去，有的肉部扁宽，似亦不适于佩戴，但它们都恰恰佩于手腕部。

大汶口墓葬中出土了相当数量的装饰品，有的单独出现，有的成组。质料有白色的大理石，翠绿色的玉石和松绿石，以及骨料和象牙制品。出土情况证明，不仅女性佩戴，男性也佩戴。据出土部位、佩戴情形，大致可分为头饰、颈饰、臂饰以及其他佩饰，计有锥形饰、猪獠牙头饰、梳、成串头饰、颈饰和臂环、指环等主要品种。另出土有骨、牙雕筒共 26 件，大都位于死者腰部，可能是一种宗教用器。龟甲 20 件，有的有穿孔，有的涂有朱彩，大多也放于腰侧，当是系挂于身上的佩戴之物，或与巫医、卜筮有关[3]。

③ 王树明. 大汶口文化墓
葬中龟甲用途的推测[J].
中原文物，1991，（2）.

10 号墓装饰品出土分布及人物形象还原（图 2-附 -1-9）：

10 号墓是一大型墓葬，所葬为一年龄在 50~55 岁的女性，其随葬品的精致和丰富是这批墓葬之冠。墓主双手握

图2-附-1-1 **头饰**
出土于10号墓。

图2-附-1-2 **臂环**
出土于10号墓。

图2-附-1-3 **象牙雕筒**
（李芽摄）

有獐牙，周身覆有一层厚约两厘米的黑灰，疑为衣着。头部佩戴一把象牙梳，Ⅰ式锥形器2件，其中一件压在头下，Ⅱ式锥形器1件。头饰两串：一串由25件白色大理岩长方石片与2件牙形石片组成（表2-3:1）。另一串由31件大理岩管状石珠组成，位置在头的左侧（图2-附-1-1）。颈饰一串，由19件形状不规则的松绿石片组成（表2-11:4）。右臂佩一玉质半透明绿色臂环（图2-附-1-2），随葬有一玉指环，右膝附近放一骨雕筒，另随葬有象牙雕筒2个（图2-附-1-3）、牙片2片、象牙管1个。

47号墓装饰品出土分布及人物形象还原（图2-附-1-9）：

47号墓是这批墓葬中装饰品出土最为丰富的墓葬：墓主为一成年人，性别原报告未标明。人头骨上一对猪獠牙制成的饰物（图2-1-4-1），两只石锥形器散落在头骨前面（表2-1:10），大约是从头发上脱落下来的，耳部均有璧形石环一组，大概是悬饰。头饰四串：一串由8件大理岩长方石片组成，其中竖排穿有三孔的4件，二孔的1件，上端穿一圆孔的3件（表2-3:3）；另一串由22件大理岩石块组成，石块形状不规则，不少利用残臂环等加工制成，穿孔的一端都先经过磨薄（图2-附-1-4）。还有两串，由11件大小不等的石环组成（表2-3:5）。颈饰一串，由6件白色大理岩短管状石珠组成（图2-附-1-5）。两腕各戴一圆形臂环（图2-附-1-6）。龟背腹甲一对置于右

图 2- 附 -1-9 大汶口 M10、M47 出土首饰复原图

图左女性根据 M10 出土首饰复原，身穿贯口衫，其头部插有 1 把象牙梳，2 件玉锥形器作为笄来固定发髻；额部饰有 2 串头饰，
1 串为白色大理岩长方石片和牙形石片穿成，另 1 串为大理石珠穿成；耳部悬有象牙片耳坠；颈部戴有绿松石颈饰 1 串；右臂戴
有 1 玉臂环；右手中指戴有 1 玉指环；腰间悬挂 1 骨雕筒。

图右男性根据 M47 出土首饰复原，头部有 1 对猪獠牙头束发，猪獠牙根部穿孔处悬有 1 玉锥形器坠饰；耳部戴有环状耳坠；头
戴额饰 4 串：1 串为大理岩长方石片组成、1 串为大理岩不规则石块组成、另 2 串由大小不等的石环组成；颈部戴管状石珠颈饰 1
串；两腕各戴 1 圆形臂环；龟背腹甲制成的囊袋悬于腰部，其功能可能是用来盛放医具和占卜器的。

两人面部均有绘面妆饰，侧门齿均拔除。

（张晓妍绘）

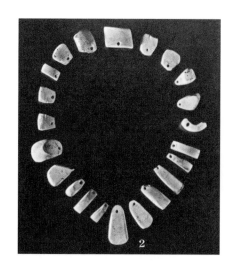

图 2- 附 -1-4　**头饰**
出土于 47 号墓。

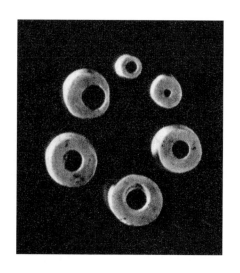

图 2- 附 -1-5　**颈饰**
出土于 47 号墓。

图 2- 附 -1-6　**臂环**
出土于 47 号墓。（李芽摄）

腰部（图 2- 附 -1-7、8[①]）。另根据对大汶口墓葬部分人骨的观察，男性和女性均有头部人工变形和拔牙的习俗，一般是拔除上颌侧门齿。

三 浙江省安溪镇瑶山墓葬群出土装饰品一览[2]

瑶山墓葬群属良渚文化中期偏早阶段，是良渚目前所知出土玉器最为丰富的两处显贵墓地之一。该墓葬群每一墓葬中普遍出土冠形器、三叉形器、成组锥形器、玉璜、圆牌和镯形器、玉琮等，胸前普遍散落管串饰，应为墓主人的胸饰。神人兽面纹是良渚文化装饰品上的代表纹饰，除此之外，龙首纹也是瑶山墓葬的特色纹饰，除蚩尤环外，刻有龙首纹的还有圆牌、璜等。在诸多装饰品中，每座墓都出土的玉器只有玉梳背[③]，且每墓只出一件，这是全部墓葬的共性之一，这说明，玉梳背在瑶山墓地出

[①] 摘自山东省文物管理处，济南市博物馆 . 大汶口：新石器时代墓葬发掘报告 [M]. 北京：文物出版社，1974：图版 14:1.

[②] 墓葬文物出土信息均摘自：浙江省文物考古研究所 . 瑶山 [M]. 北京：文物出版社，2003.

[③] 原报告中称"玉梳背"为"冠形器"。

图 2- 附 -1-7　龟背腹甲
出土于 47 号墓。

图 2- 附 -1-8　墓 47 文物出土情形

土器物中占重要地位。其中四号墓、十一号墓、十四号墓玉梳背旁均有两粒玉珠，形制相同，应为耳饰。整个墓地仅有 1 件玉带钩出土。

其中南行墓列一般是男性墓葬，只在南行墓列中出土的有三叉形器和钺，且每墓各只出一件；成组锥形器，每墓也只出一组；还有琮等。北行墓列则主要为女性墓葬，只在北行墓列中出土的玉器只有玉璜，除 M5 没有，其余每墓出 1~4 件不等。在那些出土两件以上玉璜的墓中，都有一件玉璜和玉质圆牌串饰相组合，这表明圆牌和玉璜有密切联系，并与女性墓主有密不可分的关系。

这里复原的是南行男性墓中的 7 号墓和北行女性墓中的 11 号墓。

7 号墓装饰品出土分布及人物形象还原（图 2- 附 -2-8）

7 号墓共出土随葬品 158 件（组），以单件计共 679 件，是全部发掘墓葬中随葬品最丰富的一座（图 2- 附 -2-1）。头骨上部有三叉形器及玉管各 1 件、锥形器 10 件；西侧有玉梳背 1 件（图 2- 附 -2-2）、其四周散落着 26 颗小玉

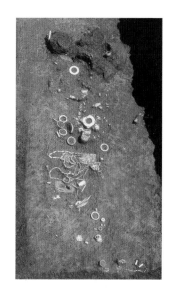

图 2- 附 -2-1
瑶山 M7 文物出土情况实景图

图 2- 附 -2-2　**玉梳背**
瑶山 M7 出土。

图 2- 附 -2-3　**玉带钩**
瑶山 M7 出土。（李芽摄）

---

① 4 号墓中玉梳背北侧也出土有一对球形玉珠（M4：30、32），两者间距 8 厘米。与两件球形玉珠相邻还各有 1 件腰鼓形玉珠（M4：31、32），原报告推测这 4 件玉珠可能是死者的耳饰。

粒，近旁还有一串由 18 颗玉珠组成的串饰，此串饰围绕直径较小。右手持玉钺。有一组由 114 颗玉管组成的串饰，其位置约当于死者的腹部，当为胸前挂饰（表 2-11：1），与其相邻出土的还有两串玉管串及若干玉粒与玉珠。墓室共出土镯形器 12 件，分为扁环状（2 个）、宽环带状（7 个）和筒形镯（3 个）三式，其中墓室中部集中放置 9 件，分置于两侧，原应戴于两臂，似有臂环和腕镯之分，可以确认为臂环的有 1 件，位于右上臂（图 2-4-2-6）。镯形器西侧有 1 件锥形器。镯形器下部有玉带钩 1 件（图 2- 附 -2-3）。玉带钩下部有 1 件平面略呈三角形的玉牌饰（图 2- 附 -2-4），圆端向南。其周围有 4 枚动物牙齿。此外玉管串共计出土 255 件，经室内整理归纳成 11 串，玉珠串 5 组。以及零散玉管 66 件、玉珠 10 件、玉粒 55 件，在冠形器和镯形器周围都有分布。手握完整玉钺。

11 号墓装饰品出土分布及人物形象还原（图 1- 附 -2-8）

11 号墓属北行墓列，应是一女性墓，人骨已朽无存。该墓随葬品和首饰有关的主要是玉器，多为白玉，另有 2 件绿松石珠。

墓室南部有一玉梳背，故推测此处应为人骨头部位置。玉梳背两侧有一对半球形玉珠，可能是耳饰（图 2- 附 -2-5）①。玉梳背下方有 2 组玉管串饰，内圈 16 管，外圈 23 管，1 件玉璜被压在两组管串饰之下，另一件则叠压在管串饰之上，还有一件玉璜位于两组管串饰之间。因两

图 2- 附 -2-4　**玉牌饰**

1件，平面略呈三角形，整器采用透雕和阴线刻技法，
似神兽纹，又似变形的伏蛙。

宽 7 厘米，高 3.9 厘米，厚 0.42 厘米。

图 2- 附 -2-5　**玉耳饰**

瑶山 M11 出土。

图 2- 附 -2-6

玉管串 M11: 95（外圈，23 件）；
M11:96（内圈，17 件）

与玉璜 M11:94 组合复原造型。

图 2- 附 -2-7

圆牌串饰与玉璜 M11:54 出土时的情形。

① 4 号墓玉梳背周围也
出土有 1 件玉璜和 16 件
一组的管串饰。玉璜出土
时，有刻纹的一面朝上。
部分管串饰被冠形器所叠
压，由此可看出璜、管串
饰和玉梳背之间有着密切
联系。

组管串饰与玉梳背很近，且全串圈径较窄，故推测可能属于
头饰（图 2- 附 -2-6）①。

　　墓室中部出土首饰最多，除散乱分布的管、珠、瓣形
玉饰外，主要器种是玉璜组合串饰和镯形器（表 2–13:6、
表 2–13:15）。玉璜出土时微有倾斜，其周围分布 12 件圆
牌饰，玉璜与圆牌饰成组，应为墓主人的胸饰。镯形器 9
件（图 2- 附 -2-7），其中 4 件镯形器呈南北向上下叠压。
在大量的玉管、玉珠中，属成组的管串有 5 组，珠串有 1 组。
另有玉坠 1 件，玉圆牌 1 件，玉锥形器 2 件。墓中还有散
布的 75 件瓣形玉饰，平面多钻有隧孔，可能是衣服上的
缝缀饰件。

图 2- 附 -2-8　瑶山 M11、M7 出土首饰复原图

左边男子根据瑶山 M7 出土首饰所绘，其头部羽冠根据良渚文化大量出土的羽冠神人形象设计，出土锥形器既可支撑羽毛，又兼做装饰；头前插有玉背象牙梳，头上立有三叉形玉饰；颈部戴有大量玉珠、玉管和半圆形玉饰穿制成的胸项饰；手腕上共戴有 8 个玉镯，右臂上戴有 1 个玉臂环；腰间有玉带钩，并垂挂有由一系列玉珠、管和半圆形玉饰组成的组玉佩；手持玉钺。

右边女子根据瑶山 M11 出土首饰所绘，其发髻上插有玉背象牙梳，并戴有 2 串玉珠串头饰，其上连缀有 3 个玉璜，1 个位于额前，2 个位于脑后；耳部悬有玉耳坠；胸前戴有 1 组玉璜与玉圆牌组合串饰，及一系列玉珠、玉管与玉锥形器组成的串饰；手腕上共戴有 9 件玉镯；腰间悬有由若干玉珠、玉管、玉圆牌与玉坠组成的组玉佩。脚踝部有 1 组串饰。

（张晓妍绘）

第三章

中国先秦时期的首饰

李 芽

先秦（公元前 21 世纪—公元前 221 年）是指我国从进入文明时代直到秦王朝建立前这段历史时期，其间历经夏、商、周三代，共计 1800 余年。

从夏开始，中国步入了阶级社会，由于阶级意识的形成，中国古代服饰开始注入了等级差别和身份尊卑的内涵，如《左传·熹公二十七年》中引《夏书》称夏代"明试以功，车服以庸"，即指用车马及服饰品类显示有功者身份的尊贵和荣宠。商代物质生活资料的丰富远逾夏代，助长了贵族服饰的奢靡之风，服饰的礼仪制度也得以确立。据《帝诰》称商汤居亳："施章乃服明上下"和"未命为士者，不得朱轩、骈马、衣文秀"。周代是中国历史发展的一个转折期，周王朝为了维护统治，在分封制和宗法制之外，在夏商礼制的基础上，推行了一整套维护统治阶级内部秩序的"礼乐制度"。西周时期的礼乐制度表现在贵族生活的各个方面，从衣冠服饰，到车马出行，再到食用器具，都依身份的高低而有严格的规定。因此，先秦时期首饰的使用最大的特色就是有等级制度的烙印。但毕竟历史比较久远，文献还非常有限，尽管三礼中记述了与服饰相关的制度，但有关首饰制度的文献资料还非常有限，主要是关于笄、假发和组玉佩的使用，其他首饰门类则少有提及。

先秦时期首饰的材质依旧以牙、骨、玉类为主，贵族尤喜用玉。至春秋时期，甚至受儒家思想影响，在文献中将玉饰明确地作为区分君子与小人，体现内心修养的承载物。使玉饰既有装饰的功能，又有礼玉的性质，这其中最明显的体现就是组玉佩的使用。从出土文物来看，组玉佩体现的等级差别在西周墓中体现得最为明显，尽管文献资料多出于东周，但可以想见玉佩所体现的服饰等级当在西周已成定制。

先秦时期首饰的材质相较于原始社会的最大变化就是金属首饰的出现。比如青铜首饰，在新石器时代晚期的齐家文化中便已有少量出土，在被判定为夏末商初的甘肃河西走廊四坝文化中也有铜耳环和铜镯的出土。商文化区出土黄金制品的数量是十分稀少的，绝大多数商墓内都没有黄金制品出土，就连生前地位十分显赫的殷王武丁之妻妇好的墓内，也没有发现黄金制品，而在殷王室的文字档案甲骨文中，也全然没有关于贡纳、掠夺或使用黄金的只言片语，这种现象，意味着商文化对于黄金持一种比较冷漠的态度，其价值取向并不倾向于黄金，而是倾向于传统的青铜。商代中国北方地区、中原地区、西南地区虽然相继出现零星金器，如在河北藁城县、北京平谷县、河南郑州市和辉县、四川广汉和成都等地，但数量少，且多为金叶片、金箔、金丝制品等饰件，独立的首饰并不多见。1977年，北京平谷县刘家河商墓出土了金耳环、金镯、金笄（图3-0-1）及金箔残片等物，从工艺上看，金耳环和金镯为锤制而成，金笄系用范铸法成型，这是迄今我国发现的最早的成套金首饰。进入周代，陕西韩城梁代村芮国国君墓M27出土金器种类很多，如有金肩饰、金腕饰、金佩饰、金带饰等，其数量和质量，不仅为同时期考古所未见，甚至在其后很长一段时间内也少有比肩者。芮国墓，结合年代相近的晋国、虢国、秦国等诸侯国出土金器，反映了在两周之际，我国的黄金制造工艺有了一个比较大的发展，用稀有金属黄金制作器具和饰品，可能已经走入了当时上层社会的生活圈。但总体来讲，先秦时期的首饰材质依旧是以玉、石、牙、骨、竹、木为主，金属并不占据主流，出土非常有限。

从首饰门类来看，以组玉佩所代表的颈胸饰不仅是此时代的一个亮点，而且也是中国整个古代首饰史发展中颈胸饰最为讲究和复杂的时代。尽管到东周时期，组玉佩从佩戴于颈胸部逐渐下降到佩于腰部，并且从此再未上移，但仅此惊鸿一瞥，也足以展示颈胸饰曾经之芳华。至于为何中国的颈胸饰春秋之后再无复兴，这是一个值得研究的现象。

在头饰的使用上，笄依旧是使用最广泛者。步入西周，随着贵族女性中高髻的流行，各类假发开始出现，并和笄成为首饰中区分身份等级的一个重要标志。

还有值得一提的就是耳饰在汉族中的没落，以玦为代表的耳饰，在西周时尚有大量出土，但到战国时在中原已几近绝迹，耳环和耳坠则主要出土于中原周边少数民族墓葬区，并且此种现象一直延续至唐，至宋以后耳饰才逐渐在汉族女子中开始流行。而玦在先秦的诸多文献中从未被作为耳饰提及，而是作为佩饰和符节器使用，因此，其于西周时尽管还大量出土于人骨头部两旁，但其使用方式是否是穿耳所戴，还有待研究，笔者推测或与此时另一礼仪性耳饰"瑱"的使用有关，悬垂于耳畔的可能性更大一些。毕竟，从多璜组玉佩的出土来看，西周时的礼制已非常严格，成书于秦汉之际《孝经·开宗明义篇》中所述的"身体发肤，受之父母，不可毁伤"之训导当在周代已有滥觞。

先秦时期的臂饰和足饰由于衣服形制逐渐完备，相较于新石器时代都有所减少，但一些诸侯王的大墓中腕串和颈串的制作珠玉相间，异常精美，且不限男女，是此时代的一个亮点，并且后世也颇为少见。

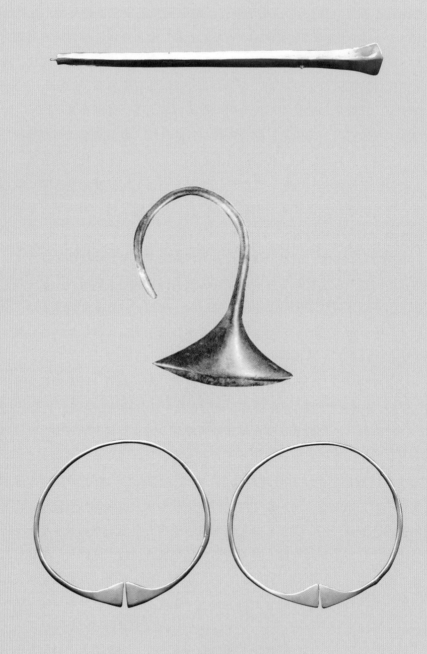

图 3-0-1 **金笄、金耳环、金镯**
北京平谷县刘家河商墓出土。（李芽摄）

指饰出土量很少，但这一时期出现的套于大拇指上拉弓射箭用的韘是一大特色，并且西汉中期以后几近绝迹，直到清朝才以扳指的形式再度流行。

先秦时期，墓葬中出土珠串数量众多。但当墓主身旁珠饰出土数量达到一定程度，如几千至万余粒之多时，其作为首饰的可能性就不大了，而很有可能是"珠襦"。段玉裁《说文解字注·衣部》："襦，若今袄之短者。"珠襦，即用珠子串联而成的短袄。文献中对此多有记载，如《吴越春秋·阖闾内传》记载阖闾葬女："金鼎玉杯，银樽珠襦之宝，皆以送女。"考古实例中也反映了珠襦的存在，如浙江绍兴306号战国墓[1]，云南江川李家山古墓群等。除此之外，各类低等级墓葬人骨周边各种零星的珠玉出土不计其数，其当是和组带相连佩挂于身上各处的小型饰物，在此不做专题论述。

① 浙江省文物管理委员会等.绍兴306号战国墓发掘简报［J］.文物，1984，（1）.

第一节 | 先秦时期的头饰

一 笄

先秦时期，随着礼制的发展，笄的使用变得日趋普遍。《礼记·曲礼上》载："男子二十，冠而字。"即表明男子二十岁行"冠礼"，并命字，表示已成人。而冠与发式是密切关联的，男子从此要结发成髻，再戴上冠巾，正所谓"发有序，冠乃正"。冠礼的冠与后世的帽子形制大不相同，它并不是全部地罩着头顶，而是用冠圈套在发髻上，将头发束住，然后用"缨"（即冠圈两旁的两根丝绳）绕颔下系稳，或用"纮"系在笄的左端，要绕颔下向上在笄的右端打结，将冠固定在头上。"笄礼"是女子的成人礼。

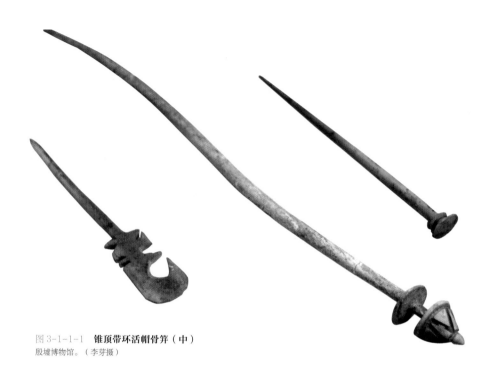

图 3-1-1-1　**锥顶带环活帽骨笄（中）**
殷墟博物馆。（李芽摄）

《仪礼·士昏礼》："女子许嫁笄而醴之，称字。"周代的《礼记·内则》中称："女子十年不出，十有五年而笄。"即指女子在 15 岁时要举行笄礼，以示成人，所以古称女子成年为"笄年"或"及笄"。笄礼时要解开头上的童式发辫，梳洗后贯于头顶，束髻插笄。《礼记·杂记下》载："女虽未嫁，年二十而笄。礼之，妇人执其礼，燕则鬈首。"这就是说，女子最迟到 20 岁，虽未出嫁，也要举行笄礼。由此，我们可以看出，至少从周代开始，不论男女，成人之后都要着笄。这时笄的作用除了用来束发，还要用来固冠，一般束发之笄短，固冠之笄长。固冠的笄也称"冠笄"，因其只能横着插入，也称"衡笄"。《释名·释首饰》："笄，系也，所以系冠，使不坠也。"女子也有此功能的笄，用于固定头上的首饰。《诗经·鄘风·君子偕老》："君子偕老，副笄六珈。"汉毛亨传："副者，后夫人之首饰，编发为之。笄，衡笄也。"殷墟曾出土一活帽锥顶带环大骨笄，长近 42 厘米，应是此类衡笄（图 3-1-1-1）。这类衡笄成对使用时可称为副笄，如有榫头笄首另加饰物，即应名"加"，唯加玉者名"珈"，先民尚玉，故毛传以珈为"笄饰之最盛者，所以别尊卑"[1]。

笄在周代的使用非常讲究，有明确的等级使用之别。《周礼·天官·追师》："掌王后之首服。"

郑玄注："王后之衡笄皆以玉为之，唯祭服有衡，垂于副之两旁，当耳，其下以纮悬瑱。"

贾公彦疏："王后之衡笄皆以玉为之者，以《弁师》'王之笄以玉'，故知后与王同用玉也。……其三夫人与三公夫人同服翟衣，明衡笄亦用玉矣。其九嫔命妇等当用象也。"[2]

即王后和三夫人、三公夫人在祭祀时应插戴玉制的衡笄，而地位较低的九嫔命妇等女子祭祀时则只能插戴象牙做的衡笄。这种衡笄上还可悬挂耳饰"瑱"，也算是笄的第三种用途了。"瑱"是一种礼仪性耳饰，在耳饰一节会专门介绍。

笄在不同的场合使用，按照礼制，其材质也有具体的使用规定。如行吉礼要用吉笄，丧礼要用恶笄，二者区别于质料及装饰上。《仪礼·丧服》："恶笄者，栉笄也……吉笄者，象笄也。"又："吉笄尺二寸。"贾公彦疏："吉时，大夫士与妻用象，天子诸侯之后、夫人用玉为笄。"即吉笄通常用象牙为之，位尊贵的用玉。恶笄的制作材料多样，通常有桑木、榛木、理木及筱竹等，视血缘关系的远近而选用。如斩衰之丧要用筱竹，名"箭笄"。《仪礼·丧服》："布总、箭笄、髽、衰，三年。"郑玄注："箭笄，筱竹也。"齐衰之丧用白理木为笄，上刻有齿数枚，如同栉具，又名"栉笄"。《礼记·丧服小记》："齐衰，恶笄，带以终丧。"普通之丧用桑木，因"桑"与"丧"音同。《仪礼·士丧礼》："鬠笄用桑，长四寸，缫中。"郑玄注："桑之为言，丧也。用为笄，取其名也。长四寸，

① 丛文俊.《诗经》"副笄六珈"古义钩沉 [J].安徽大学学报（哲学社会科学版），1998，（3）.

② 李学勤主编.周礼注疏 [M].（卷第八，十三经注疏标点本）.北京：北京大学出版社，1999：212-214.

① 中国社会科学院考古研究所二里头工作队.1981年河南偃师二里头墓葬发掘简报[J].考古，1984,（1）.

② 河南省文化局文物工作队.郑州二里岗[M].北京：科学出版社，1959：35.

③ 安志敏.郑州市人民公园附近的殷代遗存[J].文物参考资料,1954,(6).

④ 中国社会科学院考古研究所.殷墟发掘报告（1958—1961）[M].北京：文物出版社，1987：188.

⑤ 中国社会科学院考古研究所.殷墟妇好墓[M].北京：文物出版社，1980.

⑥ 中国社会科学院考古研究所安阳工作队.安阳侯家庄北地一号墓发掘简报[C].考古学集刊第2集，北京：中国社会科学出版社，1982：38.

⑦ 中国社会科学院考古研究所.安阳殷墟花园庄东地商代墓葬[M].北京：科学出版社，2007：201，245.

⑧ 安阳市文物工作队.殷墟戚家庄东269号墓[J].考古学报，1991,（3）.

不冠故也。缓，笄之中央以安发。两头阔，中央狭，则于发安，故云安发也。"这种笄在汉墓中有大量出土（表4-3）。

从考古材料中也可以看出不同质料的笄所反映的地位差别。平民墓中多出骨笄，玉笄或笄首雕刻复杂的骨笄一般出现在大夫级以上墓葬中。如殷墟遗址贵族殉人大墓，主人往往用玉笄，殉人则用骨笄，表现出明显的阶级区分。如安阳小屯M333为长方形大墓，有2具殉人，在大墓中心出土玉笄1枚，在其中一个殉人头骨顶部则出有骨笄2枚。M331也是一较大的墓葬，有6人殉葬。在主人墓出土玉笄26枚，玉鱼、玉饰共40件，应是配合使用的，而殉人处共出有骨笄8枚。因此笄的等级使用是以其数量、质量及制作工艺来体现的。

夏商墓葬中，出土数量最多的是骨笄。河南偃师二里头遗址墓葬M3人骨架头部出土1件骨笄①，此墓年代为二里头三期，正在夏王朝纪年内。郑州二里冈商代遗址出土完整的骨笄53件，残损的52件②。郑州人民公园附近遗址灰坑中出土一枚骨笄，头部刻成人形装饰③。商代殷墟遗址出土有大量的笄，1958~1961年发掘中共出土骨笄763件，能辨识出式别的有275件④，一般为顶端较粗，下端纤细。妇好墓出土骨笄数量最多，500多件，造型多样，极其精美，还出土玉笄28件，绿松石笄2件，骨制贴绿松石片笄1件，体现了妇好高贵的王族身份⑤。1978年发掘的侯家庄北地一号大墓出土骨笄11件，石质饕餮阴纹笄头1件⑥。花园庄东地M54出有玉笄1件，通体抛光温润；M60出土骨笄5件，头部均为鸟形。墓主身份为大贵族和一般贵族⑦。戚家庄269号墓出土骨笄1件，墓主身份为一般贵族⑧。郭家庄墓地

M65 出土骨笄 1 件，M161 出土骨笄 2 件。M160 出土玉笄 1 件，骨笄 3 件，墓主为部族上层人物[1]。新干商墓出土玉笄 2 件，细长通体磨光，1 件为圆锥形，1 件为六棱尖锥状[2]。

商代还出土有少量的金属笄。如北京平谷刘家河商代墓葬出土金笄 1 件（图 3-0-1）[3]；山西忻县连寺沟商墓出土铜笄 1 件；河南荥阳市小胡村商墓出土铜笄 1 件（图 3-1-1-2）[4]。

商代骨笄的造型，以素面圆锥状为多，精美者笄首有各种造型的雕饰。如妇好墓出土骨笄，按笄首的不同，可分为夔首形、鸟首形、圆盖形、圆片形、方牌形、四坡屋顶形等样式，其中鸟首形出土数量最多（图 1-6-4-1），而夔首形和四坡屋顶首制作最为精巧。夔首笄的夔作侧立形，口含笄杆，精巧光滑；三件四坡屋顶首的笄，其中两件笄首由孔雀石雕成，座下有圆孔，可插入笄杆，也是少见的精品。有的古建筑学家认为，这种笄头可能仿自殷代的某种建筑形式。从制作工艺看，笄大致分两种：一是独体的，即用一种材质一次性雕琢打磨而成；一是分体的，即笄身与笄首用一种或多种材质分别制成，随后插接、捆绑或粘结而成（表 3-1）。

商代玉笄的造型，数量远不及骨笄多，笄首造型也不如骨笄丰富，但很多笄首均有穿孔（图 3-1-1-3）[5]，可能便是史籍中记载的用于穿纮悬瑱或悬挂其他坠饰之用。在殷墟妇好墓中，出土了一些雕饰精美的玉笄，图案极富商代特色（图 3-1-1-4）。在安阳殷墟还出土了一些剑形石笄，如安阳小屯 M333，出土位置位于头旁，可能也为束发之用。

到了周代，出土笄的质料趋于多样，有木、竹、骨、角、玉、铜、铁、玛瑙、象牙等，其中仍以玉质较为珍贵，多发现于贵族墓葬中。笄首加饰者渐多，且制作愈加精美。

① 中国社会科学院考古研究所.安阳殷墟郭家庄商代墓葬［M］.北京：中国大百科全书出版社，1998：64、117、123.

② 江西省文物考古研究所等.江西新干大洋洲商墓发掘简报［J］.文物，1991，（10）.

③ 图片摘自中国金银玻璃珐琅器全集编辑委员会.中国金银玻璃珐琅器全集：金银器［M］.石家庄：河北美术出版社，2004.

④ 图片摘自陕西省博物馆.山西省博物馆馆藏文物精华［M］.山西人民出版社，1999；沈振中.忻县连寺沟出土的青铜器［J］.文物，1972，（4）.

⑤ 江西省文物考古研究所，江西省博物馆，新干县博物馆.新干商代大墓［M］.北京：文物出版社，1997.

图 3-1-1-2 **铜笄**
商代晚期。河南荥阳市小胡村商墓出土，
河南省文物考古研究院藏。（李芽摄）

图 3-1-1-4 **玉笄**
安阳殷墟出土。长 10.2 厘米，厚 0.55 厘米，笄体较短，
笄头雕刻出蹲踞状羽鸟，鸟喙内勾。（李芽摄）

图 3-1-1-3 **笄首穿孔圆锥形玉笄**
新干商代大墓出土，通长 17.8 厘米，径 1.1 厘米。细长圆杆椎体，顶
端扁平舌状，有一圆穿，舌下杆首饰雷纹一周，下端六棱锥体，近尖处
钻有一孔。

表 3-1：商代骨笄代表形制

1. 锥顶活帽骨笄
河南安阳殷墟出土。

下：高 35 厘米，上：高 41.7 厘米。

---

2. 高冠鸟体形方格纹骨笄
河南安阳殷墟出土。

高 10 厘米。

---

3. 四坡屋顶首骨笄
河南安阳妇好墓出土。

高 15.5 厘米。

---

4. 鸟首形骨笄
河南安阳殷墟出土。

高 10 厘米，笄首用阴线纹进行装饰。

---

5. 方牌首骨笄
河南安阳殷墟出土。

高 8.9 厘米，方牌四周刻双阴线装饰。

---

6. "羊"首形方格纹骨笄
河南安阳殷墟出土。

高 11.2 厘米。

---

7. 夔首形骨笄
河南安阳殷墟出土。

美国大都会博物馆藏。（李芽摄）

① 中国科学院考古研究所.沣西发掘报告：1955—1957年陕西长安县沣西乡考古发掘资料［M］.北京：文物出版社，1962:106.

② 中国科学院考古研究所.沣西发掘报告：1955—1957年陕西长安县沣西乡考古发掘资料［M］.北京：文物出版社，1962:27.

③ 周原考古队.扶风云塘西周骨器制作作坊遗址试掘简报［J］.文物，1980，（4）.

④ 湖南省博物馆.长沙楚墓［M］.北京：文物出版社，2000:395，409.

⑤ 河南信阳地区文管会、光山县文管会.春秋早期黄君孟夫妇墓发掘报告［J］.考古，1984，（4）.

⑥ 河南省文物研究所等.淅川下寺春秋楚墓［M］.北京：文物出版社，1991:101.

⑦ 图文摘自山西省考古研究所.长治分水岭东周墓地［M］.北京：文物出版社，2010.

⑧ 图片摘自古方.中国出土玉器全集·山西［M］.北京：科学出版社，2005.

⑨ 卢连成、胡智生.宝鸡（弓鱼）国墓地（上册）［M］.北京：文物出版社，1988.

西周时期的笄主要出土于陕西省长安沣河两岸，周代都城丰、镐遗址出土了大量的笄。如张家坡遗址出土的骨笄达700多件[1]，大都磨制精细，有的还雕刻有鸟形或镶嵌绿松石。丰镐遗址客省庄西周居住遗址出土的装饰品大多为笄[2]，以骨质为多，顶端为鸟形、钉头形等，有的还加有笄帽。周原出土的笄更是数以千计，还发现制作骨笄的作坊[3]。

长沙楚墓出土木笄4件，出于3座墓中，笄末端髹黑漆，同墓还出土有竹发簪1件[4]。这些木笄、竹笄能保留下来是非常不容易的。河南信阳黄君孟夫人墓，墓主为40岁左右的女性，出土时发髻保存完好，梳偏左高髻，发髻上插有木笄2支，其中一支木笄上有玉堵，头骨下散落玉饰102件，可能是与笄组合使用的发饰[5]。淅川下寺M2春秋墓出有玉笄堵2件，M1为女性墓主，头部出土了玉梳1件，玉笄2件，其中一件簪帽周身雕饰云雷纹和陶索纹，簪身亦刻云雷纹带三周（表3-2：4）[6]。山西长治分水岭东周墓中出土玉笄1件，装饰纹样极其精美（表3-2：1）[7]，另一件白玉笄首上甚至镶嵌有青玉立体透雕蟠螭（表3-2：3）[8]。

周代以来金属笄增多。竹园沟墓地16座墓均有铜笄出土[9]。茹家庄墓地出土铜笄也较多，BRM1出土的一组铜笄，用丝绸包裹，共有24件，形制相同，笄顶饰立鸟，高冠，做腾飞状。江陵望山沙塚楚墓出土一青铜笄（表3-2：2）。

先秦还有一种特殊形制的笄，名"掭"，汉代称"摘"，因主要出土物在汉代，故于汉代章节中一并介绍。

表 3-2: 周代笄代表形制

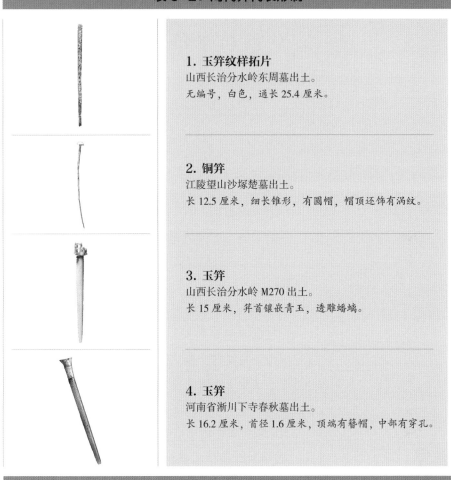

1. 玉笄纹样拓片

山西长治分水岭东周墓出土。

无编号，白色，通长 25.4 厘米。

2. 铜笄

江陵望山沙塚楚墓出土。

长 12.5 厘米，细长锥形，有圆帽，帽顶还饰有涡纹。

3. 玉笄

山西长治分水岭 M270 出土。

长 15 厘米，笄首镶嵌青玉，透雕蟠螭。

4. 玉笄

河南省淅川下寺春秋墓出土。

长 16.2 厘米，首径 1.6 厘米，顶端有簪帽，中部有穿孔。

在先秦墓中，用一笄或用两笄为通常现象。3 枚以上者则不常见。不过从出土资料来看，商代确实有插多笄之习俗的痕迹。这在后世的汉唐都非常常见。这些笄往往和各种管、珠、玉鱼、贝等组合使用，构成复杂的笄组合头饰，石璋如先生的《殷代头饰举例》中列举的雀屏冠饰、编珠鹰鱼饰和织贝鱼尾头饰[1]，便属于这类。这些形制繁复的饰品均出于大墓中，使用者都为上层权贵或他们的妻妾。

① 石璋如. 殷代头饰举例[C]. 中央研究院历史语言研究所集刊（28 册下），历史语言研究所，1957.

雀屏冠饰，指在冠上插许多各种样式的笄，形状如同孔雀开屏。标本出于殷墟西北岗 HPKM1550 大墓中，自人骨额部起有由百余件骨笄组成的向上为扇形的装饰物，笄形态各一，笄首及笄身长短都不相同，但分左右13排由下至上共8层缀合成孔雀开屏状。笄群下人头左上方横置一呈剑形的小玉器，右上方横置一玉笄，脑后又有一堆绿松石，颈侧有兔形玉饰。从而可知墓主原戴有华丽的头冠，冠上缀满玉石等饰物，冠前又插有群笄组成的冠饰。其中最上层的一排骨笄，其形制为斜尖形，上端所刻纹饰似为羽状，可能为模仿羽冠而来。类似冠饰还见于殷墟小屯 M18[①]，墓主身份为上层贵族，头部出有骨笄25件，玉笄2件，排列形式为一枚玉笄居中，另一枚偏右和其他骨笄组成扇形置于墓主人头部，尖端均朝向人头，应是一组冠饰。墓主头部还布满了极小的绿松石片，这些应是冠上的饰物。同样情况还发现于妇好墓，墓中出土众多形制复杂精美的笄，28枚贵重的玉笄集中出于棺内北端；安阳小屯 M331 墓主头部出土 26 件玉笄；藁城台西村 M102 女性殉葬人头部出土了制作精细，有的头部雕有花纹的骨笄19件。这些也应是成组作为冠饰来使用的。

编珠鹰鱼饰，标本以安阳小屯 M331 墓为代表，墓中出土玉鱼17条（图3-1-1-5）、鹰头玉笄1枚，和181颗绿松石珠组合成头上装饰品。推测把石珠穿成帽圈，缀玉鱼垂于额前，把雕鹰玉笄插于发髻上，形成头冠。这种头部垂玉鱼、玉鸟的头饰，在西周大河口墓地中也有发现（表3-5:1）。

织贝鱼尾饰，系帽圈周围用贝织成，在帽圈上垂若干贝串，系以玉鱼，并在头顶倒置一鱼尾形。

① 中国社会科学院考古研究所安阳工作队.安阳小屯村北的两座殷代墓[J].考古学报，1981，（4）.

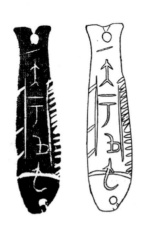

图3-1-1-5　**玉鱼**
安阳小屯出土。

安阳小屯 M331 墓出土玉鱼、玉饰共 40 件，应是配合使用的装饰品。看来鱼形饰在先秦时期是颇为流行的，这可能和先民认为鱼象征多子的信仰有关。

二 假发

周代贵族女子要梳高髻，高髻的流行，便要伴随着一种不可缺少的发饰——假髻。因为真发毕竟有限，要梳出漂亮的高髻，就必须借助假发的帮助。假发亦名"被"，《诗经·采蘩》里"被之僮僮""被之祁祁"皆指假发高耸的意思。周代对后及命妇服用礼服时搭配的发饰，在礼制上有明确的规定。《周礼·天官·追师》：

追师掌王后之首服，为副、编、次，追衡、笄，为九嫔及外内命妇之首服，以待祭祀、宾客。

郑玄注：

追师，掌冠冕之官，故并主王后之首服。副者，妇人之首服。《祭统》曰："君卷冕立于阼，夫人副袆立于东房。"衡，维持冠者。玄谓副之言覆，所以覆首为之饰，其遗象若今步摇矣，服之以从王祭祀。编，编列发为之，其遗象若今假紒矣，服之以告桑也。次，次第发长短为之，所谓鬎髢，服之以见王。王后之燕居，亦纚笄总而已……王后之衡笄皆以玉为之。唯祭服有衡，垂于副之两旁，当耳，其下以纮悬瑱。

贾公彦疏：

云"服之以从王祭祀"者，郑意三翟皆首服副。祭祀之中，含先王、先公、群小祀，故以祭祀总言之也。云"编，编列发为之"者，此郑亦以意解之，见编是编列之字，故云编列发为之……郑必知三翟之首服副、鞠衣展衣首服编、褖衣首服次者，王之祭服有六，首服皆冕，则后之祭服有三，首服皆副可知。[1]

① 李学勤主编.周礼注疏［M］.（卷第八，十三经注疏标点本）.北京：北京大学出版社，1999：214.

图3-1-2-1
河南新密市打虎亭2号汉墓中室北壁副笄六珈装束的女子形象

追师在当时为朝廷专门管理修治王后的首服和九嫔及内外命妇的冠戴发饰，在参加祭礼典礼和接待宾客时，按规定供给首冠和各种头发上的饰物。从文中可知后妃命妇穿礼服时首服相配情况为：副配"三翟"；编配鞠衣和展衣；次配褖衣。

这里的"副""编""次"就是我国最早的假发，并且是王后，君夫人等有身份的妇女在参加重要活动时才戴的。"副"取义于"覆"，因覆盖在头上，故称。《庸风·君子偕老》中的："副笄六珈"，便可以理解为在假髻上插有六笄，以便使假髻——"副"与真发相连。从出土文物中也可找到这样的形象：河南密县打虎亭汉墓出土的画像石上，有一组妇女形象，她们每人头发上都绾一假髻，髻上各插六支发笄（图3-1-2-1），山东沂南汉墓出土的画像石上，也有这种女性形象。湖南长沙马王堆一号汉墓出土的竹简上记有"吴付蒌二盛印副"之语。对照实物，知所谓"吴付蒌"，实指一种圆形小盒，而在这种小盒中，确实盛放有一束假发——副（图4-1-5-1），不过这种假发不是人发，而是以黑色丝绒制成的代用品。《释名·释首饰》："王后首饰曰副，副，覆也，以覆首。亦言副，贰也。兼用众物成其饰也。"以此推想，副是编织好且盛饰的假髻，需要时可以直接佩戴于首。

编，这里应读（biàn），取他人之发合己之发编和而成，故称。《释名·释首饰》：

"编发为之次第发也。"清人王念孙在《广雅疏正》卷七中说："副之异于编、次者，副有衡、笄、六珈以为饰，而编、次无之。其实副与编、次皆取他人之发合己发以为结，则皆是假结也。"

次，取义于"次第"，把长短头发依次编织而成，故称。《仪礼·士昏礼》："女次纯衣纁袡，立于房中南面。"郑玄注："次，首饰也，今时髲也。"贾公彦疏："《周礼·追师》'为副、编、次'者，案彼注云'……次，次第发长短为之，所谓髲髢'。"

可见周代时，妇女戴假发已非常盛行。"副""编""次"这几个名称流传不广，到后来则叫做"髲"或"髢"。在周代的典籍中，常可见到有关髲髢的记载。《诗·庸风·君子偕老》："鬒发如云，不屑髢也。"就是说头发本来浓黑如云，无须戴髲髢。《庄子·天地》谈治理天下以治病打比方："秃而施髢，病而求医。"意即秃子就给他一顶假发，有病状就给他请医生。《左传》上还记载了这样一件事：卫庄公登城远望，望见戎州人已氏妻子的头发很美，于是"使髡之以为吕姜髢"，即把已氏妻的头发剃下来，为自己的夫人吕姜做了假发。已氏是"贱者"，自然敢怒不敢言。后来卫国内乱，卫庄公逃到了已氏那里，已氏有了报复的机会，就把庄公杀掉了。这可说是强取他人之发做髲髢而招致杀身之祸的例子了。洛阳金村韩墓出土的舞女玉雕，沈从文先生便认为"发上部蓬松如着'髢'"。

假发因易腐，实物发现不多。在战国楚墓中发现有一些。战国江陵马山一号楚墓中的女主人头部使用有假髻，其真发长15厘米，向后梳成一束，接一束长约40厘米的假发，分双股，用黄色组带系住。假发盘作圆髻，用木笄固定。这可能便是前文所说的"编"[①]，墓主身份为富有的士级贵族，为士阶层中地位较高者。长沙楚墓出有8件假发，出于7座墓，可分式的有6件，分两式：

① 湖北省荆州地区博物馆.江陵马山一号楚墓[M].北京：文物出版社，1985：17.

图3-1-2-2　**长沙楚墓出土盘髻假发**

图3-1-2-3　**长条形假发**
长沙楚墓出土，长沙博物馆藏。（李芽摄）

① 湖南省博物馆等.长沙楚墓［M］.北京：文物出版社，2000：396-398.

3件为盘髻，长15~16厘米，其中一件上面还插有长12.5厘米的竹笄2根（图3-1-2-2），这可能就是"副"；另3件为长条形（图3-1-2-3）①。包山二号楚墓出土完整的假发一件：长发15束，每束约25~40根，一端以丝线编制并以生漆粘接。每束宽1.5~2厘米，发长约25厘米。先次第发排列作整齐发束，再将各束加以编结成假髻。这很可能就是前面所说的"次"。

三 梳篦（表3-3）

先秦时期，梳篦的制作开始专门化，出现了专做梳、篦的工匠，如《考工记》中记载的"㮯人"。玉梳由于礼玉文化的高度推崇，出土量比新石器时代要多很多，造型也更加多样化，而且多为梳背梳身合体制作，良渚文化类型的玉梳背不再是主流。玉梳多出土于高等级墓葬，制作最为精美，牙梳也多出于大型墓葬，竹木梳出土量最多。

商代比较常见的款式是长把、短齿、装饰精美的片状玉梳（图3-1-3-1），这在殷墟中有多件出土。这些梳篦装饰的总体特色是：梳背上浮雕或透雕有

图 3-1-3-1　**玉梳**
商代。大都会博物馆藏。（李芽摄）

兽面纹或动物纹装饰，多呈近方形，在梳背上部有几何形或动物纹凸起。山东滕州前掌大商代墓葬 M4 出土牙梳 1 件，残，梳背上刻有三角形纹，M3 出土牙梳 3 件，呈扁平长方形，上端有柄，两面均刻有饕餮兽面纹与三角纹，梳齿多残断[1]。和玉梳的形制如出一辙。

西周墓葬出土梳篦以琉璃河西周燕国墓葬出土的 4 把象牙梳为最[2]，制作极其精美，其中 M202:1 和 M251:35 为长方形，上有凸起，梳背两面有刻纹，与商梳造型相似；M201:1 和 M251:36 为长方形，上无凸起。西周梳篦梳齿均较商梳偏长，可能与流行高髻有关。

到了春秋时期，梳篦背部的凸起逐渐消失。淅川下寺 M1 春秋墓女性墓主头部出土玉梳 1 件。上马春秋墓地出有骨梳 3 件，均出于人头骨一方[3]。战国曾侯乙墓主人头骨下出有玉梳 1 把，方勒 2 件，其中玉梳制作甚是精良[4]。说明先秦时期，梳不仅用来梳头，而且依旧是头饰的重要组成部分。

到了战国时期，盛行的梳篦样式基本造型逐渐演变为半圆梳背、方平梳齿，形若马蹄状。如江陵九店东周墓（战国晚期）出土竹梳 57 件，大多为半圆马蹄形。出土于 56 座墓中，除一墓出 2 件，余均一墓 1 件。对其中一件梳做了鉴定，木材为黄杨木。同墓出土竹篦 42 件，每墓只出 1 件，没有例外，有38 件与梳同出，可证梳篦同用[5]。如山东临沂银雀山周氏墓出土 M10：50、M10:51 木篦，湖北江陵溪峨山楚墓出土 M7：41 木梳，河北省平山县攻汲村中山国 1 号墓出土玉梳，均属于同类风格。山东地区东周墓中出有较多骨梳，有一些是梳背和梳身由榫卯连接而成。如昌乐岳家河周代墓葬[6]M104 中出有精

① 中国社会科学院考古研究所山东工作队.滕州前掌大商代墓葬［J］.考古学报,1992,（3）.

② 北京市文物研究所.琉璃河西周燕国墓地［M］.北京：文物出版社,1995.

③ 山西省考古研究所.上马墓地［M］.北京：文物出版社,1994:145,158-159.

④ 湖北省博物馆.曾侯乙墓［M］.北京：文物出版社,1989.

⑤ 湖北省文物考古研究所.江陵九店东周墓［M］.北京：文物出版社,1995:285-292.

⑥ 山东省潍坊市博物馆等.山东昌乐岳家河周墓［J］.考古学报,1990,（1）.

致的骨梳，梳背和身部分开由双销连接，梳齿为上宽下尖的薄片制成，细密工整。山东新泰周家庄东周 M49 墓出土一骨篦，篦背扁平，雕刻成兽形，有榫承接篦身，篦身两块，是由榫拼接而成[①]。山东滕州战国墓葬出有骨梳 3 件[②]，首部均为两鸟对鸣状，器身扁薄，中部有一穿孔。一把齿有 15 个，另两把为 22、23 个。山东长岛东周墓 M4 出土骨梳类于滕州墓，梳背雕刻为一对小鸟，梳齿为 36 个，既实用又是一件精美工艺装饰品[③]。战国楚国贵族墓地也有许多梳出土。如长沙楚墓中出有木笄 4 件、木梳 34 件、木篦 22 件，多置于奁盒内，如长沙乙类墓三期六段 M185 出土的竹笥，里面有木梳，木笄等装饰品[④]。

先秦的梳篦背上多镂有系带用的小圆孔，如有镂刻装饰则不必再专门雕镂系孔。从实用角度来看，系孔设计对于游牧民族来说特别重要，这样可使梳篦便于随身携带。但是秦汉以后出土的梳篦基本都取消了系孔，这可能是因为秦汉以后流行的囊袋与奁盒包装，在携带和存储方面已取代了原先的功能。

表 3-3：先秦梳篦代表形制

商代梳篦	
	1. 玉梳 安阳殷墟妇好墓出土。 高 7.1 厘米，厚 0.4 厘米。梳面有八枚梳齿，均短宽，排列规整。梳身两面均雕兽面纹。
	2. 双鸟纹玉梳 河南安阳殷墟妇好墓出土。 高 10.4 厘米。
	3. 虎形背兽面纹玉梳（商末周初） 法国吉美博物馆藏。

① 山东省文物考古研究所等 . 新泰周家庄东周墓地［M］. 北京：文物出版社，1995.
② 中国社会科学院考古研究所 . 滕州前掌大墓地［M］. 北京：文物出版社，2005:448.
③ 烟台市文物管理委员会 . 山东长岛王沟东周墓［J］. 考古学报，1993，（1）.
④ 湖南省博物馆等 . 长沙楚墓・下册［M］. 北京：文物出版社，2000.

续表

<table>
</table>

西周梳篦

春秋梳篦

战国梳篦

4. 象牙梳

琉璃河西周燕国墓出土。

M202:1，长方形，下有齿 28 根，梳背两面饰凤纹，齿长 6.2 厘米，宽 5.5 厘米，通长 13 厘米。

5. 象牙梳

琉璃河西周燕国墓出土。

M201:1，长方形，顶部有一长方形柄，柄顶内凹，两侧有穿孔，下有齿 31 根，梳被两面饰兽面纹。齿长 6.8 厘米，宽 7 厘米，通长 16.9 厘米。

6. 玉梳

河南省淅川县下寺出土，现藏于河南博物院。

长 7.6 厘米，宽 5.1 厘米，厚 0.4 厘米。整体为长方形，背部略鼓，两侧各有一突脊。梳背两面均刻有阴线变形的夔龙纹，下部 18 齿。

7. 木梳

靖安东周李洲坳大墓出土。

8. 骨篦（春秋晚期至战国中晚期）

山东新泰周家庄东周 M49 墓出土。

篦背扁平，雕刻成兽形，有榫承接篦身，篦身两块，是由榫拼接而成，长 7.5 厘米，宽 5.3 厘米。

9. 云纹玉梳（战国早期）

湖北省随州市曾侯乙墓出土，现藏于湖北省博物馆。

高 9.6 厘米，宽 5.6 厘米，厚 0.4 厘米。梳 23 齿，梳背阴刻细线云纹，边缘饰斜线纹，顶部有一穿孔。

10. 木梳

长沙楚墓出土。

齿 24 根，顶端有一小圆孔，上部用褐黑彩绘格纹和两朵云纹，长 8.7 厘米，宽 6.2 厘米，背厚 1.3 厘米。

战国梳篦	 **11. 玉梳（战国中期）** 河北省平山县攻汲村中山国1号墓出土。现藏于河北省文物研究所。 长4.9厘米，宽4.6厘米，厚0.4厘米。梳背半圆形，上透雕双凤纹。下连10节长齿。

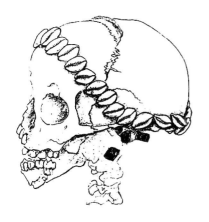

图 3-1-4-1
头部饰贝饰，松石耳坠的儿童头骨
出土于内蒙赤峰大甸子墓地 M762。

四　额饰

额饰，既有将贝壳、玉石等串联起来组合而成的，也有做成一圆圈状套于额部的。

相当于历史纪年夏代的内蒙古赤峰大甸子文化流行贝饰和玉石的组合，如大甸子 M762 葬有一儿童，头上遗存一圈贝饰，双耳饰有绿松石坠，绿白相间，可见其求美之心（图 3-1-4-1）[①]。

在商代出土的玉人中，发式挽成发辫盘于头上再罩一额箍已近通用形式。学者们认为这是商代特有的一种冠的形式，称为"筒圈冠"和"绳圈冠"。个别还有在"绳圈冠"前再横置一刻花细管的（表 3-4：6），也有在"筒圈冠"中央有高扬花饰的（似为插羽）（表 3-4：5）或加接兽面纹饰片的（表 3-4：4）。这些差别实是大同小异，只是在这种额箍式的"圈冠"上或多或少加以装饰，也许有区别身份、礼仪的因素。故宫博物院藏有一件商代透雕玉人佩，头部非常写实，头上戴着额箍，头发向后梳，并在头顶两侧梳发髻，

① 孙守道.中国史前东北玉文化试论[C].东亚玉器.香港：香港中文大学,中国考古艺术研究中心，1998.

其余鬓发自然下垂，两鬓发尾微向上卷成螯尾形，在发髻上插对称的鸟形发笄。这种鸟形发笄在商墓中多有出现，且多用于妇女，含有成双成对、永不分离的寓意（表3-4：2）。

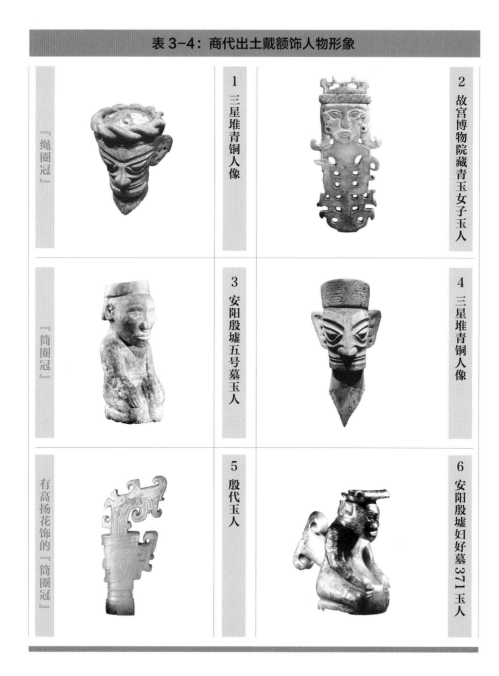

表3-4：商代出土戴额饰人物形象

『绳圈冠』	1 三星堆青铜人像	2 故宫博物院藏青玉女子玉人
『筒圈冠』	3 安阳殷墟五号墓玉人	4 三星堆青铜人像
有高扬花饰的『筒圈冠』	5 殷代玉人	6 安阳殷墟妇好墓371玉人

① 中国社会科学院考古研究所安阳工作队.安阳小屯村北的两座殷代墓[J].考古学报,1981,（4）.

② 石璋如.殷代头饰举例[C].中央研究院历史语言研究所集刊（28册下）,历史语言研究所,1957:617-621.

③ 山西省考古研究所.上马墓地[M].北京：文物出版社,1994:145,158-159.

④ 山西省考古研究所.呦呦鹿鸣：燕国公主眼里的霸国[M].北京：科学出版社,2014.图片李芽摄.

⑤ 河南省文物考古研究所.三门峡虢国墓[M].北京：文物出版社,1999.

⑥ 山西省考古研究所等.山西绛县横水西周墓发掘简报[J].文物,2006,（8）.

从考古资料看来，商代的这些额饰，通常是另有饰品存在的。如安阳小屯墓中，常在头骨处出有蚌花或蚌泡。蚌泡为偶数，2个为一对成组出现，和蚌花同时使用时，则蚌花居中，两边各有1个蚌泡。如安阳小屯M86出土的蚌花，小屯M18墓主人头部布满了极小的绿松石片等[①]，应为冠帽上的饰物。石璋如先生认为这些蚌花和蚌泡应为额带上的装饰，是当时相当流行的头部饰物[②]。多见于小型墓，应是流行于平民阶层的头部饰物。上马春秋墓地出土了6组由水晶管和鸡血石环、珠或管等组成的串饰，4组由大理石和蚌片等组成的串饰，均出土于头骨左侧[③]。安阳小屯M162、M145头部出有铜铃，多为3个一组，应为额带上的饰物。

玉制的头部串饰一般出土于国君级大墓，如山西省临汾市大河口西周"霸伯"墓地是一个国君级别的墓，墓中曾出土玉头饰一串，一组9件，由2个玉蚕，2只凤鸟形玉饰，5个玉鱼穿系而成（表3-5:1）[④]。西周三门峡虢国墓M2001墓主也是一位国君，墓主人头部放置两组玉组合发饰：一串由玉佩、玉璜和玉玦组合而成（表3-5:2）；一串由玛瑙珠、玉环和玉管（73件）组合而成（表3-5:3）[⑤]。而其国君夫人和太子墓中均未发现成组玉头饰，可见玉组合发式是最为尊贵身份的一种象征。山西绛县横水西周倗伯及其夫人墓中，夫人墓的级别要高于倗伯墓，因此，夫人墓中出土了玉发饰，而倗伯墓中没有，整组器由玉圆堵头、料管、玛瑙管、玉蚕蛹形饰组成。其中圆堵头中心有一孔，两面均饰鸟纹，鸟身体盘曲，线条流畅，圆堵头直径5.5厘米、厚0.5厘米（表3-5:4）[⑥]。河南平顶山应国M85也为国君夫人墓，出土戈、圭联珠组合发式一组18件。

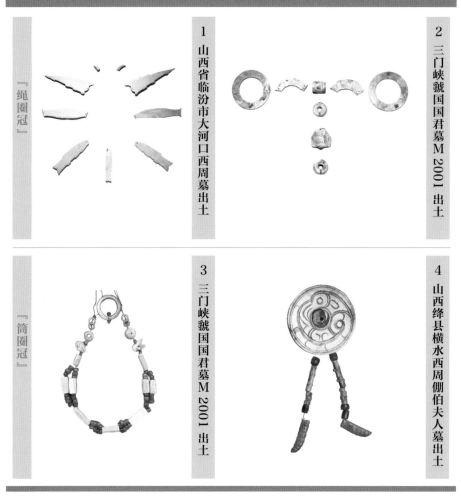

表 3-5：西周出土玉组合头饰

「绳圈冠」 1 山西省临汾市大河口西周墓出土	2 三门峡虢国国君墓 M2001 出土
「筒圈冠」 3 三门峡虢国国君墓 M2001 出土	4 山西绛县横水西周倗伯夫人墓出土

五 羽饰

先秦羽饰习俗，在商代玉人上还可见到，如江西新干商墓出土一玉人，戴高羽冠，冠上饰阳线 11 条，形似羽冠外张。同墓还出土一玉侧身羽人佩饰，头顶羽饰，长有鸟喙，两侧腰部刻有翅膀（图 3-1-5-1），都反映了"尊鸟贵羽"习俗的延续。美国史密森艺术博物馆所藏羽冠玉人，两面纹饰略异，其中一面

图 3-1-5-1　**玉羽人**
江西新干商墓出土。

图 3-1-5-2　**双面雕人面玉牌**
美国史密森艺术博物馆藏。

图 3-1-6-1　**玉钗**
湖北武汉杨家湾出土，商代早期，长 17.6 厘米，宽 2.3 厘米，厚 0.5 厘米。（李芽摄）

① 李艳芬等 . 云南祥云红土坡 14 号墓清理简报 [J].文物，2011，（1）.

为头戴高冠，张口露齿，佩耳环（图 3-1-5-2）。华盛顿萨克勒氏收藏的玉人头像，头戴高冠，冠上竖刻阳线 6 组，似羽毛插于其上而外张。这些似乎都说明良渚文化的羽冠神人崇拜，在殷商时期依然有所延续。

六　钗

先秦时期钗依旧不多见，出土量很少。湖北武汉杨家湾出土过一个商代早期玉钗，首方形，饰两道阳线弦文（图 3-1-6-1）。山西侯马烧陶窑遗址春秋墓出土的一件骨钗，以完整的肢骨制成，长 12 厘米。云南祥云红土坡 M14 出土钗 1 件，墓葬年代大约为战国至西汉早期，用薄铜片制成，中间弯折，分成两股，一股长而另一股短，钗头略尖。单股长 17.5 厘米、宽 2 厘米[①]。

图 3-1-7-1　**玉冠饰**
河南安阳侯家庄西北冈出土。

图 3-1-7-2　**玉神人像**
陕西省曲沃县晋侯墓地出土，
高 9.3 厘米，厚 0.9 厘米，山
西省考古研究所。

① 石璋如.殷代头饰举例
［C］.中央研究院院历史语
言研究所集刊（28 册下），
历史语言研究所，1957.

七　冠饰

　　玉冠饰，指在额的前上方装饰一个玉制的冠。河南安阳侯家庄西北冈 M2099，在一具人骨的肩胛骨上出土了一个玉冠，沿着冠的内缘附有许多块小绿松石，看情形冠与绿松石似同固着于另一物体上，由于人骨系俯置，故从冠的出土位置看，很像帽子后面所垂的护颈上的装饰品（图 3-1-7-1）①。陕西省曲沃县晋侯西周墓地出土的玉神人像头上所戴冠饰则是冠的另一种形式（图 3-1-7-2）。

　　在四川成都金沙遗址出土过一个金冠带，直径约 20 厘米，比人头略大一点，非常单薄，不可能单独使用，当是附在冠帽上所用。金冠带为等宽的圆圈形，直径上大下小，系锤鍱成形，图案主要采用錾刻工艺，只是在部分细部采用刻画工艺。其表面刻有四组相同的图案，每组图案由一人头像、一箭、一鸟、一鱼组成。从图案的组合情况看，金冠带的正前方和正后方应当以人头像为中心，两侧的图案对称。整个图案表现的是人用箭射鱼，箭经过鸟的侧面，箭头深插于鱼头内。图案反映的应是古蜀人对祖先（人头像）和鸟的崇拜，鱼则是被射杀的对象，是征服者的战利品。这件金带和同墓出土的金杖都是权力的象征，这个组合图案象征着至高无上的王权和威仪（图 3-1-7-3）。金沙遗址出土铜人头部的圈冠

图 3-1-7-3　**金冠带**
四川成都金沙遗址出土。

图 3-1-7-4　**青铜人像**
四川金沙遗址出土。

图 3-1-7-5　**金冠**
内蒙古鄂尔多斯市杭锦旗阿鲁柴登战
国墓出土。

① 图片摘自中国金银玻璃珐琅器全集编辑委员会.中国金银玻璃珐琅器全集:金银器(一)[M].石家庄:河北美术出版社,2004.

则有高扬的涡状突起,俯视宛若一个太阳的造型(图3-1-7-4)。

内蒙古鄂尔多斯市杭锦旗阿鲁柴登战国墓还出土了一金冠,金冠由冠顶和额箍组成。冠高7.1厘米、重192克、额箍直径16.5厘米、重1202克。冠顶作半球面形,浮雕四组狼吃羊图案,上面傲立一只展翅雄鹰,绿松石作鹰头和颈,尾部可活动。额箍由三条半圆形绳索式金带拼合而成,带头分别浮雕伏虎、卧羊、卧马。此冠为匈奴王的金冠(图3-1-7-5)①。

八 束发器

束发器因出土于人头骨附近,推测为束发之用,故名。多为玉石制成,有圆筒形,也有琮形。在战国临淄齐墓的多个人骨头部,发现有滑石质琮形束发器

图 3-1-8-1
滑石琮形束发器和滑石笄
临淄齐墓出土。

① 山东省文物考古研究所.临淄齐墓[M].北京:文物出版社,2007.

② 卢连成等.宝鸡(強)国墓地·上册[M].文物出版社,1988:86-125.

和滑石笄(图 3-1-8-1)。如墓 LXM2P7,头部有滑石琮形束发器 1 件、滑石笄 1 件、骨管 1 件、滑石坠 2 件,肩部置滑石柱形器 2 件、滑石柱形块 1 件、骨笄 1 件,自颈至足还有 17 件由滑石制作的椭圆形、方形、长方形佩,以及环、璜等组成的组佩饰①。山西省绛县横水倗国 M1 头部有玉束发器和玉发饰,束发器为青玉质,圆筒形,器表饰 4 道较宽的凹槽,器内不平,上涂朱砂。M8 出有筒形饰,出于墓主人头骨后或顶部。玉束发器的使用不具有普遍性。

九 其他

除以上介绍的种种之外,先秦墓葬中人骨头部还经常出土各种零星饰物。高级贵族墓中常在墓主头部出有多件小型玉器,如宝鸡竹园沟墓地②M13 墓主据推测很可能为一代(強)伯,地位显赫,其头部放置舌形玉饰 1 件,玉鱼 5 件,串饰 1 组,玉柄形器 1 件,玉璧 1 件,玉凿料 1 件,玉戈 1 件,玉蚕 2 件,玉蚕形器 1 件,长条玉饰 1 件,煤玉玦 2 组,大部分应为发饰。M7 也为(強)伯,墓主头部出土玉璧 1 件、青铜发饰 1 件、圆形玉饰 1 件;青铜发饰上残留有几周丝绳缠绕痕,应是固定发饰之用。茹家庄 M1 墓主头部出有玉鸟 3 件、玉鱼 3 件、玉兔 1 件,殉姜头部有玉鹿 5 件、虎 1 件、牛 1 件、鸟 4 件。

等级较低的士级墓葬中出土玉发饰较少,如春秋晚期的淅川下寺的 M11,头部出有玉环 1 件;战国时期的陕西羊圈沟 M1 头顶有玛瑙环 1 件;洛阳西工区的 M3943 墓主头顶部有玉璧 1 件。

图 3-1-9-1　**青铜人头**
广汉三星堆出土，三星堆博物馆藏。
（李芽摄）

平民及奴隶墓葬中出土发饰最少，玉发饰少见，多是素面玉片或石质品，如柳泉 M5 头部出有石环 1 件。春秋时期上马墓地的陶礼器或无礼器的墓葬中，只出有少量骨笄或简单的玉片及蚌饰等。

四川古蜀国的人物头饰颇有特色，广汉三星堆出土的青铜人像除了带有"绳圈冠"和"筒圈冠"外，其中一青铜人像脑后还戴有一巨大的空心头饰（图3-1-9-1）。

第二节 ｜ 先秦时期的耳饰

先秦时期，随着礼教的兴起，中原地区注重身体的全德全形，穿耳戴饰并不十分流行，故耳饰出土量很少。这一时期出土的耳饰主要集中在周边的非汉族地区，尤以北方及西北地区居多，且男女皆可佩戴，甚至尤以男性居多。从材质来看，随着金属加工业的发展，原始社会以玉石为主的耳饰，逐渐被金属耳饰所取代，金铜耳饰的数量显著增多，匈奴地区尤喜以绿松石穿饰金耳坠，金碧辉映，尤为耀眼。另外，瑱作为一种特殊的耳饰，悬挂于冕冠两侧，用以提醒所戴之人以戒妄听，谨慎自重。这体现了中国古人尊礼、尚礼，将礼视为一切习俗行为准则的文化特质。

一 耳环

在夏家店下层文化遗址中，出土了大量的铜耳环和少量金耳环。如河北易县下岳各庄遗址第一期遗存出土铜耳环1件[1]；河北昌平雪山遗址出土1对金耳环[2]；北京房山琉璃河夏家店下层文化墓葬出土青铜耳环1件[3]；天津蓟县围坊遗址出土铜耳环1件[4]；天津蓟县张家园遗址出土铜耳环2件，金耳环3对[5]；河北唐山小官庄石棺墓出土铜耳环1件[6]；赤峰市敖汉旗大甸子墓葬出土铜耳环有26件之多，还有金耳环1件[7]；辽宁兴城县仙灵寺遗址也出土有铜耳环[8]；辽宁阜新平顶山夏家店下层文化石城址出土铜耳环1件[9]等等。

夏家店遗址出土的耳环依据形制分为三种类型（表3-6）。

A型为圆环形，表面经过锉磨平整，两端砸扁，用以钳夹或穿过耳轮：如大甸子墓地出土有14件之多，大者直径4厘米，小者直径3厘米左右，环横截面略呈圆形，直径都在1.5~2毫米。在天津蓟县张家园遗址第三次发掘中，发现有4座墓葬，其中在3座墓葬中，各发现此类金耳饰1对[10]。其中一号墓主是男性，30~40岁，随葬金耳饰1对（87M1:1），出土时置于两耳边，用直径1.5毫米分别长23厘米和21厘米的金丝，弯曲成椭圆形的环状，两端砸扁搭茬，环直径分别为5.5和5.3厘米，另在右侧下颌骨处放置绿松石2颗；二号墓主是女性，30~40岁，没有出土耳饰，只在下颌骨下放置绿松石2颗；三号墓主是女性，30~40岁，棺内人骨双耳两侧出土金耳环1对（87M3:3），另

① 拒马河考古队.河北易县涞水古遗址试掘报告[J].考古学报，1988，（4）.
② 北京大学历史系考古教研室商周组编，商周考古[M].北京：文物出版社，1979.
③ 北京市文物管理处等.北京琉璃河夏家店下层文化墓葬[J].考古，1976，（1）.
④ 天津市文物管理处考古队.天津蓟县围坊遗址发掘报告[J].考古，1983，（10）.
⑤ 天津市文物管理处.天津蓟县张家园遗址试掘报告[M].文物资料丛刊（1）.北京：文物出版社，1977；天津市历史博物馆考古部.天津蓟县张家园遗址第三次发掘[J].考古，1993，（4）.
⑥ 安志敏.唐山石棺墓及其相关的遗物[J].考古学报，1954，（7）.
⑦ 中国社会科学院考古研究所编着.大甸子——夏家店下层文化遗址与墓地发掘报告[M].北京：科学出版社，1996.
⑧ 辽宁省文物考古研究所.辽宁近十年来文物考古新发现，文物考古工作十年（1979—1989）[M].北京：文物出版社，1991.
⑨ 辽宁省文物考古研究所，吉林大学考古学系.辽宁阜新平顶山石城址发掘报告[J].考古，1992，（5）.
⑩ 天津市历史博物馆考古部.天津蓟县张家园遗址第三次发掘[J].考古，1993，（4）：311-323.

有绿松石 11 颗，用直径 2 毫米、分别长 19 厘米和 20 厘米的金丝弯曲而成，环内直径分别为 4.7 和 5.2 厘米；四号墓棺和骨架已被扰乱，出土金耳环 1 对（87M4:3），绿松石3 枚。此墓葬中出土的黄金耳环，皆出于头骨两侧，当为生前实用品（表 3-6：1）。这种形式的饰物，中原地区尚未有发现，目前所见的几处，都在燕山南北（辽宁、河北两省为主）的墓葬中，年代跨商周两代，属燕山地区土著遗存。香港承训堂藏有 1 件此种类型金耳饰。

B 型为椭圆形，唯一端扁平，一端呈圆钝的尖。有的为圆环形耳环折断后的改制环，如大甸子墓葬出土有 12 件此类改制环，皆为原铸形的一半，只保留铸就宽扁的一端，另一端尚有未修治平整的断茬，只将两端围合相接。有的是直接铸造成椭圆形的，如该墓出土的唯一一件金耳环，系用金丝围成椭圆形环，缀于成年男性左耳（表 3-6：2）。另外，朱开沟文化和甘肃省玉门火烧沟四坝文化墓地（表3-6：3）出土的金耳环也属此种类型。

C 型为扁喇叭形耳环，一端呈扁喇叭形，一端为弯成环形的钩状。北京平谷县刘家河商墓出土 1 件[1]（表 3-6：4）；辽宁阜新平顶山夏家店下层文化石城址出土 1 件，长 8.5厘米；天津蓟县张家园遗址第四层出土 2 件，完整者 1 件；河北唐山小官庄石棺墓出土 1 件，通长 1.9 厘米、底端宽1.2 厘米、厚 0.8 厘米、径 0.2 厘米。天津蓟县围坊二期商墓遗址出土 1 件[2]；蔚县境内的遗址中也有出土。此类耳饰在四坝文化、朱开沟文化及高台山文化遗址中也都有发现，可能受到来自亚欧大陆草原地带文化影响[3]。

在夏家店文化遗址发现的耳饰中，男女都有佩戴。如大甸子随葬耳环的墓葬中确认为男性和女性各占一半，年龄最小的是 6~7 岁，据出土位置来看佩戴耳环的形式并不一致，有两耳各 1 环和各 2 环的，也有单耳 1 环或 2 环的。其中墓 M453 中每耳各 2 环并还缀有松石珠串[4]。

① 王然主编.中国文物大典［M］.北京：中国大百科全书出版社，2009：249.

② 天津市文物管理处考古队.天津蓟县围坊遗址发掘报告［J］.考古，1983，（10）.

③ 崔岩勤.夏家店下层文化青铜器简析［J］.赤峰学院学报（汉文哲学社会科学版），2010，（5）.

④ 中国社会科学院考古研究所编著.大甸子——夏家店下层文化遗址与墓地发掘报告［M］.1996：190.

表3-6：先秦时期夏家店遗址出土的耳环

夏家店文化A型耳环

1. 金耳环（商晚期至西周早期）

天津蓟县张家园遗址4号墓出土。

1对。用直径2毫米的金丝弯曲成。一根长19.2厘米，一根长20厘米。[①]

夏家店文化B型耳环

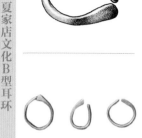

2. 金耳环（夏末商初）

赤峰市敖汉旗大甸子墓葬出土。

1件，重1.8449克。为金丝围成椭圆形环，一端扁平，一端呈圆钝的尖，缀于成年男性左耳。[②]

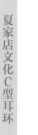

3. 金耳环（夏末商初）

甘肃省玉门火烧沟四坝文化墓地出土，甘肃省文物考古研究所藏。

分别重3.8克、3.9克、5克，圆形，一端渐细，截面呈圆形，另一端扁平。[③]

夏家店文化C型耳环

4. 金耳环（商）

北京平谷县刘家河商墓出土。现藏首都博物馆。

1件。高3.4厘米、坠部直径2.2厘米，重6.8克。下部为扁喇叭形坠饰，喇叭形底部有一沟槽，似原有镶嵌物。上部以金丝弯曲成直径1.5厘米的环形钩状，末梢尖细以便于穿戴。其器形较大，制作技术比较简单，经测试含金量为85%，并含有较多量的银及微量的铜，反映出当时金器的原料特征。[④]

① 天津市历史博物馆考古部.天津蓟县张家园遗址第三次发掘［J］.考古，1993，（4）：311-323.此线图摘自P321.
② 中国社会科学院考古研究所编着.大甸子——夏家店下层文化遗址与墓地发掘报告［M］.1996：190.
③ 中国金银玻璃珐琅器全集编辑委员会.中国金银玻璃珐琅器全集：金银器（一）［M］.石家庄：河北美术出版社，2004.
④ 王然主编.中国文物大典［M］.北京：中国大百科全书出版社，2009：249.

① 关善明，孙机.中国古代金饰［M］.香港：沐文堂美术出版有限公司，2003.

② 但也因在一具头骨旁出土此类饰物的数量有的可达 3 件、4 件、6 件或 8 件之多，故有学者认为也不排除用作冠帽周围装饰的可能。

③ 郭政凯.山陕出土的商代金耳坠及其相关问题［J］.文博，1988，（6）.

④ 姚生民.陕西淳化县出土的商周青铜器［J］.考古与文物，1986，（5）.

⑤ 杨绍舜.山西永和发现殷代铜器［J］.考古，1977，（5）：355-356.

⑥ 郭勇.石楼后兰家沟发现商代青铜器简报［J］.文物，1962，（4）、（5）.

⑦ 谢青山、杨绍舜.山西吕梁县石楼镇又发现铜器［J］.文物，1960，（7）.

在山西西部和陕西北部的商代、西周墓中，自 20 世纪 50 年代末以来，陆续出土了一种穿有绿松石，形状卷曲如云、蟠绕似蛇的黄金片饰，金碧辉映，视觉上颇为华丽。其多呈扁平状，弯曲，由两块较薄的纯金片打制而成。一端向内作螺旋状弯曲，另一端收窄成圆金丝（表 3-7：1、2）。其制作当先以锤鍱法打制成薄金片，后剪裁成型。锤鍱法是人类最早使用的黄金加工工艺，可分徒手捶打及模具捶打两种①，此类饰物应属于前者。此类饰物出土时多置于墓主头骨两侧，一般成对出现，因此多被认定为耳饰②。郭政凯先生曾对此类耳饰做过专门研究。其认为山陕一带出土的这类金耳坠，尾部卷曲蟠绕，其形颇似蟠蛇，与《山海经》中描述的"珥黄蛇"的形象似乎有关，并推断这种蟠蛇形金耳饰是鬼方人（鬼方是商周时居于我国西北方的少数民族）的典型装饰品③。《大荒北经》载："大荒之中，有山名曰成都载天。有人珥两黄蛇，把两黄蛇，名曰夸父。"《大荒东经》载："东海之渚中，有神。人面鸟身，珥两黄蛇，践两黄蛇，名曰禺虢。"所谓"珥黄蛇"，郭璞注："以蛇贯耳。"细审山陕一带出土的金耳坠，尾部卷曲蟠绕，其形颇似蟠蛇，再联系到这一区域出土的商代青铜器中大量存在蛇纹与蛇形器物，可见这一文化圈对蛇有特殊兴趣，那么制作蛇形的耳饰也就是顺理成章的了。从墓葬中出土的这类金耳饰的数量来看。每个墓葬主人拥有的金耳饰数目不一。有一墓出 1 件的（如黑豆嘴 M1、M2④），也有一墓出 2 件的（如永和下辛角⑤），还有一墓出 3 件的（如后兰家沟⑥）、4 件的（如黑豆嘴 M3）、8 件的（桃花庄⑦）（图 3-2-2-1）。其中耳饰出土多的墓，铜礼器就比较多，但在拥有相同数目金耳坠的墓葬中，随葬器物多寡也不同，可能说明金耳饰既可根据私人财富的多寡也可根据社会地位的高低来进行随葬。且根据每座墓葬都有兵器出土的情况，可知此类金耳饰应该是男性的饰物。

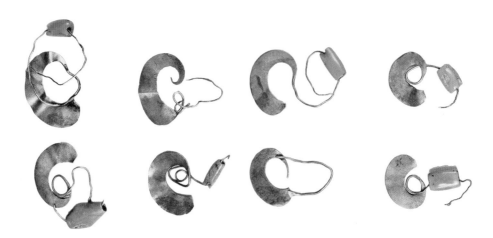

图 3-2-2-1　**金穿绿松石耳饰（商）**
山西省石楼县桃花庄出土。山西省博物馆藏。
宽 3.9~2.7 厘米，共 8 件似蟠蛇形，尾端作细丝状，细丝处穿有长形绿松石。

　　与陕北邻近的内蒙古鄂尔多斯杭锦旗桃红巴拉匈奴墓出土过一对"弹簧式"
金耳环，一只绕 3 圈，另一只绕 5 圈，似乎还有蟠蛇遗迹（表 3-7：4）。类
似的耳环青海省大通县卡约文化遗址中也有出土（表 3-7：3）。在新疆地区
也出土过一些金耳环，如新疆维吾尔自治区哈密天北路古墓地三二五号墓出土
有圆环形金耳环（表 3-7：5）；新疆乌市乌拉泊水库战国墓葬还出土有饰有
锥体小坠的金耳环，造型颇为少见（表 3-7：6）。

表 3-7：先秦时期其他地区出土的耳环

1. 金穿绿松石耳饰（西周早期）
陕西省咸阳市淳化县夕阳乡出土，陕西省淳化县博物
馆藏。
高 8.1 厘米、14.8 厘米，重 5.2 克、9.9 克。金丝锤鍱而成，
上半部为金丝，下半部为卷曲状金薄片；金丝上穿有
管状绿松石作为装饰。[①]

---

① 中国金银玻璃珐琅器全集编辑委员会 . 中国金银玻璃珐琅器全集：金银器（一）［M］. 石家庄：河北美术
出版社，2004.

2. 金耳饰（西周）

陕西省淳化县西周墓出土。陕西历史博物馆藏。

锤镍制作，下端延展成卷曲形薄片，表面光滑，厚度均匀。其一残长7.2厘米，其二长7.4厘米，共重17克。上端是曲折的长柄。此种类型的金耳饰在山西、陕西北部周以前的墓葬中多有发现。①

3. 金耳环（西周时期）

青海省大通县上孙家寨卡约文化四五五号墓出土。青海省考古研究所藏。

径2.2厘米，重约5克，属于古代羌族的文化遗存。属青铜时代卡约文化装饰品。

4. 金耳环（战国）

桃红巴拉的匈奴墓出土。

一对，弹簧式，出土于墓中三十五岁左右男性的头骨两侧。一只绕3圈，另一只绕5圈。两头细尖。与此类似的金丝环，在宁城南山根②、怀来北辛堡墓③中也有发现。④

5. 金耳环

新疆维吾尔自治区哈密天北路古墓地三二五号墓出土，新疆文物考古研究所藏。

直径2.5厘米，为圆柱形金条弯曲成环状。⑤

6. 金耳环（战国—汉）

新疆乌市乌拉泊水库古墓葬出土。新疆文物考古研究所藏。

长2.5厘米，环径1.5厘米。上端为一圆环，圆环下饰塔锥体小坠，坠上端饰鱼子，下端透孔。⑥

① 中国金银玻璃珐琅器全集编辑委员会.中国金银玻璃珐琅器全集：金银器（一）[M].石家庄：河北美术出版社，2004.

② 中国科学院考古研究所内蒙古工作队.宁城南山根遗址发掘报告[J].考古学报，1975，（01）.

③ 河北省文化局文物工作队[J].河北怀来北辛堡战国墓.考古，1966，（05）.

④ 田广金.桃红巴拉的匈奴墓[J].考古学报，1976，（1）.

⑤ 中国金银玻璃珐琅器全集编辑委员会.中国金银玻璃珐琅器全集：金银器（一）[M].石家庄：河北美术出版社，2004.

⑥ 新疆维吾尔自治区社会科学院考古研究所.新疆古代民族文物[M].北京：文物出版社，1985.

三 耳坠（图表 3-8）

先秦时期的耳坠大多出土于北方匈奴地区与西北新疆一带的墓葬。此时耳坠的制作已经比较精良，大多为金质，以镶嵌绿松石为多，金碧辉映，华丽异常。如内蒙古鄂尔多斯市杭锦旗阿鲁柴登出土的1对金镶松石耳坠（表3-8：1）；内蒙古准格尔旗西沟畔战国时期2号匈奴墓出土了2件金耳坠，其中1件串有1块绿松石，金耳坠出于墓中男性头骨两侧（表3-8：3）；内蒙古东胜市塔拉壕乡碾房渠窖藏也出土有2件镶宝石耳坠，其中1件镶有绿松石，为匈奴遗物（表3-8：4）。新疆伊犁特克斯一牧场古墓地还出土有金葡萄形耳坠（表3-8：2）。这一时期的耳坠除了普遍镶嵌有绿松石外，还喜爱下坠摇叶叶片，类似汉魏时期缀于步摇与步摇冠上的摇叶，而摇叶曾是西北大月氏等西亚地区饰物的特色[1]。再加上绿松石是原产于波斯的一种矿石，因此，匈奴地区金耳饰的款式很可能受到中西亚地区民族的影响。出土金耳坠的墓葬年代基本都为战国时期，说明匈奴在战国时期势力逐渐强盛，金银铸造工艺开始走向成熟，匈奴贵族开始以华丽的金银饰品来彰显其地位与财富。

先秦时期汉族地区出土的耳坠不多，也没有戴耳坠的传统，但在先秦齐国故地，1992年末至1993年初，山东淄博市博物馆在临淄区商王村西侧发掘了两座战国晚期墓，其中一座墓墓主为女性，在其椁室漆盒中却出土了1对金嵌宝耳坠。其制作之精、造型之美、创意之妙，不仅在齐墓发掘史上为首次出土，亦为国内先秦墓中所罕见[2]。2件金耳坠形制大小及制造工艺均同，为女性墓主人生前所佩戴的

① 孙机.步摇·步摇冠·摇叶饰片［J］.文物，1991，（11）.

② 王滨.略谈临淄商王村战国墓出土的金耳坠［J］.管子学刊，1998.（3）.

首饰，出土时置于漆盒之中，耳坠由金丝、金叶、金珠、绿松石坠、珍珠和骨串饰等饰物组成。从这副金耳坠的形制上来看，其镶嵌绿松石和缀有三角形摇叶饰片的形式和上述匈奴地区的金耳坠颇有相似之处，但其形制纤细精巧，又与匈奴的粗犷之气有别，且有珍珠镶嵌，珍珠为沿海地区所产，匈奴地处北部草原，先秦时期饰物中嵌珍珠者并不多见。可见，此副耳坠受到北方文化一定影响，但又注入了汉族特有的审美观念，是先秦耳饰中的一例奇葩，还有待进一步研究其缘起（表 3-8:5、图 1-6-3-1）。

表 3-8：先秦耳坠

1. 金镶松石耳坠（战国）

内蒙古鄂尔多斯市杭锦旗阿鲁柴登出土。内蒙古鄂尔多斯博物馆藏。

全长 8.2 厘米，耳环直径 1.9 厘米，耳环为圆形，下连缀饰。耳坠上部由两头包金的绿松石构成，包金上饰焊金珠纹，下连 3 个尖叶状摇叶饰。[1]

2. 金葡萄形耳坠（战国—汉）

新疆伊犁特克斯县一牧场古墓地出土。新疆文物考古研究所藏。

耳环上端为一不闭合的圆环，环径 1.3 厘米。环下以两个小钩相连 1 坠，坠由 8 个空心小圆金泡组成，焊接一体，形似葡萄。通体金色纯正，造型小巧，工艺水平较高。[2]

① 中国金银玻璃珐琅器全集编辑委员会.中国金银玻璃珐琅器全集：金银器（一）［M］.石家庄：河北美术出版社，2004.
② 新疆维吾尔自治区社会科学院考古研究所.新疆古代民族文物［M］.北京：文物出版社，1985.

3. 金穿绿松石耳坠（战国晚期）

内蒙古准格尔旗西沟畔战国时期2号匈奴墓出土。鄂尔多斯博物馆藏。

共2件。长5厘米，总重17.3克。耳环的环部用金丝绕成，下端有钮以悬挂坠饰。坠饰由细金丝盘成尖帽状加以连缀后组成，其中1件在2个金坠间串有1块绿松石。金耳坠出于墓中男性头骨两侧，同出的还有金项圈、圆形鹿纹金饰片、长方形金饰牌、金指套等。考古发现耳环类的金首饰是春秋战国时期北方地区金器中最常见的器物。[①]

4. 金穿宝石耳坠（战国晚期）

内蒙古东胜市塔拉壕乡碾房渠窖藏出土匈奴遗物。

2件。共重16.1克。

左：上有耳钩，已残。下有长形绿松石，串以梯形和圆花瓣形红玛瑙饰。在绿松石与玛瑙石之间均夹有大小不等的齿形金片。中间为1金环，其上下各有1用金片锤镖成的圆形饰，内有十字或圆孔装饰。下端连接3个柳叶形叶片。长9.6厘米。

右：耳钩已残。上有圆形、扁圆形绿松石及半圆形红玛瑙石相串，在绿松石与玛瑙之间夹有齿形金片。下部为4个大小不等的金环，其中最上部的环用薄片锤镖而成，表面有花点纹。最下部的金环上连接1锥状物。残长9.6厘米。[②]

5. 金嵌宝耳坠（战国晚期）

山东淄博临淄区商王村战国晚期墓出土。

通长约7.3厘米。该副金耳坠由金丝、金片、绿松石坠、珍珠及牙骨之类的串饰等组成。上部是由8条金丝编织成的网状锥形体，锥体上端有横穿可以佩戴，四周镶嵌4颗圆形绿松石片。锥体下悬挂1金环，金环之下为1颗较大的三瓣金叶，三者以金线相连，金线中穿珍珠2颗，现已破碎脱离金线。金叶之中包1颗较大的绿松石坠，每瓣金叶又各嵌1绿松石片。在锥体周围和金环两侧，都有以金线和骨环组成的串饰，串饰下端也有较小的三瓣金叶，金叶之中各包1颗绿松石坠。在锥体、金叶和金环上都饰以金珠纹。此线图为复原图。

① 王然主编 . 中国文物大典 [M] . 北京：中国大百科全书出版社，2009，（1）：252.
② 伊克昭盟文物工作站 . 内蒙古东胜市碾房渠发现金银器窖藏 [J] . 考古，1991，（5）.

三 玦

玦在整个新石器时代层出不穷，但以东部和东南沿海地区出土为多，而到了商周时代，玦在中原才大量出现，但此时的玦如何使用还有待研究。商代的玦大多素面无纹，如江西新干大洋洲商代大墓、宁乡黄材王家坟商代青铜提梁卣中出土的玉玦，数量均多达几十件，都是素面无纹的。但有少量龙形玦极具特色，如安阳殷墟妇好墓出土玉玦18件，其中有龙形玦9件（表3-9:1），制作非常精美[1]；殷墟花园庄东地M54也出土有龙形玦4件[2]。

步入西周以后，玦出土于耳畔的现象比较普遍，但数量依墓主身份高低而递减。从能判别身份和性别的墓葬来看，国君级和大夫级大墓耳畔出土玦数量较多，质地好且纹饰精美，各种装饰有蟠虺纹、云纹的玉玦和兽形玦也逐渐多了起来（表3-9：4、5），和同时代青铜器的装饰纹样非常接近。在广东、云南等地还出土有大量组玉玦，如广东博罗横岭山先秦墓地M225中就有两组玦饰由小到大叠置在墓主头骨两侧附近，两组玦饰各有8件，玉质都为白色的石英岩玉，但细腻程度各有不同（表3-9：6），从出土位置看，应为成组的耳饰。士和平民墓出土耳玦多以2件为度，质地也较廉价，以非玉质为主且光素无纹。春秋时期玦的出土数量较西周时期数量有所减少，例如上村岭虢国墓地，从国君级至平民墓中多随葬有玉玦和石玦，戴1件的较多。战国时期，耳玦不多见，玦主要用作佩饰，表明玦作为耳饰使用至战国时基本结束[3]。

表3-9：先秦出土玦代表形制

商代出土玦		**1. 龙形玉玦** 殷墟妇好墓出土。 直径9厘米，孔径5.8厘米。

---

[1] 中国社会科学院考古研究所.殷墟妇好墓［M］.北京：文物出版社，1980：128-130.
[2] 中国社会科学院考古研究所.安阳殷墟花园庄东地商代墓葬［M］.北京：科学出版社，2007：182.
[3] 吴爱琴.先秦服饰制度形成研究［M］.北京：科学出版社，2015：97、98、199.

商代出土玦

2. 玉玦
河北藁城台西村出土。

直径 3.5 厘米，孔径 2 厘米。

3. 玉玦
山东滕州前掌大 M46 出土。

直径 2.7 厘米，孔径 1.08 厘米 -1.3 厘米。

西周出土玦

4. 缠尾双龙纹玉玦
三门峡虢国国君夫人墓出土。

位于左耳处。可与右耳处出土玦配成一对。直径 4.85
厘米，孔径 1.25 厘米。

5. 缠尾双龙纹玉玦
三门峡虢国太子墓出土。

6. 水晶组玦
广东博罗横岭山先秦墓地墓葬 M056 出土。

7. 管柱形玉玦
山东沂水县刘家店子 M1 出土。

直径 2.1 厘米、孔径 1.3 厘米，高 1.5 厘米。

春秋出土玦

8. 人龙纹玉玦
陕西韩城芮国国君墓出土。

一对，出土于头部两侧。直径 4.9 厘米，孔径 2.1 厘米。

9. 玉玦
云南曲靖八塔台墓地出土。

多呈宽扁环形，有缺口，外缘多不是正圆，而内缘是
正圆，至缺口处变窄，少数在缺口处有圆穿，有的在
断裂处有修补穿。

① 杨美莉.中国古代玦的演变与发展［J］.故宫学术季刊,1993,（1）.

② 高至喜.湖南宁乡黄材发现商代铜器和遗址［J］.文物,1963,（12）;湖南省博物馆.湖南省工农兵群众热爱祖国文化遗产［J］.文物,1972,（1）.

③ 杨美莉.中国古代玦的演变与发展［J］.故宫学术季刊,1993,（1）.

④ 喻燕姣.湖南宁乡出土商代玉玦用途试析［M］.长沙:湖南省博物馆岳麓书社,2006:157-165.

新石器时代出土的玦以耳饰居多，进入商周以后，玦的用途开始发生改变，除了部分依旧作为耳饰外，很大一部分开始向佩饰及具有象征意义的财富及礼器转变，故有孔者、有纹饰者渐多。商晚期妇好墓中出土的9件兽型玦（以龙形为主），杨美莉先生认为玦上有穿孔，应是作为佩饰，系于身上，可避邪、被襀[①]。再如江西新干大洋洲商代大墓出土玦饰大小有序排列于腿部两侧，在缺口的对应边上有一小孔，可以串缀相联，也应为佩饰。湖南宁乡黄材山王家坟一青铜卣内出土了64件青玉玦，宁乡县另一遗址黄材公社三亩地出土的1件云纹大铙旁边有10件鸡骨白玉玦[②]，这些玉玦虽然尺寸大小不一，但形制统一、排列有序，且做工精细，玉质上乘，仅仅作为装饰品的话似乎数量太多了些，因此杨美莉先生认为类似这些批量成组出土的玉玦是被视为珠玉珍贵之物，具有财富之意[③]。而喻燕姣在考察了湖南宁乡出土的玉玦后认为，该地的商代玉玦除了用作祭品外，主要是用作货币，符合古代"珠玉为上币"之说[④]。此外，在三门峡虢国国君夫人墓M2012，除了耳部出土有一对玉玦外，在头部周围和胸前还出有5件玉玦;虢国国君墓中也有出土由玦饰参与组成的头饰。在陕西韩城国君侧夫人墓M19中，在墓主脚踝部各出有一件玉玦，与其他玉饰组成串饰。山西晋侯墓地M92，墓主头部左侧出玉玦形饰一组6件，头部右侧出玉玦形饰一组8件，出土时自上而下，由小至大依次排列，其中有一对刻做龙形（图3-2-4-1），其究竟是作为头饰佩戴，还是作为耳饰佩戴，还有待研究。但如果是挂于耳部，出土位置应该在颈胸部才对。耳玦在南部及西南边陲少数民族地区尚有余绪，尤其是在云南滇国地区和南越故地广州，一直延续到汉代。此时期中原地区出土于耳畔的玦可能并非穿孔戴于耳部，而是作为佩饰佩戴于头部而垂于耳畔，否则无法

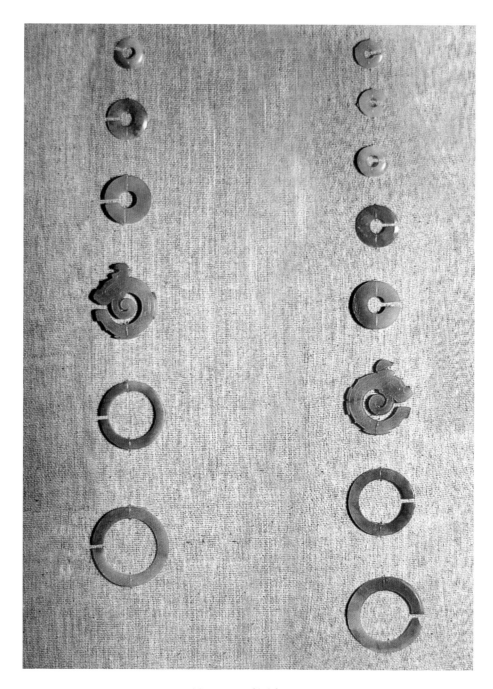

图 3-2-4-1　**组玉玦**

山西晋侯墓地 M92 出土。

解释为何在先秦文献如此丰富的年代，史籍中并不见玦作为耳饰的记载。

四 瑱（男用）

本节讲述的瑱是瑱的第二种形式，即男子冕冠上的一种佩饰，又名"充耳"；绵制的称为"纩"或"充纩"，这类瑱随着周代冕服制度的诞生而诞生，并陆续沿用到明代的服饰典章制度中。

有关瑱的文字记载在先秦的典籍中已有不少。其名称最早见于《诗经》，《周礼·弁师》中描述帝王冕冠时也提到了瑱："弁师掌王之五冕，缫斿皆就，玉瑱、玉笄。"许慎《说文·玉部》载："珥，瑱也。……瑱，以玉充耳也。"瑱是王字旁，说明大多为玉制，其功能是"充耳"，即充塞耳孔。这功能今天看起来似乎有些匪夷所思[①]。但我们研究古代的物质和文化，必须要站在古人的角度上看问题，融汇历史情境，以贴近当时真实生活的体验去穿透。中国从先秦时期开始，就是一个非常注重礼制的国家，制定了非常繁复的礼仪制度。著名历史学家钱穆先生在接见美国学者邓尔麟时说："中国文化的特质是'礼'，西方语言中没有'礼'的同义词；它是整个中国人世界里一切习俗行为的准则，标志着中国的特殊性。"[②]事实上，从古代中国的家庭、家族到国家，都是按照"礼"的原则建立起来的。从国家典制到人们的衣食住行各个方面，无不贯穿着礼的精神。因此，中国古代的很多服饰设计，都是出于礼制的需要而设计的，而并非出于实用的考虑。比如后文要介绍的组玉佩，并不仅仅是出于装饰和彰显身份的目的，还伴有禁步的作用。身份越高，组玉佩就越复杂越长，而为了使所佩之玉发出的声音铿锵有致[③]，就必须步子小，走得慢，方能

[①] 有一些学者认为，以物塞耳，是不合情理之事，故不应如此解读。如扬之水《诗经名物考证》一书347页认为："（充耳）若作为礼服之一，则庙堂之上，塞耳无闻，更大悖于情理。"

[②]（美）邓尔麟.钱穆与七房桥世界［M］.北京：社会科学文献出版社，1995：8.

[③]《礼记·玉藻》载："古之君子必佩玉，右徵、角，左宫、羽，趋以《采齐》，行以《肆夏》，周还中规。折还中矩，进则揖之，退则扬之，然后玉锵鸣也。故君子在车则闻鸾和之声，行则鸣佩玉，是以非辟之心，无自入也。"这段话的意思是说君子身上佩带的玉相互撞击，应该发出合乎音律的声音。

显得气派出众，风度俨然。瑱的使用也同样是出于这样的考虑。《礼纬》中载："旒垂目，纩塞耳，王者示不听谗，不视非也。"也是彰显中国古人的一种仁政思想。以瑱塞耳毕竟只能是一种有限的遮蔽，声音还是可以听到的，且从典籍记载来看，瑱只用于冕冠之上，也就是说只有帝王、皇子、亲王等极高贵的上层统治者在出席极隆重的礼仪场合时才佩戴瑱[1]，并非日常处理公务和居家生活时所戴。古人的某些今天看来难以理解的服饰习俗，我们必须放在当时特定的历史情境中来理解。

① 据《大明会典》载：冕服是皇帝在祭祀天地、宗庙以及正旦、冬至、圣节时所穿，祭社稷、先农和举行册拜时也穿冕服。可见冕冠主要是在一些重要礼仪场合佩戴。

上文《汉书》中提到了"黈纩"一词。唐代颜师古注："黈，黄色也。纩，绵也。以黄绵为丸，用组悬之于冕，垂两耳旁，示不外听。"可见，黈纩是以黄色丝绵做成的一种绵球，其功用和瑱一样，都是用来充耳的。汉代蔡邕《独断》卷下载："天子冕前后垂延珠绿藻，十有二旒……旁垂黈纩当耳。"这里并未提到瑱，只提到黈纩，说明黈纩是可以单独使用的。但黈纩也可和玉瑱结合使用。《左传·昭公二十六年》载："夏，齐侯将纳公，命无受鲁货，申丰从女贾，以币锦二两，缚一如瑱，适齐师。"杜预注："瑱，充耳"。孔颖达疏："礼以一绦五采横冕上，两头下垂，系黄绵，绵下又悬玉为瑱以塞耳。"这里孔颖达疏中所录文字可以说是以玉瑱辅以黈纩的文献证明。在明代的冠服制度中，黈纩便往往和玉瑱同时并悬于冕冠两侧，此时黈纩已演变为玉制的圆珠，只是颜色有所不同。

不过，用东西把耳朵塞上固然可以戒妄听，但这样做未免过犹不及，不仅人体不适，连该听的也不易听到了。于是，或许在春秋战国礼崩乐坏之时，人们发明了一个更适宜的方式，即将塞耳的瑱悬挂于耳旁，人在行动时，瑱会摆动撞击两侧的耳朵或面颊，同样可以提醒人们不要妄听，既保留了瑱的本意，又免除了"塞耳"的弊病。正如刘熙《释名·释首饰》中所写："瑱，镇也，悬当耳傍，不欲使人妄听，自镇重也。"便是这个意思。《仪礼·既夕礼》载："瑱用白纩"；又曰："瑱塞耳。"贾公彦疏："释曰：经直云'瑱用白纩，用掩之'，不云'塞耳'，恐同生人悬于耳旁，故记人言之也。"这段话所写的是葬礼所用的葬具中也有"瑱"，是用白纩（或玉）做成以掩耳洞，同时也间接地说明瑱在活人用时的确是悬于耳旁的。

瑱作为一种礼仪用品，除了可戒妄听，也是分别等级的一种标志。瑱在使用时，一般要在冕冠顶部系一丝带，即"纮"，以彩丝织成，左右各一，天子诸侯用五色，人臣则用三色。使用时上系于衡笄，下垂至耳，末端各系一瑱。《左传·桓公二年》："衡、纮、纮、綖，昭其度也。"唐孔颖达疏："纮者，县（悬）瑱之绳，垂于冠之两旁。……织线为之，若今之绦绳。"瑱的质地也根据身份的不同而不同。在明代，天子冕冠用黄玉做黈纩，其他人则用青玉。清焦廷琥《冕服考》卷一："天子诸侯纮用五色，卿大夫三色；天子诸侯瑱用玉，卿大夫用石。"

正如前文所述，男性冕冠用瑱的材质有两种：一种为黄色丝绵所制，称为"黈纩"。《后汉书·舆服志》："冕冠……旁垂黈纩。"吕忱注曰："黈，黄色也。黄绵为之。"《汉书·东方朔传》云："黈纩塞耳，所以蔽听。"颜师古注："黈，黄色也。纩，绵也。以黄绵为丸，用组悬之于冕，垂两耳旁，示不外听。"这里提到的"丸"，推测应是球体。还有一种应是用玉或石制成的。先秦时，西周和春秋很多贵族墓葬耳畔都有玉玦出土，或许是垂下的瑱也未可知。但唐以前其形制尚不可考。在后世唐代《历代帝王图》中，我们能明确地看到当时画中帝王冕冠耳畔的瑱是球形的，数量多为一颗（图 1-2-1-2-1）[①]。

269

① 明鲁荒王为明太祖第十子，洪武三年生，生两月而封，十八年就藩兖州。其墓葬是洪武年间亲王陵寝修筑时间最早的，为典型的明初墓葬。墓中出土冕冠只有一青玉珠（黈纩），虽不是帝王冕冠，但可以旁证明初冕冠耳瑱使用的习俗。

明代出土有比较完整的冕冠，为我们考察瑱的造型提供了比较明确的资料。明代冕服始定于洪武元年，洪武十六年和二十六年又两次更定。《大明会典·皇帝冕服》载："洪武十六年定。冕，前圆后方，玄表纁里。前后十二旒……红丝组为缨，黈纩充耳，玉簪导。"此时只提到"黈纩"，并未提到瑱。可能此时冕冠每只耳畔只有一颗玉珠。在《大明集礼》冠服图中的冕也为一颗圆珠①。至永乐三年，对冕服进行了修订，并沿用至嘉靖初年："永乐三年定，冕冠……以玉衡维冠，玉簪贯纽，纽与冠武，并系缨处，皆饰以金。綖以左右垂黈纩充耳，（用黄玉），系以玄纮，承以白玉瑱，朱纮。"此时增加了"瑱"，变为两颗圆珠。至嘉靖八年，明世宗对冕服制度做了较大的修改，形成了明代冕服的最终款式，一直延续到明末，其中有关瑱的记载为："冠制以圆匡乌纱冒之，……玉珩玉簪导，朱缨，青纩充耳，缀以玉珠二。"从文献记载来看，明代帝王的瑱，最初只用黈纩（黄色，质地不明）；永乐三年改为黄玉珠在上，白玉珠在下；嘉靖八年确定为"青纩充耳，缀以玉珠二"，将黄玉珠改为青玉珠。定陵出土有明万历帝冕冠2顶。一顶保存稍好，尚可复原，两耳部各系 2 玉瑱，1 白 1 绿，白玉瑱径1.1厘米，碧玉瑱径1.3厘米。和典籍基本吻合。另一顶冕冠残件中有玉耳瑱 4 颗，2 白 2 黑，白玉瑱径1.3厘米，黑玉瑱径1.5厘米。稍有不同②。

《大明会典·皇太子冠服》："洪武二十六年定，冕，九旒，旒九玉，金簪导，红组缨，两玉瑱。"至永乐三年，改为："冕冠……玉衡，金簪，玄纮，垂青纩充耳，（用青玉），承以白玉瑱，朱纮缨。"

② 中国社会科学院考古研究所.定陵［M］.北京：文物出版社，1990：203.

《大明会典·亲王冠服》："洪武二十六年定。冕，五采玉珠九旒，红组缨，青纩充耳，金簪导。""永乐三年定。冕冠……玉衡，金簪，玄纩，垂青纩充耳，（用青玉），承以白玉瑱，朱纮缨。"

《大明会典·世子冠服》："洪武二十六年定。冕，三采玉珠七旒，红组缨，青纩充耳，金簪导。""永乐三年定。冕冠……玉衡，金簪，玄纩，垂青纩充耳，（用青玉），朱纮缨，承以白玉瑱。"

《大明会典·郡王冠服》："永乐三年定。冕冠……玉衡，金簪，玄纩，垂青纩充耳，（用青玉），朱纮缨，承以白玉瑱。"

从文献上来看，明代皇太子、亲王、世子、郡王的冕冠用瑱一律为青玉珠在上，白玉珠在下。这在出土文物中已经得到证实，且从实物中看，青玉珠要略大于白玉珠。如出土于湖北的明梁庄王墓中的冕冠附件，冕延(冠顶板）和冠卷（冠周沿）已腐朽，只保存其金玉附件共计 140 件，其中便有碧玉瑱 2 件、白玉瑱 2 件（图 1-2-1-2-2）。皆为球形。其中碧玉瑱较大，各有一个竖穿孔，抛光亮洁，素面，直径 1.7 厘米，孔径 0.3 厘米，2 件共重 15 克。白玉瑱较小，各有一个 V 形联孔，素面，直径 1.2、孔径 0.3 厘米，2 件共重 5.3 克[1]。

另外，在山西芮城永乐宫壁画[2]、山西稷山青龙寺壁画[3]中绘有大量的神仙与天帝的形象，其冕冠与梁冠上均垂有以椭圆形大珠和上下各一小珠穿成的饰物（有的上下无小珠），坠于耳后，且连有一环形白色丝带，上绕于冠笄之上，下搭于双臂并垂于大腿部位。似也是瑱的一种形式，但已有画工演绎的成分，和文献记载相距甚远。

① 湖北省文物考古研究所、钟祥市博物馆.梁庄王墓［M］.北京：文物出版社，2007：139-142.梁庄王为明仁宗第九子，永乐二十二年册封为梁王。

② 金维诺.山西芮城永乐宫壁画［M］.河北：河北美术出版社，2001.

③ 金维诺.山西芮城永乐宫壁画［M］.河北：河北美术出版社，2001.

表 3-10: 男性冕冠用瑱	
	1. 唐代阎立本《历代帝王图》中着冕冠的光武帝刘秀，其耳畔垂瑱为一颗圆珠。
	2. 明代梁庄王冕冠复原示意图[1]，其耳畔垂瑱为一颗碧玉瑱和一颗白玉瑱，其中碧玉瑱略大。
	3. 永乐宫壁画之南极长生大帝，其冕冠垂瑱为一椭圆形大珠和上下各一小珠及花饰贯穿而成。

第三节 │ 先秦的颈饰和组玉佩

在新石器时代，颈饰由于悬垂于胸前，在视觉上举足轻重，因此在先民服饰形象的塑造上占有重要地位。到了夏商时期，随着阶级的出现及社会分化的加剧，颈饰质地的贵贱、制作的精粗、形制的新旧、种类的多寡、组合的繁简

---

① 湖北省文物考古研究所、钟祥市博物馆 . 梁庄王墓［M］. 北京：文物出版社，2007：139.

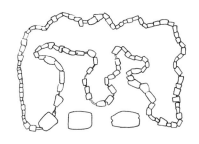

图 3-3-1-1　**绿松石串珠**
河南偃师二里头遗址出土。

等等，无一不打上深深的阶级烙印。至周代，随着礼制的完备，组玉佩作为表示贵族身份的重要标志，在大墓中开始大量出土。组玉佩在西周时期主要佩戴于颈部，长度根据复杂程度的不同垂于胸腹部，甚至可长至脚踝；而到了东周，随着王室衰微、诸侯争霸，周天子已失去往日的威严，西周以来形成的规范礼制受到严重的威胁，组玉佩则逐渐转为悬挂于腰间革带之上，并且形制日趋简化，成为体现君子修养的象征物。

一　夏商时期的颈饰

因夏代文献资料不足和考古材料的缺少，对其颈饰品的认识还较为浅显。但从近年少量考古实物看，其饰品明显呈现出两大特征：一、随着社会贫富分化和阶级对立的加剧而出现的饰品贵贱分化，并初显制度化；二、颈饰在此时的饰品中占据主流，质料多是绿松石，有少量玉品及金属镶嵌。

如偃师二里头遗址发掘的 56 座墓葬中，小贵族或平民墓中绝大多数无饰品，而少数出饰品的大贵族墓葬则以颈饰为主，且以串珠项链居多。1980 年发现的 M4 贵族墓，虽有盗掘，仍有二百多件绿松石管和绿松石片出土[1]；1981 年发掘的 M4 权贵墓，墓主颈部佩戴 2 件精工绿松石管串饰，胸前还有一件直径 17 厘米、厚 0.5 厘米的圆形铜片饰，四边镶嵌 61 块长方形绿松石，中间用绿松石嵌出两圈十字形的图案[2]。这是我国早期"铜嵌玉（石）"的代表。1984 年发掘的 M6 出土项链则由 150 件绿松石珠组成[3]（图 3-3-1-1）。此

① 中国社科院考古研究所二里头工作队.1980 年秋河南偃师二里头遗址发掘简报 [J].考古，1983，（3）：201.

② 中国社科院考古研究所二里头工作队.1981 年河南偃师二里头遗址发掘简报 [J].考古，1984，（1）：38.

③ 中国社科院考古研究所二里头工作队.1984 年秋河南偃师二里头遗址发现的几座墓葬 [J].考古，1986，（4）：319.

图 3-3-1-2　**松石管饰**
北京平谷刘家河商墓出土。（李芽摄）

① 杜金鹏.偃师二里头遗址［C］.中国考古学年鉴（1988）［M］.北京：文物出版社，1989：186.

② 中国社会科学院考古研究所.殷墟妇好墓［M］.北京：文物出版社，1985.

③ 中国社会科学院考古研究所.殷墟发掘报告（1958—1961）［M］.北京：文物出版社，1987：277.

遗址中还常发现有贝壳、陶珠项链或陶珠与绿松石组穿成的项链①。夏代墓葬随葬品数量差异之大，无疑是当时社会贫富分化的真实写照。二里头遗址出土饰品多以陶、石质地为主，玉制品不发达，这与黄河中上游地区少产玉料的现象吻合，大部分中型墓盛行绿松石饰随葬，说明绿松石饰是当时一种在价值上接近玉器而又更具大众性的饰品。

商代物质生活资料之丰富远远超过了夏代，因而大大助长了贵族生活的奢靡之风，饰品种类之多令人叹为观止，颈饰丰美之程度使人瞠目结舌，贫富分化更为明显。商代颈饰材料中，玉、绿松石、玛瑙等逐渐取代了兽牙、贝壳等自然物串组的颈饰，其中以玉质颈饰最为普及（图 3-3-1-2）。玉佩饰出土最为集中的是商晚王都殷墟遗址的大贵族墓。如《殷墟妇好墓》②一书中罗列的玉制装饰品共有 426 件，其造型包括走兽飞禽虫鱼等计 27 种；礼仪性质的玉器 175 件；绿晶、玛瑙、绿松石、孔雀石等宝石类饰品 47 件；骨笄 499 件以及骨雕、蚌饰数十件；还有铜镜 4 面、玉梳 2 件、玉耳勺 2 件。其中属于颈饰的有：绿松石珠 6 颗，玉管状珠和圆珠 33 颗，玉长条形穿孔饰 8 件，石珠 10 颗，由 26 件扁形及长管形玛瑙珠组成的颈饰 1 串。安阳后冈遗址一人骨架下出土有串珠，色彩斑斓，由蓝色管形珠 2 颗、红色玛瑙珠 7 颗、绿色扁圆珠 2 颗、不规则形蓝色珠和圆形穿孔薄蚌片组成③，当为项链。花园庄东地 M54 墓主为大贵族，出土玉器多且装饰品比重大，其背部及胸下出有玉管 157 件，玉管

图 3-3-1-3　**玉项链出土现状**
江西新干大洋洲商墓出土玉项链 XDM：641（18 颗）。
玉块长 1.4~4.1 厘米、宽 1~2.2 厘米、厚 0.8~1 厘米。

① 中国社会科学院考古研究所.安阳殷墟花园庄东地商代墓葬［M］.北京：科学出版社，2007：202-203.

② 江西省博物馆.新干商代大墓［M］.北京：文物出版社，1997：149，彩版四二，1.

③ 中国社会科学院考古研究所.滕州前掌大墓地［M］.北京：文物出版社，2005.

有明显的磨饰痕迹，应是随身佩戴的颈饰①。

　　其他各地商墓颈饰品也有大量发现。如江西新干大洋洲商墓墓主为古越民族奴隶制国家的最高统治者或其家属，墓中出土装饰品 934 件，多为佩饰及镶嵌饰品，其中死者颈胸部有由 18 件玉块串成的项链 1 件，玉块大小薄厚不一，形状也不尽相同，出土时，呈桃形依序排列于棺室的东头。（图 3-3-1-3）②。前掌大商墓 M119 为大型墓，出土串饰由玉管、珠、坠等 14 件组成，女墓主上半身周围放置成对的玉质鱼、龙、鸟、蝉等，还有璧、璜等玉器③。

　　商代的一般平民墓中出土的饰品虽寥寥无几，但也是以颈饰为主，如安阳后岗 59AHGH 10 人祭坑，共有 73 个个体，中、壮、青年男女及儿童均有。其所发现的人体装饰品如下：一成年男性佩带由玉珠、玛瑙珠和蚌片串成的项链一串，足端有穿孔骨饰物一件；另一青年男性头下有贝两串，每串 10 枚；还有一人左腕戴贝 45 枚一串，颈胸部垂挂贝两串，分别为 40 和 35 枚；有一青年右臂佩一玉璜，右腕佩一玉鱼；一儿童的颈部戴有玉珠、玉鱼各一。这些随葬品虽然与妇好墓的饰品相比有天壤之别，但这些饰品仍以颈饰居上。

除了玉石珠串，商墓中还常发现有许多蚌珠和玉珠，据出土位置判断应为项饰或胸饰的部分组成。如在河南郑州铭功路 2 号商墓中出土有 1000 多枚蚌珠，并列 6 串，出土于人骨架上部[①]，应是佩戴于颈部，再绕垂列于胸前及腰部。河北藁城台西商代遗址 M79 主人胸部出土骨珠 644 枚，M102 出土 23 枚骨珠，出土时呈环状排列，应为死者佩带的装饰品，只是穿系的绳子已无[②]。山西保德林遮县商墓出土的项饰由 18 枚珠状、梅花状、圆盘状的玉、骨、绿松石等质料磨制串组而成，出土时散置于主人的颈部及胸前[③]。

纵观商代出土颈饰实物，呈现出三个特点。

首先，在质料上，玉器在贵族大墓中明显占据主流，且数量较新石器时代增长很多，这表明地区交流及商王权利的加强，可以使其集全国精美物品为其所用。这在有关文献资料中也可得到印证，据《逸周书·世俘解》载："商王纣取天智玉琰五，环身厚以自焚。凡厥有庶告，焚玉四千。……凡武王俘商旧玉亿有百万。"明确反映了商朝用玉规模之大。

其次，在饰物造型上，写实类动物饰品明显增多，这反映了此时人类对于动物的征服能力大大提高，使得工匠可以近距离观察各类动物的形象并加以刻画。其中鸟类的品种和形象尤为突出，这反映了商代早期以鸟为图腾崇拜的现实。《诗经》中有"天命玄鸟，降而生商"的记载，《史记·殷本纪》也记载了简狄食鸟卵而生殷人先祖契的传说，考古学家们在殷墟出土的部分甲骨卜辞中也找出不少相关例证。

① 郑州市博物馆.郑州市铭功路西侧的两座商代墓[J].考古, 1965,（10）.

② 河北省文物研究所.藁城台西商代遗址[M].文物出版社,1985: 138.

③ 吴振录.保德县新发现的殷代青铜器[J].文物, 1972,（4）.

第三，在玉饰品制作技术上，因为借助了青铜工具，此时的工匠能熟练地将线刻、浮雕、圆雕、透雕融合在一起，大大增加了玉器的视觉立体感，所以商代出土了大量立体圆雕人像和各种形神逼真的动物形象。可以说，商后期是"我国古代玉器从平面走向立体、由简单装饰走向复杂陈设的一大步"[①]。

第四，商代佩饰品的差别表现了个人身份的差异，那些占有质地精美、做工精细的玉器佩饰者，无疑是身份高贵的奴隶主贵族，级别越高，占有的数量越多，质量越精；中级贵族使用的佩饰品多为颈胸及耳饰等，质地多为玉质和骨质，制作也是很精美的；一般贵族的饰品数量就少得多，只有几件玉质饰品，质料上要稍次，比如多为一定数量的骨蚌珠及绿松石珠等；平民墓少有佩饰品的发现，有的只是质量低的骨质或蚌质饰品。

① 昭明，利群.中国古代玉器［M］.西安：西北大学出版社，1993：86.

▤ 西周时期的颈饰和组玉佩[2]

进入周代，随着奴隶制经济的繁荣，周王为了维护统治，先后推行了分封制、宗法制和礼乐制。西周的礼制表现在贵族生活的各个领域，体现等级身份的衣冠服饰是其中非常重要的一个方面。这其中，颈饰，尤其是组玉佩，成为展示身份非常重要的组成部分。两周时期，社会阶层分为诸侯国君、大夫、士级贵族及平民。考古材料显示，西周贵族和平民所佩饰品有很大的区别，平民墓只有少量质劣的饰品或无，以玉为代表的饰品多出于士级以上贵族墓中，说明玉饰已具有礼的性质，成为阶层的界标，可能也是"礼不下庶人"的反映。一些学者认为统治集团内部玉佩饰所呈现的等级差别，除了使用数量的多寡外，主要体现于组玉佩中玉璜数量的多少，即那些结构繁复的多璜组玉佩，不仅作为修身立志的道德标准，而且是贵族们表

② 本小节内容主要参考：吴爱琴.先秦服饰制度形成研究［M］.北京：科学出版社，2015.

示身份地位及权势的佩饰。这点在西周的虢国墓地和晋国墓地中可见一斑。

除了璜的数量，贵族集团内部各阶层所佩玉的种类、色泽及所系绶带的颜色都有严格的规定。《礼记·玉藻》记载了身份不同所佩玉饰颜色的区别：

天子佩白玉而玄组绶，公侯佩山玄玉而朱组绶，大夫佩水苍玉而纯组绶，世子佩瑜玉而綦组绶，士佩瓀玟而缊组绶。

郑玄注：

玉有山玄、水苍者，视之文色所似也。绶者，所以贯佩玉，相承受者也。纯当为"缁"。綦，文杂色也。缊，赤黄。

孔颖达疏：

玉有山玄、水苍者，视之文色所似也者，玉色似山之玄而杂有文，似水之苍而杂有文，故云"文色所似"。但尊者玉色纯，公侯以下，玉色渐杂，而世子及士唯论玉质，不明玉色，则玉色不定也。瑜是玉之美者，故世子佩之。……瓀玟，石次玉者，贱，故士佩之。

白玉为最高等级，等级越低，玉色越不纯正，到世子及士这一阶层，玉色已不作要求，仅根据玉质好坏来划分等级。从考古资料来看，不同等级墓葬中的佩饰质料确有不同，贵族大墓中多出现质料上呈的透闪石软玉，而地位较低的墓葬多为料、玛瑙、水晶及石质佩饰，平民墓葬基本不见佩饰，有的也只是质劣的石、骨器。因此，杨伯达先生认为，"依佩用者的社会等级，有：用玉；用玉与玛瑙、水晶、玻璃等几种材料混合；无玉等三种佩饰。主件仍是玉璜，凡佩带无璜玉佩者，其身份均较低或是依附于墓主的贴身人。"[1]《诗经郑风·女

① 杨伯达.古玉史论[M].北京：故宫出版社，1998：67.

曰鸡鸣》："知子之来之，杂佩以赠之。知子之顺之，杂佩以问之。知子之好之，杂佩以报之。"描写了夫妻间的恩爱，妻送夫的"杂佩"即组佩，质料没有说明，可能即为杨伯达先生认为的低档玉，如玛瑙、水晶或无玉的佩饰。

用以系佩的组绶则是根据颜色划分等级。绶，又称为"缦""纶"，用丝绳婉转系结。郑玄注《礼记·玉藻》："绶者，所以贯佩玉，相承受者也。纯，当为'缁'。綦，文杂色也。缊，赤黄。"从《诗经·出其东门》"缟衣綦巾"来解，綦应为青灰色。故根据《礼记》记载：天子为白玉佩系玄组绶，公侯为山玄玉佩系朱色组绶，大夫水苍玉佩系缁色组绶，世子的瑜玉佩系青灰色组绶，士的瓀玫佩系赤黄组绶。

文献中对组玉佩的长短并没有直接的规定，但是从"礼"的角度提及了组玉佩的使用方法。《诗经·卫风·竹竿》："巧笑之瑳，佩玉之傩。"毛传："傩，行有节度。"玉佩实际上是当时调整步态的一种工具，有着禁步的实际功能。周代礼仪认为，在祭祀或礼仪的场合，身份地位越高的人，步行要越慢越短，这样才能显出风度和尊严。因此，身份越高，组玉佩就越复杂越长，而为了使所佩之玉发出的声音铿锵有致[1]，就必须步子小，走得慢，方能显得气派出众，风度俨然。《礼记·玉藻》载："君与尸行接武，大夫继武，士中武。"孔颖达疏："武，迹也。接武者，二足相蹑，每蹈于半，半得各自成迹。继武者，谓两足迹相接继也。中，犹间也。每徙，足间容一足之地，乃蹑之也。"这段话的意思是说，天子、诸侯和代祖先受祭的尸体行走时，天子迈出的脚应踏在另一只脚所留足印的一半之处，大夫的足印则一个挨着前一个，士行走时步子间可以留下一个足印的距离，足见行动之缓慢。因此，步态是与佩玉的复杂程度及人的地位联系在一起，

① 《礼记·玉藻》载："古之君子必佩玉，右徵、角，左宫、羽，趋以《采齐》，行以《肆夏》，周还中规。折还中矩，进则揖之，退则扬之，然后玉锵也。故君子在车则闻鸾和之声，行则鸣佩玉，是以非辟之心，无自入也。"这段话的意思是说君子身上佩带的玉相互撞击，应该发出合乎音律的声音。

图 3-3-2-1 **玛瑙绿松石玉串项饰**
西周。北京房山琉璃河出土。（李芽摄）

组佩的长短是和佩饰人的身份地位等级相联系的。

西周时期的颈胸腹部组佩饰没有完全分开，组佩饰系于颈部而下垂至胸腹部，可以被视作颈饰。据其形制，可分为串饰、多璜组玉佩和玉牌穿珠组佩。周王朝统治的边缘地区出土颈饰则相对较少，如东部的齐国和鲁国，只发现一些串饰，表明周王朝的礼制对此地影响还不深。

（一）串饰（表3-11）

指结构相对简单、无璜等礼玉佩件的串饰组合，多由珠、管和小饰件构成。西周颈部串饰依旧流行，无论是构件搭配或是工艺水平都堪称一流。根据吴爱琴先生的总结，其组合可分三个类型。

A 型：由玛瑙珠、料珠、石珠串成。

B 型：由玛瑙珠、料珠和玉饰件串合，以玉饰件为主要构件（图3-3-2-1）。

C 型：全由小玉件串合。

其中 A 型颈饰是传统颈部饰物，从石器时代就已有之，在西周时代也较为普遍。B 型颈饰发起于新石器时代，在西周时代大为流行，应国墓地 M231 出土 4 组；西周晚期又衍生出新的品种，如虢国墓地出土的颈饰以双行玛瑙珠（M2011）和马蹄形玉牌或莲瓣形玉牌组成，晋国墓地的双行玛瑙珠和龙纹玉牌项饰（M62），都出于诸侯国君或夫人墓中，表明它的使用等级较高。C 型颈饰主要出于西周早中期贵族墓葬中，墓主为女性，出土相对较少。如晋侯墓地的 M13 出土了由玉蚕组成的项饰多组；山东济阳刘台子西周早期墓 M6 出土玉蚕颈饰一组 22 件。山西临汾大河口墓地也出土了此类玉串饰。从出土情况来看，B、C 类颈饰使用等级高。A 类颈饰的使用从大贵族墓至平民墓都有使用，大墓往往质料较好，且使用多组，低级墓只是用料珠或贝壳类等串合。

表 3-11：西周出土串饰

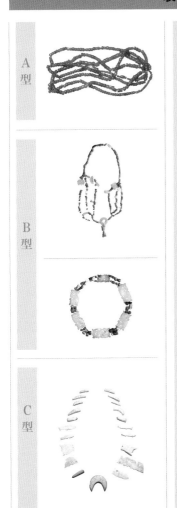

A 型

B 型

C 型

1. 玛瑙珠串饰
山西省洪峒县水凝堡西周墓地 M5 出土。
由 378 颗玛瑙珠组成，每颗长 0.5~0.7 厘米。

2. 颈饰
北京琉璃河西周燕国墓出土。
复原长约 40 厘米。串饰以玛瑙为主，形状大小不一，计 110 件；其次是绿松石饰件，计 48 件；再次为玉饰件，形状除管珠外，主要为形象的牛头、人面、璧形、兽面、兔形、鱼形、蚕形、扁平形等，计 21 件。

3. 颈饰
山西省曲沃县晋侯墓地 M102 出土。
由 6 件玉饰和玉管、玉珠、绿松石管、玛瑙珠组串而成，玉饰单面刻纹，3 件为双首龙纹，3 件为龙凤合体纹。

4. 玉串饰
山西临汾大河口墓地出土。
一组 21 件，由玉虎 1 件、玉鱼 4 件、玉兔 1 件、玉龙 2 件、玉蝉 2 件、玉蚕 9 件、玉圭 1 件穿系成串，下系月牙形玉饰。

（二）多璜组玉佩

西周颈饰的一大亮点是组佩的盛行，其在新石器时代就已见雏形，在西周则达到鼎盛。组佩是由多件玉器和玉、料、玛瑙等管珠通过串联方式组合而成的装饰品，实际上是串饰颈饰的再发展。《释名·释衣服》载："佩，倍也。言其非一物，有倍贰也。有珠、有玉、有容刀、有帨巾、有觿之属也。"组佩中最为重要的是组玉佩。组玉佩根据其组件不同可分为几个等级种类，最为贵重的属大佩，也称为杂佩、全佩，专用于贵族男女祭服及官员上朝佩带，一方面显示贵族们的身份地位，另一方面又有德育的作用。《诗经·郑风·女曰鸡鸣》有："知子之来之，杂佩以赠之。"毛亨传："杂佩者，珩、璜、琚、瑀、冲牙之类。"可见杂佩多由这些玉件组成。

西周时组佩饰分为两型，一类为后面要介绍的玉牌穿珠组佩，一类为垂至胸腹部由多件大小相次的玉璜由上至下排列为挈领把两行串珠联缀的组佩饰，也称多璜组玉佩。两者在西周时大都悬挂于颈部。

据说璜是仿天上的彩虹而作，早期先民们视虹为野兽，认为它的出现是一种预兆，非凶即吉，因此对它产生了崇拜。多璜组玉佩的出现，可能仍延续有避凶化吉之意。璜多处于组佩底部，和冲牙并列，因为冲牙和玉璜的位置靠近，所以佩着大佩，伴随着步履的移动，两侧的冲牙就自然地撞击玉璜，从而发出有节奏的悦耳声音。璜在新石器时代如良渚文化和崧泽文化中，以女性使用为多。但至夏朝以后，这一规律已被打破，男性似乎成了璜的主要佩戴者，而且佩璜不只是为了美，更是一种权力和身份的象征。《山海经·海外西经》记夏后启在大乐之野歌舞祭神时就佩戴着玉璜："大乐之野，夏后启于此儛九代，乘两龙，云盖三层。左手操翳，右手操环，佩玉璜。"[①]这件夏后

①（西汉）刘歆.山海经［M］.北京：北京燕山出版社，2001.

氏之璜，是历代的珍宝。西周初期，东部地区欺周成王年幼，兴兵反叛。摄政王周公旦率军平叛后，建议成王把皇亲国戚分封到这些地区为诸侯，进一步巩固统治。分封时，周王要赠给受封人与其身份和权势相当的财宝，因为当时周公旦的权势最大，成王就把"夏后氏之璜"给了周公旦的儿子——鲁公伯禽[①]。《淮南子》也视其为至宝之物："夫有夏后氏之璜者，匣匮而藏之，宝之至也。《周礼·春官宗伯第三》则把璜定为礼天地四方的"六器"之一："以玄璜礼北方。"《礼记·明堂位第十四》则称其为"天子之器"："崇鼎、贯鼎、大璜、封父龟，天子之器也。"

商周以来，璜用作礼器的同时，逐渐发展为组佩中的重要构件。组佩在我国古代服制和礼制中一直占有举足轻重的地位。贵族的身份越高，所佩戴的组玉佩就越长越复杂。在一些高等级贵族的墓葬中，如虢国 M2001、2012，应国 M84，晋国 M91、31 等，墓主皆为国君或国君夫人，组佩上玉璜的件数，常与墓中随葬的铜鼎件数一致。狄人后系建立的霸国，墓葬中也出土多璜组玉佩，说明其也深受周文化的影响。随着春秋战国时期的"礼崩乐坏"，社会的世俗化倾向越来越浓重，玉璜才又逐渐恢复到了项串坠件的本意。

这里以河南三门峡虢国墓地出土佩饰为代表，为大家展示西周佩饰佩戴情况之一斑。虢国墓地横跨两周，属于西周时期的墓葬有 29 座[②]。

国君墓：

M2009 墓主为虢国国君，在椁盖及内外棺上出土大量玉器，墓主身上有成组玉佩[③]。

M2001 墓主为虢国国君季，年代为西周晚期晚段。佩饰有 644 件，分为单件佩饰和组玉佩二类。其中组玉佩有 4 组，其中颈胸饰 2 组：一组为串饰 B 型（表 3-12：2）；另一组为 7 璜联珠组玉佩（表 3-12：1），出土时佩于墓主身上，下达盆骨上方。另 2 组为组合发饰（表：3-5）。

① （清）洪亮吉撰，李解民点校. 春秋左传诂（下册）[M].北京: 中华书局，1987.

② 河南省文物考古研究所等. 三门峡虢国墓·第一卷 [M].北京：文物出版社，1999.

③ 河南省文物考古研究所.三门峡上岭村虢国墓地[C].中国考古学年鉴（1992）[M].北京：文物出版社，1994：240-241.

单佩共 63 件，多为片状雕，也有圆雕和透雕，有人形 3、动物形 21、器物形 4 和其他四类。其中动物形有猪龙、盘龙、夔龙、虎、鹿、牛首、马首、鸟、鸽、鱼等，器物类有戈、镞、环、珠等。

国君季夫人梁姬墓（M2012）：

出土佩饰 763 件，有组佩和单佩两种。年代为西周晚期晚段。

组佩饰有 5 组，共 743 件。第一组（表 3-12:4）和第二组（表 3-12：5）均为串饰 B 型，由玛瑙珠和玉佩组合而成；第三组为 5 璜联珠组玉佩（表 3-12：3）；另两组是腕串（表：3-22），另外还有一组由绿松石珠、管与煤精珠 122 颗组成的串饰（表 3-12：6），盛于铜盒内。

单佩有 23 件，多为动物形佩，有鹿形、牛形、猪形、鱼形、蝉形、蚕形等，另外为玦、管和环等。

太子墓：

M2001 为太子墓，年代为西周晚期晚段。出土佩饰 363 件，分组佩饰与单佩。

组佩饰：3 组，共计 340 颗。1 组为玛瑙珠、玉佩组合颈饰（表 3-12：7）。另两组为玛瑙珠、玉饰组合左、右手腕饰（表：3-22）。

单佩：24 件，有缠尾双龙纹玉玦，盘龙形、鱼尾龙形、人形、鸟形玉佩，还有管、环、小腰、柄形器和束绢形器等。

M1052 为虢太子元墓，颈部有颈饰 1 组，由 69 件鸡血石管珠、4 件马蹄形饰、1 件玉圆形饰串合成行组成。

虢国大夫及夫人墓：

M2006：颈饰 1 组，由玉饰和玉管珠串等组成；胸佩饰 1 组，由玉珠和红、绿等色鼓形玉珠和玉管串系。报告称墓主为西周晚期虢国贵族的夫人，身份为元士。

M2013：颈饰 1 组，由 6 件束绢纹佩、1 件龙纹佩、玛瑙珠 67 颗分双排串系而成，墓主为西周晚期虢国贵族夫人，身份为元士。

M2008：墓主为虢宫父，墓已被盗。残留有玉管 1 件，还有可穿系的石质柱状饰 1 件、石贝 51 件、陶珠 430 颗，另有骨牙质饰品，上都有穿孔，可佩系使用。

M2010：佩饰品少，只有单件饰品，青玉鹦鹉形佩 1 件、玉柄形器 1 件、半圆形玉片 1 件。墓主身份为大夫级贵族。

M1820：西周晚期墓，墓主胸前出有串饰 1 组，由 577 颗红玛瑙珠、管和 21 件青玉管分作数行排列相间串合而成，腹部有玛瑙珠、玉蚕、玉贝组成的串饰1组。墓主为虢姪妃，为大夫级贵族夫人。

M2118— M2122 这五座墓被盗，没有迹象表明有组玉佩的使用。从其他方面分析其墓主身份，除 M2122 墓主为平民外，其他为大夫及上大夫级的贵族。

M2016—M2019 四座形制小的墓葬，共出土佩饰4件，有凤鸟纹佩1件、鱼形佩1件、玉管2件，墓主为 M2001 墓主的侍从，身份和士级贵族相当。

虢国墓地共出土颈胸组玉佩6组，均出于大型墓中，其中多璜组玉佩只见于国君及夫人墓中，太子墓中没有。上大夫和大夫级、士级墓中连组玉佩也无出土。表明西周时期组玉佩的使用已形成了严格的使用制度。其适用范围也仅限于公侯及诸侯国君的墓中，至于多璜组玉佩的使用只限国君及其夫人使用（晋国墓地同），证明多璜组玉佩不单为装饰品，更多的起到了礼玉的功能，成为"礼"的承载物，它的佩戴不再是简单的贫富之分，而是地位及身份的差别。其长短也和主人地位高低有关，地位越高组玉佩就越长，结构也越复杂。如虢国国君是七鼎大墓，所佩璜件数为七璜，虢国夫人是五鼎大墓，所用璜件数则为五璜，与文献记载的礼仪之规吻合。《周礼·春官·典命》："上公九命为伯，其国家、宫室、车旗、衣服、礼仪皆以九为节。侯伯七命，其国家、宫室、车旗、衣服、礼仪皆以七为节。"虢季便为公侯级，为七命，恰好吻合。另外像山西绛县倗国墓地中，国君墓 M2 出有五璜联珠组玉佩，其夫人墓则为三璜组玉佩；山西晋侯墓地 M91 和 M92 也是晋侯及其夫人之墓，使用璜组佩也有差别。组玉佩中璜数量的多寡频证实于诸侯国君夫妇墓中，说明西周时期璜组玉佩的使用确有定制，夫人使用的璜数要少于其夫，这是夫妇等级地位差别的体现。但同时，夫人墓中出土的珠玉组合串饰则要多于国君墓和太子墓，说明非璜类串饰作为装饰品在女性身上使用得更为丰富。

表 3-12：西周虢国墓地出土代表性颈饰组玉佩

国君虢季墓 M2001

1. 七璜联珠组玉佩

出土于 M2001，分为上下两部分，上部由人龙合纹玉佩、玛瑙珠、玉管共 122 件串合，长度 52 厘米，下部由玉璜、玛瑙珠和料珠共 252 件组成。

2. 玛瑙珠、玉佩组合颈饰

M2001：659。由 6 件马蹄形玉佩与分作 2 行 6 组的 112 颗红玛瑙管相间串成，展开长度为 50 厘米。

3. 五璜联珠组玉佩

M2012：115。由 1 件人龙合纹佩，5 件形态不一的璜和 368 颗红色或桔红色玛瑙珠、16 颗菱形料珠串系而成。

4. 玛瑙珠、玉佩组合颈饰

M2012：104。由玛瑙珠 83 颗、玉佩 7 件组合的项饰，其中 1 件玉佩为人龙合纹佩，其他 6 件为束绢形佩。

5. 玛瑙珠、玉佩组合颈饰

M2012：105。由 108 颗玛瑙珠、8 件玉佩组成，出土时系于颈部。

6. 绿松石珠、管与煤精串饰

M2012：95。由绿松石珠、管与煤精珠 122 颗组成。

7. 珠、玉佩组合颈饰

M2011：442。由玛瑙珠 165 颗、兽首形佩 1 件、马蹄形佩 6 件、束绢形佩 1 件组合的颈饰。

国君虢季墓 M2001

国君虢季夫人梁姬墓 M2012

太子墓 M2011

表3-13： 西周代表性多璜组玉佩出土情况

墓 葬	年 代	璜组佩	墓 主
晋国 M63	西周末年	四十五璜组玉佩[1]	晋侯邦父夫人
晋国 M31	西周晚期	六璜组玉佩[2]（表 3-14:4）	晋侯夫人
晋国 M91	西周晚期	五璜组玉佩	晋侯
晋国 M92	西周晚期	四璜组玉佩	晋侯夫人
晋国 M113	西周早中期	四璜组玉佩（表 3-14:3）	晋侯
晋国 M91	西周晚期	三璜组玉佩，四璜组玉佩	晋侯
晋国 M6214	西周早期	二璜组玉佩（表 3-14:1）	高级贵族
晋国 M62	西周末年	二璜组玉佩	晋侯邦父
虢国 M2001	西周晚期	七璜组玉佩	国君季
虢国 M2012	西周晚期	五璜组玉佩	虢季夫人梁姬
倗国 M2	西周中期	五璜组玉佩	国君倗伯
倗国 M1	西周中期	三璜组玉佩	倗伯夫人
应国 M84	西周中期	五璜组玉佩	应侯
倗国 M1	西周中期	三璜组玉佩	倗伯夫人
倗国 M1	西周中期	三璜组玉佩	倗伯夫人
刘台子 M6	西周早期	三璜组玉佩	逢国君夫人
张家坡 M58	西周中期	三璜组玉佩	高级贵族
霸国 M1	西周晚期	二璜组玉佩	霸伯
竹园沟 M7	西周早期	单璜组玉佩	国君之父
竹园沟 M1	西周早期	单璜组玉佩	大贵族

[1] 据孙机《周代组玉佩》（《中国古舆服论丛》，文物出版社，2001）一文分析：其墓中出土 45 件玉璜，总长 158 厘米，长度已超过一般人颈下高度，不会是实用的组玉佩，应该是整理时的误连。
[2] 晋侯墓地由于被盗扰，故表现不准确。

表3-14： 西周多璜组玉佩代表形制

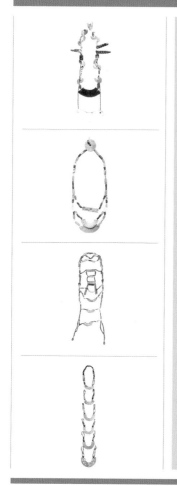

1. 二璜组玉佩

山西曲沃县晋国 M6214 出土。

由玉蚕、玉鱼和玉璜以及用玛瑙、滑石、绿松石等制成的小管串缀而成，其中白玉璜两面均刻有鹦鹉纹。

---

2. 三璜组玉佩

山西临汾大河口霸国墓地出土。

长 37 厘米。1 组 82 件，由 3 件玉璜、1 件玉圆堵头和绿松石及玛瑙管组成。

---

3. 四璜组玉佩

山西曲沃县晋国 M92 出土。

由 282 件形制各异的玉器组成，璜中有纹饰者单面刻有相交的龙纹。

---

4. 六璜组玉佩

山西曲沃县晋国 M31 出土。

出土于墓主胸部，上端过颈，下端至腹下部，共计 408 件。

（三）玉牌穿珠组佩

玉牌穿珠组佩是以玉牌为统领，下穿由玛瑙、玉、料等质地的珠管和小件玉饰组合串联而成的配饰。较早的玉牌穿珠组佩出土于西周早期的陕西岐山凤雏村，玉牌为凤纹梯形，下部有 10 个穿孔用于系挂珠串。晋侯墓地 M6214（表3-15:3）、M31（表3-15:4）、M92 均出土有此类组佩，其中 M92 出土两组，一组位于墓主左肩胛骨下，由玉牌、玉戈、玉蚕和玛瑙珠、管等组成，另一组为镂空鸟纹玉佩和玛瑙珠、管组成，出于墓主右股骨右侧。应国墓地 M85，由梯形石佩上接 6 列小圆料珠、下接 20 列料珠串组合而成，出土时位于墓主人左胸、腹部及盆骨上，墓主身份为国君夫人。虢国墓地 M1820 为西周晚期墓，墓主胸前出有玛瑙珠串饰 1 组。

玉牌穿珠组佩较多地出现于西周时期大贵族女性墓葬中，出土位置不一，有的位于胸腹，有的在肩部或颈部，摆放的方式也较随便，"其佩戴方式互不一致，显得颇不规范，它们的地位应比多璜组玉佩为低。"

表 3-15：西周出土玉牌穿珠组佩

1. 玉牌穿珠组佩
陕西省扶风县强家村 M1 出土。
长约 70 厘米，由玉蚕、玉鱼、玉兽头及长方形、半圆形、近似三角形等玉佩和玉管、玛瑙珠等共计 47 件组成。
5 件形状不同的玉佩上均阴刻构图各异的人龙合雕纹。

2. 玉牌穿珠组佩
河南省平顶山应国墓出土。
长 35.5 厘米，最宽处 9 厘米。
出土时位于墓主人胸部。

3. 玉牌穿珠组佩
山西省曲沃县晋侯墓 M6214 出土。
鸟纹梯形玉牌下穿系 10 串由玛瑙、绿松石管及滑石贝、珠等串成的珠串。

4. 玉牌穿珠组佩
山西省曲沃县晋侯墓 M31 出土。
出土于墓主胸部右侧，由玉牌、玉珠、玛瑙珠、料珠组成，共计 584 件，玉牌上用双勾法刻有对称的龙纹。

三 东周时期的颈饰和组玉佩

周平王东迁之后，周王室统治的衰微使得诸侯国力量增大，西周的礼制遇到挑战，周人传统的世卿世禄制被打破，没落的旧贵族和"民之秀者"组成了具有强大社会影响力的新"士"阶层，成为社会变革时期的中坚力量。政治及文化、经济的改变必然影响人们的衣着佩饰，佩玉制度在新思潮的影响下增添了新的内容，与西周时期的佩玉制度呈现出极大的不同。此时的玉佩不再是单纯区分社会身份地位的标志，而是受儒家思想影响，成为区分君子与小人，体现内心修养的承载物。

反映儒家思想的《礼记》充分阐释了这种观点。《礼记·聘义》载：

夫昔者，君子比德于玉焉：温润而泽，仁也。缜密以栗，知也。廉而不刿，义也。垂之如坠，礼也。叩之，其声清越以长，其终诎然，乐也。瑕不掩瑜，瑜不掩瑕，忠也。孚尹旁达，信也。气如白虹，天也。精神见于山川，地也。圭璋特达，德也。天下莫不贵者，道也。《诗》云："言念君子，温其如玉。"故君子贵之也。

这是孔子的一段话，他从玉的品性中总结了做人的 11 项道德标准，那就是仁、知、义、礼、乐、忠、信、天、地、德、道，将佩玉与人的品德连系在一起，从此为用玉套上了一层人文主义的光环，奠定了儒家佩玉的理论基础，成为君子为人处世、洁身自爱的标尺，佩玉也就成了君子有德的象征，因而形成了"古之君子必佩玉""君子无故，玉不去身"的社会风尚。

现在公认《礼记》成书于战国时期，因而多是反映东周时期人们的佩玉习俗。实际上，玉佩饰发展至战国时期，组玉佩使用所表现的等级及礼仪内容已解体，在中小贵族墓中，或地位较低的侍从及舞女身上都佩有成组的玉佩，表明了组佩饰使用的简单化和平民化，组玉佩的构成也因此渐趋简单至流行单件佩玉。且玉饰使用没有明显的地域差异，各地墓葬都出土组玉佩。

（一）西周时流行的多璜组玉佩和玉牌穿珠组佩呈衰落之势

西周时期，多璜组玉佩的使用只限国君及其夫人使用，但到了春秋时期，虽然像陕西韩城芮国国君及夫人墓、太原赵卿墓、山东滕县薛国国君及夫人墓

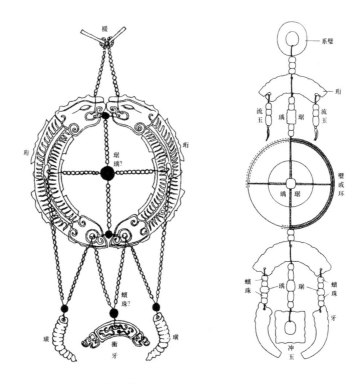

图 3-3-3-1　**组玉佩复原模式**
（左）郭沫若复原组玉佩模式图　　（右）郭宝钧拟"战国组玉佩"模式图

等都还出土有多璜组玉佩，但一些大夫级贵族墓和士级贵族墓也偶见出土多璜组玉佩，说明在春秋时期，组佩饰彰显身份的影响依然存在，但其使用已出现"僭越"现象，西周时的等级森严已逐渐淡化。到了战国时期，璜组玉佩则基本不见，代之而起的是珩和其他玉饰件的组合。"璜"和"珩"形制相同，只是璜使用时凹面向上，而珩则凹面向下，从其上系穿的孔可证[①]。也有学者认为"璜"为古字，而"珩"为春秋之后出现的新字，因而证实璜与珩的演变替代过程。

　　郭沫若先生从古代象形文字考证佩玉制度，认为"黄"字乃古组玉佩的象形。他把古玉佩和卜辞、金文中的文字结合，绘制了想象中的组佩图（图 3-3-3-1 左）"此固想

① 孙庆伟. 周代用玉制度研究［M］. 上海：上海古籍出版社，2008：168.

象图，然大抵均有实证，所未能确定者仅瑸珠琚瑀之类耳。瑸珠殆穿于三垂，冲牙双璜之各当有一珠。双珩之中央为装饰计，其两端为缓冲计，亦当各有一珠，殆即琚瑸之属，特于古文字中未得其（矦）耳。细审古人佩玉，其上之环何以不用整环，而用双珩合成，盖亦饶有至理。盖腰间之佩易与它物相接触，整环则无弹性而易损，以双珩合成之，亦可以屈折自如也。又古之佩玉亦可结可屈。[1]"郭宝钧先生对组玉佩组成也有设想图（图 3-3-3-1 右），其中都有珩的使用。

西周时期贵族女性的玉牌穿珠组佩也呈衰落之势，到春秋晚期，这种饰物基本不见。

（二）组佩佩戴位置从颈胸部下降至腰部

东周以来组玉佩的佩戴形式也发生了重大变化，由西周以来和颈饰相连而下垂于胸腹部至春秋晚期始则变为自腰腹而下垂至下肢，即改佩于腰间的革带上。河南信阳 2 号楚墓[2]、江陵武昌义地楚墓和荆州纪城 1 号楚墓出土的彩绘木俑，形象地展示了佩戴组玉佩的情况。其中信阳 2 号楚墓出土的彩绘木俑腰悬由穿珠、玉珩、玉璧、彩结和彩环组成的组佩，有单珩组佩，也有双珩组佩，珠和珩涂为白色，绳结为红色，绳纽和彩环为橙黄色（图 3-3-3-2）[3]。经考证这组彩绘俑的身份为侍者或舞女，组佩形式相对简单，但因此可以想见他们主人的全佩应该更为华丽。湖北江陵雨台山楚墓 M166 出土的彩绘木俑身上所绘二组玉佩都是在腰部以下位置（图 3-3-3-3），为了使长长的组佩可以完整展示，甚至将人物衣着的腰线升高至腋下，和《楚辞》中所描写的"纂

① 郭沫若.金文丛考［M］.北京：人民出版社，1954：170、182.

② 河南省文物研究所.信阳楚墓［M］.北京：文物出版社，1986：114-115.

③ 图片摘自沈从文.中国古代服饰研究［M］.上海：上海书店出版社，1997：42-43.

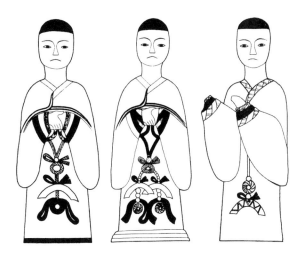

图 3-3-3-2
河南信阳 2 号楚墓系玉佩彩绘木俑

图 3-3-3-3
湖北江陵雨台山系玉佩木俑

组绮缟，结琦璜些""灵译兮被被，玉佩兮陆离（琉璃）"的描述相吻合。

以上楚墓彩绘俑反映了楚人的组佩情况，组佩的使用在楚地已不再为贵族所专有，在下层民众中也广为流行。山东临淄郎家庄齐国 M1 殉人墓中，殉人的身畔也出土有很多组水晶玛瑙串饰，说明下层民众使用组佩并不限于楚地。

（三）组佩中出现龙形佩等新组件

西周时期组佩以璜和珠管类及环、璧等穿系，春秋时期以来则多以环、方勒、觿、珩、龙形佩等组成，通常组玉佩顶部为一玉环或璧，下分单行、双行或多行，而末端则往往缀以龙形佩。河南洛阳中州路 M1316、M2717 的组玉佩（表：3-17：6）、鲁国故城 M58 出土的组玉佩（表 3-17：5）等，末端都为龙形佩。龙形佩从春秋晚期出现以来，成为战国时期玉组佩的主要构件。出土资料显示，龙形佩多出土于国君级、大夫级贵族墓中，但到了战国晚期，士级贵族墓葬也开始出现龙形佩，表明"士"的社会地位上升，但平民墓中则依然少见。

（四）佩饰品材料丰富

春秋战国时期，随着加工工艺的进步，工匠已能够把高硬度的玛瑙、水晶加工成小环和各种形状不同的饰物，或琢磨成较小的珠子，又能仿玉烧造各种彩色琉璃珠子，这些珠子都可搭配成一定形式的珠串，系在衣带间作佩饰用。《魏略》载："大秦国出赤、白、黑、黄、青、绿、绀、缥、红、紫十种琉璃。"山东地区的齐国（表3-16：6、7）、鲁国（表3-17：1、2）及湖南、湖北的楚墓（表3-17：4）中均有大量出土。琉璃是玻璃的一种，有天然与人工之分。天然琉璃是一种有色水晶，人工琉璃则是铅、钡和硅酸盐的混合物，古法琉璃的制作工艺相当复杂，火里来、水里去，要几十道工序才能完成。据考古发现，琉璃器在西周时已有出土，春秋中期开始有琉璃环，战国时期琉璃器则明显增多。

此外，除了使用新的材料外，春秋早期的墓葬中还出现组佩中大量沿用前朝甚至上古时期玉器的现象。例如陕西韩城芮国墓中出土的玉器，有5000多年前的红山文化，4000多年前的龙山文化玉器，更多为商代的宝玉，西周早中期玉亦有不少玉器，当然也有不少和最晚墓葬年代一致的玉器。可谓早晚杂陈、风格各异。虽不能排除好玉的风气激发了芮国人对古玉的收藏，但也可能揭示了其国族历史悠久的真相。周人灭商后，曾将战利品中的宝玉分赐叔伯之国，见诸《尚书》，芮或为其一，或可解释芮国保有众多早期玉器之疑。如M26（表3-16:3）、M27（表3-16:1）两套组玉佩，便是由不同时代的玉器所组成，有许多是前代的遗物，这也可解释为何芮国组佩和西周形制如此相似的原因。

表3-16：春秋时期代表性墓葬组佩形制

陕西韩城芮国墓（春秋早期） M27国君芮桓公		**1. 七璜组玉佩** 出土于胸前，由7件商至西周的玉璜和1件西周圆形龙纹佩及737颗玛瑙珠串连而成，复原长度达105厘米。

陕西韩城芮国墓（春秋早期）

M27国君芮桓公

M26正夫人芮姜

2. 玛瑙珠、玉佩组合颈饰

出土于墓主颈部，由梯形玉牌、束绢玉饰和两排玛瑙珠（管）串连而成。梯形玉牌长4.9厘米，宽4.6厘米。

3. 玉牌穿珠组佩

全长97厘米。

4. 玛瑙珠、玉佩组合颈饰

周长73厘米。由束绢玉饰7件、镂空玉饰6件、蹄形牌1件和玛瑙珠串连而成。

5. 煤精串饰

周长54厘米。由2件玉觿、1件玉佩饰、14件煤精珠和38件煤精龟依次穿连而成。

6. 水晶玛瑙组佩

山东临淄郎家庄齐国M1殉人墓出土。

最大环直径4.5厘米，最长管3.3厘米。由白水晶环、管及紫水晶珠、玛瑙珠等组成。墓主为女性，出土时位于胸腹部。

7. 水晶玛瑙组佩

山东临淄郎家庄齐国M1殉人墓出土。

其并列放置于8号陪葬坑的死者胸部附近，死者为20~22岁左右女性。

8. 玉牌组佩

山东省沂水县刘家店子莒国 M1 出土。

由 25 个方牌形单体组成，饰饕餮纹。

表 3-17：战国时期代表性墓葬组佩形制

1. 水晶玛瑙组佩

山东省曲阜市鲁国故城 M4 出土。

通长 27 厘米。由水晶环、菱形水晶珠、长鼓形水晶珠、白玛瑙龙形饰、白玛瑙璜形饰等共 18 件分两行串连而成。

2. 水晶玛瑙组佩

山东省曲阜市鲁国故城 M4 出土。

通长 17.6 厘米。由紫水晶、十四面紫晶珠、菱形紫晶珠、鼓形紫晶珠、奶白色玛瑙龙形冲牙组成。

3. 水晶玛瑙二璜组佩

山东临淄齐墓出土。

4. 琉璃珠串

湖北随县曾侯乙墓出土。

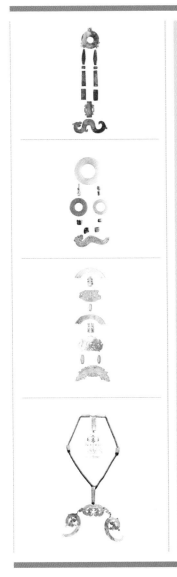

5. 组玉佩
山东曲阜鲁国故城 M58 出土。
全长 31 厘米，龙形佩长 10.7 厘米。

6. 组玉佩
河南省洛阳市中州路 M1316 出土。
石夔龙长 7.1 厘米。

7. 玉组佩
山东临淄商王墓地 M1 出土。
墓主为齐国卿大夫夫人，出土玉佩位于腰部以下。

8. 玉舞人组佩
洛阳金村韩墓出土。
上部用 3 只玉管排列呈 T 形，下方的玉管之下悬垂一对玉雕舞俑；左右和下方各有用 1 只玉管与上述 3 只玉管用金链连贯起来，组成一副五边形佩饰。它的下面系着 1 件身躯蜷曲的双龙玉佩。椭圆形的龙身两侧各伸出一只后爪，爪下又各悬 1 件虬龙形玉饰。

　　金银颈饰品，在两周时期的墓葬中则多发现于内蒙古地区和西北的青海、新疆等地，如现藏于内蒙古自治区博物馆，出土于内蒙古阿鲁柴登战国中期墓中的金珠项饰，由 91 粒空腹金珠串成，为匈奴贵族所佩（表 3-18:1）。新疆乌鲁木齐市阿拉沟古墓葬 M29 出土了一条金项链（表 3-18:3），该项链等距离之间有 6 个完好的金坠饰，坠饰与项链相连处有圆柱形玛瑙相连，有着浓郁的地域特色。在河北省阳原县高墙乡九沟村战国墓、咸阳市淳化县夕阳乡西周墓、青海省大通县上孙家寨卡约青铜文化墓葬等地都出土有一种金薄片锤锞成弧形或桃形，两端有穿孔的金饰，其中卡约文化的金饰明确出土于墓主人胸部（表3-18:4），可能是挂于颈部的一种颈饰。这时的银颈饰品已有复杂的装饰，在内蒙古准格尔旗瓦吐沟战国墓中出土一件白银项圈，项圈由一银条锤成，截面为七棱形，一端无纹饰，另一端为虎衔羊浮雕图案，羊的后腿已被虎吞入口中，羊头与虎头相对（表3-18:2）[①]。这无疑是北方游牧民族装饰的反映。在先秦时期，金银饰品并不是汉族首饰的主流。

表 3-18：先秦金银颈饰代表形制

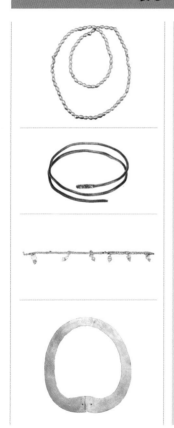

1. 金珠项饰（战国）
内蒙古鄂尔多斯市杭锦旗阿鲁柴登出土，内蒙古博物馆藏。
全长 83 厘米、重 71.1 克。

2. 银虎吞羊项圈（战国）
内蒙古鄂尔多斯市准格尔瓦吐沟出土。内蒙古博物馆藏。
全长 125 厘米。

3. 金项链（战国）
新疆乌鲁木齐市阿拉沟古墓葬 M29 出土。新疆维吾尔自治区博物馆藏。
长 10 厘米。

4. 金桃形片饰（青铜时代）
青海省大通县上孙家寨卡约文化 M14 出土。青海省文物考古研究所藏。
长径 8 厘米、短径 7.8 厘米、重约 10 克。金质片状，素面，锤锞加工成桃形，接头处对缝严实并钻两孔，穿系用。该饰件出土于墓主人胸部，应为装饰之挂件。

[①] 此表中的器物图片均摘自：中国金银玻璃珐琅器全集编辑委员会 . 中国金银玻璃珐琅器全集：金银器（一）[M]. 石家庄：河北美术出版社，2004.

图 3-4-0-1　**金镯**
陕西韩城梁代村芮国墓 M27 出土。均出土于墓主腕部，由一根金丝盘旋四周而成，一个重 28.21 克，一个重 29.71 克。直径 5.1~5.4 厘米。

第四节 ┃ 先秦的臂饰和足饰

先秦时期，衣服形制逐渐完备，因此臂部、足部和手部的装饰相较于新石器时代都有所减少。商代臂饰还是以瑗、镯类为主，周代臂饰则多为腕串。

此时金属类的臂饰还比较罕见。金镯主要有两种形制，一种是单环，两端锤扁呈扇形，和夏家店遗址出土的 A 型耳环如出一辙，以北京平谷县刘家河商墓出土的一对金镯为代表（图 3-0-1）[1]。另一种呈螺旋状，和夏家店的 C 型指环十分接近，以陕西韩城梁代村芮国国君墓 M27 出土的一对金镯为代表（图 3-4-0-1）[2]。

铜镯主要出土于云南地区，如云南曲靖八塔台墓地出土有 29 件铜镯，横大路墓地出土有 7 件铜镯[3]，云南剑川沙溪战国墓、云南李家山和剑川海门口商周墓中也都有出土。其形制大致分为四型（表 3-19）。

A 型：外缘为凹沟，镶嵌绿松石珠，多数绿松石脱落。

B 型：素面圆形无纹饰，截面呈圆形、方形或凹字形。这类出土数量比较多。

① 中国金银玻璃珐琅器全集编辑委员会.中国金银玻璃珐琅器全集：金银器（一）[M].石家庄：河北美术出版社，2004.

② 王炜林等.金玉华年：陕西韩城出土周代芮国文物珍品 [M].上海：上海书画出版社，2012：图版 90.

③ 云南省文物考古研究所.曲靖八塔台与横大路 [M].北京：科学出版社，2003.

C 型：瑗（即边宽大于体厚），内圈向外起凸棱，截面为 "T" 形。

D 型：3 件，筒形镯，表面有纹饰。

表 3-19：云南地区出土铜镯形制

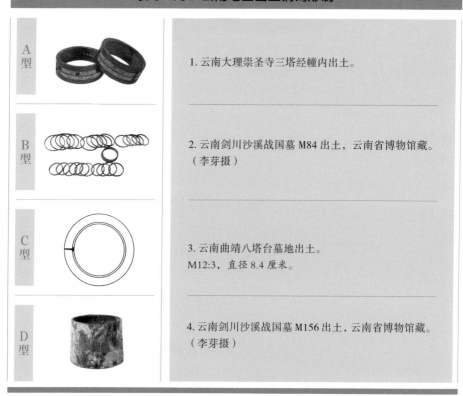

A 型	1. 云南大理崇圣寺三塔经幢内出土。
B 型	2. 云南剑川沙溪战国墓 M84 出土，云南省博物馆藏。（李芽摄）
C 型	3. 云南曲靖八塔台墓地出土。M12:3，直径 8.4 厘米。
D 型	4. 云南剑川沙溪战国墓 M156 出土，云南省博物馆藏。（李芽摄）

在云南曲靖横大路墓地还出土有木手镯 15 件（表 3-20）。

表 3-20：云南曲靖横大路墓地出土木镯

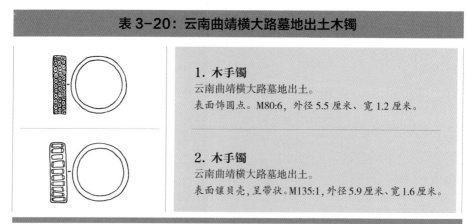

1. 木手镯
云南曲靖横大路墓地出土。
表面饰圆点。M80:6，外径 5.5 厘米、宽 1.2 厘米。

2. 木手镯
云南曲靖横大路墓地出土。
表面镶贝壳，呈带状。M135:1，外径 5.9 厘米、宽 1.6 厘米。

图 3-4-0-2　**青铜立人像**
四川金沙遗址出土。

图 3-4-0-3　**青铜立人像**
四川广汉三星堆遗址出土。

　　先秦时期，出土最多的是玉臂饰，造型种类和新石器时代基本接近。所不同的是，一种内缘向外起凸棱，截面为"T"形的玉瑗是这一时期的特色，在其他时代比较少见。此类器形，在妇好墓中曾见，四川广汉县有出土，在陕西扶风县陈村西周晚期遗址中也有发现，香港的东湾亦有出土，而云南出土最多，其中晋宁石寨山古墓群出土 40 余件。此器型可能发源于中原，其后在南方特别是滇人上层社会中延用很久。从同期墓出土的铜像和刻像看，这种器物均戴在手腕上，当为臂饰。在云南曲靖八塔台墓地出土有 3 件璇玑形瑗[1]，截面亦呈"T"形，但外缘有四个凸起，当是此类瑗的变体，和凸钮形玦的设计工艺雷同（表 3-21:1、2）。

　　总体来讲，商代臂饰是以瑗、镯类为主，如殷墟妇好墓出土镯形器 18 件[2]；三星堆遗址中玉镯形器在真武仓包包祭祀坑发现 1 件，一号坑中出土了 13 件陶制镯形器；江西新干大洋洲商墓出土玉镯 1 件[3]；商代晚期至西周时期的四川金沙遗址，也出土了大量制作极为精美的玉镯[4]，同墓出土的青铜立人手腕上各戴有一只筒形镯（图 3-4-0-2）。三星堆青铜大立人像双手腕各戴腕镯三个，素面无纹饰（图 3-4-0-3），双脚踝处则各戴方格纹脚镯一个（图 3-4-0-4）。青铜大立人像的这种脚镯，在先秦北方诸墓葬中从未见到。

① 云南省文物考古研究所. 曲靖八塔台与横大路［M］. 北京：科学出版社，2003.
② 中国社会科学院考古研究所. 殷墟妇好墓［M］. 北京：文物出版社，1980：176.
③ 江西省文物考古研究所，江西省博物馆，新干县博物馆. 新干商代大墓［M］. 北京：文物出版社，1997：149-151.
④ 成都文物考古研究所. 金沙玉器［M］. 北京：科学出版社，2006.

图 3-4-0-4　四川广汉三星堆遗址青铜立人像脚镯细节

表 3-21：先秦玉臂环代表形制

瑗（即边宽大于体厚）		**1. 璇玑形瑗** 云南八塔台墓地出土。 M265:29，外缘凸起部分呈弧曲形，有三道断裂痕，每道两旁各有一圆穿，系当时修补断裂之用。外径 9.1 厘米，内径 5.7 厘米。
		**2. 璇玑形瑗** 云南八塔台墓地出土。 M41:6，器形厚重，外缘凸起部分平直，有三道断裂痕，一面残留少量翠绿，外径 13 厘米，内径 5.8 厘米。
		3. 瑗 八塔台墓地出土。 M69:23，外径 13 厘米，内径 6.5 厘米。

瑗（即边宽大于体厚）

环形镯

玦式镯

筒形镯

4. 瑗

四川省广汉县出土，四川省博物馆藏。

外径 10.4 厘米，内径 7.2 厘米。体圆，内有一穿孔，两端外径略大，中腰略收，并有外凸的圆环形边。两端口沿外各有阴线刻弦纹两圈。

5. 玉镯

云南八塔台墓地出土。

M4:4 厘米，外径 7 厘米，内径 5.9 厘米。

6. 玉镯

四川金沙遗址出土。

直径 6.9 厘米、孔径 5.9 厘米。透闪石软玉。

7. 玦式镯

八塔台墓地出土。

M4:7，有一开口，外径 8 厘米，内径 6.3 厘米。

8. 玦式镯

浙江省瓯海县仙岩镇穗丰村杨府山 1 号土墩墓出土。

直径 6.7 厘米，宽 0.85 厘米，窄圆环形，外侧有凸起的脊棱。

9. 玉镯

八塔台墓地出土。

M11: 1，外缘起脊，有一缺口。外径 7.1 厘米，内径 6.2 厘米。

10. 玉镯

四川金沙遗址出土。

外径 6.45 厘米、内径 5.9 厘米、高 3.2 厘米。

筒形镯

花式镯

11. 玉镯形器

安阳殷墟出土。

直径 6.96 厘米、高 1.91 厘米、厚 0.47 厘米。器身中部微内凹，两边缘外翘，器体高度略有差异，内壁打磨光滑。

12. 玉镯（商）

河南省罗山县莽张乡出土。

直径 6.6 厘米，高 2.1 厘米，厚 0.15 厘米。玉质为半透明状，色泽发红。圆环状，两端边沿直径略大，中腰略收，通体无纹。

13. 镯（商）

新干商代大墓出土。

磷铝锂石制。外壁中腰微束，将全器分成上下两节，每节等距浅刻宽竖线槽四条。器高 2.6 厘米、直径 7.9 厘米、壁厚 0.7 厘米。

14. 玉镯

内蒙古敖汉旗大甸子墓地 M458 出土。

属夏家店下层文化，直径 4.8~6 厘米，高 1.4~3.7 厘米。呈椭圆形，高矮不一，内侧光素，外侧雕满纹样，上下两侧边缘为横人字形纹，中间为"S"形和"C"形卷曲组成的主纹。

15. 玉镯（商）

山东省滕州市前掌大 M120 出土。

直径 6.3 厘米，宽 1.4 厘米，厚 0.3~0.5 厘米。体扁薄，外表面以单阴线刻画二方连续的勾连纹。

16. 方玉镯

湖北随州曾侯乙墓出土。

长 7.2 厘米，宽 7 厘米，高 1.5 厘米，厚 0.3~0.4 厘米。圆角方形，四角各浮雕一卷曲的龙，一龙首向左，余龙首均向右。四壁浮雕谷纹，一端有琮之射，另一端有从四角切割痕迹，知此器原由琮改制而成。

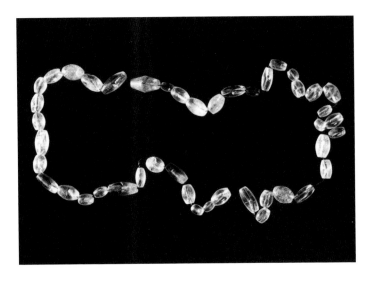

图 3-4-0-6　**水晶珠串饰（春秋晚期）**
山西太原赵卿墓出土，珠长 0.8~2.1 厘米。共 45 枚。

① 河南省文物考古研究所.三门峡虢国墓［M］.北京：文物出版社，1999.

② 陕西省考古研究院.金玉年华：陕西韩城出土周代芮国文物珍品［M］.上海：上海书画出版社，2012.

③ 太原市文物考古研究所.晋国赵卿墓［M］.北京：文物出版社，2004.

④ 图片摘自古方.中国出土玉器全集·山西卷［M］.北京：科学出版社，2005.

　　周代臂饰则多为腕串，如三门峡虢国墓地[①]、陕西韩城芮国墓地[②]出土了由玛瑙、绿松石、美玉等组成的极其精美的珠玉腕串；陕西宝鸡茹家庄墓地则出土了青玉贝腕串；山西侯马上马墓地一中年女性人骨腕部出土 3 组珠环串饰；陕西长安县沣西西周遗址的 M183 出土腕串则由料珠组成。在山西太原赵卿春秋墓中，在墓主的手腕、脚踝部位发现有一些水晶珠，说明墓主脚踝部也戴有珠串[③]（图 3-4-0-6）[④]，但这种情况并不多见。

　　从出土情况来看，当时腕串的佩戴并不分男女，虢国墓地国君夫人和国君太子都双手佩戴珠玉腕串（表 3-22:1、2）；芮国墓地国君佩戴金臂镯，正夫人和侧夫人则都带有珠玉腕串（表 3-22:3、4）；茹家庄墓地 M1 男性墓腕饰由 13 件青玉贝组成，其殉葬妾属墓中也出土同类腕饰。

表 3-22：周代腕串代表形制

三门峡虢国墓地（西周晚期）

1. 腕串

出自虢国太子墓 M2011。

右手腕串（图下）由兽首形佩6件、红色或桔色玛瑙珠 81 颗组成。

左手腕串（图上）由玛瑙珠 70 颗、绿松石珠 2 颗、兽首形佩 8 件组合。

2. 腕串

出自虢国国君夫人墓 M2012。

右手腕串（图下）由玉管8件、佩13件组合成。佩有兽首形、鸟形、蚕形、蚱蜢形，联缀方法以兽首形为结合部，逆时针方向依次串系鸟形佩、双面龙纹扁管、2件蚕形佩、管、2件蚱蜢形佩、2件残玉管、1件龙首纹扁形管、1件蚕形佩。

左手腕串（图上）由玛瑙珠和绿松石、料管共126颗组合而成。

陕西韩城梁代村芮国墓地（春秋）

3. 腕串

出自侧夫人芮姜墓 M19 左右腕部。

其中左手腕串（图上），由两圈珠串组成，珠串佩件则有玉鸟、玉蚕、玉贝、玛瑙管及玛瑙珠，其中玉鸟和玉贝是将两圈珠串结合在一起的枢纽。由于玉鸟和部分玉蚕的风格特征在西周中晚期即已出现，另有部分玉蚕甚至早至西周早期，因此推测，本组腕饰应是墓主人利用前代的玉器珠管再加入新制作的饰物，重新设计组装而成。

4. 腕串

出自正夫人芮姜墓 M26 左右腕部。

图下为右手腕串，以玉方牌为中心，左右各穿四孔，分别连接两条串饰的前后两端，以此形成四圈封闭珠串以利于手腕穿戴；穿戴之后方牌居于手腕上方，其四面呈圆拱的造型特征正好和手腕的弧度相吻合。方牌上满布具有春秋早期风格特征的对称纹样，四圈串饰则以玉兽面、玉贝、玉蚕、龟形玉饰以及玛瑙珠所组成。

第五节 | 先秦的手饰

先秦出土的指饰数量不多，最有时代特色的是韘。

一 韘

韘（韘），也称决。东汉成书的《说文解字·韦部》："韘，射决也，所以钩弦。以象骨、韦系，着右巨指，从韦枼声。"北宋成书的《广韵》卷五："韘，射决张弓。"即韘为古代套于右手大拇指辅助张弓射箭的一种工具，其一般用象骨制作，内衬柔皮。因用不加保护的拇指拉弦开弓会感觉疼痛，也使不上力气，所以需要戴上韘来保护。湖北荆门包山楚墓2号墓出土的一件骨韘，里面衬着一层皮垫，以黑丝线锁人字纹边[1]。此骨韘内里所衬之皮垫，就是韦。清代王夫之《诗经稗疏》曰："决之内加韦以护右巨指，不使弦契指而痛。今初学射者或施方寸熟皮于指决，俗读为挤，斤（今）北人谓之扳子。"也就是说，清代满族男子戴在右手大拇指上的扳指就是由韘演变而来的。清宫旧藏玉扳指少数内里衬金片一周，或即韦之余韵，只是清代的扳指大多是作为手饰品佩戴，其实用性已经不是主流。

现今我们所见出土的韘大多为玉质，骨质其次，也有少量金质。根据西汉成书的《仪礼·士丧礼》载周礼曰："决，用正王棘，若檡棘。" 东汉末年经学大师郑玄注曰："决犹闿也，挟弓以横执弦，《诗》云：王棘与檡棘，善理坚刃者皆可以为决。" 清代大儒胡培翚正义曰："决，着右手大指，所以钩弦。生时用象骨为之。……组系，将以结于腕者。"也就是说，先秦时期葬礼用决质料为木质的，以王棘或檡棘为主，生时所用质料则为象骨。现今墓中出

① 湖北省荆沙铁路考古队.包山楚墓[M].北京：文物出版社，1991：262、264.

图 3-5-1-1　**戴鞢示意图**

图 3-5-1-2
玉鞢（明天启七年，1627）
南京江宁殷巷沐睿墓出土。直径3.5厘米、宽1.2厘米。

土的木质、漆质和牙质的鞢也都有，但明显数量要少得多，这应是受到了墓地所在环境和保存状况的影响。

现今出土最早的鞢为商代晚期殷墟妇好墓中的一枚玉鞢（表 3-23:1），下端较平，上端呈斜面形，中空，可套入成人拇指，正面雕有兽面纹，兽目上方有一条横向凹槽，应是用于钩弦所用，兽目下方则有两个穿孔。那么鞢上为何要有穿孔呢？根据胡培翚正义："组系，将以结于腕者。"无论是骨鞢还是玉鞢，都较为光滑，戴在拇指上容易滑落，因此需要用细绳将之缚于手腕（图 3-5-1-1），故此，作为实用器的鞢上便具有穿绳所用的小孔。从东周开始，鞢逐渐从单纯的实用器转向权力的象征，称为"鞢形佩"，不再戴于手上，造型也越来越趋于装饰化、复杂化，因此是否具有穿绳用的小孔也就成了判断其是否是实用器的一个依据①。

从出土文物来看，鞢作为实用器，主要流行于商代晚期到战国晚期，从西汉早中期开始，鞢逐渐衰落，鞢形佩兴起，西汉中期以后很长一段时间便不再见到鞢出土，明代仅见一例玉鞢出土（图 3-5-1-2）。鞢到了清代，则以扳指的形式又在满族这个骑射民族中广为流行。

从商代到西汉中叶，鞢的形制主要经历了两种演变（表 3-23）。

第一种形制主要集中在商代晚期到西周时期，出土不超过 10 件，但比较有特色。一般器身呈圆筒状，中孔圆大，器身较高，一端平齐，另一端呈前低后高的斜面，无钮。正面为素面或有兽面纹，下端一般有用于系绳的小圆孔，背面有一较深的勾弦用的横凹槽。除了妇好墓之外，还发现于陕西扶风北吕

① 黄曲.浅论"鞢"及"鞢形佩"［J］.考古与文物，2011，（2）：60.

周人墓地、天马—曲村晋侯墓地和三门峡虢国墓地（表3–23：2）。

第二种形制主要集中在东周到汉初，有数十件。器身平面呈椭圆形，中孔圆大，器身较高，部分上端出现尖顶，一侧向外伸出呈坡状。其中最主要的变化是钩弦用的凹槽被凸起于器身一侧的钮代替，钮的造型有比较平直的（表3–23：3），有呈钩状的（表3–23：4），也有造型比较夸张（表3–23：5）。到了汉代，钮又呈退化变短或消失不见的趋势（表3–23：6），应是韘逐渐转为佩饰的一种体现。此时制韘的质料也增多，除玉之外，还出现了金、骨、漆、石、木和牙质等。

表3-23：先秦——汉初韘的代表形制

第一种形制

1. 玉韘（商代晚期）
河南省安阳殷墟妇好墓出土。中国社会科学院考古研究所藏。
高2.7~3.8厘米，径2.4厘米，壁厚0.4厘米。下端较平，上端呈斜面形，中空，可套入成人拇指，正面雕有兽面纹，下有两孔。[1]

2. 玉韘（西周）
三门峡虢国墓地出土。
标本M2001:652，出土于墓主人腹部右侧。青玉。背面有四个细小穿孔，分别透穿于筒端平面上。高3.15厘米，最大外径3.4厘米，筒壁最厚处0.4厘米。[2]

第二种形制

3. 玉韘（春秋晚期）
山西省太原市金胜村赵卿墓出土，现藏于陕西省考古研究所。
一对，长4.2厘米，宽2.8厘米，孔径2.1厘米。[3]

[1] 中国美术全集编辑委员会编.中国美术全集·工艺美术编9·玉器［M］.北京：文物出版社，1997:30.
[2] 河南省文物考古研究所等.三门峡虢国墓（上、下）［M］.北京：文物出版社，1999：图版七五.
[3] 古方.中国出土玉器全集·山西卷［M］.北京：科学出版社，2005.

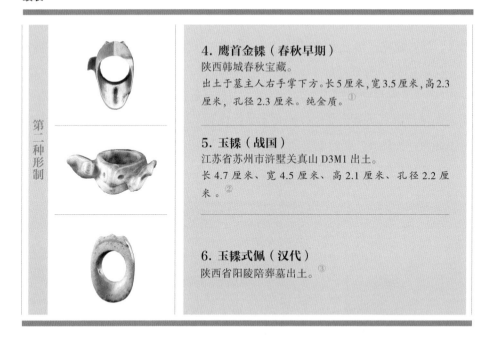

<table>
<tr><td rowspan="3">第二种形制</td><td>

4. 鹰首金镍（春秋早期）

陕西韩城春秋宝藏。

出土于墓主人右手掌下方。长5厘米，宽3.5厘米，高2.3厘米，孔径2.3厘米。纯金质。①

</td></tr>
<tr><td>

5. 玉镍（战国）

江苏省苏州市浒墅关真山 D3M1 出土。

长4.7厘米、宽4.5厘米、高2.1厘米、孔径2.2厘米。②

</td></tr>
<tr><td>

6. 玉镍式佩（汉代）

陕西省阳陵陪葬墓出土。③

</td></tr>
</table>

二 指环（表 3-24）

先秦指环出土量很少，因汉族并无戴指环的传统。出土的少量金属指环集中在边陲地区。如云南祥云红土坡 14 号墓（战国至西汉早期）曾出土指环 5 件，用直径约 0.2 厘米的铜条弯曲成圆形，总直径约 4 厘米④。夏家店下层文化是中国北方地区早期青铜文化的重要组成部分，相当于中原的夏商时代。其中内蒙古赤峰市敖汉旗大甸子墓葬出土铜器装饰品最多，五座墓中不仅出土铜耳环 26 件，还有青铜指环 25 件，可分为三种类型。

A 型：单环，共 22 件。以环的横截面宽、厚不同，应出自 a、b 两种铸范。

① 古方.中国出土玉器全集·陕西卷［M］.北京：科学出版社，2005.
② 苏州博物馆.江苏苏州浒墅关真山大墓的发掘［J］.文物，1996，（2）；图见徐湖平.江苏馆藏文物精华［M］.南京：南京出版社，2000：32.
③ 刘云辉.陕西出土汉代玉器［M］.北京：文物出版社，2009：213.
④ 大理白族自治州博物馆.云南祥云红土坡 14 号墓清理简报［J］.文物，2011，（1）.

Aa 型，10 件，横截面近于半圆形，宽 0.7 厘米、厚 0.2 厘米，环内径 1.9 厘米，皆出自同一墓中；Ab 型，12 件，横截面呈矩形，宽 0.4 厘米、厚 0.15 厘米。环内径与前相同的有 6 件，另有 6 件内径为 0.14 厘米。其中 5 件出于同一墓葬。

B 型：为双环上下连铸在一起，共 3 件。

C 型：为螺旋状，只 1 件，出土于北京房山琉璃河夏家店下层文化墓葬[1]。

A、B 型指环皆出自成人墓中。4 座墓为女性墓，另一墓据面向也推测为女性墓。其中两墓佩戴情形未经扰乱，一墓 Ab 型 3 件套在右手一指上；另一墓 Aa 型 10 件，是套在双手五指上各 1 枚，另在右手小指上再加一枚 Ab 型[2]。

表 3-24：夏家店出土指环的三种形制	
	1. 铜指环（Ab 型） 夏家店大甸子墓地中出土，12 件，横截面呈矩形，宽 0.4 厘米，厚 0.15。
	2. 铜指环（B 型） 夏家店大甸子墓地中出土，为双环上下连铸在一起。
	3. 铜指环 北京房山琉璃河夏家店下层文化墓葬出土，1 件，螺旋状。

---

① 北京市文物管理处等.北京琉璃河夏家店下层文化墓葬［J］.考古，1976，（1）.
② 中国社会科学院考古研究所编著.大甸子——夏家店下层文化遗址与墓地发掘报告［M］.1996：190.

附 | 先秦代表性墓葬出土装饰品综述

图 3- 附 -1-1 **玉凤与玉虎**
殷墟妇好墓出土。

图 3- 附 -1-2 **玉镯形器**
殷墟妇好墓出土。
径 5.8 厘米，高 3.5 厘米。

图 3- 附 -1-3 **玉鱼佩**
殷墟妇好墓出土。

① 中国社会科学院考古研究所 . 殷墟妇好墓 [M].
北京：文物出版社，1980.

② 河南省文物考古研究所 . 三门峡虢国墓 [M].
北京：文物出版社，1999.

一 殷墟妇好墓出土装饰品一览（图 3- 附 -1-4）①

殷墟是商代后期的都城，位于河南安阳。妇好墓规模不大，但墓室未遭破坏，随葬器物极其丰富而精美，是殷王室墓中最完美的一批资料。学者根据墓中出土文物信息得知，墓主应是殷王武丁的三个法定配偶之一"妇好"，死于武丁晚期，从其墓中出土的两件罕见的大铜钺和相关文字记载，推想她应该拥有相当高的军权。墓中随葬器多达 1928 件，其中玉器有755 件，骨器 564 件左右，宝石制品 47 件，还有少量蚌质装饰镶嵌品，其他还有铜器、陶器、石器、象牙器等。玉器中装饰品约占 56%，有各种形状的佩饰（图3- 附 -1-1）、玦（表 3-9：1）、笄（图 3-1-1-4）、镂（表 3-23：1）、梳（表 3-3：1）（表 3-3：2）、镯形器（图 3- 附 -1-2）、佩戴的串珠、衣服上的坠饰（图 3- 附 -1-3）等。宝石装饰品仅有玛瑙珠 26 件和绿松石珠 6 件。骨质装饰品占骨器总数 89%，仅笄就有 499 件（表 3-1），其中鸟首形笄占比最大，有334 件之多（图 3-1-1-3）。妇好墓中并未有遗骸遗存，故装饰品无法判断其准确的出土位置，下图根据同时期其他墓葬的首饰出土形式及玉人等形象推测创作。

二 三门峡虢国墓国君与夫人墓出土装饰品一览（图 3- 附 -2-6）②

虢国墓地位于河南省三门峡市，年代为西周晚

图 3- 附 -1-4　**殷墟妇好墓妇好装束及首饰插戴复原推想**

妇好头戴用鸟首形笄和夔首形笄制成的雀屏冠饰（仿殷墟西北岗 HPKM1550 雀屏冠标本），两侧插夔凤首玉笄，中间插玉梳。额饰仿同墓出土 371 玉人（表 3-4:6）。耳戴玉玦。颈部戴有由玛瑙珠、绿松石珠、动物性玉佩及玉璜组成的组玉佩。腰带上坠饰有玉鱼。右手拇指戴玉韘，左手臂戴玉镯。发型仿自故宫博物院藏青玉女子玉人（表 3-4:4）。交领窄袖袍，腰束宽带，前佩蔽膝，参考自同墓出土玉人 371、376 及西北冈商王大墓出土玉人的服饰。

（李依洋绘）

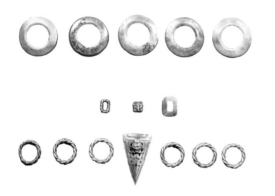

图 3- 附 -2-1　**金腰带饰**
三门峡虢国国君墓出土。

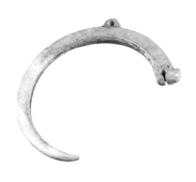

图 3- 附 -2-2　**盘龙形玉觿**
三门峡虢国国君墓出土。

图 3- 附 -2-3　**兽牙笄**
三门峡虢国国君墓出土。

期，是一处等级齐全、排列有序且保存完好的大型邦国公墓地，墓葬总数在 500 座以上。其中虢季墓和梁姬墓是第七组墓地中等级最高的且未被盗掘的两座墓葬。

（一）虢季墓 M2001

墓主为虢国的一位国君，时间为西周晚期的晚段。墓主人头部放置两组发饰（表 3-5:2、3）。颈部有两组项饰：1 组玛瑙珠、玉佩组合颈饰（表 3-12:2）；另一组项饰与佩于胸前达于盆骨下的七璜联珠组玉佩连接在一起（表 3-12:1）。胸部及身两侧还放置有戈、人形佩、环、管、𤩶、觿等玉器。金腰带饰一套（图 3- 附 -2-1）。𤩶: 2 件（表 3-23:2）。觿: 3 件（图 3- 附 -2-2）。兽牙笄: 1 件，M2001:2，出于椁盖板上，黄白色，上端平齐，呈近椭圆形，下端尖锐，表面有一道浅凹槽，长 7.1 厘米，断面直径 0.5 厘米（图 3- 附 -2-3）。

（二）梁姬墓 M2012

图 3- 附 -2-4　**鱼尾龙纹玦**
三门峡虢国梁姬墓出土。

梁姬为虢季的夫人。墓主人颈部有玛瑙珠、玉佩组合项饰 2 组（表 3-12:4、5）；胸腹部有五璜联珠组玉佩一组（表 3-12:3）；左手部位有一串玛瑙与绿松石组合的腕饰，右手部位有一串玉管与佩件组合的腕饰（表 3-22:2）。墓中还出土单佩 23 件，其中玦 7 件（图 3- 附 -2-4），出土时散落在墓主头部四周及胸前，位于头部左与右为一对，位于右耳下颈部与位于左耳处为一对（表 3-9:4）；位于胸前的为一对；标本 M2012:167 位于头部脑后正中，应属成组发饰中的配件。鹿形佩 1 件，牛形佩 2 件，猪形佩 1 件，鱼形佩 2 件，蝉形佩 1 件，蚕形佩 3 件，鱼尾形佩 1 件，管 4 件，环 1 件（图 3- 附 -2-5）。

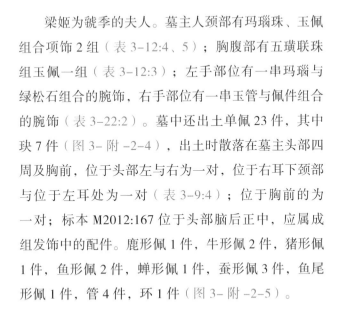

图 3- 附 -2-5　**猪形佩、鱼形佩、蝉形佩、蚕形佩**
三门峡虢国梁姬墓出土。

图 3- 附 -2-6　西周三门峡虢国墓国君与夫人装束与首饰插戴复原推想

国君虢季头戴（表 3-5:2）玉配件所装饰的冠和一组额饰；颈部戴有一组珠串项链和一组七璜组玉佩；腰系带有金饰的腰带，并挂有一串玉觿组合腰佩；右手拇指戴镰；服装参考山西侯马牛村出土男子陶范绘制。国君夫人梁姬发髻参考黄夫人孟姬，上插2 件玉笄，头戴珠串额饰，左右及脑后各有四个玉玦；颈部戴有二组珠串项链和一组五璜联珠组玉佩；左腕戴一串玛瑙与绿松石组合的腕饰，右腕戴一串玉管与佩件组合的腕饰；腰间配有由各类环、管和仿生型玉饰组成的组玉佩；服装根据女郎山战国墓出土陶俑绘制。

（李依洋绘）

第四章

中国两汉时期的首饰

王永晴

两汉时期分为西汉和东汉，其间又包含短暂的新莽时期（公元 9 年—公元 23 年）。汉朝是秦朝（公元前 221 年—公元前 207 年）之后的第二个中央集权制国家。西汉东汉延续的时间加起来共计 400 余年。

春秋战国时期，诸国独立，制度、律令、衣冠、语言文字各异，思想上亦呈现着百家争鸣的状态；秦朝大一统过后，则推行郡县制，统一度量衡，车同轨，书同文，直至行同伦。虽秦二世而亡，但汉承秦制，两汉在空间上的统一和时间上的延续，进一步使得共同的文化认同得以实现。服饰时尚得以迅速地传播流行，首饰文化所呈现的状态，大抵也是"京师所好，举国效之"。

西汉初年，由于战争带来的国力贫乏，一切尚简，于首饰而言，也基本继承着先秦的风格。随着七十余年的国力恢复，上至贵族，下至平民，都有了更多的余力对首饰加以关注；加上汉武帝时期以来国家积极频繁地对外交流，使得大量新奇珍贵的珠宝材料输入，汉代的首饰文化也渐渐由俭入奢，原先的首饰式样更为精致，新的首饰式样也得以产生。

由考古发现来看，西汉时期的各式首饰，所用材料大多是竹木牙角或珠玉宝石，采用的工艺是在原始材料基础上雕琢而成；随着金属制作工艺的发展提高，东汉时期中原地区开始广泛出现了金属材质的首饰。

由历史文献来看，西汉的首饰尚缺乏礼仪制度方面的相关记载，也无对于首饰较为具体的描述；目前较为明确的首饰制度，见于西晋史学家司马彪所著《续汉书》的舆服志部分。这一部分详细记载了东汉时期贵族妇女在特殊礼仪场合所佩戴的各式首饰：

太皇太后、皇太后入庙服……蚕（服）……翦氂蔮，簪珥。珥，耳珰垂珠也。簪以玳瑁为擿，长一尺，端为华胜，上为凤皇爵，以翡翠为毛羽，下有白珠，垂黄金镊。左右一横簪之，以安蔮结。诸簪珥皆同制，其擿有等级焉。

皇后谒庙服……蚕（服）……假结，步摇，簪珥。步摇以黄金为山题，贯白珠为桂枝相缪，一爵九华，熊、虎、赤罴、天鹿、辟邪、南山丰大特六兽，《诗》所谓"副笄六珈"者。诸爵兽皆以翡翠为毛羽。金题，白珠珰绕，以翡翠为华云。

贵人助蚕服……大手结，墨玳瑁，又加簪珥。

长公主见会衣服，加步摇；公主大手结，皆有簪珥……

公、卿、列侯、中二千石、二千石夫人，绀缯蔮，黄金龙首衔白珠，鱼须擿，长一尺，为簪珥……

这一整套首饰制度影响非常深远，汉代之后历朝贵族妇女的首饰制度，基本也是在此基础上进行完善、增益。但另一方面，此时的首饰还未如汉代之后那样，将礼制所用的首饰与她们日常所用的全然清晰地分别开来，甚至进化出特定的冠饰。大部分款式的首饰人们日常也可以使用，如基本的头饰有帼（蔮）、簪、擿、步摇、假结等，耳饰有珥（珰）等，只是礼仪所用可能装饰细节比日常更为繁复华丽而已。

第一节 ｜ 汉代的头饰

两汉时期，男子束髻的方式变化不大，大多结发于顶，再佩戴冠帻巾帽，因而绾发的用具更偏于实用。

女子的首饰，则随着女子发髻式样的变化，呈现出由简入繁的趋势。汉初的女子通常只是梳一垂髻，垂于身后，用到的首饰不多。随着国力的富足，俭省节约的态度被奢丽的世风所替代，汉时女子发式亦渐渐走向高处，进而盘绾于头顶，发展出各种新巧的髻式。如云美发自需精美的首饰来助益，因而此时头饰进一步发挥了其"为饰"的作用。

人们头上的簪戴，以簪、擿、钗三者为最常见。其中簪是男女通用的式样，钗多为妇人所爱，其制其式都绵延后世很久。擿也是男女皆用，但只盛于汉，汉以后便很少见。又有胜于步摇，附益于基础的簪钗、假发或巾帼，作为女子头上的增饰。

一 簪

簪，先秦时名"笄"。但在汉代文献中，称"笄"者已不多见，时人往往以"簪"称之。如《仪礼·士冠礼》："皮弁笄，爵弁笄。"汉·郑玄注："笄，今之簪。"郑玄便将古代的"笄"等同于汉代的"簪"。汉史游《急就篇》："冠帻簪簧结发纽"，颜师古注："簪，一名笄"，《释名·释首饰》："簪，兂也。以兂连冠于发也。"亦说明在彼时"簪""笄"只是一物二名。

簪又可以被称为"搔头"。这个名字也是起始于汉代。如刘歆《西京杂记》所记："武帝过李夫人，就取玉簪搔头，自此后宫人搔头皆用玉，玉价倍贵焉。"东汉繁钦《定情诗》："何以结相於，金薄画搔头。"所谓"搔头"却并不是今人所谓"抓、挠"的意思。《说文》："搔，括也。"又段玉裁注："凡经言括发者，皆束发也。"由此可见，它仍是就簪的束发功能而命名，取的是"会束头发"的意思。武帝拿李夫人处的玉簪束发，竟使得宫中人皆以玉簪束发为时尚，甚至导致玉价倍增，是西汉宫廷中一个有趣的时尚现象。

（一）簪的材质

汉代普通百姓束发之簪，多以铜铁乃至草木制成。西汉韩婴《韩诗外传》卷九记载这么一则故事，"孔子出游少原之野。有妇人中泽而哭，其音甚哀。孔子怪之，使弟子问焉。曰：'夫人何哭之哀？'妇人曰：'乡者刈蓍薪而亡吾蓍簪，吾是以哀也。'弟子曰：'刈蓍薪而亡蓍簪，有何悲焉？'妇人曰：'非伤亡簪也，吾所以悲者，盖不忘故也。'"可知这位妇人寻常插戴的便是一枚蓍草制成的簪。只是由于这类材质的簪易于锈蚀或腐朽，考古发掘中出土很少。

玉簪或曰玉搔头，仍旧为位尊者所喜爱。如前引《西京杂记》中，武帝搔头之簪便为玉质。贵族男女所使用的玉簪实物，河北满城一号汉墓（中山靖王刘胜墓）所出玉簪是目前不多见的一例。

以玳瑁制作的簪也多见于文献。如《汉书·东方朔传》中描写宫人"簪玳瑁，垂珠玑"；汉乐府《有所思》中"何用问遗君，双珠玳瑁簪，用玉绍缭之"，女子欲要赠与爱人的发簪亦为玳瑁质。"玳瑁"汉时又写作"瑇瑁""顿牟"。出土汉代文献如尹湾汉墓《君兄节司小物疏》[1]、连云港

①张显成，周群丽. 尹湾汉墓简牍校理. 天津：天津古籍出版社，2011.

① 连云港市博物馆.连云港市陶湾黄石崖西汉西郭宝墓[J].东南文化,1986,（2）.

陶湾黄石崖西汉西郭宝墓衣物疏[1]等，亦记有"顿牟簪"。

又有犀角质地的簪。《太平御览》卷六百八十八引汉班固《与窦宪笺》曰"乃赐以玉躬所喜骇犀玳瑁簪"。所谓"骇犀"，便是犀角的一种，又名"骇鸡犀"，自古便作为珍贵的贡物。如《战国策·楚策一》："乃遣使车百乘，献鸡骇之犀、夜光之璧于秦王。"又如《后汉书·西域传·大秦》："土多金银奇宝，有夜光璧、明月珠、骇鸡犀、珊瑚、虎魄。"《太平御览》卷六百八十八又引班固《与弟超书》曰："令遗仲叔玳瑁黑犀簪。"托名汉时伶玄所著的《飞燕外传》写道："后歌归风送远之曲，帝以文犀簪击玉瓯。"虽是后人附会之事，但"文犀簪"一物则可与前文所引二事对照，且考古发掘中牙角材质的首饰也并不鲜见，知此原非虚语。

从考古发掘来看，金银质地的簪也出土较多。

（二）簪的形制与插戴

长期以来，考古发掘中对两汉时代的簪的实物并不大留意，报告中予以的关注也很少。尤其是对那些等级较低的墓葬出土的簪，由于其大多制作粗糙、光素无纹、不甚精美之故，考古工作者往往只略述其材质、件数，而缺乏具体的数据、细节描述及图版。故以下仅能就目前所见形制清楚的汉代簪的实物进行讨论研究。

固定发髻所使用的簪，通常比较短小，长度大约四寸便已足够使用。如《仪礼·士丧礼》："鬠笄用桑，长四寸"郑注："长四寸，不冠故也。"由于其短小之故，式样相对来说则比较简单。通常仅为一光素无纹的小圆棒或长扁片。如长沙马王堆一号汉墓出土的一件木簪（表4-1：2），长9.5厘米，中间粗，两头尖，形状简单。

稍精致一些的，则在此基础上进一步加长，簪身亦刻画出一些简单的花纹来。如淮阳北关一号汉墓出土一件骨簪，通体光洁，线刻卷草纹[1]。

表 4-1: 汉代的简单簪式

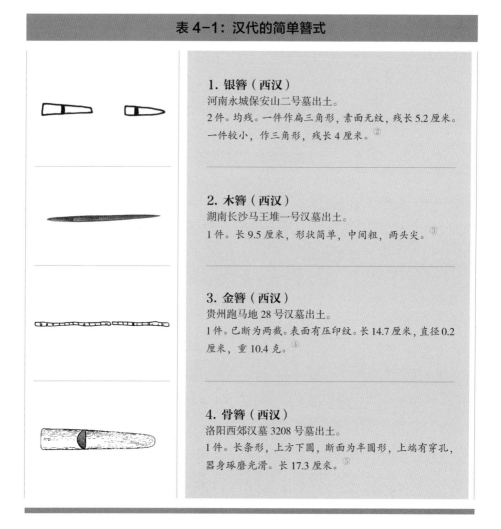

1. 银簪（西汉）
河南永城保安山二号墓出土。
2件。均残。一件作扁三角形，素面无纹，残长5.2厘米。
一件较小，作三角形，残长4厘米。[2]

2. 木簪（西汉）
湖南长沙马王堆一号汉墓出土。
1件。长9.5厘米，形状简单，中间粗，两头尖。[3]

3. 金簪（西汉）
贵州跑马地28号汉墓出土。
1件。已断为两截。表面有压印纹。长14.7厘米，直径0.2厘米，重10.4克。[4]

4. 骨簪（西汉）
洛阳西郊汉墓3208号墓出土。
1件。长条形，上方下圆，断面为半圆形，上端有穿孔，器身琢磨光滑。长17.3厘米。[5]

较为复杂的簪，则其首的一端膨大。有的簪首展为一叶扁片；有的加一个或伞帽状、或圆柱状、球状的簪头；也有簪上踵事增华、雕镂繁缛者。《仪礼·丧

① 韩维龙，李全立，史磊.河南淮阳北关一号汉墓发掘简报［J］.文物，1991，（4）.
② 河南省文物考古研究所编.永城西汉梁国王陵与寝园.郑州：中州古籍出版社，1996：199.
③ 湖南省博物馆，中国科学院考古研究所编.长沙马王堆一号汉墓.北京：文物出版社，1973：10.
④ 刘恩元，郭秉红.贵州安顺市宁谷汉代遗址与墓葬的发掘［J］.考古，2004，（6）.
⑤ 陈久恒，叶小燕.洛阳西郊汉墓发掘报告［J］.考古学报，1963，（2）.

服》："折吉笄之首。"郑玄注："笄有首者，若今时刻镂摘头矣。"如河北满城一号汉墓所出土的玉簪（表4-2:7），便在簪首雕刻精致的凤鸟与卷云纹饰。

有在簪首还附加一些功能性组件的。如马王堆三号汉墓出土的一件附镊角簪（表4-2:11），簪一头为尖锥形，一头为可以随意取下和安装的镊片，中间为执手的柄。锥柄相接处雕成鸟头状，柄上刻多种几何纹。若是装上镊片，便可作为梳妆时镊取毛发的用具，日常又可簪于发上。若是取下镊片，其仍不失为一件完整的簪，且此簪的式样与江陵凤凰山9号汉墓出土的一件骨簪完全一致（表4-2:6）。可知这应该是西汉初较为通用的式样。

又有在簪的端头另制一个精致簪首的，仍是先秦"笄而加饰"的做法。西汉扬雄《太玄·𦅈·上九》："男子折笄，妇人易𦈡"，说明了这类簪的区别——所谓"𦈡"或曰"珈"，是簪首另行的增饰。《诗经·鄘风·君子偕老》："君子偕老，副笄六珈。"郑笺："珈之言加也。"即笄首与笄身分别制作，再合装成一件完整的笄。

如河北定县43号汉墓出土一件掐丝金龙（表4-2：14），腹部用金片镂空作鳞片，卷作筒状，嵌在龙颈上。其上用金粟粒与绿松石加以装饰。腹部以下残缺，残长4.3厘米。这应是一件簪首加饰。此墓墓主人应为东汉中山穆王刘畅夫妇，而《续汉书·舆服志》记"公、卿、列侯、中二千石、二千石夫人"之首服曰："绀缯蔮，黄金龙首衔白珠，鱼须擿，长一尺，为簪珥"，其中所谓的"黄金龙首"，正可与这件金龙首相对应。香港承训堂藏有一件掐丝饰金粟的龙形簪首，大约也是此类（表4-2：15）。

表4-2：汉代的有饰之簪

簪首膨大之簪

1. 金簪（西汉）
云南省晋宁县石寨山十二号墓出土。
2件。打制极薄，均呈扁条状，上端作椭圆形头，下端呈尖状，素面无纹。小的一件长22.5厘米，重21克；大的一件长23.3厘米，重29克。[①]

① 图自南京博物院.金色中国［M］.南京：译林出版社，2014.

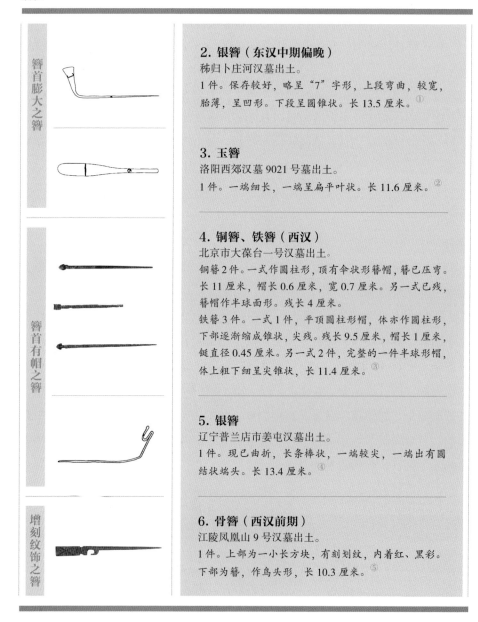

2. 银簪（东汉中期偏晚）

秭归卜庄河汉墓出土。

1件。保存较好，略呈"7"字形，上段弯曲，较宽，胎薄，呈凹形。下段呈圆锥状。长13.5厘米。①

3. 玉簪

洛阳西郊汉墓9021号墓出土。

1件。一端细长，一端呈扁平叶状。长11.6厘米。②

4. 铜簪、铁簪（西汉）

北京市大葆台一号汉墓出土。

铜簪2件。一式作圆柱形，顶有伞状形簪帽，簪已压弯。长11厘米，帽长0.6厘米，宽0.7厘米。另一式已残，簪帽作半球面形。残长4厘米。

铁簪3件。一式1件，平顶圆柱形帽，体亦作圆柱形，下部逐渐缩成锥状，尖残。残长9.5厘米，帽长1厘米，铤直径0.45厘米。另一式2件，完整的一件半球形帽，体上粗下细呈尖锥状，长11.4厘米。③

5. 银簪

辽宁普兰店市姜屯汉墓出土。

1件。现已曲折，长条棒状，一端较尖，一端出有圆结状端头。长13.4厘米。④

6. 骨簪（西汉前期）

江陵凤凰山9号汉墓出土。

1件。上部为一小长方块，有刻划纹，内着红、黑彩。下部为簪，作鸟头形，长10.3厘米。⑤

簪首膨大之簪

簪首有帽之簪

增刻纹饰之簪

① 国务院三峡工程建设委员会办公室，国家文物局编著.秭归卜庄河上[M].北京：科学出版社，2008：511.
② 陈久恒，叶小燕.洛阳西郊汉墓发掘报告[J].考古学报，1963，（2）.
③ 中国社会科学院考古研究所编辑.北京大葆台汉墓[M].北京：文物出版社，1989.
④ 辽宁省文物考古研究所著.姜屯汉墓[M].北京：文物出版社，2013.01.
⑤ 湖北江陵凤凰山西汉墓发掘简报[J].文物，1974，（6）.

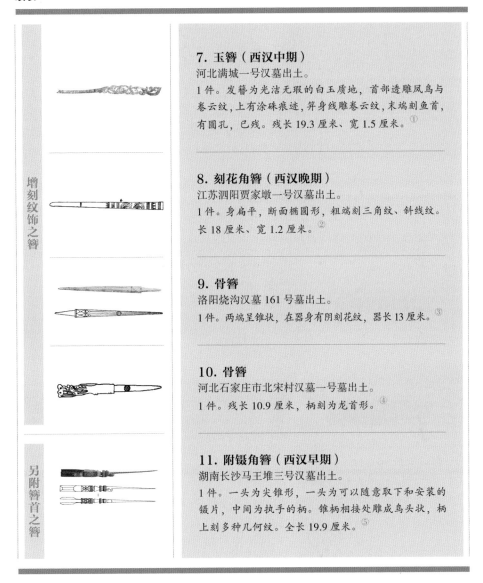

增刻纹饰之簪

7. 玉簪（西汉中期）

河北满城一号汉墓出土。

1件。发簪为光洁无瑕的白玉质地，首部透雕凤鸟与卷云纹，上有涂硃痕迹，笄身线雕卷云纹，末端刻鱼首，有圆孔，已残。残长 19.3 厘米、宽 1.5 厘米。①

8. 刻花角簪（西汉晚期）

江苏泗阳贾家墩一号汉墓出土。

1件。身扁平，断面椭圆形，粗端刻三角纹、斜线纹。长 18 厘米、宽 1.2 厘米。②

9. 骨簪

洛阳烧沟汉墓 161 号墓出土。

1件。两端呈锥状，在器身有阴刻花纹，器长 13 厘米。③

10. 骨簪

河北石家庄市北宋村汉墓一号墓出土。

1件。残长 10.9 厘米，柄刻为龙首形。④

另附簪首之簪

11. 附锯角簪（西汉早期）

湖南长沙马王堆三号汉墓出土。

1件。一头为尖锥形，一头为可以随意取下和安装的锯片，中间为执手的柄。锥柄相接处雕成鸟头状，柄上刻多种几何纹。全长 19.9 厘米。⑤

① 中国社会科学院考古研究所，河北省文物管理处编．满城汉墓发掘报告 上［M］．北京：文物出版社，1980：138.

② 王厚宇．泗阳贾家墩一号墓清理报告［J］.东南文化，1988，（1）.

③ 洛阳区考古发掘队编．洛阳烧沟汉墓［M］．北京：科学出版社，1959：214.

④ 孙德海，程明远，陈惠．石家庄市北宋村清理了两座汉墓［J］.文物，1959，（1）.

⑤ 何介钧主编；湖南省博物馆，湖南省文物考古研究所编著．长沙马王堆二、三号汉墓 第1卷 田野考古发掘报告［M］.北京：文物出版社，2004：236.

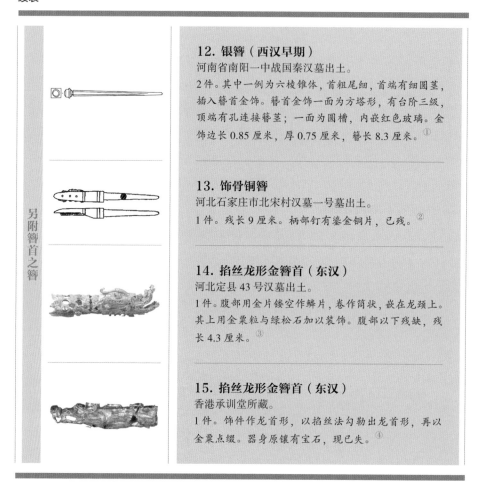

另附簪首之簪

12. 银簪（西汉早期）

河南省南阳一中战国秦汉墓出土。

2件。其中一例为六棱锥体，首粗尾细，首端有细圆茎，插入簪首金饰。簪首金饰一面为方塔形，有台阶三级，顶端有孔连接簪茎；一面为圆槽，内嵌红色玻璃。金饰边长0.85厘米，厚0.75厘米，簪长8.3厘米。①

13. 饰骨铜簪

河北石家庄市北宋村汉墓一号墓出土。

1件。残长9厘米。柄部钉有鎏金铜片，已残。②

14. 掐丝龙形金簪首（东汉）

河北定县43号汉墓出土。

1件。腹部用金片镂空作鳞片，卷作筒状，嵌在龙颈上。其上用金粟粒与绿松石加以装饰。腹部以下残缺，残长4.3厘米。③

15. 掐丝龙形金簪首（东汉）

香港承训堂所藏。

1件。饰件作龙首形，以掐丝法勾勒出龙首形，再以金粟点缀。器身原镶有宝石，现已失。④

　　又有一种两头粗中间细的簪。这类簪应即《士丧礼》所谓"缫中"之笄。如唐贾公彦疏："缫，笄之中央以安发者，两头阔，中间狭，则于发安。"于其形状说得很分明。

① 南阳市文物考古研究所编.南阳一中战国秦汉墓［M］.北京：文物出版社，2012.
② 孙德海，程明远，陈惠.石家庄市北宋村清理了两座汉墓［J］.文物，1959，（1）.
③ 今藏定州市博物馆。王永晴摄。
④ 林业强主编.宝蕴迎祥 承训堂藏金［M］.香港：香港中文大学中国文化研究所文物馆，2007.

表 4-3：汉代的"缦中"之笄

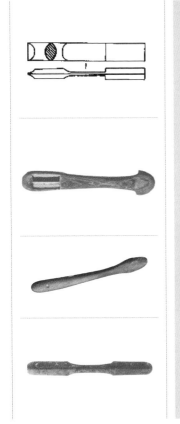

1. 角簪（西汉早期）

湖南长沙马王堆三号汉墓出土。

1件。可分为三截。一截剖面为椭圆形，顶端削成双面及呈双叶矢状。中间部分呈薄片状，另一头为长方体。全长 6.5 厘米。①

2. 角簪（西汉中期）

安徽巢湖放王岗一号汉墓出土。

1件。出土时放于漆奁内。整器似琵琶形，下端作铲状，上端柄首部雕刻并列的两个长方孔眼，应是供系带之用。长 4.3 厘米，柄部宽 0.7 厘米。②

3. 玳瑁簪

蒙古诺因乌拉匈奴 22 号墓出土。

1件。出土时与汉式漆纱冠相组合。

4. 玳瑁簪（东汉）

朝鲜（汉乐浪郡）五官掾王盱墓出土。

1件。长二寸二分。中棺男性墓主人头部遗存，较为短小，两头粗，中央细，断面呈菱形。③

　　用以固冠的簪亦即先秦之"衡笄"。《释名·释首饰》："笄，系也。所以系冠，使不坠也。"大约当时男子所戴冠的基座两侧开有小孔，戴冠时先将冠覆于发髻上，再将笄穿过小孔加以固定。

　　西汉中后期以来，男子戴冠往往于冠下衬帻，故这类簪又名"导"。《释名·释首饰》曰："导，所以导栎鬓发，使入巾帻之里也。"《太平御览》卷

① 何介钧主编；湖南省博物馆，湖南省文物考古研究所编著.长沙马王堆二、三号汉墓 第1卷 田野考古发掘报告［M］.北京：文物出版社，2004：233.
② 安徽省文物考古研究所，巢湖市文物管理所编.巢湖汉墓［M］.北京：文物出版社，2007：88.
③ 原田淑人，田泽金吾.乐浪——五官掾王盱的坟墓［J］.刀江书院刊.昭和五年，1930：图版一一六.

六八引服虔《通俗文》："帻导曰簪。"这类簪的长度应当较长，或类同于表4-3中"簪首有帽之簪"。

不过目前考古发掘中，由于织物难以保存，出土冠的实物很少，因此也仍没有发现冠与导搭配较为具体的实例。唯大云山汉墓（西汉江都易王刘非墓）曾出土一组金饰，原皆缝缀于漆纱之上。其中两件圆形金饰，中有一圆柱形銎，大约原本便是冠上用作贯导的饰件。《续汉书·舆服志》记天子所戴"通天冠"、诸侯王所戴"远游冠"上皆有"展筩"，或即此物。同类饰件亦见于满城汉墓（西汉中山靖王刘胜墓），只是考古报告并未写明其出土时的具体情况。

表 4-4：汉代贯导的饰件

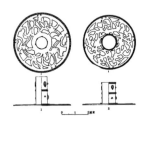

1. 金饰片（西汉·中山靖王刘胜）
河北满城一号汉墓出土。

2件。系金叶锤鍱而成，在圆形金片的中心接一小圆管，其形似轮。圆形金片镂空似作动物形状。周边有两圈双股金线，金线内侧是对称的四对小孔。金管内、外端和中部各绕一或二圈双股金线，其间镶嵌绿松石或玛瑙。其一片径4.4厘米，管长2厘米、径1厘米；另一片径4厘米，管长1.4厘米、径1厘米。①

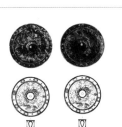

2. 金饰片（西汉·江都易王刘非）
江苏盱眙县大云山一号汉墓出土。

2件。圆形，中心有一圆柱形銎。銎外侧饰三组羊角纹与动物纹，边缘饰两道绞丝金线，其内夹饰金珠纹与椭圆素面金线纹各八组，纹样皆锤鍱而成。銎顶面与底面各饰一周绞丝金线，外壁饰金珠纹与桃形绞丝纹。直径4.3厘米，銎径0.9厘米。②

---

① 中国社会科学院考古研究所，河北省文物管理处编.满城汉墓发掘报告 上［M］.北京：文物出版社，1980：117.
② 李则斌、陈刚.江苏盱眙县大云山西汉江都王陵一号墓［J］.考古，2013，（10）.

图 4-1-1-1 　东汉簪笔的官员

除此之外，汉代男性尚有头上簪笔的做法。

官员们手拿简牍，头簪毛笔，自是为了随时可以方便记事。如《汉书》记车骑将军张安世在皇帝身旁"持橐簪笔"，以表现其勤劳政事。这种做法也进而附加了一种表示尊敬、谨听教诲的态度。《汉书·武五子传》记废帝刘贺面见山阳太守张敞时，便"簪笔持牍趋谒"，恭敬听从作为汉宣帝眼线的张敞的谕示。

山东沂南北寨村东汉画像石墓中的一方画像石，便绘有数位簪笔的汉代官员（图 4-1-1-1）[①]。

① 线图转引自沈从文著.中国古代服饰研究 [M].北京：商务印书馆，2011：210.

三 摘

中国古人头部的簪戴，以簪、钗二者为最常见。其中簪起源最早，流行时间最长，且男女皆可使用。钗最早见于新石器时代墓葬，但真正开始普遍使用则要到西汉晚期，且多为女性使用，适用于挽束较高大的发髻。在钗普遍流行之前，实际上还曾经流行过一种介乎于簪、钗之间的代用品，那就是擿。擿诞生于周，流行于西汉，也是男女皆用，但西汉以后便很少见，其名其式都逐渐湮没不闻。

擿，有三个读音：［zhì］［zhāi］和［tī］。擿，古又可写作"挮［tì］"或"摘"。《广雅疏证》中说："擿者：《说文》擿，搔也。《列子·黄帝篇》指擿，无痛痒。释文云：擿，搔也。擿，训为搔，故搔头谓之擿。《说文》云：髻，骨擿，之可会发者。《墉风·君子·偕老篇》：象之挮也。毛传云：挮，所以摘发也。释文：摘，本又作擿。正义云：以象骨搔首，因以为饰，故云'所以摘发'。擿、摘、挮，声近义同。"①《诗经·魏风·葛屦》中有"好人提提，宛然左辟，佩其象挮"一句，《毛传》中对此"象挮"的解释是："象挮，所以为饰。"《释名·释首饰》亦云："挮，摘也，所以摘发也。"《广韵》："㡳：㡳枝，整发钗也。"马瑞辰《毛诗传笺通释》曰："挮者，搔头之簪。"

① （清）王念孙著；钟宇讯点校．广雅疏证［M］．北京：中华书局，1983：63．

（一）擿的功能

从以上文献可知，擿的基本功能有三。

其一是"为饰"，即佩戴于头部的首饰，说明它具有一定的装饰性。辛追插戴的擿，端首便系有装饰性的木质摇叶。

其二是"搔头"。这里的"搔头"可以有两种理解，一是动词，抓、挠的意思，目的是使头"无痛痒"。

如《西京杂记》载："武帝过李夫人，就取玉簪搔头，自此后，宫人搔头皆用玉，玉价倍贵焉。"二是名词，其意和簪类似。中国自汉代起就有把簪称为"搔头"的记载，如东汉繁钦《定情诗》："何以结相於，金薄画搔头。"唐白居易《采莲曲》："逢郎欲语低头笑，碧玉搔头落水中"，以及《长恨歌》中描写杨玉环首饰"花钿委地无人收，翠翘金雀玉搔头"。这些诗中提到的"搔头"指的是一种头饰。《说文》中有"擿，搔也。""搔，括也。""括，絜也。"又段玉裁注："絜，束也。……絜束者，围而束之。"这几个字应该是可以相通的。另《说文》"髻"字下又云"骨擿，之可会发者……说曰：以组束发，乃箸笄，谓之桧。……盖由会发之器谓之骱，因之束发谓之骱，与仪礼之桧同。"[1]这说明擿的另一种用途便是"束发"，即收束固定发髻，其功能和簪钗无二。

其三是"洁发"。《札朴》载："擿、搔，为会发絜发之具也。"[2]"絜"除了通"係（系）"之外，也通"潔（洁）"。《礼记注疏》云：盥洗扬觯，所以致絜也。这里的"絜"便是清洁的意思。古人一般用什么工具洁发呢？用"栉〔zhì〕"。《说文通训定声》载："栉，梳比之总名也。……疏曰：比密曰栉。"[3]《说文新附考》载："篦通作比，亦作枇。"[4]也就是说，梳齿比较密的梳子叫"栉"，实际上就是篦子。古人洗发不便，常用栉来篦除发垢，这在古籍中多有记载。如宋戴复古《答妇词》中有："衣破谁与纫，发垢孰与栉"[5]；广东《始兴县志》"列女"篇中有："面垢不洗，发垢不栉。"[6]一般束发的簪钗不具备洁发功能，而汉代出土的一种扁平细长且一端有细密长齿的束发之器，其造型结合了簪与篦的双重特征，便可兼具束发与洁发的双重功能。这似乎也可以解释，为何"擿"的三个读音中，有一读音与"栉"相同。

① （汉）许慎撰；（清）段玉裁注.说文解字注［M］.郑州：中州古籍出版社，2006：167.

② （清）桂馥撰；赵智海点校.札朴［M］.北京：中华书局，1992：33.

③ （清）朱骏声编著.说文通训定声［M］.北京：中华书局，1984：645.

④ （清）钮树玉撰.说文新附考（续考札记1—2册）［M］.北京：中华书局，1985：72.

⑤ 陈梦雷原著；杨家骆主编.鼎文版古今图书集成·中国学术类编·家范典［M］.台湾：鼎文书局，1977：879.

⑥ 成文影民国年石印本·卷之十三·列传中。摘自瀚堂典藏古籍数据库。

图 4-1-2-1　**角擿（西汉晚期）**
连云港海州双龙西汉墓出土。牛角制成。
体扁，长条状，一侧光素，另一侧刻出细密的长齿。

图 4-1-2-2　**骨擿（西汉早期）**
江苏扬州西汉刘毋智墓出土。4件。大、小各2件。
器形相同，擿首双面磨光，圆尖状，擿身呈篦齿形。

（二）擿的材质与形态

基于以上功能分析，擿应当是西汉墓葬中时常出土的一种扁平细长且一端有细密长齿的发饰。其首端有方首与圆首之分，绝大部分出土的擿首端都没有坠饰，非常素朴。方首的擿，往往会在首端绘制精致的花纹（图 4-1-2-1）[①]；而圆首的擿则朴素得多（图 4-1-2-2）[②]。擿尾端的齿数多少不一，以七齿的擿为最多，但是也不乏多至十余齿的。从侧面看，擿因其材质的特性，往往具有一定的弧度，而非笔直。

擿在先秦便已有之，但先秦没有关于擿的制度的详细记载，这类文物亦出土很少，目前只有为数不多的几例。如湖北江陵九店东周墓出土三件竹擿，其中一件由一块光素无纹的长竹片削出三齿，出土之时仍插于发髻上；一件由三根竹签合成（图 4-1-

① 图片摘自：武可荣，惠强，马振林，张璞，程志娟，项剑云.江苏连云港海州西汉墓发掘简报[J].文物，2012，（3）.

② 图片摘自：薛炳宏，王晓涛，王冰，束家平.江苏扬州西汉刘毋智墓发掘简报[J].文物，2010，（3）.

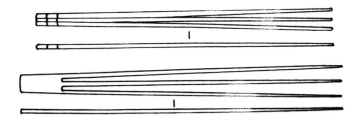

图 4-1-2-3　**竹摘**

江陵九店东周墓出土。

一件。由一块光素无纹的竹片削成三齿，齿长 14.1 厘米、宽 0.15 厘米，摘长 16.1 厘米、宽 1 厘米、厚 0.2 厘米。一件由 3 根竹签合成，竹签一端有穿孔，用丝线穿孔捆扎。涂黑漆，长 14.8 厘米、厚 0.2 厘米。

① 湖北省文物考古研究所编.江陵九店东周墓[M].北京：科学出版社，1995：324-325 图二二〇.

② （南朝宋）范晔.后汉书[M].郑州：中州古籍出版社，1996：212-213.

③ 徐礼节：《汉语大词典》商补四则[J]，井冈山大学学报（社会科学版），2016，（4）.

2-3）[①]。可见这时的摘尚且比较简易。

及至汉代，参照《后汉书·舆服志》中对于贵妇首服的描述：太皇太后、皇太后入庙服……簪以瑇瑁（瑇瑁即玳瑁。《后汉书·贾琮传》引广雅曰"瑇瑁形似龟，出南海巨延州"；《汉书·严朱吾丘主父徐严终王贾传第三十四下》："师古曰：瑇瑁，文甲也。瑇音代。瑁音妹。"）为摘，长一尺，端为华胜，上为凤皇爵，以翡翠为毛羽，下有白珠，垂黄金镊。左右一横簪之，以安菡结。诸簪珥皆同制，其摘有等级焉。公、卿、列侯、中二千石、二千石夫人，绀缯菡，黄金龙首衔白珠，鱼须摘，长一尺，为簪珥[②]。可知摘的长度和材质都会依着人物身份等级而变化。等级最高的摘约合汉尺一尺，为玳瑁所制；等级低一些的摘则用"鱼须"制成，这里的鱼须，或为一种海虾的须，也可能是鲸须[③]。而摘首则还要连缀"华胜""凤凰爵"等装饰品以显示身份。插戴的时候，左右各横插一件，用以固定假发（菡）并兼装饰发髻。

从摘的材质来看，并无金属与玉石质地者，出土物少数以竹木制成，或许因竹木易腐，绝大多数都是以玳瑁或骨角制成，与文献记载中提及的"骨摘""象揥""鱼须

图 4-1-2-4
马王堆一号汉墓轪侯夫人辛追,发髻上插玳瑁、角、竹摘各一

① 郑玄注·礼记注疏(卷26~30)[M].上海:中华书局,1936:120-121.

② 如浙江平湖庄桥坟遗址就曾出土过木篦,见浙江省文物考古研究所等.浙江平湖市庄桥坟良渚文化遗址及墓地.考古[J].2005,(7);山东泰安大汶口遗址曾出土两把象牙梳,见山东省文物管理处,济南市博物馆.大汶口:新石器时代墓葬发掘报告[M].北京:文物出版社,1974:95;江苏昆山绰墩遗址M73女性墓主的头顶残留有一把象牙梳,见苏州博物馆等.江苏昆山绰墩遗址第一至第五次发掘简报[M].杭州:浙江摄影出版社,2004:184;浙江海盐周家浜遗址M30出土了一把完整的玉背象牙梳,见浙江省文物考古研究所.浙江考古精华[M].北京:文物出版社,1999.

③ 湖南省博物馆,中国科学院考古研究所编.长沙马王堆一号汉墓(上)[M].北京:文物出版社,1973:28-29,图二九、三十、三十一.

摘""瑇瑁摘"完全吻合。究其原因,应该和其也作为篦发工具有关。《礼记·玉藻》载:"栉用樿栉,发晞用象栉。"并注曰:"栉用樿栉者,樿,白理木也,栉,梳也。沐发为除垢腻,故用白理涩木以为梳;发晞用象栉者,晞,干燥也。沐已燥则发涩,故用象牙滑栉以通之也。"①白理木因木质较涩,故洗头时用之篦发易于除垢腻。洗后发干则发涩,象牙梳因比较滑故便于梳通。摘也是同理。因此,用木和象牙做梳栉,在新石器时代便屡见不鲜②。

摘的制法,往往是取整块的材料,直接雕刻出来。一些竹木材质的摘会略有不同,有一些是将数根细长的竹针会束成一排,于其头部加以束系,又或简单地以丝线捆扎,或另附一个小巧的摘头。至于《后汉书》中记载的那类摘首连缀有装饰物的华丽类型,则可从马王堆一号汉墓女尸辛追夫人的头上看到。观察开棺时辛追夫人的头部状态,可见其发式为:前发中分,分别梳向耳后,与后发拢为一束,再于真发下半部缀连假发,松松反绾于头顶,编一平髻,再于髻上插3支长摘(图4-1-2-4)。伴随长摘同出的,还有29件绘漆涂金的木花饰片,只是出土时已散乱(图4-1-7-1)。而长摘的首端,一支竹摘以丝线缠成,另两支玳瑁摘与角摘,两侧面则均有3个深约0.2厘米的小孔③,这很可能是为了便于连缀木花饰片所钻。据此推想原本插戴的状态,应是两支长摘一左一右平插于鬓边,两侧分别垂下悬坠的涂金木质摇叶。而一支竹摘则插于发髻正中,首部以丝线将数片木花饰片缠扎出花形。可以说,帛画上老妇的首饰与墓主人头部实际所戴基本是完全一致的(图4-1-2-5)。

从摘的出土年代来看,目前考古发掘出土有摘的

图 4-1-2-5　荆州高台秦汉墓出土

墓葬，绝大多数所处时代都是西汉，东汉时代只有东汉初
年朝鲜乐浪汉墓等出土过为数不多的几例（表 4-5∶9）。
从出土文物来看，自东汉起，除簪外，女子更喜好插戴钗，
钗的流行与擿的没落恰好是前后相继的关系，这不应该是
毫无理由的。据推测有两方面原因：其一是擿的功能不够
聚焦，篦发不及栉，束发又不及簪钗。其二是从发型的发
展来看，西汉女子大多喜爱垂髻，而自西汉晚期开始，女
子的发髻渐趋高耸，直到东汉出现了夸张的"城中好高髻，
四方高一尺"。垂髻对于束发用品的支撑力要求不高，而
擿因其细密的梳齿与竹木骨角材质的特性，本身的确并不
具备很大的支撑力。而钗因其只有两齿，故齿可以做得比
较结实，且钗大多用金属材质做成，便于支撑高大的发髻。
如四川宝兴陇东东汉墓所出的数件发钗，其中一种为铜质
钗，下部仍是两股弯折的钗脚，上部却被做成宽大突出的
片状；又一种铁钗，以细长的铁丝缠绕制成，钗头弯折出
扁平的弧度[1]。这样的钗头设计，明显是为了便于承托沉
重的发髻，而擿并不具备这样的功能。自东汉之后，高髻

① 杨文成.四川宝兴陇
东东汉墓群［J］.文物，
1987，（10）.

便一直是女子发髻中的主流，因此擿因其实用性的不足而被制作方便并坚固的两股钗取代，而栉则以独立存在的形式与梳同置于妆奁之内，便也在情理之中。

表4-5：汉代墓葬出土的擿

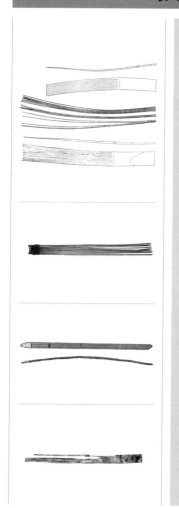

1. ① 玳瑁擿 ② 竹擿 ③ 角擿（西汉早期）

马王堆一号汉墓出土。

出土时尚插于墓主人辛追发髻之上。玳瑁擿与角擿均作长板形，稍弯曲，顶端朱绘花纹，两侧面各有3个小孔，孔深约2毫米。玳瑁擿长19.5厘米、宽2厘米，厚约0.1厘米，齿11枚，齿长12.8厘米；角擿长24厘米、宽2.5厘米、厚约0.15厘米，齿15枚，齿长16.3厘米；竹擿系以竹签20支分3束，再在距顶端1.7厘米处用丝线缠扎而成。①

2. 竹擿（西汉早期）

马王堆三号汉墓出土。

长条形，由11根一端削尖的竹签并列，上端用丝线缠绕捆扎。长14.6厘米，宽1厘米。②

（李芽摄于湖南省博物馆。）

3. 竹擿（西汉早期）

湖北襄阳擂鼓台一号汉墓出土。

1件。头端呈三角形，是以角质掏空套在首部。已断，残长16厘米、宽0.5厘米。③

（李芽摄于湖南省博物馆。）

4. 角擿（西汉中期）

安徽天长三角圩汉墓出土。

2件。一件青灰色，微弯曲。一件青灰泛黄。形制基本相同，齿部均为7股。只是前者更为细长。④

① 湖南省博物馆，中国科学院考古研究所编．长沙马王堆一号汉墓［M］．北京：文物出版社，1973：28.
② 何介钧主编；湖南省博物馆，湖南省文物考古研究所编著．长沙马王堆二、三号汉墓 第1卷 田野考古发掘报告［M］．北京：文物出版社，2004：236.
③ 王少泉．湖北襄阳擂鼓台一号墓发掘简报［J］．考古，1982，（2）.
④ 安徽省文物考古研究所编著．天长三角圩墓地［M］．北京：科学出版社，2013：374.

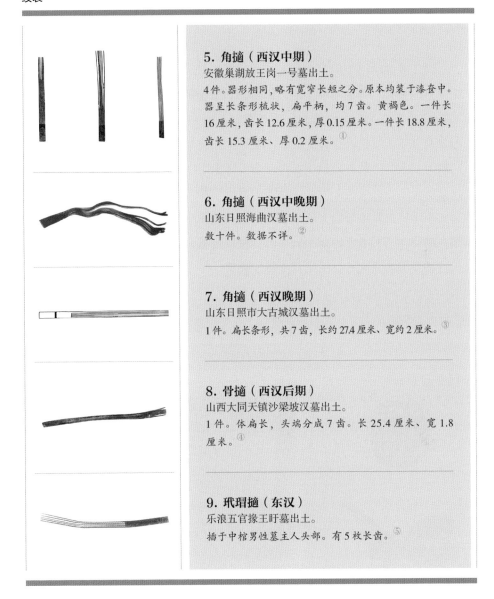

5. 角擿（西汉中期）

安徽巢湖放王岗一号墓出土。

4件。器形相同，略有宽窄长短之分。原本均装于漆奁中。器呈长条形梳状，扁平柄，均7齿。黄褐色。一件长16厘米，齿长12.6厘米、厚0.15厘米。一件长18.8厘米，齿长15.3厘米、厚0.2厘米。①

6. 角擿（西汉中晚期）

山东日照海曲汉墓出土。

数十件。数据不详。②

7. 角擿（西汉晚期）

山东日照市大古城汉墓出土。

1件。扁长条形，共7齿，长约27.4厘米、宽约2厘米。③

8. 骨擿（西汉后期）

山西大同天镇沙梁坡汉墓出土。

1件。体扁长，头端分成7齿。长25.4厘米、宽1.8厘米。④

9. 玳瑁擿（东汉）

乐浪五官掾王盱墓出土。

插于中棺男性墓主人头部。有5枚长齿。⑤

① 安徽省文物考古研究所，巢湖市文物管理所编.巢湖汉墓[M].北京：文物出版社，2007：88.

② 郑同修，崔圣宽.北方最美的500件漆器：山东日照海曲汉墓[J].文物天地，2003，（3）.

③ 杨深富，王仕安.山东日照市大古城汉墓发掘简报[J].东南文化，2006，（4）.

④ 张畅耕，李白军等.山西大同天镇沙梁坡汉墓发掘简报[J].文物，2012，（9）.

⑤ 原田淑人，田泽金吾.乐浪——五官掾王盱の坟墓[J].刀江书院刊，1930：65.

（三）摘的插戴（表 4-6）

从汉代墓葬中出土的保存较完好的发髻来看，摘最简单的插戴方式，是束
一个简单的发髻，再插上一支摘以固定，类似簪的功能。例如乐浪五官掾王盱
墓中棺男性墓主人头部便插有一支玳瑁摘；山东莱西市岱墅西汉木椁墓，出
土时女性墓主人发髻尚保存完好，于头后结作简单的发髻，再横贯一支角摘[①]。

较为复杂的插戴方式则让摘进一步发挥出了"为饰"的作用。如马王堆一
号汉墓所见墓主人辛追的发式，掺有假发的发髻反绾至头顶，再插上三支摘，
摘首甚至增饰各类涂金涂朱的木花饰片，构成了华饰与摘的组合。又如连云港
海州西汉晚期墓所见女性墓主人东海郡贵族凌惠平的发式，亦是插上了二摘一
钗。这些发髻的共同特点便是都不属于高髻。

表 4-6：考古所见摘的插戴实例

	**1. 西汉早期** 湖南长沙马王堆一号汉墓。 轪侯夫人辛追，发髻上插玳瑁、角、竹摘各一。[②]
	**2. 西汉中后期** 山东莱西市岱墅西汉木椁墓。 胶东国高官或宗室贵妇人，发髻上横插一支角摘。[③]

---

① 王明芳. 山东莱西县岱墅西汉木椁墓［J］. 文物，1980，（12），图 5.
② 湖南省博物馆，中国科学院考古研究所编. 长沙马王堆一号汉墓［M］. 北京：文物出版社，1973：28.
③ 王明芳. 山东莱西县岱墅西汉木椁墓［J］. 文物，1980，（12）.

3. 西汉中后期

山西阳高县古城堡汉墓15号墓。

当地官员之妻，发髻上横插一支擿。①

4. 西汉晚期

山东连云港海州西汉墓。

东海郡贵族凌惠平，发髻上插二支角擿与一支角钗。②

🔲 钗

关于钗的形象，《释名·释首饰》："叉，枝也。因形名之也"；《玉篇·金部》："钗，歧笄也"，都说得很清楚——单股为笄、簪，双股则为钗。

钗在中国真正开始普遍使用始于汉。西汉后期以降，钗一直是妇女最常用的首饰之一。此时男子虽亦挽发髻，但是发髻不如妇人的复杂，通常用簪便可，不会使用到钗。

（一）钗的材质

汉时制钗的材质已有很多。最为普通的钗，仍只是以荆棘草木做成。如《列女传》："梁鸿妻孟光，荆钗布裙。"上至后妃及贵胄家眷，下至百姓殷实之家的女子，其钗则多以金属制成。

《续汉书·五行志》记江夏黄氏母的神异故事："灵帝时，江夏黄氏母浴而化为鼋，入于深渊。其后，人时见出浴，簪一银钗，犹在其首。"虽神异不足信，

---

① 东方考古学会编著. 阳高古城堡：中国山西省阳高县古城堡汉墓［M］. (日) 六兴出版，1990.
② 图为博物馆参观并摄影。

但由人们远看仍能发现其头上插戴的银钗这一情节可知，银钗便足以耀首。

又有一种"同心钗"，如《西京杂记》所记合德赠予其姊皇后赵飞燕的礼物，"赵飞燕为皇后，其女弟在昭阳殿遗飞燕书曰：'今日佳辰，贵姊懋膺洪册，谨上襚三十五条，以陈踊跃之心：……同心七宝钗'"。所谓"同心"，大约取的是"铜芯"的谐音，即鎏金的铜钗。

钗又有美名曰"宝钗"的。而之所以名其为"宝钗"，一是以其材质名贵、价值宝贵；二是其上往往饰有各类宝石装饰。这类宝钗自是彼时妇人的爱物，因此也被用作男女之间传递情意。如东汉秦嘉《与妇淑书》曰："今致宝钗一双，价值千金，可以耀首。"秦嘉之妻淑则答曰："未奉光仪，则宝钗不设。"

亦有玉钗之属。如西汉司马相如《美人赋》所云"玉钗挂臣冠"者。玉钗中又有美名曰"玉燕钗"者。如郭宪《洞冥记》所记西汉故事云："神女留一玉钗与帝，帝以赐赵婕妤。至昭帝元凤中，宫人犹见此钗，共谋欲碎之。明旦视之匣，惟见白燕直升天去。故宫人作玉钗，因改名玉燕钗，言其吉祥。"

以玳瑁、犀角等珍贵材质制成的钗亦在文献中有记载。玳瑁质的钗，如《续汉书·舆服志》记贵人助蚕服以"瑇瑁钗"为饰。《华阳国志》记"涪陵山有大龟，其甲可卜，其缘可作钗，世号灵钗"。这类龟甲，大约也是玳瑁之属。东汉繁钦《定情诗》中也提到"何以慰别离？耳后玳瑁钗"。

犀角质钗则尤以"骇鸡犀"为贵。如东汉黄香《九宫赋》曰："剥骇鸡以为钗。"

（二）钗的形制

钗的制法，一种是直接在材料上或剪镂，或雕刻，以此来作出一件完整形状的钗。这类做法常用于木、骨、角、玉等硬质难以曲折的材料。考古发现中也有见于金片上剪出钗样的做法。也正因着这样的制法，这类钗往往有着一些精巧的式样。这是起源较早的制法。

而汉代更为常见的一种钗，是所谓"折股钗"的。即以金属制成一根细圆的长丝，两端锤尖，弯作平行的两股。起拱处便是钗头，其下两股则成了钗脚。这类钗花样不多，大多都是光素无文的。唯钗头有宽有窄，钗脚有长

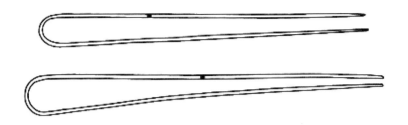

图 4-1-3-1　**金钗**
北京军都山西梁垅战国墓地出土。
形状呈"U"形、横截面呈圆形，两端尖锐。一件长 17.6 厘米、宽 1.8 厘米；
一件长 19.3 厘米、宽 2.1 厘米。

有短。长钗为汉尺一尺余（23 厘米左右），短的则减其半或更短。目前考古
发现中这种钗多见于东汉，西汉不多见。较早的一例，则可追溯至战国时代。
如北京军都山西梁垅墓地出金钗二件（图 4-1-3-1）[1]，大约便是采用的这
样的做法。

表 4-7：汉代的基本钗式

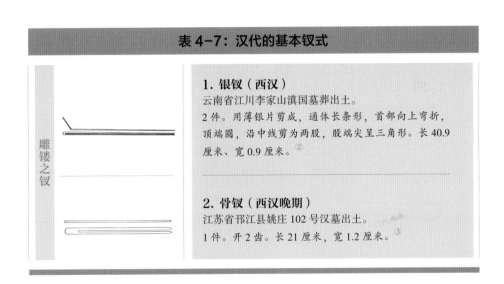

雕镂之钗	**1. 银钗（西汉）** 云南省江川李家山滇国墓葬出土。 2 件。用薄银片剪成，通体长条形，首部向上弯折，顶端圆，沿中线剪为两股，股端尖呈三角形。长 40.9 厘米、宽 0.9 厘米。[2]
	2. 骨钗（西汉晚期） 江苏省邗江县姚庄 102 号汉墓出土。 1 件。开 2 齿。长 21 厘米，宽 1.2 厘米。[3]

---

① 北京市文物研究所编著 . 军都山墓地 葫芦沟与西梁垅 1［M］. 北京：文物出版社，2010.
② 云南省文物考古研究所，玉溪市文物管理所，江川县文化局编 . 江川李家山 第二次发掘报告［M］. 北京：文物出版社，2007：184.
③ 印志华 . 江苏邗江县姚庄 102 号汉墓［J］. 考古，2000，（4）.

雕镂之钗	**3. 角钗（西汉晚期）** 江苏省连云港海州西汉墓出土。 1件。出土时尚插于女性墓主人凌惠平发髻上。以牛角制成，已断为两截。钗头圆弧且上下弯曲，钗尾分两段。长26厘米、宽1.5厘米、厚0.2厘米。[①] **4. 木钗（西汉晚期）** 江苏省邗江姚庄101号西汉墓出土。 5件。多残。较完好的一件，首端浑圆，末端分为两叉，尾部呈尖状，长38.5厘米、宽1.6厘米、厚0.2厘米。[②]
折股之钗	**5. 银钗（西汉）** 云南省江川李家山滇国墓葬出土。 6件。1件由银锻做扁平细长条弯曲而成，中间大致弯曲呈圆形，两端分开稍向内曲，端尖呈三角形，长20.2厘米、端尖宽6.9厘米，重11.2克。5件报告中被称为"发针"，以细银丝弯曲而成，中间曲呈半环，两端直平行，前端稍细，最长的一件长12.3厘米，银丝直径0.12~0.15厘米，总重11.3克。[③] **6. 银钗（东汉中期偏晚）** 湖北省秭归卜庄河汉墓出土。 3件。形制相同，呈锻夹状，较细。其一长9.8厘米，宽0.85厘米。[④] **7. 铜钗（东汉）** 四川省宝兴陇东东汉墓出土。 铜质钗2件，钗脚细长，一端有小钩。[⑤]

① 武可荣，惠强，马振林，张璞，程志娟，项剑云.江苏连云港海州西汉墓发掘简报［J］.文物，2012，（3）.
② 印志华，李则斌.江苏邗江姚庄101号西汉墓［J］.文物，1988，（2）.
③ 云南省文物考古研究所，玉溪市文物管理所，江川县文化局编.江川李家山 第二次发掘报告［M］.北京：文物出版社，2007：184.
④ 国务院三峡工程建设委员会办公室，国家文物局编著.秭归卜庄河上［M］.北京：科学出版社，2008：511.
⑤ 杨文成.四川宝兴陇东东汉墓群［J］.文物，1987，（10）.

一枚钗的两股钗脚，有同长的，亦有一短一长的。又有钗脚向外弯作一个小勾的——自然是为了防止发钗坠落，并使其缩髻更为牢固。

而钗头较窄且两股钗脚同长的，大约便是所谓的"镊"。《太平御览》服用部中"镊"字有两见，一见于梳妆一项，自是寻常梳妆所用的镊子；又见于首饰一项，其下便注曰"钗类"。推想首饰所用"镊"的形象，其大约由于钗头窄，钗脚尚可以通过人力挤压并拢，则其除了固发饰首的基本用途之外，又可作平日梳妆时镊取毛发一类的用途。

略为精致的钗，则进一步考虑到了钗的装饰作用。钗脚因藏于发中，尚不需有饰，仍旧保持光素无效的状态，只是为了加强固发的功能，有的钗脚还做出数折弯曲的波纹来；而此时的钗头，则进一步膨大：有将金属折股钗的钗头的弯折部分锤扁，制成扁平叶状的；也有捶打出片状的金属，再剪出钗样的。

彼时南海女子甚至可取下发间的大钗，用作击打节奏的乐器。如《太平御览》卷七百一十八引晋裴渊《广州记》曰："南海豪富女子以金银为大钗，执以叩铜鼓，号为铜鼓钗。"这类"铜鼓钗"的实物，可见于云南晋宁石寨山、江川李家山等处的滇国墓葬。如江川李家山墓葬所出的金钗 5 件（表 4-8:2），先锤打出薄的金片，再剪出钗的小样，其钗头略作三角形、顶端圆弧、向上弯折。其中 2 件钗脚沿钗头中线剪作两股、股端尖亦呈三角形；另 3 件钗脚锻作细圆的长条，并呈水波状上下弯曲，直至股端收尖。这类滇国墓葬中往往亦出有铜鼓。据此可推想昔日佳人闻歌敲钗的美态。

从西汉中后期开始，女子的高髻之风愈演愈烈，甚至东汉初已呈现出夸张的形态来。如《后汉书·马廖传》引谚："城中好高髻，城中高一尺。"这类高髻所使用到的发钗，尚有一种特殊形式者。如四川宝兴陇东东汉墓所出的数件发钗（表 4-8:5），其中一种为铜质钗，下部仍是两股弯折的钗脚，上部却被做成宽大突出的片状；又一种铁钗，以细长的铁丝缠绕制成，钗头弯折出扁平的弧度。这样的钗头，应是为了便于承托沉重的发髻。

表 4-8：汉代的头部膨大之钗

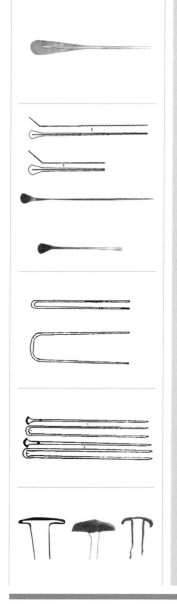

1. 金钗（西汉）

云南省晋宁县石寨山滇国墓葬出土。

1 件。上端作圆形，下端分为两股，细圆尖锐，长 16.6 厘米，重 27 克。[1]

2. 金钗（西汉晚期）

云南省江川李家山滇国墓葬出土。

4 件。其中 2 件，用薄金片剪成，首部略作三角形，顶端圆弧，向上弯折，沿中线剪作两股，股端尖呈三角形，长 19.7 厘米、宽 2.5 厘米，重 18.4 克。另二件首部略作三角形，边沿薄，中稍厚，顶端圆，向上弯折，沿中线分作两股，锻作细圆长条，并水波状上下弯曲，股端渐尖。长 30.6 厘米、宽 2.6 厘米，总重 46.5 克。[2]

3. 铜钗（东汉晚期）

陕西省西安财政干部培训中心汉墓出土。

4 件。为 U 形，钗梁有宽窄之分。钗股体圆，顶部扁体，断面为菱形。保存较好的两件，一件长 12 厘米、宽 3.9 厘米；一件长 12 厘米、宽 1 厘米。[3]

4. 金钗（东汉晚期）

内蒙古科左中旗六家子鲜卑墓群出土。

2 件。形制相同，顶近圆泡形，对称的两股锻出两条圆形钗链。直径 0.2 厘米、长 14 厘米。[4]

5. 铜钗与铁钗（东汉）

四川省宝兴陇东东汉墓出土。

铜质钗 2 件，下部是两股弯折的钗脚，上部被作成宽大突出的片状；铁质钗 9 件，以细长的铁丝缠绕制成，钗头弯折出扁平的弧度。数据不详。[5]

① 云南省博物馆编.云南晋宁石寨山古墓群发掘报告［M］.北京：文物出版社，1959：110.

② 云南省文物考古研究所，玉溪市文物管理所，江川县文化局编.江川李家山第二次发掘报告［M］.北京：文物出版社，2007：184.

③ 西安市文物保护考古所.西安财政干部培训中心汉、后赵墓发掘简报［J］.文博，1997，（6）.

④ 张柏忠.内蒙古科左中旗六家子鲜卑墓群［J］.考古，1989，（5）.

⑤ 杨文成.四川宝兴陇东东汉墓群［J］.文物，1987，（10）.

最为精致的钗，则于钗头做出更为生动的式样。

有所谓"爵钗"，即《释名·释首饰》所说的"爵钗者，钗头施爵"。只是目前考古发现所见汉代的钗仍旧较为朴素，在钗上做出盛饰的钗很少见。陕西铜川发现的一批战国铜器窖藏中，曾出土有银钗二件，于钗头饰一片镂刻精致的鸟纹柄（见表4-9:1）。这是时代较汉代为早的遗存，也是目前不多见的一例。汉代"爵钗"的具体形象或可借此来推想。

而在钗头做出较为立体的形象的做法，从目前考古发掘的情况来看，时代应该晚至东汉。如湖北秭归蟒蛇寨东汉墓出土一件银钗，钗头便饰一朵立体的小花（见表4-9:2）。

表4-9：有饰之钗

1. 爵首银钗（战国）
陕西省铜川战国铜器窖藏出土。
2件。柄部饰镂刻鸟纹。通长20.5厘米，柄宽1.4厘米。[1]

2. 花首银钗（东汉）
湖北省秭归蟒蛇寨汉墓M4出土。
1件。头部近似花蕾状，其下分出两圆柱形钗。残长13.2厘米。[2]

---

[1] 卢建国.陕西铜川发现战国铜器［J］.文物，1985，（5）.
[2] 沈海宁主编.国务院三峡工程建设委员会办公室，国家文物局编著.湖北库区考古报告集 第1卷［M］.北京：科学出版社，2003：645.

（三）钗的插戴

从出土实物来看，西汉及之前，女子喜爱插戴的头饰，仍旧是以擿为主，钗并不多见。而自西汉末之后，钗便较为常见了。东汉时则进一步普及，类型也更加丰富。

表 4-10: 考古所见钗的插戴实例

1. 朝鲜平壤贞柏里第 13 号东汉墓所见妇人残髻[①]

2. 朝鲜乐浪东汉五官掾王盱墓西棺所见妇人残髻[②]

3. 河北安平逯家庄东汉墓壁画所绘侍女[③]

4. 密县打虎亭东汉墓画像石线刻侍女图（摹本）[④]

① 朝鲜古迹研究会 . 古迹调查报告 - 楽浪古坟 - 昭和 8 年度，1933.
② 原田淑人，田泽金吾 . 乐浪——五官掾王盱の坟墓 . 刀江书院刊，1930.
③ 徐光冀主编 . 中国出土壁画全集 1 河北 [M] . 北京：科学出版社，2012：12.
④ 安金槐，王与刚 . 密县打虎亭汉代画象石墓和壁画墓 [J] . 文物，1972，（10）.

钗的基本用途，还是女子的束发挽髻。如连云港海州西汉墓三号棺女尸（凌惠平）发髻上便插有一支长长的角钗（见表 4-6：4）。

除却前文所述以钗承托女子高大发髻的，汉时女子又有将青丝结作鬟。鬟髻若无支撑，往往难以立住，此时便仍需要钗的助力。东汉末年的大将军梁冀之妻孙寿，曾发明了各类新奇的造型，其中便有堕马髻，其形作垂鬟。《后汉书·梁冀传》："（孙寿）色美而善为妖态，作愁眉，啼妆，堕马髻，折腰步，龋齿笑，以为媚惑。"唐李贤注引《风俗通》曰："堕马髻者，侧在一边。"时间更晚的文献中则反映得更加明确。如南朝梁·徐陵《玉台新咏序》："妆鸣蝉之薄鬓，照堕马之垂鬟。反插金钿，横抽宝树。"女子将长长的青丝结作鬟髻，以钗斜绾于一侧，自是东汉后期以来的风流态度。

东汉妇女流行的另一种发式，是将数行长钗排插在高耸的云髻之上。钗脚成双成行，彰显当时女子首饰富丽奢华的态度。20 世纪朝鲜（古乐浪郡）汉墓中发现的妇人残髻，其上便饰一排玳瑁长钗。这类形象亦广泛见于东汉晚期的墓葬壁画及画像石线刻中。

四 胜

于基础的簪、摘、钗之外，尚有一类首饰名"胜"者广泛流行于两汉。

其起源大约很早。《山海经·西山经》便记有"西王母其状如人，豹尾虎齿而善啸，蓬发戴胜"，晋郭璞注："胜，玉胜也。"《山海经·大荒西经》亦云："有人戴胜，虎齿，有豹尾，穴处，名曰西王母。"《史记·司马相如传》录司马相如所作《大人赋》："吾乃今日睹西王母，暠然白首戴胜而穴处兮"，颜师古注："胜，妇人首饰也，汉代谓之华胜。"

胜既为妇人首饰，那么其形态自是有所根据。关于其具体形象，汉代文献中没有具体的描述。于稍晚的文献中，却能找到一些痕迹。《宋书·符瑞志》记载"晋永和九年春，民得金胜一，长五寸，状如织胜"。既云"织胜"，可知胜的原型是与纺织有关的。如《淮南子·氾论》云："伯余之初作衣也，緂麻索缕，手经指挂，其成犹网罗。后世为之机杼胜複，以便其用，而民得以拼形御寒。"段玉裁注："胜者，勝之假借字。戴胜之鸟，首有横文似勝，故郑（玄）注'织絍之鸟'，《小雅》云：'杼柚其空'，勝，即任也。任，正者也。"

图 4-1-4-1　**纺织画像石**
江苏泗洪曹庄东汉墓出土。织机的端头即为滕杖。

图 4-1-4-2　**玉胜王者**
清·毕沅、阮元《山左金石志·东汉石》："次一物形似方胜,翁阁学所谓一物上下圆,各两翅,中有直柄者也。"

① 国家文物局主编.中国文物精华大辞典 金银玉石卷［M］.上海:上海辞书出版社;北京:商务印书馆,1996:295.

② (清)冯玉鹏等.金石索［M］.上海:上海古籍出版社,2006.

因知胜原是来源于织机的一个构件。"胜"的繁体为"勝",即"滕"字的假借。又由《说文·木部》所云"滕,机持经者"可知,滕这个构件是用作织机上缠绕经线的。

如江苏泗洪曹庄东汉墓出土一件画像石①上,便有一架织机的形象。可以清楚地看到,绕线的滕安置在机架的顶端,木轴两端有钮(图4-1-4-1)。《山海经·海内北经》:"西王母梯几而戴胜杖。"注者多以为"杖"字为衍文,实则未必。对照此画像石来看可知,胜杖应该即类同于织机的经轴。而胜杖两头的"滕花",亦可单独名为"胜"。

更直观的胜的形象,见于山东嘉祥武氏祠画像石《祥瑞图》②。其形态中为圆形,左右各有一梯形翼翅,两两相对。之间以一支横杖相连。榜题"玉胜王者"不仅说明其名为"胜",更进一步表明了其象征的身份和地位(图4-1-4-2)。

出土的汉代文物中,亦有见类似的胜形饰片。一般考古文物工作者也是以"胜"来命名这类文物。

如河北定县 43 号汉墓中便出土有数片胜形金饰片，原本大约是作为漆木器上的装饰；同墓又出有一件以几个胜形叠加而成的玉座屏（见表 4-11）。

（一）胜的材质与形制

汉代的胜，材质往往以金、玉为主。考古发掘中亦有见琥珀、水晶雕琢的叠胜。作为一种饰物的胜，其来源为织胜。形态是中圆如鼓，上下各附有一梯形翼翅相对。

表 4-11：胜形饰

1. 金饰片
河北定州东汉中山穆王刘畅墓出土。

饰片以细金丝勾边，内里纹样填饰细小金珠，镂空填嵌为双龙。①

2. 玉座屏
河北定州东汉中山穆王刘畅墓出土。
两端支架造型为胜，两枚镂空玉片一上一下插入其间。玉片上雕镂人物居上者为东王公，居下者为西王母，二人亦戴胜。②

3. 长宜子孙玉胜
上海博物馆藏。原出处不详。
高 3.2 厘米、长 5.5 厘米、宽 2.1 厘米。白玉透雕制成，两隔柱前后侧面均刻有："长宜子孙，延寿万年"篆书八字，牌面中央上端雕朱雀，下琢玄武，底部有一鱼形承托。隔柱外侧一边雕青龙，一边雕白虎，搭附于玉胜之上。③

① 河北省文物局编 . 定州文物藏珍［M］. 广州：岭南美术出版社，2003：图二八 .
② 河北省文物局编 . 定州文物藏珍［M］. 广州：岭南美术出版社，2003：图五 .
③ 芦兆荫主编 . 中国玉器全集 4 秦·汉—南北朝［M］. 石家庄：河北美术出版社，1993：394.

由于其常常用作妇人的首饰，亦需要进一步予以装饰美化，因此便有了华胜。东汉·刘熙《释名·释首饰》形容"华胜"是："华，象草木之华也；胜，言人形容正等，一人着之则胜，蔽发前为饰也。""华"通"花"，胜是如何做成草木的花呢？

一种可能是在胜上加以雕镂装饰，做出花的纹样来；如朝鲜大同江面古乐浪汉墓出土的一枚玉胜，其上便围绕中心方孔饰有四瓣花型（表4-12：15）。又如江苏邗江甘泉二号汉墓所出的三枚金胜，呈圆形鼓泡形，两端平齐，两面有相同的掐丝花瓣形图案（表4-12：1）；湖南长沙五里牌东汉墓出土的一枚金胜，周围以金皮相包，中有六瓣花型，并以一颗较大的珠粒为花苞，空隙处则粘满了小珠粒，两面有纹饰（表4-12：3）。

另一种可能是将胜在原本的形态上，增加其数量，两枚乃至数枚胜叠加成一个花型。如江苏邗江甘泉二号汉墓所出的一件"品形"胜，以三件金胜叠作品字形（表4-12：6）。

考古发掘中所见玉、水晶或琥珀雕制的胜形饰件，以往却常被误考为"司南佩"。孙机先生提出，从发掘出的司南佩实物来看，除个别情况以外，司南佩顶上之物都不像勺，有些只略向上突起而已，"所以它们不应代表勺，或为贯连两胜间之系结物，末端起约束作用的栓销之类"，这类胜由于两胜上下相叠，似可称之为"叠胜"①（表4-12：7）。

还有在华胜上饰以别的装饰的。如《续汉书·舆服志下》所述"太皇太后、皇太后入庙服""簪以瑇瑁为擿，长一尺，端为华胜，上为凤皇爵"，便是在华胜上再饰以一只凤凰。关于东汉时太皇太后与皇太后所戴其上饰有凤凰爵的华胜的形容，由于未见实物，难以明确具体的状态。直到2001年河南省巩义市新华小区一座东汉墓中出土一件所谓的"金鸟饰"，其出土时位于女性墓主人头部，形态作金质的斑鸠单足立于十字架上，十字架每端都装一"壶形牌饰"（表4-12：11）。这实际上便是四枚胜叠作华胜，其上方再饰一只斑鸠饰。虽这件饰斑鸠的华胜等级不算高，但饰有凤凰爵的华胜形象却得以根据此推知大概。

① 孙机.仰观集 古文物的欣赏与鉴别［M］.北京：文物出版社，2012.

表 4-12：胜的形态

华 胜

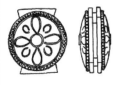

1. 金胜
江苏邗江二号汉墓出土。三件。

考古报告原写作"泡形饰"。中间圆饰较大，呈圆形鼓泡形，两端平齐，两面饰以相同的花瓣形图案，其中大花瓣为扁平金丝掐制，小花瓣为圆形金丝掐制。嵌件已全部脱落，仅有朱色痕迹。金胜的边廓焊饰细小金珠组成的连珠纹一周作为装饰。两侧有孔，互相贯通。长1.5厘米、宽1.4厘米、厚0.7厘米，重7克。[1]

2. 金胜
江苏邗江二号汉墓出土。两件。

考古报告原写作"亚形饰"。体形小而扁平，两面都做成同形，之间以金片连接，连接处有横穿。器表素面无纹，外观简朴，两面正中圆形掐丝内均镶嵌小球粒形绿松石，在掐丝外焊饰有细小金珠组成的连珠纹一圈作为边饰。长0.9厘米、宽0.8厘米、厚0.54厘米，重2克。[2]

3. 金胜（东汉早期）
湖南长沙五里牌东汉墓出土。一件。

考古报告原写作"亚形饰"。中间圆鼓椭圆，上下之梯形较高。两面鼓中有六瓣花形，并以一颗较大的珠粒为花苞，空隙处则粘满了小金珠粒，二面有纹饰。圆鼓两侧有穿孔。长2.4厘米、宽1.55厘米、厚0.2~0.7厘米，重6.7克。出土时位于墓主人腰部左手掌处。[3]

① 纪仲庆.江苏邗江甘泉二号汉墓 [J].文物，1981，（11）；线图引自黎忠义.甘泉二号汉墓出土的金胜 [J].文博通讯，1982，（3）.

② 同①。

③ 罗张.长沙五里牌古墓葬清理简报 [J].文物，1960，（3）.

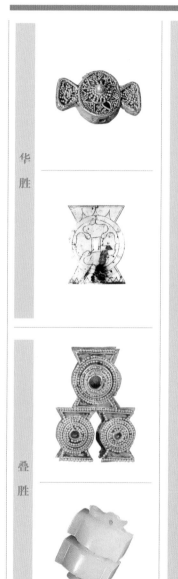

华
胜

叠
胜

4. 金胜（东汉）

湖南省常德南坪乡出土。常德市博物馆藏。

长1.3厘米、直径1.4厘米。为一组金饰中的一件。中心为一圆形突起，围绕其饰一圈八角形边框和数组连珠纹。①

5. 玉胜

朝鲜大同江面古乐浪汉墓盗掘出土。一件。

整体为乳白色，有碧黑色斑纹。中央的圆体有四叶形阴刻。其中心为一长方形孔。周缘阴刻环形饰纹。底部阴刻连续的三角形纹，上部阴刻波纹。具体数据不详。②

6. 金叠胜

江苏邗江二号汉墓出土。两件。

考古报告原写作"品形饰"。表面各用细如荬子的小金珠粘连成重环纹，共四圈，每圈逐级升高。两面纹饰基本相同。圆心内嵌件已脱落。高2.1厘米、宽1.5厘米、厚0.6厘米，重4.7克。

7. 玉叠胜

河北定县（今定州市）43号汉墓出土河北定州市博物馆藏。两件。

大者高3厘米、宽2.3厘米；小者高2.5厘米、宽2厘米。体间均有一横穿孔。③

① 杨伯达主编；中国金银玻璃珐琅器全集编辑委员会编.中国金银玻璃珐琅器全集1金银器1[M].石家庄：河北美术出版社，2004：73.

② 朝鲜总督府：古迹调查特别报告 第4册：乐浪郡时代の遗迹，东京印刷株式会社，昭和二年.

③ 芦兆荫主编.中国玉器全集4 秦·汉—南北朝［M］.石家庄：河北美术出版社，1993：404.

叠
胜

8. 琥珀叠胜

江苏省扬州市邗江甘泉三墩东汉墓出土。南京博物院藏。一件。

红琥珀雕琢，由于受沁，表面较为粗糙。长2.5厘米。①

9. 玉叠胜

江苏省扬州市邗江甘泉姚庄101号汉墓出土。扬州博物馆藏。两件。

一件长1.2厘米、宽1.2厘米；一件长0.8厘米、宽0.8厘米。为一组串饰中的构件。②

10. 金叠胜（东吴）

安徽省当涂县"天子坟"东吴墓出土。③

饰爵的华胜

11. 金鸟饰

河南巩义市新华小区汉墓出土。一件。

金质，鸟为斑鸠，单足立于十字架上，尖喙，肥圆身，无尾，身上用金丝圈成羽毛的形状，金丝外侧装饰极小的联珠，羽毛中间及喙、两眼、头顶用金丝圈成小圆圈，内嵌绿松石共12颗，十字架用直径0.4厘米的金质管焊接在一起，两端各装一壶形牌饰，壶牌边饰联珠，圆形铆钉将之与十字架铆在一起，架宽2.6厘米，高1厘米，鸟长1.7厘米，通高2.3厘米。④

① 徐良玉主编；扬州博物馆，天长市博物馆编．汉广陵国玉器［M］．北京：文物出版社，2003．
② 同①。
③ 图采自《中国文化报》2016年3月31日第12版。
④ 郝红星、刘洪淼、李祺．河南巩义市新华小区汉墓发掘简报［J］．华夏考古，2001，（4）。

（二）胜的插戴

作为首饰的胜，专属于妇人。其插戴方式，东汉刘熙《释名·释首饰》描述为"蔽发前为饰也"。具体的插戴可大致分为两类。

一种插戴方式，是仍旧如同其原型"织胜"一般，两胜之间以一支横杖相连。前文引《山海经·海内北经》曰："西王母梯几而戴胜杖。"汉代墓葬壁画及画像石上的西王母形象，往往发髻上便饰有一支"胜杖"，杖有长有短，但插戴形式是基本一致的（表4-13）。可见西王母发髻戴胜的状态，已经成为汉朝人眼中的一种固定印象。

又有将胜附益在别的首饰上的。如前引《续汉书·舆服志下》："太皇太后、皇太后入庙服""簪以瑇瑁为摘，长一尺，端为华胜，上为凤皇爵"，便是在玳瑁摘的前端饰一件华胜。

需要注意的是，考古发掘出土的胜形饰物并非皆是头饰，亦有将胜作为项链或手串组件的实例。前文所引湖南省常德南坪乡出土的金胜，便是一组串饰中的一件；湖南长沙五里牌东汉墓的金胜，亦出土于墓主人手部。又如各式玉质小叠胜，以往多被研究者考为"司南佩"，应为一种蕴含吉祥寓意的挂饰。

表4-13：汉代图像中的西王母形象	
	**1. 西王母画像砖** 1979年四川成都市新都区新农东汉墓出土。四川省博物院藏。 （李芽摄）
	**2. 西王母图（东汉）** 山东滕州官桥镇后掌大村出土。 现藏滕州汉画像石馆。（王永晴摄）

图 4-1-5-1　**假发**
长沙马王堆 1 号汉墓出土，
湖南省博物馆藏。（李芽摄）

图 4-1-5-2
西汉晚期·西安理工大学壁画墓

图 4-1-5-3
东汉·南阳画像石上的仕女形象

五　假发

汉代女子所用的假发延续着先秦的制度。

马王堆一号汉墓轪侯夫人辛追头部便戴有假发，呈套状覆盖于女尸头部。同时一号墓一圆形漆盒中亦盛有丝质假发（图 4-1-5-1），对比遣册记载"员付萎二盛印副"，可知其确切的名称便是"副"。连云港海州西汉墓 M1 中的三号棺发现女尸（凌惠平）头上亦佩戴编织复杂的假髻，并以簪钗固定（表 4-6:4）。其形与马王堆 1 号墓辛追夫人发式接近，佩戴簪钗亦接近，当是一脉相承之式。

假结（假髻）之称，大约也起始于汉代。如《周礼·天官·追师》东汉郑玄注："编，编列发为之，其遗象若今假纷矣。"《续汉书·舆服志下》："皇后谒庙服……假结，步摇，簪珥。"

从西汉中后期开始，高髻之风愈演愈烈。《后汉书·马廖传》引谚："城中好高髻，四方高一尺。"妇女的高髻，正如西安理工大学壁画墓壁画所绘的贵族女子形象（图 4-1-5-2），又如南阳画像砖上所绘的仕女形象（图 4-1-5-3），高髻均呈现夸张的状态。除却天生美发不屑髻者，其余女子用到假髻助益应是自然。

女子盛行使用假发，其间自然有利可图。《汉书·扬雄传》引扬雄《反离骚》："资娵娃之珍髢兮，鬻九戎而索赖。"其意便是买下美女的头发到被发的九戎之处求利不现实。但此句恰恰也证明了售卖假发的行为早已有之。汉代假发盛行，甚至因此有官员掠取百姓的头发，用以制作假发。如《三国志·吴书·薛综传》："珠崖之废，起于长吏睹其好发，髡取为髲。"

《太平御览》引《林邑记》："朱崖人多长发，汉时郡守贪残，缚妇女割头取发，由是叛乱，不复宾服。"汉时统治珠崖的官吏，诸多恶行之一，便是强行剪去当地人的长发做假发，以此牟利。又如《东观汉记·郭汜传》："献帝幸弘农，郭汜日掳掠百官，妇女有美发者，皆断取之。"由此可知，假发之价值不可谓不高，甚至被当作了一种重要的财物。

六 巾与帼

（一）巾

汉代的巾乃是男女皆可用的。庶人不戴冠，除却用簪钗绾发外，又可用巾来蒙覆、系结于首。《说文》："佩巾也。从门，丨象系也。"《释名》："巾，谨也。二十成人，士冠，庶人巾。"其形态则如《急就篇》注云："巾者，一幅之巾，所以裹头也。"

古称平民为"黔首"，即因其多以黑巾裹头。《说文》："黔，黎也。秦谓民为黔首，谓黑色也。周谓之黎民。一说黑巾蒙首，故谓黔首。"汉时小吏可着白巾，如《汉书·朱博传》："诸病吏白巾走出府门。"仆隶、士兵头戴青巾，则名苍头或苍头军。《礼记·祭义》孔疏："汉家仆隶谓苍头，以苍巾为饰，异于民也，后世亦沿称之。"《汉书·陈胜传》："胜古涓人将军吕臣为苍头军。"应劭曰："时军皆著青巾，故曰苍头。"

而女子之巾，史书上亦不乏记载。如《汉书·周勃传》："文帝朝，太后以冒絮提文帝。"集解引晋灼曰："《巴蜀异志》谓头上巾为冒絮。"《后汉书·东平宪王苍传》："今送光烈皇后假紒、帛巾各一"，《后汉书·蔡琰传》亦载曹操赐蔡文姬以头巾履袜。四川出土的东汉陶俑中，有见头上戴巾的女性形象。

（二）帼

帼亦作簂或蔮。《释名·释首饰》："簂，恢也。恢，廓覆发上也。鲁人曰颃，颃，倾也，著之倾近前也。齐人曰〔巾兒〕，饰形貌也。"所谓的"颃"，原是男子冠的构件之一，是以缯布一圈，围于发际，以便戴冠。簂大约也是以

表4-14：巾

1. 西安南郊西汉墓出土陶俑所见女性戴巾的形象。[①]

2. 四川天回山东汉墓出土陶俑所见女性戴巾的形象。[②]

类似的方式围在发上的。

《续汉书·舆服志》记"太皇太后、皇太后入庙服"时于其首服曰："翦氂蔮，簪珥。珥，耳珰垂珠也。簪以玳瑁为擿，长一尺，端为华胜，上为凤皇爵，以翡翠为毛羽，下有白珠，垂黄金镊。左右一横簪之，以安蔮、结。"又有"公、卿、列侯、中二千石、二千石夫人"亦戴"绀缯蔮"。由其定名可以推知，所谓"翦氂蔮"，应是以牦牛身上的长毛编织而成的织物；而"绀缯蔮"则是直接以丝帛制成。

考古所见东汉时期的壁画中，亦有见女子似佩戴帼的形象。如河南省洛阳唐宫中路东汉 C1M120 号墓壁画所绘夫妇宴饮图上的女性、乐浪汉墓彩箧所绘皇后形象（表4-17：3、4）、陕西省旬邑百子村东汉墓所绘诸女子，头上发髻皆饰一条红带（表4-15：1）；时代稍晚的三国吴朱然墓宫闱宴乐图漆案所绘皇后形象亦同。更直观的形象则可参照四川出土的诸多女性陶俑形象，往往有宽带罩于额上，勒于头后系结（表4-15：2）。

---

① 西安市文物保护考古研究院.西安南郊西汉墓发掘简报［J］.文物，2012，（10）.
② 图转引自孙机.汉代物质文化资料图说［M］.上海：上海古籍出版社，2008：图61-22.

表4-15：帼

1. 西安旬邑百子村东汉墓壁画所绘女性形象

2. 四川所出东汉陶女俑
四川省博物院藏。（李芽摄）

3. 东汉陶舞俑
广州先烈路出土。广州博物馆藏。（李芽摄）

以巾覆发髻，兼着帼的，则可名为巾帼。《晋书·宣帝纪》："亮（诸葛亮）数挑战，帝（司马懿）不出，因遗帝巾帼妇人之饰。"《三国志·魏志·明帝叡传》裴松之注引《魏氏春秋》曰："亮既屡遣使交书，又致巾帼妇人之饰，以怒宣王。"汉代之后，"巾帼"一直被作为女子的代称。

又《后汉书·乌桓传》云："（乌桓）妇人至嫁时乃养发，分为髻，著句决，饰以金碧，犹中国有簂、步摇。"体察其意，则太皇太后、太后之簂，应饰有各式类似步摇一般的装饰。

内蒙古鄂尔多斯市准喀尔旗西沟畔曾出土一套匈奴贵族女性的头饰[①]（图4-1-6-1），由锤鍱云纹

① 伊克昭盟（鄂尔多斯旧称）文物工作站、内蒙古文物工作队：西沟畔汉代匈奴墓地调查记，鄂尔多斯文物考古文集，1981.

图 4-1-6-1　**匈奴贵族女性头饰**
内蒙古鄂尔多斯市准喀尔旗西沟畔匈奴墓出土。

的长条金饰片 62 件、十字形花片 9 件、山字形花片 7 件、圆形花片 4 件、镶金边蚌饰 6 件、方珠近百件组成。各饰片上皆有小孔或环状钮，可知其原本应当是缝缀于巾、帼之上的。

七 步摇

西汉的步摇，应属于簪钗之类。

刘熙《释名·释首饰》曰："步摇，上有垂珠，步则摇动也"，于步摇的形象说得很明确——由于在簪钗的首部装饰垂饰，会随着行步时摇动，因而得名"步摇"。

关于步摇一词，大多数研究者认为，宋玉《讽赋》所云"主人之女，垂珠步摇"，是文献中的最早记载。《汉书·东方朔传》

中汉武帝与东方朔谈到"宫人簪玳瑁，垂珠玑"，并以此作为奢华世风的一个现象，大约也可算作一个旁证。

步摇的具体形象，可于湖南长沙马王堆一号汉墓[①]所出的一幅"非衣"帛画上见到。帛画上所绘老妇形象，发掘报告描述为"老妪的发髻之上，插有长簪，簪首的白珠垂于额前"，其身后跟随的三名女子，发间亦插垂有饰物的长簪，只是式样不如老妇的繁复。由非衣的性质可知，帛画所绘正是墓主人轪侯夫人辛追的写实形象。

观察衣衾包裹初打开时辛追夫人的头部状态（表4-6:1），可见其发式为：前发中分，分别梳向耳后，与后发拢为一束，再于真发下半部坠连假发，松松反绾于头顶，编一平髻，再于髻上插上 3 支长擿。伴随长擿同出的，有 29 件绘漆涂金的木花饰片（图4-1-7-1），只是出土时已散乱。而长擿的首端，一支竹擿以丝线缠成，另两支玳瑁擿与角擿，两侧面均有 3 个深约 0.2 厘米的小孔，这很可能是为了便于垂挂这类木花饰片。据此推想原本插戴的状态，应是两支长擿一左一右平插于髻边，两侧分别垂下悬坠的摇叶来。而一支竹擿则插于发髻正中，首部以丝线将数片木花饰片缠扎出花形。可以说，帛画上的老妇，其首饰与墓主人头部实际所戴是完全一致的。这应该也是最早的、女性插戴步摇的实例。

洛阳市博物馆所藏的西汉女俑头（图 4-1-7-2），两髻边大多留有插孔，应该也是插置首饰的地方。可惜所插首饰大多不存。对比流失海外的数件女俑所插戴的首饰，可以推知，其插戴的应该也是步摇之属。如美国辛辛那提博物馆所藏一件女俑（表 4-16:2）[②]，其首饰尚有一截残存

① 湖南省博物馆，中国科学院考古研究所编. 长沙马王堆一号汉墓 上集[M]. 北京：文物出版社，1973.

② 美国辛辛那提艺术博物馆藏（Cincinnati Art Museum），王永晴摄。

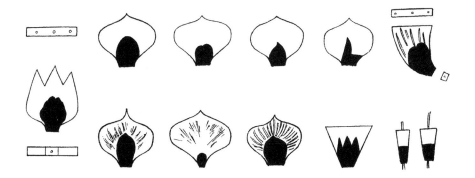

图 4-1-7-1　**辛追夫人尸体头上的木花饰片**
前额及两鬓共出有木花饰品 29 件。其中花瓣形 7 件，三叉形、梯形、半弧形各一件；大小相近，长宽约 1 厘米，厚 0.2 厘米，通体涂朱，再在侧面贴金叶。有的还在正面和背面下部朱地涂黑、镶金；有的金叶上有小孔眼。另 19 件均作截锥形，长不到 1 厘米，似为花饰上的蒂饰。

图 4-1-7-2　**彩绘陶俑头**
洛阳市博物馆藏。（李芽摄）

于额部，观察其状态，正是在饰作云纹的长簪之首，垂挂三穗长长的珠串；同类实物亦见于为欧洲私人所收藏的一件女俑，其两鬓经过修复复原出的首饰，亦是前探出的一朵卷草流云形簪首下垂着类似的珠串。这大约便是西汉武帝时贵族女性"簪玳瑁、垂珠玑"的写实形象。

表4-16：西汉的步摇

1. 马王堆一号汉墓非衣帛画局部（西汉早期）

2. 辛辛那提博物馆藏西汉女俑（西汉中期）

3. 洛阳八里台汉墓壁画局部（西汉晚期）

4. 欧洲私人所藏（西汉中期）

① 美国波士顿艺术博物馆藏（Museum of Fine Arts, Boston），王永晴摄。

传洛阳八里台汉墓所出的西汉晚期壁画①上，绘有列女古贤故事。其上一则"姜后脱簪"故事中，姜后与诸后妃、宫人的发髻上皆插有一支前探于额前的花饰。这与辛追夫人的首饰也是极相似的。

及至东汉，这类步摇仍旧是存在的。如四川省博物院藏一方画像砖的燕居图上（图4-1-7-3），便有一位女子两鬓簪有悬垂饰的首饰。

图 4-1-7-3　四川省博物院藏燕居图画像砖及拓片
1953 年征集于四川省德阳市。

　　但与此同时，步摇之制也由简入繁，产生了新的变化。首先，文献中关于步摇的计量，多以"一具"为度。《东观汉记·和熹邓皇后》："太后赐冯贵人步摇一具。"晋张敞《东宫旧事》："步摇一具，九钿函盛之。"所谓具，便是指配备具足、成套的物件。如《说文》："具，共置也。"因为此时用作步摇的首饰踵事增华，并进一步成套成组的缘故，贵族妇女的步摇开始与假髻密切联系了起来。《周礼·天官冢宰第一》："追师掌王后之首服，为副、编、次。"郑玄注："副之言覆，所以覆首为之饰，其遗象若今之步摇矣，服之以从王祭祀。"《国风·鄘风·君子偕老》："君子偕老，副笄六珈。"《毛传》："副者，后夫人首饰，编发为之。笄，衡笄也。珈，笄饰之最盛者，所以别尊卑。"郑笺："珈之言加也。副既笄而加饰，如今步摇上饰。"东汉经学大家郑玄，对照先秦时候后夫人首服"副"的制度，便以汉时的"步摇"来解释。其形态应是编发为假髻，再以饰有六珈的笄固髻于首。东汉刘熙《释名·释首饰》："王后首饰曰副。副，覆也，以覆首，亦言副贰也，兼用众物成其饰也。步摇，上有垂珠，步则摇动也。"

　　由是观之，这类高等级且与礼制密切相关的"步摇"，便是一个"兼用众物以成其饰"的假发髻，使用时无须烦琐地盘绾青丝插戴首饰，可以直接佩戴于首。这大约也是从前文所述辛追夫人插饰步摇的假髻形态发展而来。

　　这类盛饰的步摇，与礼仪制度密切相关。其使用场合，如《续汉书·舆服志》所载，有"皇后谒庙"及举行亲蚕礼、"长公主见会"。其中以皇后所佩戴的步摇形制记载最为详细。《续汉书·舆服志》曰皇后谒庙服："假结。步摇，簪珥。步摇以黄金为山题，贯白珠为桂枝相缪，一爵九华，熊、虎、赤罴、天鹿、辟邪、南山丰大特六兽，《诗》所谓副笄六珈者。诸爵兽皆以翡翠为毛羽。金题，白珠珰绕，以翡翠为华云。"关于这一番形容，可以对照考古出土的数件步摇的组件，来进一步加以推想。

甘肃省考古研究所藏武威出土的一件金花饰（表4-17:1），基座为四枚披垂的花叶，上探出八枝细长曲折的花枝。一顶端立一小鸟，嘴衔一枚圆薄的金片；其余枝头则或结花苞，或展花朵，四朵花的花瓣端头亦以小圆环挂一摇曳的金叶。这大概是等级低于皇后所用，但同属一类的步摇，可以称之为"一爵七华"。甘肃张掖高台地梗坡魏晋四号墓亦出土一件金花（表4-17:2），其形为五枚长叶合抱五枝细茎，茎上穿着金箔剪制的小花，有花无爵，等级更低。

乐浪汉墓所出一件漆绘彩箧，其上绘有一位皇后的形象（表4-17:3），其髻前中部便饰一朵金花。洛阳西工汉墓壁画夫妇宴饮图上所绘的妇人，发髻前端亦插有繁复的花饰，惜其轮廓已漫漶不清（表4-17：4）。而传为东晋顾恺之所绘的《列女仁智图》《女史箴图》（表4-17：5、6），原本便是追摹的先秦及汉代的"古人衣冠"，诸女头上插戴两枚花树一般的饰物，与武威出土的金花更是极为相似。

表4-17：东汉的步摇

1. 金步摇花（东汉）

1949年甘肃武威旱滩坡出土。

甘肃省文物考古研究所藏。

重17克。主体完整，由下至上分为两层。下层由四片长条形叶子构成了十字形花叶。叶根呈筒状，由其中延伸出八枝细茎，中间一枝竖直，顶端为一小鸟，其周围七枝花茎弯曲，顶端分别为三个花苞和四朵八瓣花。鸟的嘴部为一细小圆环，坠一圆片，似口衔状。四朵花上、四片叶端亦分别有一细小圆环，其上各坠一圆片。现仅存三片，其余缺失。[1]

---

① 杨伯达主编；中国金银玻璃珐琅器全集编辑委员会编. 中国金银玻璃珐琅器全集 1 金银器 1［M］. 石家庄：河北美术出版社，2004：71.

2. 金步摇花（魏晋）
2007年甘肃高台地梗坡魏晋四号墓出土。
甘肃高台县博物馆藏。①

3. 朝鲜乐浪汉墓出土彩箧局部②

4. 洛阳西工东汉墓壁画局部（摹本）
女子头梳高髻，额头裹一双色丝带，上方发髻插饰步摇，
形态状若云霞。③

5.《女史箴图》局部

6.《列女仁智图》局部（宋摹本）

① 国家文物局编著. 2007中国重要考古发现［M］. 北京：文物出版社，2008：91.
② 彩色摹本引自李正光编绘. 汉代漆器图案集［M］. 北京：文物出版社，2002：217.
③ 王绣，霍宏伟著. 洛阳两汉彩画［M］. 北京：文物出版社，2015：130.

图 4-1-7-4　**菱花贴毛锦**
马王堆一号汉墓内棺装饰。

① 湖南省博物馆，中国科学院考古研究所编.长沙马王堆一号汉墓 下集［M］.北京：文物出版社，1973.

② 南京博物院.江苏邗江甘泉二号汉墓［J］.文物，1981，(11).

③ 洛阳区考古发掘队.洛阳烧沟汉墓［M］.北京：科学出版社，1959：202.

④ 孙机.步摇·步摇冠·摇叶饰片.仰观集 古文物的欣赏与鉴别［M］.北京：文物出版社，2012.

1969 年河北定县 43 号东汉墓（墓主人为中山穆王刘畅）出土数十件金器，除去各类金花瓣形饰片外，又有掐丝金辟邪、掐丝金天禄各一件。皇后步摇所饰六兽中，恰好便有此二者。又《续汉书·舆服志》云"六兽皆以翡翠为毛羽"。彼时翡和翠的原本之意，都是指羽色艳丽的鸟类。《说文》："翡，赤羽雀也，出郁林""翠，青羽雀也，出郁林"。需要注意的是，翡与翠并非同一种鸟。《汉书·贾山传》引贾山《至言》："被以珠玉，饰以翡翠。"颜师古注引臣瓒曰："翡，色赤而大于翠""翡、翠，鸟各别类，非雌雄而异名也"。翡翠羽饰的实物，可见于马王堆一号汉墓内棺装饰的菱花贴毛锦（图 4-1-7-4）①。以绢作地，先绘好纹样，再顺贴赤、青二色羽毛。因翡翠的颜色鲜艳（赤色，青色），在汉时又被引申为同色宝石的美称。如张衡《西京赋》："翡翠火齐，络以美玉，流悬黎之夜光，缀随珠以为烛"；班固《西都赋》："翡翠火齐，含耀流英，珊瑚碧树，周阿而生。"定县 43 号汉墓所出的二兽（表 4-18:1、2），恰好便饰红宝石与绿松石，可与文献记载相对应。又此二件金兽形态，均为动物立于长条的金质薄片之上。观其大小，恰好与一件长擿的端头相合，它们应正是一具步摇中"笄而加饰"的组件。

此外，定县 43 号汉墓、邗江甘泉二号汉墓②、洛阳烧沟 M1040 墓③等处，又出有若干零散的金片饰组件与桃形金叶。于首饰上坠饰金摇叶的设计，原是受了异域步摇冠的影响。其间曲折的传递过程，孙机先生已考证得很清楚④。当时的汉王朝，可能并未对步摇冠全盘接纳，只是取其摇叶，与原有的垂珠共同形成女子鬓边步步摇颤的韵致。

表 4-18：步摇的组件

1. 金掐丝辟邪（东汉）
1969年定州城南北陵头村东汉中山穆王刘畅墓出土。
河北省定州市博物馆藏。

长3.7厘米，高3.3厘米。重9.7克。辟邪作昂首迈步状，前额隆起，双角向后垂卷，圆形兽耳。镶嵌红色宝石为眼睛。张口露齿，长尾曳地。骨骼肌肉凸部和双翼用金丝掐成，角尾用细金丝在一根较粗的金丝上缠绕而成，全身镶嵌数颗绿松石、红玛瑙，并点缀以较多的金粟。兽体下衬一长5厘米、宽2厘米，錾有流云纹的金片。[1]

2. 金掐丝天禄（东汉）
1969年定州城南北陵头村东汉中山穆王刘畅墓出土。
河北省定州市博物馆藏。

长3.9厘米、高3.1厘米、重8.4克。采用焊接、累掐、缠绕和镶嵌技法制成兽体。其形似虎，作昂首迈步状，前额隆起，眼眶突出，内镶绿松石为睛，张口露齿，四肢前伸，长尾曳地，蹄趾利爪。用金丝掐成骨骼，肌肉凸部和双翼、角尾用粗金丝制成，全身镶嵌数颗绿松石与红玛瑙，其他部分有零星点缀。表面饰有较多的金粟粒，犹如卷毛。[2]

第二节 | 汉代的耳饰

　　头饰之外，耳饰亦是汉代女子首饰的组成之一。此时中原女性的耳饰，以腰鼓形的瑱和在此基础上产生的珰二者为主。但从出土文物上看，佩戴并不十分普遍。

---

[1] 杨伯达主编；中国金银玻璃珐琅器全集编辑委员会编.中国金银玻璃珐琅器全集1金银器1[M].石家庄：河北美术出版社，2004：72.
[2] 同[1]。

汉初之时，诸事草创；文景治世更以俭省为尚。史书记载文帝所幸慎夫人，尚且"衣不曳地"，首饰想必亦是朴素；而景帝阳陵所见诸侍女俑像，往往亦只是将发结作简单的垂髻，头饰、耳饰均不见踪影。直到汉武帝之后，据长安、洛阳地区的壁画墓葬、诸侯王陵的侍女俑像所见，耳饰终于再度出现在女子的耳畔。

中原地区之外，各民族亦有着佩戴耳饰的习俗。西南滇、越各族，多有见将玦作为耳饰的。北方西域及匈奴地区流行的耳饰，则往往以金银做出各式花形牌饰，再镶嵌宝石，悬于耳畔自是一抹夺目的艳色。东汉以降，东北鲜卑民族则多见各式金属拧丝的耳饰。

一 瑱（女用）

穿耳之瑱在原始社会便已出现，在先秦之时也有延续，如《诗经·鄘风·君子偕老》中言女子之盛服首饰，便有"玉之瑱也"，彼时为男女皆可佩戴。但先秦时期瑱的具体形制，文献中并无直接记载。《春秋传》曰："夏，齐侯将纳公命，无授鲁货。申丰从女贾以币锦二两，缚一如瑱。急卷使如充耳，易怀藏。"对照出土文物来看，可推断其形制正是两端呈喇叭状奢口、中央收作细腰的腰鼓形耳饰，好似一卷丝织物从中间缚住。其佩戴方式正如信阳长台关一号楚墓所出的一件木俑[1]，耳垂处穿有一枚细小的竹签；瑞典斯德哥尔摩远东古物馆所藏战国铜人[2]，耳垂上边亦各贯了一支小"棒"，这大约便代表着穿耳之瑱。

① 河南省文物研究所编.信阳楚墓[M].北京：文物出版社，1986：59，图39.

② 林巳奈夫.春秋战国时代の金人と玉人[M].

图 4-2-1-1　**金耳瑱**
1959 年长沙五一路出土新莽时期。（李芽摄）

（一）瑱的材质与形态

先秦的文献记载中，瑱多为玉质。考古发掘中亦有见金属、陶、煤精等材质的。随着玻璃制作工艺的出现，战国时期的墓葬中已出现琉璃材质的瑱。进入汉代，琉璃制瑱更为流行，迄今在陕西、河南、湖南、甘肃、宁夏、云南、湖北、广东、广西、贵州等地墓葬中已发现琉璃质的瑱200多件[1]，亦不乏玉、玛瑙、金属质的瑱（图 4-2-1-1）。

从各式两汉时代的文物来看，瑱仍是传统的细腰样式，但是瑱体两端则存在一定区别。其造型主要可分为两种类型：最常见的一种呈收腰圆筒形，横剖面为圆形，中部收腰，两端呈喇叭状奓口，通常一端较大，另一端略小；端头又可分为平头和圆头两种；另一类则呈钉头形，即只有一头奓口，一头则无。佩戴时直接将小头穿入耳洞，是原始社会蘑菇形瑱的拉长式样。这类耳饰体积一般不大，长度在2~3厘米左右，小端直径一般不超过1厘米。

① 王然主编.北京：中国文物大典［M］.北京：中国大百科全书出版社，2009.

表4-19：瑱

收腰圆筒形耳瑱

空心平头形

1. 玛瑙耳瑱（西汉）

江苏省扬州市邗江西湖胡杨 20 号汉墓出土。[1]
扬州博物馆藏。

长 2 厘米、直径 0.75 ~ 0.9 厘米，内芯有穿孔。

2. 玉瑱

西安北郊西汉中期陈请士墓 M170 出土。现藏西安
市文物保护考古所。

长 3.4 厘米、小端直径 0.7 厘米、大端直径 0.9 厘米。青玉，
圆柱体，细腰，两端大小不一，中部有穿孔。[2]

3. 琉璃瑱（3 件）

长安韦曲宣帝杜陵陪葬墓出土。现藏长安博物馆。

通长 1.5 厘米、大端直径 1.1 厘米、小端直径 0.85 厘米。
两件为青绿色，一件为深蓝色。两端中部均凹下，中
心有透孔。这些耳珰的发现，说明该墓很可能属于夫
妇合葬墓。[3]

收腰圆筒形耳瑱

实心圆头形

4. 玉瑱

西安市北郊范南村西北医疗设备厂工地西汉墓 M13 出
土。现藏西安市文物保护考古所。

通长 2.2 厘米。白玉。玉色纯净，两端呈大小不同半
圆形，中部束腰，无穿孔。[4]

---

① 扬州博物馆，天长市博物馆.汉广陵国玉器［M］.北京：文物出版社，2003.
② 刘云辉.陕西出土汉代玉器［M］.北京：文物出版社，2009.
③ 同②。
④ 同②。

钉头形填

5. 琉璃填（西汉）

加拿大安大略皇家博物馆藏。①

6. 琉璃填

辽宁本溪桓仁望江楼墓地出土。②

7. 玛瑙填（西汉）

江川李家山墓出土。

该墓中出土了三种类型的填，均为钉头形，一类无穿孔，另两类均有穿孔。此种款式墓中出土了342件，正面中部突起呈圆管状，中央钻穿孔。图为标本M69:85，17件，径1.1~1.8厘米、高1.1~1.3厘米。③

8. 骨填

吉林榆树大坡老河深汉墓出土。

共出土二十三件，出于十七座墓中，出土时均位于死者耳心内。并发现许多填上挂有耳饰。一座墓中出土多为二件，质料有骨和琉璃两种，以骨质为多。其中一件骨填标本长2.9厘米、内端径0.5厘米、外端径1.2厘米。④

① 高春明.中国历代服饰艺术［M］.北京：中国青年出版社，2009.
② 同①。
③ 云南省文物考古研究所，玉溪市文物管理所，江川县文化局.江川李家山：第二次发掘报告［M］.北京：文物出版社，2007.
④ 吉林省文物考古研究所.榆树老河深［M］.北京：文物出版社，1987.

（二）瑱的佩戴

汉时瑱的佩戴方式，推测应是在耳上穿孔再加以佩戴。收腰圆筒形瑱横贯于耳洞中，因两端粗，中央细，故戴上以后不易滑落。

从文物和图像上推断，此时期的瑱主要以女性佩戴为主。如江苏徐州北洞山西汉楚王墓所出女侍俑（表4-20:1）[①]，耳上便有一圆孔。又如洛阳博物馆所藏西汉陶女俑头（表4-20:2），耳畔尚绘有红色的瑱。壁画中亦不乏耳上佩戴瑱的女子形象。如洛阳市烧沟村西西汉卜千秋墓壁画所绘的女娲形象（表4-20:3）[②]，耳上便有一穿耳之瑱；西安曲江翠竹园西汉墓壁画[③]中所绘的西汉中后期的贵族女子（表4-20:4），耳上亦饰有瑱。

也有学者认为，汉代大部分瑱应为女子簪珥上的垂饰[④]。

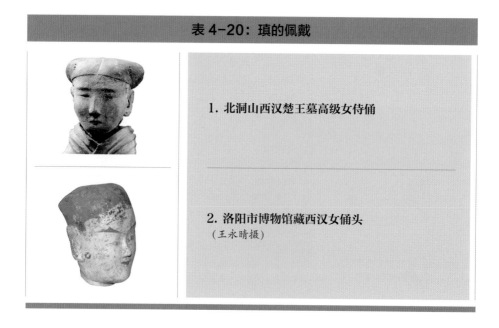

表4-20：瑱的佩戴

1. 北洞山西汉楚王墓高级女侍俑

2. 洛阳市博物馆藏西汉女俑头
   （王永晴摄）

---

① 中国国家博物馆编.大汉楚王 徐州西汉楚王陵墓文物辑萃.北京：中国社会科学出版社，2005.
② 徐光冀主编.中国出土壁画全集5 河南［M］.北京：科学出版社，2012：图八.
③ 西安市文物保护考古所.西安曲江翠竹园西汉壁画墓发掘简报［J］.文物，2010，（1）.
④ 李芽.汉魏耳珰考［J］.南都学坛，2012，（1）.

3. 洛阳市烧沟村西西汉卜千秋墓壁画女娲图

4. 西安曲江翠竹园西汉墓壁画贵族妇女

二 珰

"瑱"饰于耳垂，可能并不能满足女性夸饰新巧耳饰的追求。因此出现了新的式样，即在原有的瑱体基础上，悬坠下各式珠子、饰件，形成了一种"复合型"首饰。

如《史记·李斯传》录有李斯所作《谏逐客书》，提到了一种"傅（缚）玑之珥"，即在耳饰上穿系珠玑之饰。考古发现，空心瑱的一侧经常伴出各类细小珠玉、宝石，大约便是此类。

系有坠饰的瑱的实物，在朝鲜古乐浪汉墓（表4-21:2）及长沙小林子冲电影学校M3汉墓（表4-21:3）、湖南常德南坪汉墓（表4-21:4）等处都有出土。南北地域相距遥远，出土式样竟是类似的，那么其使用之广泛，应当也可以推知。

如湖南长沙汉墓出土一组琉璃耳饰，由一枚瑱与十粒方珠构成[①]；又如朝鲜乐浪王盱墓亦出土一对琉璃质瑱，下部各垂一个小铃（表4-21:1）；最精致的为湖南常德南

① 傅举有.考古发现的琉璃耳珰［N］.中国文物报，2003，（16）.

坪汉墓（表 4-21:4）所出的一组金耳饰，在穿耳的瑱上以细密的金珠装饰作花形，其下悬坠各式小金饰。

这类坠饰通名为"珰"。如《释名·释首饰》曰："穿耳施珠曰珰"；《风俗通》亦载："耳珠曰珰"；《广韵》曰："珰，耳珠。"

汉刘熙《释名·释首饰》描述"珰"的起源曰："此本出于蛮夷所为也。蛮夷妇女轻淫好走，故以此琅珰垂之也。今中国人效之。"从这段话中可以看出，其起源是少数民族女子缺少礼教的束缚、行为少有约束，因此才让其穿耳垂珰。女子行走时耳畔垂挂的坠饰"琅珰"作响，自然也难以"轻淫好走"了。

由此似乎可以得出，珰是不容于当时礼教的。然而西汉以降，已是"中国人效之"，诗文中也多见中原女性佩戴这类珠珰的例子，甚至无论贵贱皆行之。刘桢《鲁都赋》："插曜日之笄，珥明月之珰"；《古诗为焦宗卿妻作》："腰若流纨素，耳着明月珰"；辛延年《羽林郎》："头上蓝田玉，耳后大秦珠"；杜笃《京师上巳篇》："窈窕淑女美胜艳，妃戴翡翠珥明珠"；《陌上桑》："头上倭堕髻，耳中明月珠"；繁钦《定情诗》："何以致区区，耳中双明珠"等。

珰甚至得以列入皇后的首服中。如《续汉书·舆服志》记皇后谒庙、亲蚕时的首服便有"白珠珰绕"。由"绕"字大略可知，其形态应是白色珠子串起来绕作一圈。

美国波士顿美术博物馆所藏、传洛阳八里台西汉墓出土的一组壁画上均绘有多位贵族妇女的形象，这描绘的正是两汉时期习见的列女故事。其中一幅研究者考证为"周宣王姜后脱簪"故事（表 4-22:1）。汉刘向《列女传·周宣姜后》："周宣姜后者，齐侯之女也。贤而有德，事非礼不言，行非礼不动。宣王常早卧晏起，后夫人不出房，姜后脱簪珥，待罪于永巷。"这种贵族女子所戴的"珥"，如《续汉书·舆服志》记太皇太后、皇太后入庙及亲蚕服时所言："珥，耳珰垂珠也。"《西京杂记》中赵合德赠予其姊赵飞燕的礼物中有"合浦圆珠珥"，合浦自古盛产珍珠，宫廷贵妇亦使用珍贵的合浦珍珠制作耳珰。

在这组壁画所描绘的场景中，姜后已取下一边耳上的珰递在侍从手中，而一边耳上仍饰有珰。壁画中其余部分诸女虽身份不明，应亦是西汉人绘制的古代贤后贤妃们，她们耳畔亦皆饰有一圈白珠。这正可对应《续汉书·舆服志》中所描述的皇后形象，"白珠珰绕"的形态也得以进一步明晰。

东汉女性佩戴珠珰的例子，则可见于四川成都武侯祠博物馆所藏的一件陶抚琴俑及四川博物院所藏的一件陶执扇俑（表 4-22：2、3）。其耳畔皆饰一圈珠饰。广州汉墓出土的一件陶舞俑，亦佩戴着这类耳饰（表 4-22：4），且形态与湖南常德南坪汉墓出土的金耳饰竟非常相似。

表 4-21：瑱、珰的组合

1. 缀有小铃的琉璃质瑱
朝鲜乐浪汉墓之王旴墓出土（石岩里 M 205）[1]。

2. 系有珠玑坠饰的琉璃质瑱
朝鲜乐浪汉墓出土。[2]

3. 琥珀质瑱及肉红石髓珠
长沙小林子冲电影学校 M3 汉墓出土。[3]

4. 缚坠饰的金瑱（东汉）
湖南省常德市南坪乡出土。常德市博物馆藏。
系铸造而成。金瑱长 2.5 厘米、大径 1.3 厘米、小径 0.8 厘米，一头大，一头小，两端呈喇叭状，中部束腰，小头平底，大头的顶部呈球状外鼓，两头边沿均饰十九枚连珠。[4]

① 摘自（日）原田淑人.汉六朝の服饰［M］.东洋文库刊行，1937.
② 摘自高春明.中国服饰名物考［M］.上海：上海文化出版社，2001.
③ 高至喜.长沙汉墓出土喇叭形器研究［J］.湖南省博物馆馆刊，2012，（0）.
④ 中国金银玻璃珐琅器全集编辑委员会.中国金银玻璃珐琅器全集［M］.石家庄：河北美术出版社，2004；线图转引自孙机著.汉代物质文化资料图说 增订本［M］.上海：上海古籍出版社，2012：282，图 62-74.

表 4-22：珰的佩戴

1. 洛阳八里台汉墓壁画"姜后脱簪"故事图局部（西汉）

2. 四川成都武侯祠博物馆陶抚琴俑局部（东汉）
（王永晴摄）

3. 四川博物院所藏陶执扇俑局部（东汉）
（王永晴摄）

4. 广州汉墓所出陶舞俑（东汉）
（李芽摄）

三 镍

在南北各地少数民族中，流行着一种环状耳饰。它应当名为"镍"。《山海经·中山经》："穿耳以镍"；《魏都赋》："镍耳之杰"；《后汉书·杜笃传》："若夫文身鼻饮缓耳之主，椎结左衽镍锅之君"，均提到此物。

郭璞注"镍"云："金银器之名，未详形制。……案今夷狄好穿耳以垂金宝等，此并谓夷狄之君长也。"则可知镍多为金银材质所制。

"璩"又可写作"璩"，《说文·玉部》："璩，环属"，解释其形状很得要领。

两汉时代出土最多、亦最简单的一种璩，形制就是光素的圆环或椭圆环形，如内蒙古察右后旗三道湾东汉晚期鲜卑墓地出土有两件圆环形耳环，环径3.3厘米，截面径0.25厘米[1]。在吉林榆树大坡老河深汉墓中，共出土11件用较厚的金片弯成的金耳环，男女均有佩戴（表4-26：2）。新疆营盘古墓M8墓中所葬女性右耳上戴1只银耳环（表4-23:1）[2]。

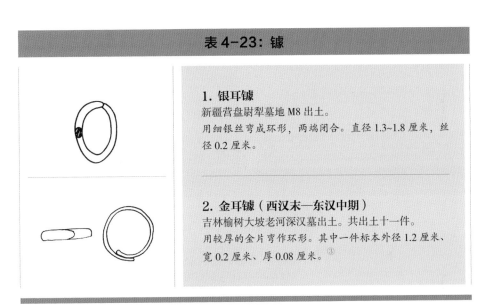

表4-23: 璩

1. 银耳璩
新疆营盘尉犁墓地M8出土。
用细银丝弯成环形，两端闭合。直径1.3~1.8厘米，丝径0.2厘米。

2. 金耳璩（西汉末—东汉中期）
吉林榆树大坡老河深汉墓出土。共出土十一件。
用较厚的金片弯作环形。其中一件标本外径1.2厘米、宽0.2厘米、厚0.08厘米。[3]

四 牌形耳饰

西域及匈奴地区诸民族所流行的耳饰，往往是以金银做出各式花形牌饰，再镶嵌诸色宝石。

---

① 内蒙古自治区文物考古研究所.内蒙古地区鲜卑墓葬的发现与研究［M］.北京：科学出版社，2004：28-29.
② 新疆文物考古研究所.新疆尉犁县营盘墓地1999年发掘简报［J］.2002，（6）.
③ 吉林省文物考古研究所.榆树老河深［M］.北京：文物出版社，1987：60.

内蒙古鄂尔多斯市准格尔旗西沟畔4号汉代墓葬，属匈奴贵妇的墓葬，曾出土过一组华丽的首饰，头饰为各式附着于巾帼上的装饰，前文已有相关论述；而其耳饰则为一双金镶玉牌饰，背面焊接曲折的细钩用以挂耳（表4-24:1）。

新疆吐鲁番市交河沟西一号墓地出土的金镶绿松石耳饰（表4-24:2），其造型为牛头形金质框架，内镶嵌绿松石和白色石，背面同样焊接一弯曲状的细钩用于佩戴；蒙古诺因乌拉匈奴墓，竟出土了一件形制极为类似的耳饰（表4-24:3）。同类耳饰亦出土于吐鲁番金店墓地（表4-24:4），形式则更为华丽，装饰绿松石与玛瑙。该墓时代为西汉，墓主人或为西域姑师人。可见这种耳饰应为当时流行的式样。

此外，新疆尉犁县营盘墓地曾出有金嵌宝耳坠、银嵌宝耳坠（表4-24:5、6），前者时代为汉，后者为汉晋之间，皆式样华丽，带有西方文化的特色。

这类耳饰当属通过北方草原丝路传来的西来之物。其传播发展自有一番曲折的经历，只是由于出土物稀少，传播路径与演变脉络仍不是十分明确。

表4-24：牌形耳饰

1. 金嵌玉牌耳坠（汉代匈奴墓葬）

内蒙古鄂尔多斯市准格尔旗西沟畔4号匈奴贵妇墓葬出土。内蒙古准格尔旗文化馆藏。

耳坠由金饰和玉牌两部分镶嵌勾接而成。金饰压印呈云朵形，正面用金片掐成兽形（似龙或螭虎）轮廓，其内原嵌入小玉片，发现时所嵌玉片大多缺失。金饰的边沿饰连珠纹，背面中下部有垂直并排的管状孔七个，由金片掐成粘结，其中央孔内穿有金钩，以与玉牌相勾连。其他管内孔作何使用，因存物全无，则不可确认。玉牌呈扁平的椭圆形，通体镂空，并以细阴线纹饰作兽形纹。两坠兽纹不同，一件作螭虎形，一件作龙形。玉牌的外沿原镶有饰连珠纹的金片，上部有圆形金扣，可与金饰钩挂。现仅有一件存此金片。此类金玉耳坠，在中原地区未曾发现。从装饰风格看，其饰连珠纹，似受西域文化影响；龙和螭虎纹，则明显受中原文化影响。[1]

① 中国金银玻璃珐琅器全集编辑委员会.中国金银玻璃珐琅器全集：金银器［M］.石家庄：河北美术出版社，2004.

2. 金镶绿松石耳饰（汉代西域墓葬）

新疆吐鲁番市交河沟西一号墓地一号墓出土。新疆维吾尔自治区博物馆藏。

耳饰为牛头形金质框架，内镶嵌绿松石和白色石。背面焊接一弯曲状的细钩，便于佩戴。[1] 1件。长2.4厘米，重2.34克。

3. 金嵌宝耳饰（汉代匈奴墓葬）

诺因乌拉匈奴墓出土。[2] 1件。

4. 金镶玛瑙、绿松石耳饰（汉代西域墓葬）

吐鲁番金店墓地出土。

1件。长1.65厘米、宽1厘米。[3]

5. 金嵌宝耳饰（汉代西域墓葬）

新疆巴州尉犁县营盘墓地出土。

1件。长2.4厘米，重2.34克。[4]

6. 银嵌宝耳饰（汉—晋西域墓葬）

新疆巴州尉犁县营盘古墓地二号墓出土。新疆文物考古研究所藏。

1件。长4.7厘米。以银片锤鍱成件，再用环勾连而成。上为八泡饰圆形片，中包镶银片均镀金。下有四铃，中穿宝蓝玻璃珠，下为菱形，包镶蓝宝石。用银丝弯一钩形耳穿焊在圆盘背面。[5]

① 新疆文物考古研究所.1996年新疆吐鲁番交河故城沟西墓地汉晋墓葬发掘简报 [J].考古，1997，（9）.
② 梅原末治.蒙古ノィン・ウラ见の遗物 [M].京都便利堂，1960:44.
③ 吐鲁番学研究院.新疆吐鲁番市胜金店墓地发掘简报 [J].考古，2013，（2）.
④ 中国历史博物馆，新疆维吾尔自治区文物局编辑.天山 古道 东西风 新疆丝绸之路文物特辑.北京：中国社会科学出版社，2002:42.
⑤ 中国金银玻璃珐琅器全集编辑委员会.中国金银玻璃珐琅器全集：金银器（一）[M].石家庄：河北美术出版社，2004.

五 金属拧丝耳饰

东北地区出土量最多的耳饰，是一种以金属丝拧制而成的拧丝耳饰。拧丝耳饰根据其拧制形式和装饰的繁复程度分为以下四种类型：

（一）拧丝坠圆环形耳饰

此类耳饰一般用两端尖细、中间略粗的金属丝拧绕而成，下部为一大圆环，华丽者下端还有盘旋状花饰。上部为一股金属丝弯成的有直立颈部的圆形弯钩，环的接口处和颈上部有些用金丝或铜丝缠绕，至中部相交汇，相交处作一到两个小圆环。有鎏金、包金、铜质几种材质。此类耳饰最早在东汉前期的内蒙古地区东部呼伦贝尔一带出现，此后，到东汉晚期集中出现在内蒙古乌兰察布和晋北地区。出土此类耳饰的墓葬都带有非常明确的鲜卑文化因素。在内蒙古察右后旗三道湾鲜卑墓地出土了多件（表4-25：1、2）[1]；额尔古纳旗拉布达林墓地出土2件，M24出土1件[2]；海拉尔区孟根楚鲁M1出土2件；满洲里市扎赉诺尔墓地M3002出土2件[3]；朔县东官井村M1出土1件[4]。

（二）拧丝坠螺旋纹片耳饰

此类耳饰通常与拧丝坠圆环形耳饰同出于一个墓地或一个墓葬，都属于鲜卑文化墓葬，其中年代明确的墓葬都属于东汉晚期。其一般用0.1厘米厚的铜片裁制而成，柄部做圆形弯钩，用在金属片上剪出的细丝卷成左右对称的两组到三组螺旋纹花饰。

① 乌兰察布博物馆.察右后旗三道湾墓地［C］.内蒙古文物考古文集（第一辑）.北京：中国大百科全书出版社，1994.

② 内蒙古文物考古研究所.额尔古纳右旗拉布达林鲜卑墓群发掘简报［C］.内蒙古文物考古文集（第一辑）.北京：中国大百科全书出版社，1994.

③ 同②。

④ 雷云贵，高士英.朔县发现的匈奴鲜卑遗物［C］.陕西省考古学会论文集.西安：陕西人民出版社，1992.

① 内蒙古自治区文物考古研究所.内蒙古地区鲜卑墓葬的发现与研究[M].北京:科学出版社,2004.

② 郭珉.吉林大安后宝石墓地调查[J].考古,1997,(2).

③ 雷云贵,高士英.朔县发现的匈奴鲜卑遗物[C].陕西省考古学会论文集.西安:陕西人民出版社,1992.

④ 内蒙古博物馆.卓资县石家沟墓群出土资料[C].内蒙古文物考古,1998,(2).

⑤ 潘玲.伊沃尔加城址和墓地及相关匈奴考古问题研究[M].北京:科学出版社,2007.

⑥ 潘玲.完工墓地的年代和文化性质[J].考古,2007,(9).

⑦ 梁志龙,王俊辉.辽宁桓仁出土青铜遗物墓葬及相关问题[J].博物馆研究,1994,(2).

⑧ 中国金银玻璃珐琅器全集编辑委员会.中国金银玻璃珐琅器全集:金银器[M].石家庄:河北美术出版社,2004.

⑨ 田耘.西岔沟古墓群族属问题浅析[J].北方文物,1984,(1).

少数为铜铸,也有铜包金的,金的、或骨质的。如内蒙古商都县东大井鲜卑墓地(表4-25:3)、内蒙古察右后旗三道湾鲜卑墓地(表4-25:4)①、大安县后宝石墓地②、朔县东官井村M1③、卓资县石家沟墓地④等均有出土。在此类墓葬群中,还出土了此种造型的金质花饰。

(三)拧丝扭环穿珠耳饰

该型耳饰为用一根金属丝对折拧绕而成,分为金、银、铜质三种,可能和佩戴者身份的高低有直接的关系。金属丝下部对折处呈封闭的圆环形,金属丝的一端变尖并在上部弯成弧形或钩状;另一端多压扁呈叶形,也有拧绕在另一端的下部不显露出来的,或者保持原状与另一端重叠形成一个圆环。华贵者会在金属环内穿珠装饰。

此类耳饰最早在西汉前期出现于西安客省庄M140中,该墓为进入关中地区的匈奴人墓葬⑤,拧制方式非常简单,耳饰整体为环形,仅在底部拧出一个小的圆环。类似耳饰在西汉中晚期的宁夏倒墩子匈奴墓地,内蒙古东部的含有匈奴文化因素的完工墓地⑥,平洋砖厂M107和通榆兴隆山墓葬为松嫩平原汉书二期文化或以汉书二期文化为主的墓葬中也有出土;在桓仁望江楼西汉高句丽人的遗存中也发现有此类耳饰⑦。另外,在辽宁省西丰县西岔沟西汉墓地中出土过此类穿有珠饰的耳饰,拧丝扭环的方式基本相同,只是所串珠饰品种较多,既有红色玛瑙珠,也有穿白石、绿松石和玉石管珠等(表4-25:5),据考古发现,这种金耳饰在该墓中主要是男性佩戴,且多为单个佩戴⑧。西岔沟墓地的族属问题,有的学者认为属于匈奴文化,有的学者认为属于乌桓文化,也有的学者认为属于夫余文化遗存,没有定论⑨。此类拧丝耳饰出土量最多的在吉林老河深汉墓,出土时均在死者耳部,男女都有,无性别差异,其中金丝纽环耳饰有 24 件，上端有一圆形叶片（其中有部分不见叶片）和一环形弯钩，下两丝缠扭后，向两侧绕数量不等的小环，其中八环有 6 件（表 4-25：6），六环 2 件（表 4-25：7），四环 6 件（表 4-25：8），二环 10 件（表 4-25：9），之后再往下绕一大环或小环，有些在下部大环上穿有红色玛瑙珠。类似的扭环耳饰，该墓中还出土了 13 件银质的，也有四环、三环、二环之分，形制与金丝纽环耳饰相同；3 件铜质的，但腐锈严重，已残损不全。老河深汉墓中层墓葬是夫余人的遗存，同时受到一定的北方草原文化影响，年代范围大致在西汉末至东汉中期[1]。

（四）拧丝扭环穿珠缀叶耳饰

此类缀叶耳饰，在金属拧丝扭环穿珠的基础之上还缀有圭形摇叶，是此类拧丝耳饰中最为华贵的一种。其中老河深汉墓共出土 3 件，形体大致相同，上端均有一桃形金叶与弯形挂钩，拧丝扭环的方式略有不同，均缀有圭形叶片，下部大环内还穿一红色玛瑙珠（表 4-25：10、11）。

表 4-25：金属拧丝耳饰	
拧丝坠圆环形耳饰	 **1. 铜包金耳饰（东汉晚期鲜卑墓葬）** 内蒙古察右后旗三道湾鲜卑墓地出土。 4 件，用两端尖细、中间略粗的铜丝弯成，下部为一大圆环，上部为圆形钩，环的接口处和颈上部用 0.1 厘米的金丝缠绕，相交处作两个小圆环。有鎏金、包金两种。其中一件长 6.2 厘米，环径 3.3 厘米。[2]

---

① 关于老河森汉墓的族属问题，《榆树老河深》一书中认为其中层遗存属东汉初期的鲜卑族墓葬，但林沄先生在《西岔沟型铜柄铁剑与老河深、彩岚墓地的族属》（林沄学术文集．中国大百科全书出版社，1988.）一文中对此观点进行了批判性的分析，认为老河森汉墓应是夫余文化遗存，故在此选用后者的族属结论。
② 内蒙古自治区文物考古研究所．内蒙古地区鲜卑墓葬的发现与研究［M］．北京：科学出版社，2004：33.

续表

拧丝坠圆环形耳饰

拧丝坠螺旋纹片耳饰

拧丝扭环（穿珠）耳饰

2. 铜耳饰（东汉晚期鲜卑墓葬）

内蒙古察右后旗三道湾鲜卑墓地出土。

2件，长5.4厘米，环径2.9厘米×2.6厘米。用两端尖细、中间略粗的铜丝弯成，下部为圆环，环内有一盘旋状花饰，由环向上1.5厘米弯成一圆形钩，环的接口处和颈部用0.1厘米的铜丝缠绕，至中部相交汇，并在一侧作一不规则的小圆圈。[1]

3. 螺旋纹片状耳饰（东汉晚期鲜卑墓葬）

内蒙古商都县东大井鲜卑墓地出土。

1件，长4.9厘米，宽2.6厘米。略残，用0.1厘米厚的铜片剪成，柄部做圆形弯钩，其下为左右对称的三组盘旋状花饰，右侧下方团花残缺。[2]

4. 螺旋纹片状耳饰（东汉晚期鲜卑墓葬）

内蒙古察右后旗三道湾鲜卑墓地出土。

1件，长4.4厘米。用0.1厘米的铜片剪成，上面为小圆形弯钩，下部作对称的四个盘旋状花饰。[3]

5. 金丝穿珠扭环耳饰（西汉）

辽宁省西丰县西岔沟墓地出土。辽宁省博物馆藏。

长6.8~8厘米，以两股金丝穿配若干粒红色玛瑙珠和白石、绿松石和玉石管珠，拧扭成两股绳状。顶端一鼓形红玛瑙珠，中部为珠或管珠，末端一股金丝锤鍱成叶状，另一股弯曲成钩，用于钩耳眼。同墓中还出土有类似的银丝纽环耳饰。[4]

① 内蒙古自治区文物考古研究所.内蒙古地区鲜卑墓葬的发现与研究［M］.北京：科学出版社，2004：28—29.

② 内蒙古自治区文物考古研究所.内蒙古地区鲜卑墓葬的发现与研究［M］.北京：科学出版社，2004：77—78.

③ 同①.

④ 孙守道."匈奴西岔沟文化"古墓群的发现［J］.文物，1960，（8—9合刊）.

拧丝扭环（穿珠）耳饰

拧丝扭环穿珠缀叶耳饰

6. 金丝扭八环耳饰（西汉末—东汉中期）

吉林榆树大坡老河深汉墓出土。现藏吉林省榆树县博物馆。

共出土6件。每墓2件，耳饰的上端有叶片，下端为小环。其中一件标本通长4.9厘米，宽1.5厘米。

---

7. 金丝扭六环耳饰（西汉末—东汉中期）

吉林榆树大坡老河深汉墓出土。

共出土2件。耳饰上端有叶片，下端为大环穿有红色玛瑙珠。其中一件标本通长5厘米。

---

8. 金丝扭四环金耳饰（西汉末—东汉中期）

吉林榆树大坡老河深汉墓出土。现藏吉林省博物馆。

共出土6件。其中3件的上端有叶片，下端皆为大环。4件环内穿有六棱红色玛瑙珠。其中一件标本通长5.9厘米。

---

9. 金丝扭二环耳饰（西汉末—东汉中期）

吉林榆树大坡老河深汉墓出土。现藏吉林省博物馆。

共出土10件。耳饰上端3件有叶片，下端为大环，有8件环内穿有红色玛瑙珠。其中1件标本通长4.6厘米。

---

10. 拧丝扭环缀叶穿珠式金耳坠（西汉末—东汉中期）

吉林榆树大坡老河深汉墓出土。现藏吉林省玉树县博物馆。

此种类型共出土3件，形体大致相同。上端有一桃形金叶与弯形挂钩，下为两丝组后向两侧分枝为第一层，第二层两侧各缀极薄的四个叶片，叶片呈圭形。中间缀有一叶片；再往下至第二层，又缀有九个叶片，后成单线绕一大环，中间再缠有两小环；大环下部穿一红色玛瑙珠。其中一件全长6.2厘米，最宽处2.8厘米，叶片长1.35厘米、宽0.6厘米、厚0.02厘米。[①]

---

① 吉林省文物考古研究所.榆树老河深［M］.北京：文物出版社，1987：57-58.

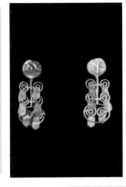

拧丝扭环穿珠缀叶耳饰

11. 拧丝扭环缀叶穿珠式金耳坠（西汉末—东汉中期）

吉林榆树大坡老河深汉墓出土。现藏吉林省榆树县博物馆。

上端有一圆形金叶与弯钩，由两股丝编扭后，向两侧绕环，环中各有一叶片；之后又同样缠绕两环，各带一叶片，往下再绕大环，内又缠小环，每小环各穿缀一叶片；大环下端应穿玛瑙珠，但已缺（征集）。全长 6.1 厘米、最宽处 2.3 厘米、叶片长 1.3 厘米、宽 0.7 厘米、厚 0.02 厘米。

六 玦

将玦作为耳饰在汉时的中原地区及北方地区已不多见，但在南越、滇国等西南边陲尚存。据《华阳国志·南中志》和《后汉书·西南夷传》称：云南古代有"儋耳蛮"，"其渠帅自谓王者，耳皆下肩三寸，庶人则至肩而已"。《说文》曰："儋，垂耳也。"云南滇人喜欢大小相依成组地将玉玦用绳索串起系挂于耳，势必要下垂至肩。这与文献所载的云南有"儋耳蛮"的记载是吻合的。

云南江川李家山汉墓出土各式玉玦数量很多（表 4-26：1、2），其中在第一次发掘报告中 11 座墓共出土玉玦 17 组，每组数件至十余件不等，多作圆形，呈米黄色或鸡骨白，其中 24 号墓出 2 组，每组 6 件，分别放在死者左、右耳部[1]。第二次发掘报告中发现有玉玦 331 件，也大多出于头部两侧。据报告记载，在此次挖掘中共发现有 5 种类型的玉玦：A 型为环面扁平而宽的圆环状，共计 36 件；B 型 10 件，为环面一面弧形突起，另一面平，断面略呈半圆形的圆环状，共计 10 件；C 型为内面和一面平，另一面作弧形，断面呈扇形的圆环状，数量最少，仅有 2 件。

① 云南省博物馆. 云南江川李家山古墓群发掘报告 [J]. 考古学报,1975,（2）.

还有两种类型均为依次叠累成组出土，数量比较多，是云南滇族地区最有特色的一类耳饰，称为组玉玦①。同类的组玉玦在云南晋宁石寨山也有出土（表4-26：3）。此类组玉玦的出土，表明随着西汉王朝在云南设置郡县，当地民族受汉文化影响逐渐加深，但仍一定程度保留着少数民族注重以繁缛妆饰彰显身份的传统。另外，西汉时的南越故地广州，在一系列的汉墓中也出土有少量玦饰，有玉玦，也有水晶玦（表4-26：4、5）。

表4-26：玦

1. 玉玦（汉）

云南江川李家山汉墓出土。

外径7.8厘米、内径5.5厘米。墓中出土玉玦有331件。分五型，也有多型组合同出的。此型呈环面扁平而宽的圆环状，共计36件。②

2. 组玉玦（汉）

云南江川李家山汉墓出土。

此类型玉玦出土时共20组233件。（左）

此类型玉玦出土时共4组50件。（右）

略呈椭圆环状，内孔圆，贴靠上侧。器形较小，常大小不一的多件依次叠累出土。少数玉质好、半透明、浅绿色的小玦单件发现。此组玉玦共22件，白色和浅米黄色。最大件外径4.7~5.1厘米、内径3厘米、最小件外径2.1~2.4厘米、内径1.1厘米。

略呈椭圆形，较宽，下沿平直，部分内弧，大小不一的多件依次叠累同出。此组共16件，多为深米黄色。最大件外径3.6~4.5厘米、内径1.8厘米、最小件外径2.3~2.8厘米、内径1.1厘米。③

---

① 云南省文物考古研究所，玉溪市文物管理所，江川县文化局.江川李家山：第二次发掘报告［M］.北京：文物出版社，2007.

②③ 同①。

3. 组玉玦（西汉）

云南晋宁石寨山 12 号墓出土。

最大：44 厘米 × 35 厘米，内径 1.9 厘米，厚 0.09~0.2 厘米。最小：2.1 厘米 ×1.7 厘米，内径 0.7 厘米，厚 0.1~0.2 厘米。软玉质，表面光洁平滑，不透明，灰白色，器物均呈扁圆环状，上端正中有缺口，环至缺口处变窄，两端钻有细圆穿孔。素面无纹饰但规整，大小相依有序，出土多相叠为一组对称置于墓主左右耳部。[1]（李芽摄）

4. 水晶玦（西汉前期）

广州汉墓 1172 出土。

一件，断面如菱形，出棺位头端，与铜镜一起。直径 5.2 厘米，内径 1.7 厘米。[2]

5. 玉玦二件（西汉前期）

广州汉墓出土，分出于两座墓。

右：内孔较圆，外周不作正圆，边沿斜削。玉质灰白色，有黑斑，直径 4.5 厘米；左：较大，正圆，体扁平，外沿斜削稍宽，玉质坚硬，呈青灰色。直径 5.1 厘米。[3]

第三节 │ 汉代的颈饰

西汉之初，颈饰似乎并不多见。对照出土的人俑形象来看，当时崇尚黄老学说，女性往往颔首含胸，颈项隐于重重衣领之后，尚不需要太多装饰；于富贵者而言，领缘的锦绣便已足以夸饰，并不太需要另外的首饰来增饰其上。

西汉中期以后，随着服饰的发展演变，女子身材的曲线不再被宽大深衣所

① 晋宁县文化体育局.古滇王都巡礼：云南晋宁石寨山出土文物精粹［M］.昆明：云南民族出版社，2006.
② 广州市文物管理委员会，广州市博物馆.广州汉墓［M］.北京：文物出版社，1981：166.
③ 广州市文物管理委员会，广州市博物馆.广州汉墓［M］.北京：文物出版社，1981：169.

束缚，细腰长裙成为装束时尚的新风。此时略略露出的颈项，也便需要用到首饰来装点了。

一 宝石雕琢的串饰

恰在此时，随着汉王朝对外交流的进一步加强，"车渠、玛瑙、珊瑚、琳碧、罽宾、明珠、玳瑁、琥珀、水精、琉璃……殊方奇玩，盈于市朝"[1]，大量来自异国的天然宝石、人工合成的宝石、生物材质等，成了制作首饰的佳选。因而这段时期的颈饰，往往是采用这类珍贵的材料，雕琢出珠子或精致小巧的吉祥瑞兽、什物，再系连成一圈。

较早且等级较高的两例，见于满城汉墓。一号墓墓主人为中山靖王刘胜，玉衣内发现了一组玛瑙串饰（表4-27：1）；二号墓墓主人窦绾为刘胜之妻，且极有可能是当时窦太后的族亲，其玉衣内胸部位置出有一组玉饰，有舞人、蝉、瓶、花蕊、联珠等形，又伴有水晶、玛瑙、石三类珠子（表4-27：2）。研究者推测这应该是编连在一起的串饰，并根据想象进行了组合还原。类似的一例见于河北献县36号汉墓，此墓墓主人很可能是西汉时代的某位河间国王后（表4-27：3）。

在稍晚一些的时间里，这类串饰有了在富贵阶层普及开来的趋势。如陕西咸阳马泉西汉墓（表4-27：4）、江苏扬州邗江姚庄101号墓、胡场14号墓（表4-27：5），所出的构成项饰串饰的材质、式样皆呈现出丰富多样的状态。

可见颈饰流行之初，尚延续着古早的风格，以各式料珠与玉佩饰组合而成；西汉中期偏晚，则串饰多为动植物与器物造型的宝石微雕。关于这类微雕

① （晋）常璩，（清）廖寅.华阳国志卷二·汉中志［M］.上海涵芬楼借乌程刘氏嘉业堂藏，明钱叔宝钞本影印.

串饰的发展流变，南京博物院左骏先生已进行了详细考证[1]。

东汉时代，原有的微雕串饰流行依旧。如河北定县 43 号汉墓出土的串饰，包括琥珀雕刻的鸟、兽、蛙等动物 24 件、绿松石蛙 10 件、水晶、玛瑙、贝、料珠串饰 290 余枚（表 4-27：7）；又如河南巩义市新华小区汉墓出土项饰，出土之时尚挂于女性墓主人项上，位置未乱，由 3 个水晶老虎、5 个水晶方坠、11 个琥珀珠组成（表 4-27：8）。

表 4-27：汉代的串饰

1. 满城一号汉墓刘胜颈饰复原
这组串饰出土于玉衣内，由 48 颗玛瑙珠构成。

2. 满城二号汉墓窦绾颈饰复原
这组串饰原出土于玉衣内胸部，玉质的组件有舞人佩 1 件、蝉形饰 2 件、瓶形饰 1 件、花蕊形饰 1 件、联珠形饰 1 件；又有水晶珠 5 颗、玛瑙珠 30 颗、石珠 9 颗。[2]（王永晴摄）

3. 河北献县第 36 号汉墓出土颈饰
串绳已朽失，组件包括 50 个玉件，其中玛瑙球形联珠 27 枚，直径约 0.05 厘米，腰鼓形玛瑙珠饰 4 枚，最大径约 0.08 厘米；水晶梨形珠饰 3 枚，扁圆玛瑙珠 3 枚，还有亚腰形杂玉珠饰 2 件、扁壶形杂玉饰件 1，煤球形石珠 1，瑞兽 3（1 为墨玉绵羊，1 为半透明鸳鸯首，1 为杂玉质鸟首）。又有料珠 3、玉球 1、玛瑙瑞兽 1。简报中对这组串饰进行复原时加入一玉舞人，未说明具体情况。[3]

① 左骏 . 西汉至新莽宝玉石微雕——从系臂琅玕琥珀龙说起［J］. 故宫文物月刊，（369）.
② 中国社会科学院考古研究所，河北省文物管理处编 . 满城汉墓发掘报告上 . 北京：文物出版社，1980：10.
③ 河北省文物研究所编 . 河北省考古文集［M］. 北京：东方出版社，1998：257.

4. 陕西咸阳市马泉镇西汉墓出土颈饰

此组串饰出土于内棺,由水晶、玛瑙、琉璃、琥珀等材质雕琢而成,包括扁壶形饰1件、壶形饰1件、矛头形饰1件、俏色玛瑙管1件、蚀花玛瑙管1件、玛瑙珠2颗、菱形玛瑙管5件、半球状玛瑙饰1件、水晶3件、琉璃饰4件、绿松石饰1件。共计21件小饰件。[1] (王永晴摄)

5. 江苏扬州市邗江西湖胡场 14 号西汉墓出土颈饰

此组串饰出土于女性墓主人胸部。由28件小件构成。饰件有金、玉、玛瑙、琥珀、玳瑁等材质,为珠、管、胜、坠、壶、辟邪、鸡、鸭等形态。每件小饰件均有细小的穿孔。两件金壶以金粟与宝石装饰;玳瑁鸡、鸭则利用天然质地纹路表现禽类毛羽。[2]

6. 江苏盱眙东阳汉墓群 M30 出土颈饰

该组微雕宝石项链共由13件不同色彩、质地坠饰穿饰而成。包括琉璃质地的圆管、小兽;水晶质地的蟾蜍、龟;玛瑙质地的圆管、白玉质地的工字形饰。[3]

7. 河北定县 43 号汉墓出土串饰

包括琥珀雕刻的鸟、兽、蛙等动物24件、绿松石蛙10件、水晶、玛瑙、贝、料珠串饰290余枚。[4]

① 李毓芳.陕西咸阳马泉西汉墓 [J].考古,1979,(2).
② 徐良玉主编;扬州博物馆,天长市博物馆编.汉广陵国玉器 [M].北京:文物出版社,2003.
③ 南京博物院、盱眙县博物馆.江苏盱眙东阳汉墓群 M30 发掘简报 [J].东南文化,2013,(6).
④ 定县博物馆,河北定县 43 号汉墓发掘简报 [J].文物,1973,(11).

8. 河南巩义市新华小区汉墓出土颈饰

此组串饰出土时尚挂于女性墓主人项上，位置未乱。由3个水晶老虎、5个水晶方坠、11个琥珀珠组成。水晶老虎一大两小，四肢蹲卧于地，昂首，尾贴于背，虎之四肢、嘴眼鼻耳用简练的刀法刻出，细部微有差异，横腰一孔，用于穿系，大者长2.2厘米、宽1.7厘米、高2厘米，小者长2.1厘米、宽1.5厘米、高1.75厘米。水晶方坠三大两小，近方形，大坠正、背面成瓦状，边缘扬起，纵轴方向两端各出一圆台或八棱圆台，腰部四道凹槽将方坠分成上下两部分，横腰穿孔，边长1.9~2.2厘米、厚1.1~1.4厘米、小坠形同大坠，纵轴方向为长方台，腰部两侧有凹槽，边长1.4厘米，厚0.9厘米。琥珀中10个为扁圆形，厚薄不均，直径2.5~3厘米，厚0.9~1.9厘米；另1个成球形，直径2.2厘米。[1]

在这类微雕串饰中，典型的式样有胜形、禽鸟形、卧兽形、兵器形等。其中胜形饰已在头饰部分大致论述，其余则在此择其典型加以研究分析。

（一）禽鸟形饰

禽鸟形饰是串饰中较为普遍的一种。

西汉中期晚段的墓葬中的禽鸟形饰往往为鸽形。如北京大葆台汉墓（表4-28：2）、河南永城僖山一号汉墓（表4-28：1）与黄土山二号汉墓、河北怀安汉墓（表4-28：3）所出的项饰，皆为玉或琥珀雕琢的小鸽子。这类墓葬的墓主人均为身份等级较高的王侯贵族，使用的饰物类似，大约是当时王后与贵族夫人间的某种定制。同类饰件亦多见于西安发掘的西汉墓葬中[2]（表4-28：5）。

时代稍晚的西汉晚期至新莽时期，鸟形饰演变出更多的形态来，可细分为鸽形、鸡形、鸭形、鹰形等。

① 郝红星，刘洪淼，李祺.河南巩义市新华小区汉墓发掘简报[J].华夏考古，2001，（4）.
② 刘云辉编著.陕西出土汉代玉器[M].北京：文物出版社，2009.

表 4-28：串饰中的禽鸟形饰

1. 玉鸟形饰（西汉中后期）
1986 年河南永城县（今永城市）芒山镇僖山汉墓出土。河南省商丘博物馆藏。

左一长 1.7 厘米，左二长 1.6 厘米，玉白色，晶莹透亮，雕作飞翔的鸟形，腹部有小孔，左一腹部尚存有金属小环。右长 1.4 厘米，玉青白色，半透明，雕琢作鸽形，腹部有小孔。[①]

2. 玉鸟形饰（西汉中后期）
北京市大葆台汉墓出土。

二件。出土于尸骨头部东侧。白玉质，扁平作鸽形，胸部有一圆孔，高 1 厘米，宽 1.2 厘米。[②]

3. 玛瑙鸟形饰、绿松石鸟形饰（西汉中后期）
河北省怀安汉墓出土。

玛瑙质二件（左 1、2）、松石质一件（右 1）。此为一组颈饰的部分组件。[③]

4. 绿松石鸟形饰（西汉晚期）
2002 年咸阳东郊张家堡村汉墓出土。咸阳市文物考古研究所藏。

一件为鹰形，圆头、尖勾喙，展双翅，大尾，呈滑翔状，腹部一孔。用极简略的手法碾琢出层叠的翅羽与展开的尾羽，长 1.2 厘米、宽 0.9 厘米、高 0.4 厘米。一件鸽形，圆头，尖喙，昂首挺胸，鼓腰，以自然纹理表现翅羽与尾羽，从腰部对穿一横向穿孔。

5. 绿松石鸟形饰（新莽）
1996 年西安市南郊曲江财政干校工地新莽墓出土。西安市文物保护考古所藏。

一件作鸽形，巨首，大尖喙，肥体，垂尾，腰中部有一横向穿孔。长 0.87 厘米、高 0.7 厘米、宽 0.4 厘米。
一件作鸡形，昂首，肥体，鼓腹，展翅，前腰部有一横孔，雕刻的阴线沟槽中残留了朱砂。长 1.6 厘米、高 0.6 厘米、宽 1.27 厘米。

① 芦兆荫主编．中国玉器全集 4 秦·汉—南北朝［M］．石家庄：河北美术出版社，1993：图一八八．
② 大葆台汉墓发掘组，中国社会科学院考古研究所编［M］．北京大葆台汉墓．北京：文物出版社，1989.
③ 水野清一，万安北沙城——蒙疆万安县北沙城及び怀安汉墓，东亚考古学会，1946.

6. 白玉鸟形饰（西汉晚期）

1972年宝鸡市北郊新宝砖厂西汉墓出土。宝鸡青铜器博物馆藏。

以白玉雕琢，尖喙，凸胸，合翅，大尾。腹腰有一横向穿孔。高0.8厘米、长1.2厘米、尾宽0.8厘米。

7. 煤精鸟形饰

江苏省扬州市邗江甘泉姚庄101号墓出土。

高1厘米，喙羽清晰，造型写实，腹有横穿孔。[①]

8. 玳瑁鸟形饰

1996年江苏省扬州市邗江西湖胡场14号汉墓出土。

一作鸡形，一作鸭形，利用天然的质地表现禽鸟羽毛，巧夺天工。[②]

（二）卧兽形饰

卧兽形串饰亦流行于西汉晚期，形态较为简略，研究者或称其为虎、熊，或笼统以兽称之。而根据孙机先生的研究，这类饰件应为"辟邪"[③]。这类饰件形态类似，且多为琥珀质地。其出土墓葬多为大中型墓葬，可知这应也是彼时显贵、豪强间流行的时尚（表4-29）。

---

① 徐良玉主编；扬州博物馆，天长市博物馆编.汉广陵国玉器［M］.北京：文物出版社，2003：图113.
② 同①，图114。
③ 孙机.汉镇艺术［J］.文物，1983，（6）.注14.

表 4-29: 串饰中的卧兽形饰

1. 琥珀卧羊
1988 年江苏省扬州市邗江甘泉姚庄 101 号墓出土。

2. 琥珀卧兽
1996 年江苏省扬州市邗江西湖胡场 14 号汉墓出土。
高 0.5~1 厘米。[1]

3. 琥珀卧兽
陕西咸阳市马泉镇西汉墓出土。[2]

4. 琥珀卧兽
长沙望城县长沙王家族七号墓出土。[3]

（三）兵器形饰

这类兵器形饰，是模仿实际存在的兵器的造型，又可细分为矛、戟、斧形等，大约有着辟邪、护主的象征意义。较早的一例见于河北满城二号汉墓窦绾的项饰中，为一玉质的矛头形饰；而最为精彩的一例，则为河北永城黄土山 2 号汉墓所出的串饰，有矛、戟、斧三种形态（表 4-30）。

---

① 徐良玉主编；扬州博物馆，天长市博物馆编 . 汉广陵国玉器 [M]. 北京：文物出版社， 2003：图 115.
② 刘云辉编著 . 陕西出土汉代玉器 [M]. 北京：文物出版社， 2009：图 208.
③ 转引自左骏，西汉至新莽宝玉石微雕——从系臂琅玕琥珀龙说起，载《故宫文物月刊》369 期。

表4-30：串饰中的兵器形饰

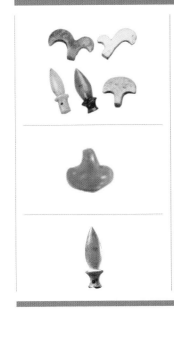

1. 玉质兵器形饰

河北永城黄土山2号汉墓出土。

此墓墓主人应为西汉梁国某代王后，所出玉串饰中有作矛头、戟、斧形者。[1]

2. 琥珀质兵器形饰

江苏泗阳陈墩汉墓出土串饰之一。

墓主人为西汉时代张姓贵族，或为泗水国王之亲属。[2]

3. 玉质兵器形饰

陕西咸阳市马泉镇西汉墓出土串饰之一。[3]

细金工艺的坠饰

早在公元前2600多年，两河流域已经出现了金丝与金粒细工制作的黄金饰品。我国中原地区则在战国时代已出现了类似的制品。而至晚到西汉，中原地区已经熟练掌握了细金工艺饰品的制作方法。如江西南昌海昏侯刘贺墓与河北定县40号墓（中山怀王刘修墓）所出的马蹄金、麟趾金，已运用金丝与金粒来装饰；各地所出的金饰，有的以金丝金粒焊接为汉代的传统吉语或吉祥图样，亦应是我国本土的产物。

根据孙机先生的研究，这类装饰法中的金珠装饰工艺，并非传统研究所认为的"炸珠法"（即将金液滴在冷水中凝结而成），而是将细金丝先剪成等长的小段，再熔融聚结成粒，在两块平板中碾研，加工成滚圆的小珠；采用的焊接方法则是以金汞齐泥膏将金珠粘合固定，再加热使汞蒸发，金珠就牢牢粘合

① 河南省文物考古研究所，永城市文物旅游管理局.永城黄土山与酂城汉墓 [M].郑州：大象出版社，2010.
② 江苏泗阳三庄联合考古队，江苏泗阳陈墩汉墓 [J].文物，2007，（7）.
③ 刘云辉编著.陕西出土汉代玉器 [M].北京：文物出版社，2009:225.

图 4-3-2-1　金壶形饰
江苏扬州市邗江西湖胡场 14
号西汉墓出土。

① 孙机. 中国古舆服论丛
[M]. 上海：上海古籍
出版社，2013：262.

② R.S.Bianchi；
B.Schlick-Nolte；
G.M.Bernheimer；D.
Barag, *Reflections on
Ancient Glass from the
Borowski Collection*,
Bible lands Museum
Jerusalem, P78.

③ 徐良玉主编. 扬州馆藏
文物精华[M]. 南京：
江苏古籍出版社，2001：
图 19.

在器物表面了①。

随着细金工艺的发展进步，西汉末年开始，各式
金珠与金坠饰也更多地出现在项饰之中。汉代比较
有特色的金坠饰，一种是金壶形饰，一种是金灶形饰，
以下分别加以研究分析：

（一）金壶形饰

西方地中海地区最早出现了各类瓶、壶形饰件，
有研究者认为这象征着清水，包含着祈求远行的人
长途跋涉时不缺少水的祝愿②。

中国大量出现这类饰件则始于汉代。西汉中期偏
晚段的各类墓葬中出土壶形饰件很多，不过此时仍
以宝石材质雕琢的居多。如河北满城二号汉墓窦绾
之串饰、陕西咸阳市马泉镇西汉墓之串饰，均有玉
质的壶形构件。而金质的壶形饰则见于江苏扬州市
邗江西湖胡场 14 号西汉墓出土的一组颈饰中。两件
金壶本已极小，其上还装饰金丝与金粒，并镶嵌宝
石（图 4-3-2-1）③。

（二）金灶形饰

由考古发现来看，金灶形饰流行于西汉后期至东
汉的一段时间内。灶为汉代常用的炊具，与人们的
日常饮食密切相关。如《释名·释宫室》曰："灶，
造也，创造食物也。"制作成灶形的金饰，自然也
有着祈愿食物丰富之意。

形制简单的如安徽合肥西郊乌龟墩汉墓所出的
一件，仅具其形（表 4-31：3）；形制精致的则如
山东莒县双合村汉墓出土的一件，为一件完整立体

的小灶，其上尚有金锅满盛金粟，侧旁以金丝、金珠制成一条鱼的形态（表4-31：4）。灶底亦皆以金丝装饰有篆书小字，往往为汉代习见的吉语，如"日利""宜子孙""宜子"等。前辈研究者有认为这类金饰件皆为外来之物，然而这类有字的金灶，也为西汉时代中原地区已熟练掌握细金工艺的一个旁证。

出土墓葬可考的，如河北怀安汉墓[1]尚出土有"五鹿充宗"之印，研究者推测其可能为西汉元帝宠臣五鹿充宗之墓；江苏邗江甘泉二号汉墓[2]则为东汉广陵王刘荆之墓。那么这类饰件所属主人的身份不可谓不高。

表 4-31：金灶形坠饰

1. 金灶

1966年陕西省西安市北郊长安城遗址内卢家口村出土。西安市文物保护考古所藏。

长 1.2 厘米、宽 3 厘米、重 5.29 克。

以纯金铸造，由灶台、烟囱、火堂、灶门和放在锅中清晰可辨的金粟米组成。灶台中空，烟囱是由金丝绕圆圈拧成，呈上小下大的螺旋形，灶台平面呈委角长方形，灶门半圆形，灶台台面及四周镶嵌有绿色宝石，图案轮廓由金珠连弧纹勾勒，底部以金箔为底，以金丝作篆书"日利"二字。灶门前出一半圆底板，四周饰连珠纹。[3]

2. 金灶

1978年西安沙坡村出土。西安市文物管理委员会藏。

高 1.1 厘米，长 3 厘米，宽 1.5 厘米。

造型与前一件同，灶门上方与锅的四角镶嵌有红、紫、绿宝石五块。[4]

① 水野清一，万安北沙城——蒙疆万安县北沙城及び怀安汉墓，东亚考古学会，1946.

② 纪仲庆．江苏邗江甘泉二号汉墓［J］．文物，1981，（11）．

③ 杨伯达主编；中国金银玻璃珐琅器全集编辑委员会．中国金银玻璃珐琅器全集 1 金银器 1［M］．石家庄：河北美术出版社，2004：图二一三．

④ 史树青主编．中国文物精华大全 金银玉石卷［M］．商务印书馆（香港）有限公司 上海辞书出版社，1994：92.

3. 金坠饰
1955年安徽合肥西郊乌龟墩汉墓出土。
安徽省博物馆藏。
高2.2厘米，宽1.7厘米。
先以金片成型后，再以金粟饰于四周，两侧焊金丝作勾连云纹，边饰四个水滴形框，原应嵌有宝石。正中以金丝掐篆书"宜子孙"三字。①

4. 金灶
1992年山东莒县双合村汉墓出土。
通高0.9厘米，宽0.9厘米，长1.25厘米。
平面呈长方形，灶尾圆弧。灶门长方形，四周用金珠镶嵌。灶上中央置一釜，釜内盛满金珠。灶台前端有一条用金丝、金珠制成的鱼，灶台后端有一直立的烟囱。灶面两侧用金丝嵌有勾连纹，灶台四周用金珠和金丝制成桃形和勾连纹图案，桃心内嵌有绿松石。灶台两侧各有一穿孔。灶的底部有篆书"宜子孙"铭文。②

5. 金灶（原报告作"金盾饰"）
江苏邗江甘泉二号汉墓出土。
高1.5厘米，宽1厘米，厚0.5厘米。重2.3克。
一面有掐丝圈点花纹，一面有"宜子"二字。侧面有心形和圆形嵌框，原应有嵌饰。中空，上下有孔贯通。③

6. 金灶
河北万安县怀安汉墓出土。
文物数据未详。底部铭文为"日利"二字。

① 史树青主编.中国文物精华大全 金银玉石卷［M］.商务印书馆（香港）有限公司 上海辞书出版社，1994：图二一七.
② 刘云涛.山东莒县双合村汉墓［J］.文物，1999，（12）.
③ 中国美术全集编辑委员会编.中国美术全集 工艺美术编 10 金银玻璃珐琅器［M］.北京：文物出版社，1987：03，图四一.

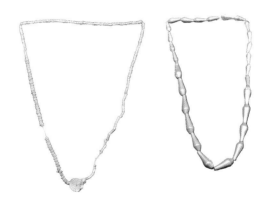

图 4-3-2-2　**汉代的金串饰**
1959 年长沙五一路延长线 M9 东汉早期墓出土的各类金串饰。
长沙市博物馆藏。（李芽摄）

（三）金串饰组合

东汉亦出现了完全以金珠串连的项饰。如 1959 年长沙五一路延长线 M9 东汉早期墓曾出土大量金质首饰，其中有两组串饰，一串由长梭形的金珠组成；一串则更加华丽，以 192 颗小金珠组成，其下坠一金质花叶。这是目前不多见的、完全以金饰做成的汉代颈饰的例子（图 4-3-2-2）[①]。

① 高至喜，国红.长沙汉墓出土金器研究 [J].湖南省博物馆馆刊，2013.

第四节 | 汉代的臂饰

汉代时中原贵族服饰的衣袖尚长，人们的手臂皆隐藏在堆叠的衣袖之中，并无露出的可能，因而也不需要首饰去装饰。此处所述的臂饰，大部分是装饰在手腕部位的。这类饰品一方面可以起到装饰的作用；另一方面则起着实用的功能——因其位于腕部，可以防止长度远远超过手臂的衣袖滑落，以便露出手来活动。

中原以外的区域，亦有一些民族会在大臂或小臂上佩戴首饰。

一 五色缕

汉代每逢五月五日，人们有在臂上系五色丝缕的习俗。五色与汉代流行的五行思想密切相关，为青、赤、黄、白、黑五色，亦即所谓的五方、五行之色。人们将五色丝线系于臂上，以期达到续命、辟兵、驱邪、防止疾病的目的。如《太平御览》卷三十一引东汉应劭《风俗通》："五月五日以五彩丝系臂，曰长命缕，一名续命缕，一名辟兵缯，一名五色缕，一名朱索。"又"以五彩丝系臂者辟兵及鬼，令人不病瘟"。

此俗盛行之后，似长命缕也不仅限于五月五日佩戴，而成为人们常用的、蕴含着吉祥寓意的臂饰。如《西京杂记·戚夫人侍儿言宫中乐事》："至七月七日，临百子池，作于阗乐，乐毕，以五色缕相羁，谓为相连绶。"汉高祖时的宫人们，编结五色丝缕来作为装饰；同书卷一《身毒国宝镜》亦云："宣帝被收系郡邸狱，臂上犹带史良娣合采婉转丝绳。"汉宣帝刘询尚为婴儿时，受巫蛊之祸牵连，无辜入狱，臂上尚系着其祖母史良娣的长命缕。这应当也是寄托着祖母希望他能安全长大成人的祝愿（图1-4-1-3-1）。

二 系臂珠

西汉中后期以降所多见的一类臂饰，与前文所述

係臂琅玕虎魄龍

图4-4-2-1
甘肃敦煌出土汉代残简
英国大英图书馆藏。

图 4-4-2-2
新疆尼雅出土汉简
英国大英图书馆藏。

① 大庭修.大英图书馆敦煌汉简.(日)同朋舍,1990.

② 孙机.汉镇艺术 [J].文物,1983,(6).

之项饰大致类似,汉人名其为"系臂珠"。系臂珠是以各类雕琢过的宝石串成的。如史游《急就篇》:"系臂琅玕虎魄龙",可知制作臂珠的常用宝石材料是虎魄与琅玕。

虎魄,又可称琥珀,由树脂埋入地下经数百万年矿化所形成。汉代时虎魄是一种异域输入的珍贵宝石,如《汉书》卷九六言罽宾出虎魄,《后汉书·西域传》言大秦多虎魄,同书《西南夷传》言哀牢出虎魄。此时人们对琥珀的形成也有了初步的认识,如《续汉书·郡国志》注引《广志》曰:"虎魄生地中,其上及旁不生草,深者八九尺,大如斛,削去皮,成虎魄如斗,初时如桃胶,凝坚乃成。"

琅玕亦是某种珍贵的宝石饰物。《说文》琅字云:"琅玕,似珠者。"张衡《四愁诗》:"美人赠我金琅玕,何以报之双玉盘。"从西域出土的简牍文书中,亦可见当时的贵族阶层常以琅玕为赠物。如斯坦因 1906 年于新疆尼雅精绝国遗址中所发现汉文木简的记载中,琅玕便多次出现(图 4-4-2-2)①:

"王母谨以琅玕一致问 王"

"苏且谨以黄琅玕一致问 春君"

"奉谨以琅玕一致问 春君幸毋相忘"

"太子、太子美夫人叩头 谨以琅玕一致问 夫人春君"

"君华谨以琅玕一致问 且末夫人"

"休乌宋耶谨以琅玕一致问 小太子九健持一"

考古发现中,亦不乏玛瑙、煤精、水晶、绿松石等材质的串饰。

以各式宝石雕琢的系臂珠,多呈寓意吉祥的动物形态,起着"射魃辟邪除群凶"的作用。考古发现中所多见的,为蹲伏的狮形辟邪瑞兽②。

这类系臂珠最明确的实物,见于西安凤栖原西汉张安世家族墓1号墓。考古人员在女性墓主人的左手腕处发现一串饰件,包括2件琥珀辟邪、1件绿松石鸟、1件珠饰

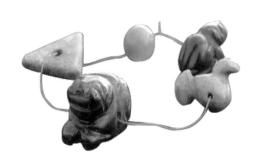

图 4-4-2-3 **宝石雕琢的系臂珠**
张安世家族墓 M1 女性墓主人手部出土。
文物资料现存陕西西安考古研究院。

图 4-4-2-4 **玛瑙串饰**
广西合浦县堂排西汉墓出土。广西壮族自治区博物
馆藏。
串饰共 11 件,分别为鸭形饰 5 件、辟邪形饰 6 件。

及 1 件三角形饰(图 4-4-2-3)[1]。

但除此之外略显遗憾的是,由于出土这类宝石饰件的大部分墓葬都已被盗扰,加上考古工作者未予以重视,文物数据往往不详,出土位置已不明,因此只能判断为串饰,却不能够明了其具体佩戴位置。

如广西合浦汉墓出土的一组玛瑙串饰,由 11 件圆雕的小动物组成(图 4-4-2-4)。这很可能亦是一组系臂珠。

东汉时出现的系臂珠,又有了以金珠穿成的实例。如 1959 年湖南长沙五一路延长线 9 号东汉墓出土的一组系臂珠,出土时位于墓主人右手臂中部,共 11 件金珠,由四种不同式样的珠饰组成(图 4-4-2-5)[2]。

1. 4 粒十二面金珠。由 12 枚金圈与金粟焊接成空心金珠,在每个圆圈周围又各焊有三粒小金粟,4 个空心珠虽大小不一,但加工方式相同。

2. 5 粒花蕊状金珠。花纹分为上下两部分,上半部分由辐射状的组花蕊纹组成,每组花蕊由双线和

① 张安世家族墓所出文物曾于阳陵博物馆进行短期的考古成果展,此为博物馆展览图片。

② 详细描述内容均采自高至喜,国红 . 长沙汉墓出土金器研究 [J] . 湖南省博物馆馆刊,2013.

图 4-4-2-5　**金珠串成的系臂珠**
湖南长沙五一路延长线 9 号墓出土。湖南省博物馆藏。

金珠构成，即在双细线的末端各焊一颗小金粟，下半部分纹饰相同，珠的中部焊有一颗小金粟，每颗金珠周围再焊一圈极细小如苋菜子的金粟，珠中央纵贯一孔，可供穿绳。

3. 1 粒 30 面金珠，由 30 个三角形组成有 20 个角的空心金珠，每个三角形的三边均有两行极细的金粟，20 个角的尖端也焊有一颗金粟。

4. 1 粒鱼子纹金珠。

广西合浦北插江盐堆 M1、M4 亦各出土过一组金珠串饰，构件中的十二面金珠式样与湖南长沙五一路延长线 9 号东汉墓出土的基本类似，又有葫芦形金珠、梭形金珠等，当同是系臂珠饰（图 4-4-2-6）[1]。

还有一类系臂珠，乃是纯用天然珍珠串成。

在汉代墓葬中，历经近两千年，珍珠往往难以留存，但历史文献中却不乏这相关记载。如《古列女传·珠崖二义》："珠崖多珠，继母连大珠以为系臂，及令死，当送丧。法，内珠入于关者死。继母弃其系臂珠。"由此亦见，

① 广西壮族自治区文物工作队，合浦县博物馆编著. 合浦风门岭汉墓 2003—2005 年发掘报告 an excavation Report 2003—2005 [M]. 北京：科学出版社，2006：图版四四 2、3.

图 4-4-2-6　**金珠串饰**
广西合浦北插江盐堆 M1（左图）、M4（右图）出土。

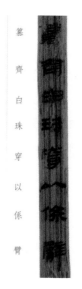

① 北京大学出土文献研究所编．北京大学藏西汉竹书 肆［M］．上海：上海古籍出版社，2015：38.

汉帝国对珍珠以严令加以限制，甚至规定了私藏珍珠入关者要判处死刑的重罪，它们应是仅供富贵阶层妇人使用的首饰。如北京大学藏西汉竹书《妄稽》中描写美女虞士的装饰，便有"篡齐白珠，穿以系臂"（图 4-4-2-7）①之语。

系臂珠也是汉时诸侯之女所珍爱的首饰。《太平御览》卷八〇三所引谢承《后汉书》记载了这样一则故事，"汝南李敬，少时迁赵相。奴于鼠穴中得系臂珠，及珰，悬珥相连。敬即出问主簿，白言：'前相后夫人，诸侯女也。昔亡珠玑，不知处所，疑子妇窃之，去妇杀婢。'敬即遣吏送珠付前相。相惭，乃还去妇"。（《北堂书钞》卷一五八、《艺文类聚》卷八四所引略同）汉代时，赵相后夫人一度丢失了各类珠饰串成的耳珰与系臂珠，怀疑是自家儿媳所偷，因此休弃儿媳、杀死婢女。后来因李敬之奴巧合之下于鼠洞中发现后夫人所遗失的珠玑饰品，这位不知名的儿媳的冤屈才得以洗清。

图 4-4-2-7
北京大学藏西汉竹书《妄稽》局部

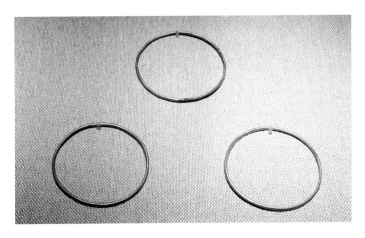

图 4-4-3-1　**金钏**
湖南长沙五一路延长线 M9 出土。湖南省博物馆藏。（李芽摄）

三 钏

　　钏，即臂上所饰的金属环。不过汉代文献中少见此名，仅《通俗文》曰："环臂谓之钏。"又《太平御览》所引《后汉书》中有"孙程等十九人立顺帝有功，各赐金钏指环"。

　　对照考古发掘来看，西汉中原地区钏饰并不多见；直到东汉，各式金银钏饰才开始多见于墓葬之中。

　　钏的基础形态为一个光素无纹的封闭式环形。中原地区所出的钏，断面基本呈现圆形或椭圆形。如陕西勉县红庙东汉墓所出的 1 件金钏、山西原平北贾铺东汉中晚期 1 号墓所出 3 件金钏与 4 号墓所出 4 件银钏、湖南长沙五一路延长线 M9[1]所出的 3 件金钏（图 4-4-3-1）。这也是当时最为多见的式样。

　　略精致的钏，则是在单环的基础形态上进行纵向叠加，数环连为一体。这类钏一般较宽，如河南巩义市新华小区汉墓出土的一副银钏，为 3 枚银环叠加而成，外径 7.2 厘米、内径 6.8 厘米，且相互可以拆分。

① 高至喜，国红. 长沙汉墓出土金器研究［J］. 湖南省博物馆馆刊，2013.

还有一类钏，由金丝或金片卷制，并未完全封闭，可以调节大小。如湖北宜都陆城东汉墓所出的一对金钏，用一根细金丝制成封闭的圆环状，其中一部分缠绕两圈为双层，可以通过调节此部位进行收缩。

这类多环连续的钏应即为所谓"跳脱"。如繁钦《定情诗》中所谓"何以致拳拳，绾臂双金环；何以致契阔，绕腕双跳脱"，便将整体独立的环与连续绕制的跳脱进行了一定的区分，"跳脱"呈现着"绕腕"的状态。

东汉时期，中原地区尚乏更为精致的钏饰。

然而早至西汉时代，在西南少数民族地区，便已经有了多种多样的钏饰。

常见的钏仍为环形，然而其截面形态略异于中原的式样，呈扁平的长条形。如云南江川李家山（图4-4-3-2）、晋宁石寨山等处西汉滇国墓葬所出的金钏饰，多由纯金质地的薄片经裁剪，锻打成素面无纹的环形。

又有在钏面上錾刻纹饰的。如云南晋宁石寨山滇国墓葬 M1 出土的金钏，其上多錾刻一圈两头内卷的云纹，且其两口边打造出起伏的花形波纹来（图4-4-3-3）[1]。而云南剑川鳌凤山战国末至西汉初的古墓所出的百余件铜钏，是用宽 2~6 厘米的铜片弯曲成扁平状，大多于钏面上装饰点线纹、乳钉纹、云雷纹、同心圆纹、三角形纹或虎、鸟等图案（图4-4-3-4）[2]。

还有在钏面上另行做出立体的纹饰来的。如云南昆明羊甫头西汉早中期墓葬[3]所出的几件铜钏，外侧或铸造出斜面凹槽，或饰一周锯齿状纹，或铸 3 排铜钉（图4-4-3-5）；贵州威宁中水梨园西汉早中期 14 号墓[4]所出的一件铜钏，面饰三角形镂空纹，外缘有 4 个带小孔的突饰（图4-4-3-6）。

此时最为精致的钏饰，当属在钏外侧的面上镶嵌各式彩石的式样。如贵州赫章可乐乙类墓 M92 出土

① 杨伯达主编，中国金银玻璃珐琅器全集编辑委员会编.中国金银玻璃珐琅器全集 1 金银器 1 [M].石家庄：河北美术出版社，2004：图二四八.

② 阚勇，熊瑛.剑川鳌凤山古墓发掘报告[J].考古学报，1990，（2）.

③ 杨帆.云南昆明羊甫头墓地发掘简报[J].文物，2001，（4）.

④ 李衍垣，何凤桐，程学忠，万光云，严进军.威宁中水汉墓[J].考古学报，1981，（2）.

图 4-4-3-2 **素面金钏**
云南省江川李家山滇国墓葬出土。

图 4-4-3-3 **卷云纹饰金钏**
云南省晋宁石寨山滇国墓葬 M1 出土。
云南省博物馆藏。（李芽摄）

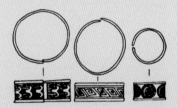

图 4-4-3-4 **錾刻纹饰的铜钏**
云南剑川鳌凤山古墓出土。

图 4-4-3-5 **铜钏**
云南昆明羊甫头 M113 出土的各类钏饰。

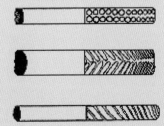

图 4-4-3-6 **铜钏**
贵州威宁中水梨园汉墓出土。

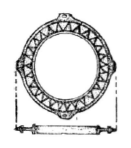

图 4-4-3-7 **铜钏**
贵州赫章可乐乙类墓 M92 出土。

的几件铜钏，于钏面上镶嵌有两排圆形绿松石（图 4-4-3-7）[1]。

第五节 | 汉代的手饰

一 指环

手指部位的饰品以指环为主。汉代时，往往依其形态而称为"环"。

金属材质的指环，为汉代贵妇人常见的首饰。如《西京杂记》卷一所记："戚姬以百炼金为彄环，照见指骨，上恶之，以赐侍儿鸣玉、耀光等，各四枚。"彄，亦是环的意思。由此处记载可见，汉高祖宠姬戚夫人曾制有百炼金指环，因可以照见指骨而令高祖厌恶，进而转赐予侍女。所谓的百炼金，大约为钢质。

一部分指环又因着其特殊功能，"事无大小，记以成法"，可被称作"手记"。

汉时宫廷中有女史负责金银质地的指环，分配与后宫妃嫔佩戴，作为君王宠幸及怀孕的标志。如《太平御览·服用部》引《五经要义》曰："古者后妃群妾礼御于君所。女史书曰授其环以进退之。有娠则以金环退之，当御者以银环进之。进者，着于左手，阳也，以当就男，故着左手；右手，阴也，既御而复故，此女史之职。"《北堂书钞》引《汉旧仪》："宫人御幸，赐金环。"《汉官旧仪》记此俗曰："掖庭令昼漏未尽八刻，庐监以茵次上婕妤以下至后庭，访白录所录，所推当御见。刻尽，去簪珥，蒙被入禁中，

① 贵州省博物馆考古组，贵州省赫章县文化馆.赫章可乐发掘报告［J］.考古学报，1986，（2）.

五刻罢，即留。女御长入，扶以出。御幸赐银镮，令书得镮数，计月日无子，罢废不得复御。"

依照其配戴方法，则可称作"约指"。

《说文》："约，缠束也。""约指"即"缠束于手指之上"。繁钦《定情诗》中便有："何以致殷勤，约指一双银。"由此亦见指环是贵重的赠物，此处即为女子将指环赠予爱人。又有宫中贵妇人间相互馈赠的，如《西京杂记》记汉成帝昭仪赵合德赠予其姊皇后赵飞燕的礼物亦有"五色文玉环"。还有君王将指环赐予功臣的，如《太平御览》引《后汉书》云："孙程等十九人立顺帝有功，各赐金钏指环。"

（一）指环的材质与形制

古代文献中记载指环，往往便记有其材质。前文已略加撮录，如"金环""银环""银约指""百炼金彄环""五色文玉环"。而考古发现中的指环，则以金属质地居多。东汉中晚期墓葬中还出土有琥珀指环[1]等。

不同于头饰、耳饰与颈饰，作为手饰的指环样式相对要简单很多。指环可分为圆环形指环和有戒面指环两类。圆环形指环是以金属丝或金属片制成圆环状，略加区分，则有封闭式环形、开口式环形两类。有戒面指环又分为有镶嵌和无镶嵌两类。

1. 圆环形指环

以光素无纹的封闭式圆环形指环最为多见。根据横断面的不同，又分为：

A. 方形断面：如河北宜都陆城东汉晚期夫妇合葬墓出土的4件金指环[2]；重庆巫山水田湾王莽时期至东汉中晚期墓出土的2件银指环[3]；内蒙古科左中旗六家子鲜卑墓

① 广西省文物管理委员会. 广西贵县汉墓的清理 [J]. 考古学报, 1957, (1).

② 宜昌地区博物馆等. 河北宜都陆城发现一座东汉墓 [J]. 考古, 1988, (10).

③ 武汉市文物考古研究所等. 重庆巫山水田湾东周、两汉墓发掘简报 [J]. 文物, 2005, (9).

① 张柏忠.内蒙古科左中旗六家子鲜卑墓群[J].考古,1989,（5）.

② 衡阳市博物馆.湖南衡阳茶山坳东汉至南朝墓的发掘[J].考古,1986,（12）.

③ 许明纲等.辽宁大连沙岗子发现二座东汉墓[J].考古,1991,（2）.

④ 江西省文物管理委员会.江西南昌云谱汉墓[J].考古,1960,（10）.

⑤ 图片摘自中国金银玻璃珐琅器全集编辑委员会.中国金银玻璃珐琅器全集:金银器（一）[M].石家庄:河北美术出版社,2004.

⑥ 凉山彝族自治州博物馆等.四川普格县小兴场大石墓[J].考古与文物,1982,（5）.

群出土的 2 件金指环①。

B. 圆形断面：如湖南衡阳茶山坳东汉墓出土的 10 件金指环②；辽宁大连沙岗子东汉初期墓出土的 1 件铜指环③；内蒙古科左中旗六家子鲜卑墓群出土的 1 件金指环。

C. 椭圆形断面：如江西南昌云谱 4 号东汉墓出土的 1 件金指环④；江西赣州市南康县三益乡荒圹村东汉后期 M2 出土的 5 件银指环（图 4-5-1-1）⑤。

2. 开口形指环

还有一类环形指环是开口式的，可调节大小，多为素面。细分其形态，则有：

A. 金属片卷制：主要出土于西南地区的大石墓及北方的鲜卑墓葬，如内蒙古科左中旗六家子鲜卑墓群出土有 4 件宽金片卷制的，还出土有 3 件宽银片卷制的指环；四川普格县小兴场战国末至西汉初大石墓出土有 2 件用薄铜片卷制而成的指环⑥。

图 4-5-1-1　**银指环（东汉）**

外径 1.6～2.1 厘米。江西省南康县三益乡荒圹村东汉后期 M2 出土。赣州市博物馆藏。五件，用粗银丝屈曲呈环形，两端焊接，光素无纹。在墓室靠墙部位及通道内随葬银指环、银手镯的习俗及其形制均同广州东汉后期墓。经考证此墓男主人身份应属东汉时期的"士"阶层，银戒指和银手镯均为其妇生前所戴。

图 4-5-1-2
金指环（汉晋）
楼兰古城出土。指环呈锯齿状
圆环，直径 1.4 厘米。

① 湖南省博物馆.长沙汤
岭西汉墓清理报告 [J].
考古，1966，（4）.

② 贵州省博物馆.贵州安
顺宁谷发现的东汉墓 [J].
考古，1972，（2）.

③ 图片摘自新疆维吾尔
自治区社会科学院考古研
究所.新疆古代民族文物
[M].北京：中国文物
出版社，1985：图230.

④ 广州市文物管理委员
会.广州市龙生冈 43 号东
汉木椁墓 [J].考古学报，
1957，（1）.

⑤ 广州市文物研究所
等.番禺汉墓 [M].北京：
科学出版社，2006：335.

⑥ 中国社会科学院考古研
究所等.广州汉墓 [M].
北京：中国文物出版社，
1981.

⑦ 湖南省博物馆.长沙金
堂坡东汉墓发掘简报 [J].
考古，1979，（5）.

⑧ 新疆维吾尔自治区博物
馆.新疆民丰县北大沙漠
中古遗址墓葬区东汉合葬
墓清理简报 [J].文物，
1960，（6）.

B. 金属丝卷制：同为科左中旗六家子鲜卑墓群出土的
3 件银丝卷制的指环，直径约 2 毫米；还有一种指环呈螺
旋状，这类指环仅见于北方地区的鲜卑墓葬，如内蒙古科
左中旗六家子鲜卑墓群出土有 7 件用直径 1.5 毫米的金丝
盘旋三圈而成的指环，和 3 件用直径 2 毫米银丝盘旋而成
的指环。这两式都带有鲜明的北方草原文化的特色。

稍精致的指环，则略施弦纹或环面突起。长沙汤岭
西汉晚期墓出土的 3 枚银戒指，表面均有一凸棱，凸棱
两边饰有短密的斜线纹[1]；贵州安顺宁谷东汉晚期墓出
土有 2 件银指环，一侧做成瓣叶状宽面，非常别致[2]。
辽宁大连沙岗子东汉初期墓出土有 3 件环体边缘呈瓣
叶状的环形指环。楼兰古城出土有锯齿纹状金指环（图
4-5-1-2）[3]。

3. 有戒面指环

有戒面指环是环形指环在装饰形式上的一种发展，
应该是从西方传来的一种指环装饰形式，西方早在古埃
及、古希腊时期就已经广泛佩戴有戒面指环。

从汉代有戒面指环的出土情况来看，绝大多数没有镶
嵌宝石，只是因着金属材质捶打延展戒面，使其呈现略
大于环体的圆形或菱形。其中有无纹饰的：如广州市龙
生冈 43 号木椁墓出土有金指环 3 件，环面正中扁平而圆[4]；
广州番禺汉墓 M34：114 出土金指环 1 件，环宽 0.3 厘米、
戒面宽 0.4 厘米，出土银指环 7 件，环体宽 0.4~0.5 厘米，
戒面则宽 0.6~0.7 厘米[5]；广州汉墓之东汉后期墓出土 6
件金指环，环面作扁平菱形，出土 3 件银指环，1 件环面
如菱形，2 件环体略扁平[6]；湖南长沙金堂坡汉墓出土银
指环 2 件，顶面略宽[7]。也有有纹饰的：如新疆民丰县采
集 1 件铜指环，椭圆戒面有刻花[8]；楼兰古城出土两枚银
指环，戒面一个刻有一禽鸟，一个刻有一株草叶纹（图

图 4-5-1-4　**铜指环**
云南江川李家山滇国墓出土。一件。环上
铸一立体鸳鸯，头及翅锈残，环径 3.2 厘米、
残高 4.5 厘米。

图 4-5-1-3　**银指环（汉晋）**
楼兰古城出土，二枚：左边戒面刻一禽鸟，嬉于水面。戒面环径 2 厘米，右边
戒面刻一株草叶纹，戒面环径 2.1 厘米。

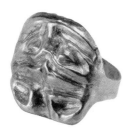

图 4-5-1-5　**金虎首指环**
戒面直径 2.4 厘米、重 3.26 克。吐鲁番市
交河沟西一号墓地一号墓出土。新疆博物
馆藏。金质、戒环扁细，戒面呈椭圆形，
锤鍱出半浮雕式的虎头图案。

4-5-1-3）[1]；四川宝兴西汉初土坑墓出土铜
指环 1 件，戒面两侧饰有对称的螺旋纹[2]。

　　还有一类有戒面指环戒面突起如钮，呈立
体状造型。如广州汉墓东汉后期墓出土的 1 件
金指环（5040:32）和广州汉墓东汉前期墓出
土的 1 件银指环，环面圆形突起如钮；吉林
大安渔场墓地（秦汉时期）出土的 1 件铜指环，
指环外壁有对称的两镏，此墓主为 45 岁左右
男性，两手的指骨上各套 1 枚[3]；云南江川李
家山古墓出土一铜指环，环上铸有一立体鸳
鸯（图 4-5-1-4）[4]；新疆吐鲁番交河沟西一
号墓地出土一金虎首指环，戒面用锤鍱的方
法做出半浮雕式的虎头图案，非常精美（图
4-5-1-5）[5]。

① 图片摘自新疆维吾尔自治区社会科学院考古研究所.新疆古代民族文物［M］.北京：中国文物出版社，
1985：图 226.
② 宝兴县文化馆.四川宝兴出土的西汉铜器［J］.考古，1978，（2）.
③ 吉林省博物馆文物队等.吉林大安渔场古代墓地［J］.考古，1975，（6）.
④ 图片摘自云南省文物考古研究所等.江川李家山：第二次发掘报告［M］.北京：中国文物出版社，2007.
⑤ 图片摘自中国金银玻璃珐琅器全集编辑委员会.中国金银玻璃珐琅器全集：金银器（一）［M］.石家庄：
河北美术出版社，2004.

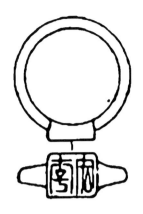

图 4-5-1-6 "李守"印银指环
湖南资兴东汉墓出土。

图 4-5-1-7 嵌宝金戒指（东汉）
湖南长沙五一路延长 M9 出土。（李芽摄）

考古发现中尚有见一式奇异者，是将指环面刻作一枚精巧的小印章。如湖南资兴东汉墓 M132 所出的一枚银指环，便饰有一枚小印，其上阴刻篆文"李守"二字（图4-5-1-6）[1]。

考古发现中出土汉代镶嵌宝石的指环的数量并不多，汉代镶嵌戒指形制一般比较简单，且周边地区的出土多于中原腹地，大多带有异域风格，应非出自中土工匠之手，亦非当时主流。镶嵌材料主要有绿松石、红或绿宝石、琥珀等。

如湖南零陵东汉墓 M2 出土鎏金银指环 3 件，其中两件上嵌有绿松石[2]；长沙南郊砂子塘东汉墓 M1 出土银戒指 1 枚，上面镶有 3 颗红绿宝石，直径 1.8 厘米[3]；长沙五一路延长线李家老屋 M9 东汉墓出土了 10 枚指环，大多有镶嵌宝石的圆台，且其中二枚尚残存有青玉与绿松石戒面（图 4-5-1-7）；新疆昭苏县夏台古墓出土汉代镶嵌宝石金戒指 1 件，宝石四周饰圆形和三角形珠点

① 傅举有.湖南资兴东汉墓 [J].考古学报，1984，（1）。

② 周世荣.湖南零陵出土的江汉砖墓 [J].考古，1964，（9）。

③ 湖南省博物馆.长沙南郊砂子塘汉墓 [J].考古，1965，（3）。

图 4-5-1-8
嵌宝石金戒指（西汉）
新疆维吾尔自治区博物馆，新疆昭苏县夏台
墓葬，径 2.2 厘米，重 25 克。

① 新疆维吾尔自治区社会
科学院考古研究所编.新
疆民族文物［M］.北京：
文物出版社，1985.

② 贵州省博物馆.贵州黔
西县汉墓发掘简报［J］.
文物，1972，（11）.

③ 中国社会科学院考古研
究所等.广州汉墓［M］.
北京：文物出版社，1981.

④ 广州市文物管理委员
会.广州市东郊汉砖室墓
清理纪略［J］.文物参考
资料，1956，（6）.

纹（图 4-5-1-8）[1]；新疆察吾乎 M3 出土银戒指 1 件，出土于一 20 岁左右的女性骨架右手上，正面中间凸起一椭圆形红色宝珠，绕珠一周有用金丝做成的"箍"，"箍"外缘点缀一周金点联珠，正面背后有椭圆形指孔。戒指长 3.4 厘米、宽 2.8 厘米、指孔孔径 1.5~1.9 厘米；贵州黔西县汉墓 M16 出土镶嵌铜戒指 1 件，背扁平，上镶珠 1 颗[2]；广州汉墓出土 1 件镶嵌金指环，环体内平外圆，平素无纹，环面圆形突起，当中凹下成一圆窝，内镶嵌一粒深棕色的琥珀，已碎，直径 2 厘米[3]；广州市东郊东汉砖室墓东室出土金戒指 1 枚，戒面圆形，镶嵌红色圆形琉璃珠[4]。

（二）指环的佩戴

从考古发现来看，西汉中原地区的指环很少见，其多出土于周边地带，尤以北方地区和西南、华南地区相对较多。这些地域紧邻陆上或海上丝路，自然更容易受到西风的浸染。

及至东汉，中原地区亦开始常见光素的圆环形指环。典型的一例如河南巩义市新华小区汉墓女性墓主人，十指上均有金银指环。四川成都市郫都区宋家林出土的一件陶俑，手指上亦戴有两枚这类的指环（图4-5-1-9）。

镶嵌宝石的指环虽偶有发现，却并非此时中原的主流。待其蔚为成风之际，已晚至宋元。

而观察出土墓葬墓主人的状态可知，指环作为首饰，在当时男女应都可使用。

图 4-5-1-9
东汉戴指环陶俑
四川成都郫都区出土，四川省博物院藏。（李芽摄）

二 "揩" 指

"揩指"，亦作"指揩"，"揩"为指套、护套的意思。俗称"针裹""顶针箍"，即妇女缝纫时套在指上以保护手指的指套。初时以皮革为之，做成圆箍，后发展用银、铁等，考究者以金制成，除实用外，兼做装饰。《说文·手部》："揩，缝指揩也。"段注："谓以针絍衣之人，恐针之契其指，用韦为箍。韬于指以藉之也。"朱骏声通训定声："揩……以革为之，其以金者为镨，今苏俗谓之'针裹'。"四川成都羊子山 M23 曾出土一件银揩指，内壁光素无纹，外壁錾满不规则针头小圆窝三行，因长期使用而看起来模糊不清（图 4-5-2-1）[1]。

图 4-5-2-1　**银顶针**
成都羊子山 M23 出土。重庆市博物馆藏。直径 1.5 厘米、壁宽 0.5 厘米。

三 鞢

"鞢"（弽），也称决。《说文·韦部》："鞢，射决也，所以钩弦。以象骨、韦系，着右巨指，从韦枼声。"鞢为古代套于右手大拇指辅助张弓射箭的一种工具，一般用象骨制作，内衬柔皮。因用不加保护的拇指拉弦开弓会感觉疼痛，也使不上力气，所以需要戴上鞢来保护。鞢作为实用器，从出土文物来看，主要流行于商代晚期到战国晚期，从西汉早中期开始，鞢逐渐衰落，鞢形佩兴起，西汉中期以后很长一段时间便不再见到鞢出土。山东省巨野县

① 中国金银玻璃珐琅器全集编辑委员会. 中国金银玻璃珐琅器全集：金银器（一）[M]. 石家庄：河北美术出版社，2004.

图 4-5-3　**玉鞢**
山东省巨野县红土山汉墓出土。山东省巨野县文物管理所藏。
孔径 1.4 厘米、宽 2 厘米、长 3.4 厘米。

① 杨伯达.中国玉器全集[M].石家庄：河北美术出版社，2005：图一一七.

② 李芽.鞢考［J］.服饰导刊，2014，（3）.

红土山汉墓曾出土一玉鞢[1]，钩弦用的钮呈退化变短或消失不见的趋势（图 4-5-3），应是鞢逐渐转为佩饰的一种体现[2]。

附 ｜ 汉代代表性墓葬出土装饰品综述

一 江苏泗阳陈墩汉墓出土装饰品一览（图 4- 附 -1-3）[3]

③江苏泗阳三庄联合考古队.江苏泗阳陈墩汉墓[J].文物，2007，（7）.

　　陈墩汉墓位于江苏泗阳三庄乡，原属于西汉诸侯国泗水国境内，年代为西汉中期。经考证，这一墓群应为西汉几代泗水王及亲属墓地。陈墩汉墓中，M1 保存完好，墓主经鉴定为女性，应为泗水国王亲属或高级贵族。

图 4-附-1-3　陈墩汉墓 M1 墓主复原图

角质发擿用以束发，前插一对垂珠步摇（参考表 4-16:4），耳部佩戴耳瑱，腰部装饰一组三件的组玉佩，颈部配有玉串饰。图中垂珠步摇和耳瑱根据汉代其他出土文物绘制，非本墓葬出土。服装参考洛阳出土汉代女陶俑。

（张晓妍绘）

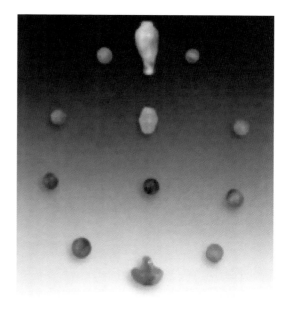

图 4- 附 -1-1　**玉串饰**
陈墩汉墓 M1 出土。

图 4- 附 -1-2　**玉组佩**
陈墩汉墓 M1 出土。

M1 头部残有角质发笄二件（简报无图）。颈部挂饰由 1 件玉瓶形饰、1 件黄玛瑙斧形饰、1 件橄榄形粉红玛瑙珠以及 9 颗小红玛瑙珠组成（图 4- 附 -1-1）。腰部组佩由 3 件玉饰构成，分别为：环佩 1 件；韘形佩 1 件；觿 1 件，均为白玉质地（图 4- 附 -1-2）。

二 江苏省盱眙县大云山汉墓出土装饰品一览（图 4- 附 -2-5）[①]

① 南京博物院编 . 长毋相忘 读盱眙大云山江都王陵 [M]. 南京：译林出版社，2013：12.

大云山汉墓位于江苏盱眙县马坝镇云山村大云山山顶，为西汉诸侯王陵园。陵园内发现主墓三座、陪葬墓十一座。其中 M1 为江都王刘非陵墓。刘非墓曾

遭盗掘，故装饰品原始位置均已被扰乱。M1中出土一件黑色漆纱质地冠残件，冠上附有多枚小金饰，一类为掐丝勾边、锤鍱兽纹的桃叶形金饰片，当为冠上所附金珰（图4-附-2-1）；一类为中突小管的圆形金片，当为贯簪所用的展筒（图4-附-2-2）。另有金质小扣若干，当是冠下系缨穿系所用（图4-附-2-3）。M1中又出土有带具多组，均为方形带头（带头留有小孔，以玉质小针穿系皮带束系），带上装饰宝石雕琢贝壳形饰物的式样。这里选用鎏金镶玉玛瑙贝带进行推测还原（图4-附-2-4）。

图4-附-2-1　金珰

图4-附-2-2　金质展筒

图4-附-2-3　金质小扣

图4-附-2-4　鎏金镶玉玛瑙贝带

图4-附-2-1、2、3、4均为大云山汉墓M1出土。

419

图4-附-2-5 大云山汉墓 M1 墓主复原图

参考河北满城一号汉墓（西汉中期，中山王刘胜）出土同类饰物进行首饰佩戴的推测创作。男子头饰纱冠，上有金饰插有一根玉簪（参考表4-2：7）；腰系鎏金镶玉玛瑙贝带，腰部右侧悬挂的绶带上端有一玉璧环，左侧挂玉剑。服饰是根据马王堆三号墓帛画贵族男性形象（西汉初）和陕西渠树壕汉墓王侯形象（新莽）推测。

（张晓妍绘）

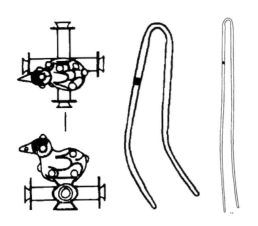

图 4- 附 -3-1 **银钗及金质栖雀华胜饰件**
河南巩义市新华小区东汉墓 M1 出土。

图 4- 附 -3-2 **水晶琥珀项链**
河南巩义市新华小区东汉墓 M1 出土。

三 河南巩义市新华小区汉墓（图4-附-3-3）[1]

　　本座墓葬位于河南省巩义市物资局所建新华小区 2 号楼基础内。由于未出土相关文字材料，墓主身份不明。由墓中所出文物判断，M1 应为东汉中期墓。女性墓主入殓时头插银钗多件、装饰金质栖雀华胜饰件（图4-附-3-1）；颈部饰有水晶琥珀项链 1 串，由水晶雕琢的小饰物（水晶虎形饰 3 枚、水晶方坠 5 枚）与琥珀珠 11 枚组成（图 4-附-3-2）；双腕各戴有银钏 1 只，每只由 3 个银环组成，十指戴有金银指环（简报中无图）。

① 郑州市文物考古研究所，巩义市文物保护管理所.河南巩义市新华小区汉墓发掘简报［J］.华夏考古，2001，（4）.

图 4- 附 -3-3 河南巩义市新华小区东汉墓 M1 墓主复原图

图中头饰参照本章汉代的头饰·钗·朝鲜平壤贞柏里第 13 号东汉墓所见妇人残髻、汉代的头饰·胜进行推测补足，大髻上平插一
排钗，两侧装饰金胜；颈饰、臂饰、手饰均据河南巩义市新华小区汉墓出土文物复原。服装参考四川省遂宁市崖墓出土灰陶加彩俑。
（张晓妍绘）